동아출판이 만든 진짜 기출예상문제집

특급기출

기말고사

중학 수학 **3-2**

Structure 구성과 특징

단원별 개념 정리

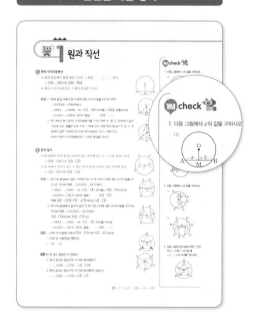

중단원별 핵심 개념을 정리하였습니다.

| 개념 Check |

개념과 1 : 1 맞춤 문제로 개념 학습을 마무리
할 수 있습니다.

기출 유형

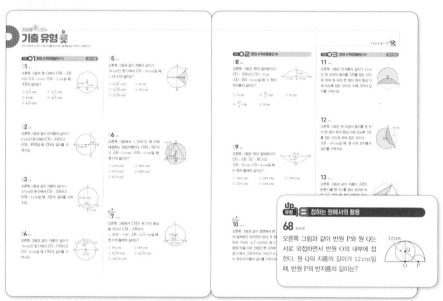

전국 1000여 개 학교 시험 문제를 분석하여 출제율 높은 문제만 선별해 구성하였습니다.
시험에 자주 나오는 빈출 유형과 난이도가 조금 높지만 중요한 **up유형** 까지 학습해 실력을
올려 보세요.

기출 서술형

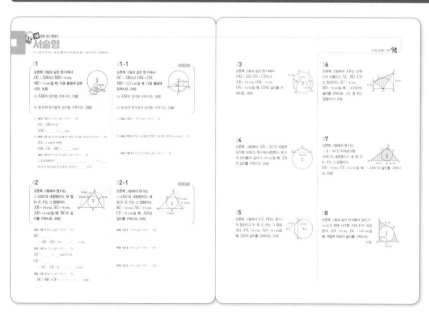

전국 1000여 개 학교 시험 문제 중 출제율 높은 서술
형 문제만 선별해 구성하였습니다.
틀리기 쉽거나 자주 나오는 서술형 문제는 쌍둥이
문항으로 한번 더 학습할 수 있습니다.

"전국 1000여 개 최신 기출문제를 분석해
학교 시험 적중률 100%에 도전합니다."

모의고사 형식의 중단원별 학교 시험 대비 문제

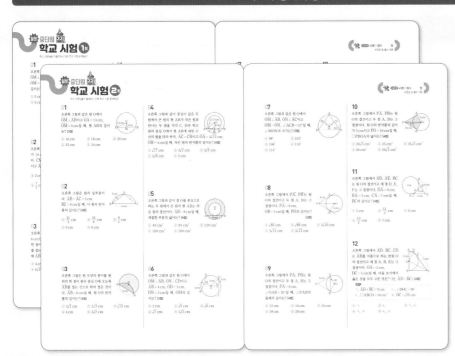

학교 선생님들이 직접 출제한 모의고사 형식의 시험 대비 문제로 실전 감각을 키울 수 있도록 하였습니다.

교과서 속 특이 문제

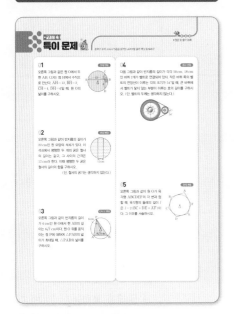

중학교 수학 교과서 10종을 완벽 분석하여 발췌한 창의·융합 문제로 구성하였습니다.

부록

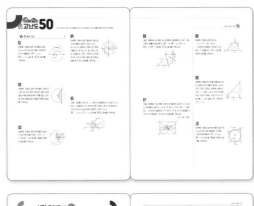

기출에서 pick한 고난도 50

전국 1000여 개 학교 시험 문제에서 자주 나오는 고난도 기출문제를 선별하여 학교 시험 만점에 대비할 수 있도록 구성하였습니다.

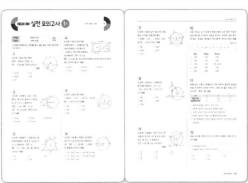

실전 모의고사 5회

실제 학교 시험 범위에 맞춘 예상 문제를 풀어 보면서 실력을 점검할 수 있도록 하였습니다.

🌐 특별한 부록
동아출판 홈페이지
(www.bookdonga.com)에서 실전 모의고사 5회를 다운 받아 사용하세요.

오답 Note를 만들면...

실력을 향상하기 위해선 자신이 틀린 문제를 분석하여 다음에는 틀리지 않도록 해야 합니다. 오답노트를 만들면 내가 어려워하는 문제와 취약한 부분을 쉽게 파악할 수 있어요. 자신이 틀린 문제의 유형을 알고, 원인을 파악하여 보완해 나간다면 어느 틈에 벌써 실력이 몰라보게 향상되어 있을 거예요.

오답 Note 한글 파일은 동아출판 홈페이지 (www.bookdonga.com)에서 다운 받을 수 있습니다.

★ 다음 오답 Note 작성의 5단계에 따라 〈나의 오답 Note〉를 만들어 보세요. ★

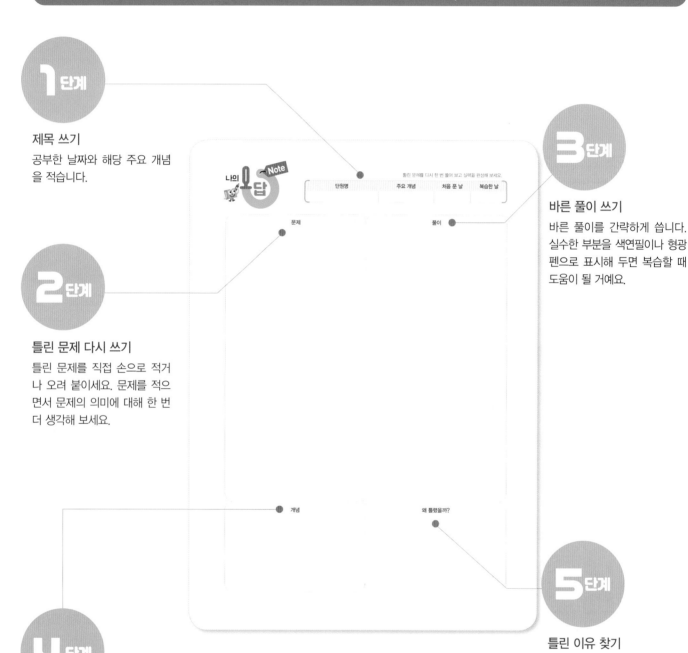

1단계

제목 쓰기
공부한 날짜와 해당 주요 개념을 적습니다.

2단계

틀린 문제 다시 쓰기
틀린 문제를 직접 손으로 적거나 오려 붙이세요. 문제를 적으면서 문제의 의미에 대해 한 번 더 생각해 보세요.

3단계

바른 풀이 쓰기
바른 풀이를 간략하게 씁니다. 실수한 부분을 색연필이나 형광펜으로 표시해 두면 복습할 때 도움이 될 거예요.

4단계

개념 확인하기
문제와 관련된 주요 개념을 정리하고 복습합니다.

5단계

틀린 이유 찾기
왜 문제를 틀렸는지 한 번 더 생각해 보세요. 틀린 이유를 분석해서 내가 부족한 부분을 확인하고 다시 틀리지 않도록 해요.

틀린 문제를 꼭 다시 한 번 풀어 보고 실력을 완성해 보세요.

단원명	주요 개념	처음 푼 날	복습한 날

문제

풀이

개념

왜 틀렸을까?

Contents 차례

1 원과 직선

② 원주각

단원별로 학습 계획을 세워 실천해 보세요.

학습 날짜	월 일	월 일	월 일	월 일
학습 계획				
학습 실행도	0 ⎯⎯ 100	0 ⎯⎯ 100	0 ⎯⎯ 100	0 ⎯⎯ 100
자기 반성				

1 원과 직선

1 현의 수직이등분선

(1) 원의 중심에서 현에 내린 수선은 그 현을 [(1)]한다.
→ $\overline{OM} \perp \overline{AB}$이면 $\overline{AM} = \overline{BM}$

(2) 현의 수직이등분선은 그 원의 중심을 지난다.

설명 (1) 원의 중심 O에서 현 AB에 내린 수선의 발을 M이라 하면
△OAM과 △OBM에서
∠OMA = ∠OMB = 90°, $\overline{OA} = \overline{OB}$ (반지름), $\overline{OM}$은 공통이므로
△OAM ≡ △OBM (RHS 합동) ∴ $\overline{AM} = $ (2)

(2) 원 O에서 현 AB의 수직이등분선을 l이라 하면 두 점 A, B로부터 같은
거리에 있는 점들은 모두 직선 l 위에 있다. 이때 원의 중심은 두 점 A, B
로부터 같은 거리에 있으므로 원의 중심도 직선 l 위에 있다.
따라서 현의 수직이등분선은 그 원의 중심을 지난다.

2 현의 길이

(1) 한 원에서 원의 중심으로부터 같은 거리에 있는 두 (3) 의 길이는 같다.
→ $\overline{OM} = \overline{ON}$이면 $\overline{AB} = \overline{CD}$

(2) 한 원에서 길이가 같은 두 현은 원의 중심으로부터 같은 거리에 있다.
→ $\overline{AB} = \overline{CD}$이면 $\overline{OM} = \overline{ON}$

설명 (1) 원 O의 중심에서 같은 거리에 있는 두 현 AB, CD에 내린 수선의 발을 각
각 M, N이라 하면 △OAM과 △OCN에서
∠OMA = ∠ONC = 90°, $\overline{OA} = \overline{OC}$ (반지름), $\overline{OM} = \overline{ON}$이므로
△OAM ≡ △OCN (RHS 합동) ∴ $\overline{AM} = \overline{CN}$
이때 $\overline{AB} = 2\overline{AM}$, $\overline{CD} = 2\overline{CN}$이므로 $\overline{AB} = \overline{CD}$

(2) 원 O의 중심에서 길이가 같은 두 현 AB, CD에 내린 수선의 발을 각각 M,
N이라 하면 △OAM과 △OCN에서
$\overline{AB} = \overline{CD}$이므로 $\overline{AM} = \overline{CN}$이고
∠OMA = ∠ONC = 90°, $\overline{OA} = \overline{OC}$ (반지름)이므로
△OAM ≡ △OCN (RHS 합동) ∴ $\overline{OM} = $ (4)

참고 △ABC의 외접원 O에서 $\overline{OM} = \overline{ON}$이면 $\overline{AB} = \overline{AC}$이므로
△ABC는 이등변삼각형이다.
→ ∠B = ∠C

주의 한 원 또는 합동인 두 원에서
① 호의 길이는 중심각의 크기에 정비례한다.
→ ∠AOB : ∠COE = $\overparen{AB}$: $\overparen{CDE}$
② 현의 길이는 중심각의 크기에 정비례하지 않는다.
→ ∠AOB : ∠COE ≠ $\overline{AB}$: $\overline{CE}$

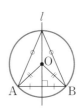

개념 check

1 다음 그림에서 x의 값을 구하시오.

(1)
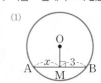

(2)
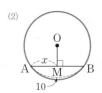

2 다음 그림에서 x의 값을 구하시오.

(1)

(2)
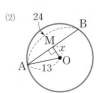

3 다음 그림에서 x의 값을 구하시오.

(1)
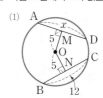

(2)
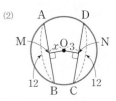

4 다음 그림의 원 O에서 $\overline{OM} = \overline{ON}$
이고 ∠ABC = 65°일 때,
∠y - ∠x의 크기를 구하시오.

답 (1) 수직이등분 (2) $\overline{BM}$ (3) 현 (4) $\overline{ON}$

3 원의 접선

(1) 원의 접선의 길이

원 O 밖의 한 점 P에서 원 O에 그을 수 있는 접선은 ⑤ 개
이다. 두 접선의 접점을 각각 A, B라 하면 $\overline{\text{PA}}$, $\overline{\text{PB}}$의 길이
를 점 P에서 원 O에 그은 접선의 길이라 한다.

접선의 길이
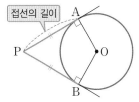

(2) 원의 접선의 성질

원 O 밖의 한 점 P에서 그 원에 그은 두 접선의 길이는 서로 같다.

→ $\overline{\text{PA}}=$ ⑥

설명 (2) $\overrightarrow{\text{PA}}$, $\overrightarrow{\text{PB}}$가 원 O의 접선일 때, △PAO와 △PBO에서

∠PAO = ∠PBO = 90°, $\overline{\text{PO}}$는 공통, $\overline{\text{OA}}=\overline{\text{OB}}$(반지름)이므로

△PAO ≡ △PBO (RHS 합동) ∴ $\overline{\text{PA}}=\overline{\text{PB}}$

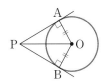

4 삼각형의 내접원

반지름의 길이가 r인 원 O가 △ABC에 내접하고 세 점 D, E, F
가 그 접점일 때,

(1) $\overline{\text{AD}}=\overline{\text{AF}}$, $\overline{\text{BD}}=\overline{\text{BE}}$, $\overline{\text{CE}}=\overline{\text{CF}}$

(2) (△ABC의 둘레의 길이) $=a+b+c=2($ ⑦ $)$

(3) $\triangle\text{ABC}=\dfrac{1}{2}r\underbrace{(a+b+c)}_{\triangle\text{ABC의 둘레의 길이}}$

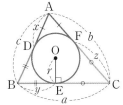

설명 (2) $\overline{\text{AF}}=\overline{\text{AD}}=x$, $\overline{\text{BD}}=\overline{\text{BE}}=y$, $\overline{\text{CE}}=\overline{\text{CF}}=z$이므로

$$(\triangle\text{ABC의 둘레의 길이})=a+b+c$$
$$=(y+z)+(x+z)+(x+y)$$
$$=2(x+y+z)$$

(3) $\triangle\text{ABC}=\triangle\text{OAB}+\triangle\text{OBC}+\triangle\text{OCA}$
$$=\dfrac{1}{2}cr+\dfrac{1}{2}ar+\dfrac{1}{2}br$$
$$=\dfrac{1}{2}r(a+b+c)$$

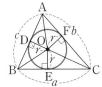

참고 반지름의 길이가 r인 원 O가 직각삼각형 ABC에 내접할 때,

(1) □OECF는 한 변의 길이가 r인 정사각형이다.

(2) $\triangle\text{ABC}=\dfrac{1}{2}r(a+b+c)=\dfrac{1}{2}ab$

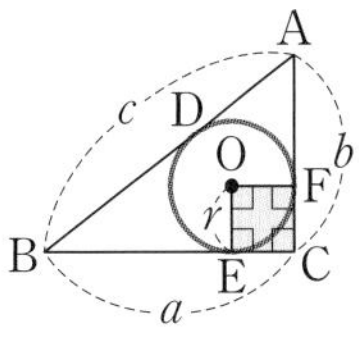

5 외접사각형

(1) 원에 외접하는 사각형의 두 쌍의 대변의 길이의 합은 서로 같다.

→ $\overline{\text{AB}}+\overline{\text{CD}}=\overline{\text{AD}}+$ ⑧

(2) 두 쌍의 대변의 길이의 합이 같은 사각형은 원에 외접한다.

설명 (1) $\overline{\text{AB}}+\overline{\text{CD}}=(\overline{\text{AP}}+\overline{\text{BP}})+(\overline{\text{CR}}+\overline{\text{DR}})$
$$=(\overline{\text{AS}}+\overline{\text{BQ}})+(\overline{\text{CQ}}+\overline{\text{DS}})$$
$$=(\overline{\text{AS}}+\overline{\text{DS}})+(\overline{\text{BQ}}+\overline{\text{CQ}})$$
$$=\overline{\text{AD}}+\overline{\text{BC}}$$

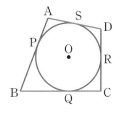

---

5 다음 그림에서 $\overline{\text{PA}}$, $\overline{\text{PB}}$는 원 O의
접선이고 두 점 A, B는 그 접점이
다. $\overline{\text{PA}}=8$, $\overline{\text{BO}}=6$일 때, 다음을
구하시오.

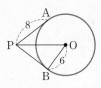

(1) $\overline{\text{PB}}$의 길이 　(2) $\overline{\text{PO}}$의 길이

6 다음 그림에서 $\overline{\text{PA}}$, $\overline{\text{PB}}$는 원 O의
접선이고 두 점 A, B는 그 접점일
때, ∠x의 크기를 구하시오.

(1)
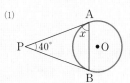

(2)
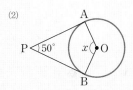

7 다음 그림에서 원 O는 △ABC의
내접원이고 세 점 D, E, F는 그
접점일 때, x의 값을 구하시오.

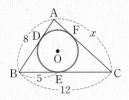

8 다음 그림에서 □ABCD가 원 O
에 외접할 때, x의 값을 구하시오.

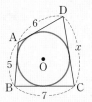

답 (5) 2　(6) $\overline{\text{PB}}$　(7) $x+y+z$　(8) $\overline{\text{BC}}$

유형 01 현의 수직이등분선 (1) 　　　　　　최다 빈출

01.

오른쪽 그림의 원 O에서 $\overline{OM} \perp \overline{AB}$
이고 $\overline{OA}=4\,cm$, $\overline{OM}=2\,cm$일 때,
$\overline{AB}$의 길이는?

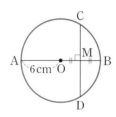

① $2\sqrt{2}\,cm$ 　　　② $2\sqrt{3}\,cm$

③ $4\,cm$ 　　　④ $4\sqrt{3}\,cm$

⑤ $4\sqrt{5}\,cm$

02.

오른쪽 그림과 같이 반지름의 길이가
6 cm인 원 O에서 $\overline{CD} \perp \overline{AB}$이고
$\overline{OM}=\overline{BM}$일 때, $\overline{CD}$의 길이를 구
하시오.

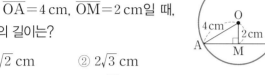

03.

오른쪽 그림과 같이 지름의 길이가
12 cm인 원 O에서 $\overline{CD} \perp \overline{AB}$이고
$\overline{DM}=2\,cm$일 때, $\overline{AB}$의 길이를 구하
시오.

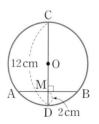

04.

오른쪽 그림과 같이 지름의 길이가
10 cm인 원 O에서 $\overline{CD} \perp \overline{OM}$이고
$\overline{CD}=8\,cm$일 때, $\overline{OM}$의 길이를 구
하시오.

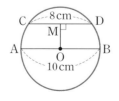

05.

오른쪽 그림과 같이 지름의 길이가
16 cm인 원 O에서 $\overline{CD}=10\,cm$일 때,
△OCD의 넓이는?

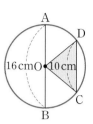

① $2\sqrt{41}\,cm^2$ 　　　② $8\,cm^2$

③ $3\sqrt{39}\,cm^2$ 　　　④ $10\,cm^2$

⑤ $5\sqrt{39}\,cm^2$

06.

오른쪽 그림에서 △ABC는 원 O에
내접하는 정삼각형이다. $\overline{OM} \perp \overline{BC}$이
고 $\overline{AB}=12\,cm$, $\overline{OM}=2\sqrt{3}\,cm$일 때,
원 O의 넓이는?

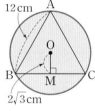

① $40\pi\,cm^2$ 　　　② $44\pi\,cm^2$

③ $48\pi\,cm^2$ 　　　④ $50\pi\,cm^2$

⑤ $52\pi\,cm^2$

07.

오른쪽 그림에서 $\overline{CM}$은 원 O의 중심
을 지나고, $\overline{CM} \perp \overline{AB}$이다.
∠AOC=120°, $\overline{AB}=4\sqrt{3}\,cm$일 때,
원 O의 둘레의 길이는?

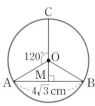

① $6\pi\,cm$ 　　　② $8\pi\,cm$

③ $6\sqrt{3}\pi\,cm$ 　　　④ $8\sqrt{3}\pi\,cm$

⑤ $10\sqrt{3}\pi\,cm$

•정답 및 풀이 5쪽

유형 O2 현의 수직이등분선 (2)

08 ••

오른쪽 그림은 원의 일부분이다. $\overline{CD} \perp \overline{AB}$이고 $\overline{CD} = 3\,cm$, $\overline{AD} = \overline{BD} = 6\,cm$일 때, 이 원의 반지름의 길이는?

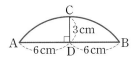

① $7\,cm$　　　② $\dfrac{15}{2}\,cm$　　　③ $8\,cm$

④ $\dfrac{17}{2}\,cm$　　　⑤ $9\,cm$

09 ••

오른쪽 그림은 원의 일부분이다. $\overline{CD} \perp \overline{AB}$, $\overline{AC} = \overline{BC}$이고 $\overline{AB} = 16\,cm$, $\overline{CD} = 4\,cm$일 때, 이 원의 둘레의 길이는?

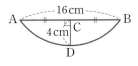

① $16\pi\,cm$　　　② $18\pi\,cm$　　　③ $20\pi\,cm$
④ $22\pi\,cm$　　　⑤ $24\pi\,cm$

10 •••

오른쪽 그림과 같이 정면에서 본 모양이 원의 일부분인 유리잔이 있다. 두 점 A, B 사이의 거리는 $4\sqrt{2}\,cm$이고 점 C와 $\overline{AB}$의 중점 M을 이은 선분은 현 AB에 수직이다. 점 C에서 $\overline{AB}$까지의 거리가 $8\,cm$일 때, 이 원의 반지름의 길이를 구하시오.

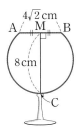

유형 O3 현의 수직이등분선 (3)　　최다 빈출

11 ••

오른쪽 그림은 반지름의 길이가 $4\,cm$인 원 모양의 종이를 $\overline{AB}$를 접는 선으로 하여 원 위의 한 점이 원의 중심 O에 오도록 접은 것이다. 이때 $\overline{AB}$의 길이를 구하시오.

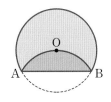

12 ••

오른쪽 그림은 원 모양의 종이를 원 위의 한 점이 원의 중심 O에 오도록 $\overline{AB}$를 접는 선으로 하여 접은 것이다. $\overline{AB} = 18\,cm$일 때, 원 O의 반지름의 길이를 구하시오.

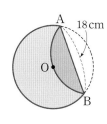

13 ••

오른쪽 그림과 같이 지름이 $\overline{AB}$인 반원 O를 현 AC를 접는 선으로 하여 $\overarc{AC}$ 위의 한 점이 반원의 중심 O를 지나도록 접었다. $\overline{AB} = 20\,cm$일 때, △AOC의 넓이를 구하시오.

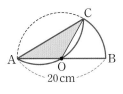

14 •••

오른쪽 그림은 원 모양의 종이를 접어서 원 위의 한 점이 원의 중심 O에 오도록 한 것이다. $\overline{AB} = 6\sqrt{3}\,cm$일 때, $\overarc{AB}$의 길이를 구하시오.

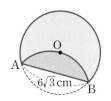

유형 04 현의 수직이등분선 (4)

15.

오른쪽 그림과 같이 중심이 같은 두 원에서 큰 원의 현 $\overline{AB}$가 작은 원과 만나는 두 점을 각각 C, D라 하자. $\overline{AB}=26\,cm$, $\overline{CD}=12\,cm$일 때, $\overline{AC}$의 길이를 구하시오.

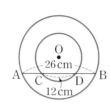

16.

오른쪽 그림과 같이 중심이 같은 두 원에서 큰 원의 현 $\overline{AB}$가 작은 원과 만나는 두 점을 각각 C, D라 하고 점 O에서 현 $\overline{AB}$에 내린 수선의 발을 M이라 하자. $\overline{OA}=11\,cm$, $\overline{OM}=3\,cm$, $\overline{DB}=\sqrt{7}\,cm$일 때, 작은 원의 넓이를 구하시오.

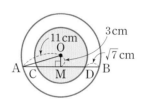

유형 05 현의 수직이등분선 (5)

17.

오른쪽 그림과 같이 중심이 같은 두 원의 반지름의 길이는 각각 8 cm, 4 cm이고 $\overline{AB}$가 작은 원의 접선일 때, $\overline{AB}$의 길이를 구하시오.

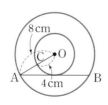

18.

오른쪽 그림과 같이 중심이 같은 두 원에서 큰 원의 현 $\overline{AB}$는 작은 원의 접선이고 점 C는 접점이다. $\overline{OC}=5\,cm$, $\overline{CD}=8\,cm$일 때, $\overline{AB}$의 길이를 구하시오. (단, 세 점 D, C, O는 한 직선 위에 있다.)

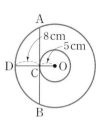

19.

오른쪽 그림과 같이 중심이 같은 두 원의 반지름의 길이의 비는 4 : 3이고, 큰 원의 현 $\overline{AB}$는 작은 원의 접선이다. $\overline{AB}=4\sqrt{7}\,cm$일 때, 작은 원의 반지름의 길이는?

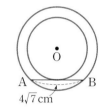

① 4 cm   ② 5 cm   ③ $2\sqrt{7}$ cm
④ $\sqrt{35}$ cm   ⑤ 6 cm

20.

오른쪽 그림과 같이 점 O를 중심으로 하는 두 원에서 작은 원의 접선과 큰 원의 두 교점을 각각 A, B라 하자. $\overline{AB}=12\,cm$일 때, 색칠한 부분의 넓이는?

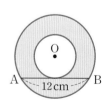

① $18\pi\,cm^2$ ② $21\pi\,cm^2$ ③ $25\pi\,cm^2$
④ $36\pi\,cm^2$ ⑤ $49\pi\,cm^2$

유형 **06** 현의 길이 (1) 최다 빈출

21 ●

오른쪽 그림의 원 O에서
$\overline{OM} \perp \overline{AB}$, $\overline{ON} \perp \overline{CD}$이고
$\overline{OM} = \overline{ON}$, $\overline{DN} = 3$ cm일 때,
$x + y$의 값을 구하시오.

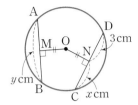

22 ●●

오른쪽 그림의 원 O에서 $\overline{OM} \perp \overline{AB}$,
$\overline{ON} \perp \overline{CD}$이고 $\overline{OA} = 9$ cm,
$\overline{OM} = \overline{ON} = 6$ cm일 때, $\overline{CD}$의 길이
를 구하시오.

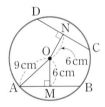

23 ●●

오른쪽 그림의 원 O에서
$\overline{OM} \perp \overline{AB}$, $\overline{ON} \perp \overline{CD}$이고
$\overline{AB} = 24$ cm, $\overline{CN} = 12$ cm이다.
원 O의 반지름의 길이가 13 cm일
때, $\overline{OM}$의 길이를 구하시오.

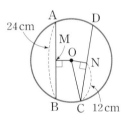

24 ●●

오른쪽 그림과 같이 반지름의 길이가
5 cm인 원 O에서 $\overline{OM} \perp \overline{CD}$이고
$\overline{AB} = \overline{CD}$이다. $\overline{OM} = 3$ cm일 때,
△OAB의 넓이는?

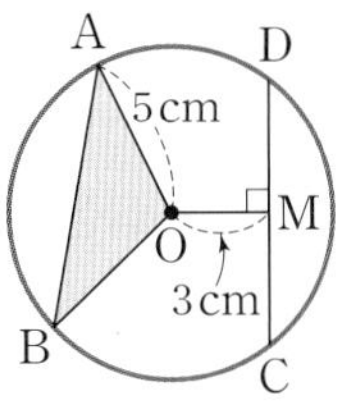

① 6 cm²   ② 8 cm²

③ 10 cm²   ④ 12 cm²

⑤ 14 cm²

---

25 ●●●

오른쪽 그림과 같이 반지름의 길이가
17 cm인 원 O에서 $\overline{AB} = \overline{CD} = 30$ cm
이고 $\overline{AB} /\!/ \overline{CD}$일 때, 두 현 AB, CD
사이의 거리를 구하시오.

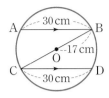

유형 **07** 현의 길이 (2) 최다 빈출

26 ●

오른쪽 그림과 같은 원 O에서
$\overline{OM} \perp \overline{AB}$, $\overline{ON} \perp \overline{BC}$이고
$\overline{OM} = \overline{ON}$, $\angle ABC = 50°$일 때,
$\angle x$의 크기는?

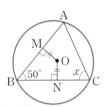

① 55°   ② 60°   ③ 65°

④ 70°   ⑤ 75°

27 ●

오른쪽 그림과 같은 원 O에서
$\overline{OM} \perp \overline{AB}$, $\overline{ON} \perp \overline{AC}$이고 $\overline{OM} = \overline{ON}$,
$\angle ABC = 72°$일 때, $\angle BAC$의 크기는?

① 33°   ② 34°

③ 35°   ④ 36°

⑤ 37°

28 ··

오른쪽 그림과 같이 원 O에 △ABC 가 내접하고 있다. $\overline{OM} \perp \overline{AB}$, $\overline{ON} \perp \overline{AC}$이고 $\overline{OM} = \overline{ON}$, ∠MON=100°일 때, ∠$x$의 크기 는?

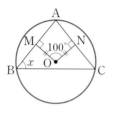

① 40°　　　② 50°　　　③ 60°
④ 70°　　　⑤ 80°

29 ··

오른쪽 그림의 원 O에서 $\overline{OM} \perp \overline{AB}$, $\overline{ON} \perp \overline{AC}$이고 $\overline{OM} = \overline{ON}$이다. $\overline{AM} = 5\,cm$, $\overline{MN} = 4\,cm$일 때, △ABC의 둘레의 길이는?

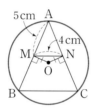

① 28 cm　　　② 29 cm
③ 30 cm　　　④ 31 cm
⑤ 32 cm

30 ···

오른쪽 그림과 같이 △ABC의 외접원 의 중심 O에서 세 변 AB, BC, CA에 내린 수선의 발을 각각 D, E, F라 하 자. $\overline{OD} = \overline{OE} = \overline{OF}$이고 $\overline{AB} = 6\,cm$ 일 때, 원 O의 넓이를 구하시오.

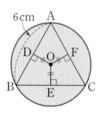

유형 08 원의 접선의 성질 (1)

31 ·

오른쪽 그림에서 $\overline{PA}$는 원 O의 접 선이고 점 A는 그 접점이다. $\overline{PB} = 4\,cm$, $\overline{BO} = 6\,cm$일 때, $\overline{PA}$의 길이를 구하시오.

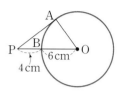

32 ··

오른쪽 그림에서 $\overleftrightarrow{PT}$는 원 O의 접선 이고 점 T는 그 접점이다. $\overline{OP}$와 원 O의 교점 A에 대하여 $\overline{PA} = 2\,cm$, $\overline{PT} = 4\,cm$일 때, 원 O의 반지름의 길이를 구하시오.

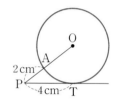

33 ··

오른쪽 그림에서 $\overline{PT}$는 원 O의 접선 이고 점 T는 그 접점이다. $\overline{OP}$와 원 O 의 교점 A에 대하여 $\overline{PA} = 3\,cm$, $\overline{PT} = 9\,cm$일 때, 원 O의 넓이를 구 하시오.

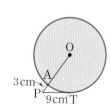

34 ···

오른쪽 그림에서 $\overline{PT}$는 지름의 길 이가 6 cm인 원 O의 접선이고 점 T는 그 접점이다. $\overline{OP}$와 $\overline{OP}$의 연 장선이 원 O와 만나는 점을 각각 A, B라 하고 ∠PBT=30°일 때, $\overline{PT}$의 길이는?

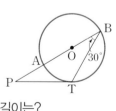

① $2\sqrt{3}$ cm　　　② 4 cm　　　③ $3\sqrt{2}$ cm
④ 5 cm　　　⑤ $3\sqrt{3}$ cm

유형 09 원의 접선의 성질 (2) 최다 빈출

35 ••

오른쪽 그림에서 $\overline{PA}$, $\overline{PB}$는 원 O의 접선이고 두 점 A, B는 그 접점이다. ∠PAB=67°일 때, ∠AOB의 크기를 구하시오.

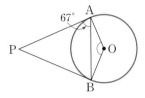

36 ••

오른쪽 그림에서 $\overline{PA}$, $\overline{PB}$는 원 O의 접선이고 두 점 A, B는 그 접점이다. 원 O의 반지름의 길이가 8 cm이고 $\overline{PO}$=17 cm일 때, □APBO의 둘레의 길이는?

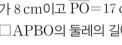

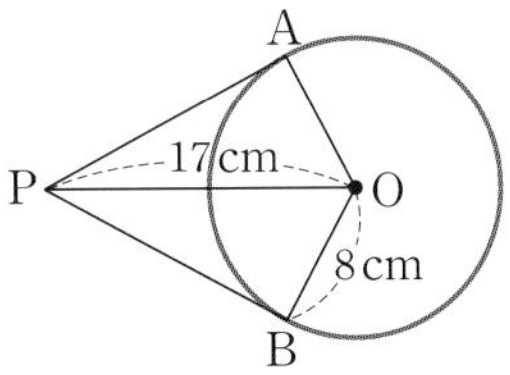

① 36 cm   ② 42 cm   ③ 46 cm
④ 57 cm   ⑤ 64 cm

37 ••

오른쪽 그림에서 $\overline{PA}$, $\overline{PB}$는 원 O의 접선이고 두 점 A, B는 그 접점이다. $\overline{PA}$=6 cm, ∠APB=45°일 때, △ABP의 넓이는?

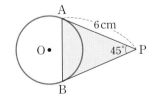

① $6\sqrt{2}$ cm²   ② $6\sqrt{3}$ cm²   ③ 9 cm²
④ $9\sqrt{2}$ cm²   ⑤ $9\sqrt{3}$ cm²

38 ••

오른쪽 그림에서 $\overline{PA}$, $\overline{PB}$는 원 O의 접선이고 두 점 A, B는 그 접점이다. $\overline{PC}$=4 cm, $\overline{OA}$=2 cm일 때, $\overline{PB}$의 길이는?

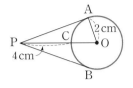

① $2\sqrt{7}$ cm   ② $4\sqrt{2}$ cm   ③ 6 cm
④ $2\sqrt{10}$ cm   ⑤ $3\sqrt{5}$ cm

39 ••

오른쪽 그림에서 $\overline{PA}$, $\overline{PB}$는 각각 두 점 A, B를 접점으로 하는 원 O의 접선이고 $\overline{BC}$는 원 O의 지름이다. ∠ABC=16°일 때, ∠P의 크기를 구하시오.

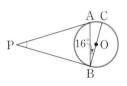

40 ••

오른쪽 그림에서 $\overline{PA}$, $\overline{PB}$는 원 O의 접선이고 두 점 A, B는 그 접점이다. $\overline{AO}$=8 cm, ∠P=75°일 때, 색칠한 부분의 넓이를 구하시오.

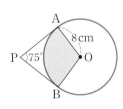

41 ••

오른쪽 그림에서 두 점 A, B는 원 밖의 점 P에서 원 O에 그은 두 접선의 접점이다. 원 위의 한 점 C에 대하여 $\overline{AC}$=$\overline{BC}$이고 ∠PAC=34°, ∠ACB=112°일 때, ∠P의 크기를 구하시오.

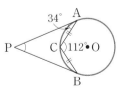

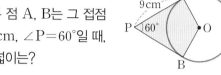

유형 **10** 원의 접선의 성질 (3)

42 ..

오른쪽 그림에서 $\overline{PA}$, $\overline{PB}$는 원 O의 접선이고 두 점 A, B는 그 접점이다. $\overline{PA}=9\,cm$, $\angle P=60°$일 때, □APBO의 넓이는?

① $27\,cm^2$ ② $27\sqrt{3}\,cm^2$ ③ $54\,cm^2$

④ $54\sqrt{2}\,cm^2$ ⑤ $54\sqrt{3}\,cm^2$

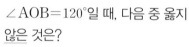

43 ..

오른쪽 그림에서 $\overline{PA}$, $\overline{PB}$는 원 O의 접선이고 두 점 A, B는 그 접점이다. $\overline{AO}=4\sqrt{3}\,cm$, $\angle AOB=120°$일 때, 다음 중 옳지 않은 것은?

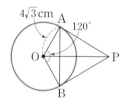

① $\overline{OP}=8\sqrt{3}\,cm$ ② $\overline{AB}=8\sqrt{3}\,cm$

③ $\angle APO=30°$ ④ $\triangle AOP\equiv\triangle BOP$

⑤ □AOBP$=48\sqrt{3}\,cm^2$

44 ...

오른쪽 그림에서 $\overline{PA}$, $\overline{PB}$는 원 O의 접선이고 두 점 A, B는 그 접점이다. $\overline{PA}=12\,cm$, $\overline{OA}=5\,cm$일 때, $\overline{AB}$의 길이는?

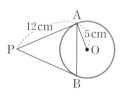

① $\dfrac{120}{13}\,cm$ ② $\dfrac{28}{3}\,cm$ ③ $\dfrac{19}{2}\,cm$

④ $\dfrac{29}{3}\,cm$ ⑤ $\dfrac{49}{5}\,cm$

유형 **11** 원의 접선의 활용   최다 빈출

45 ..

오른쪽 그림에서 $\overrightarrow{PX}$, $\overrightarrow{PY}$, $\overline{AB}$는 원 O의 접선이고 세 점 X, Y, C는 그 접점이다. $\overline{PX}=10\,cm$, $\overline{PA}=8\,cm$, $\overline{PB}=7\,cm$일 때, $\overline{AB}$의 길이를 구하시오.

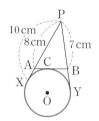

46 ..

오른쪽 그림에서 $\overrightarrow{AD}$, $\overrightarrow{AE}$, $\overline{BC}$는 원 O의 접선이고 세 점 D, E, F는 그 접점일 때, 다음 보기에서 옳은 것을 모두 고르시오.

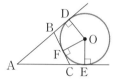

보기

ㄱ. $\overline{AD}=\overline{AE}$ ㄴ. $\overline{AB}=\overline{AC}$

ㄷ. $\overline{BC}=\overline{BD}+\overline{CE}$ ㄹ. $\overline{AB}+\overline{BC}+\overline{CA}=2\overline{AD}$

47 ...

오른쪽 그림에서 $\overrightarrow{AD}$, $\overrightarrow{AE}$, $\overline{BC}$는 원 O의 접선이고 세 점 D, E, F는 그 접점이다. $\overline{AB}=9\,cm$, $\overline{BC}=7\,cm$, $\overline{AC}=8\,cm$일 때, $\overline{CE}$의 길이를 구하시오.

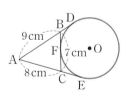

48 ...

오른쪽 그림에서 $\overrightarrow{AD}$, $\overrightarrow{AE}$, $\overline{BC}$는 원 O의 접선이고 세 점 D, E, F는 그 접점이다. $\angle BAC=60°$, $\overline{AO}=10\,cm$일 때, $\triangle ABC$의 둘레의 길이를 구하시오.

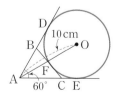

유형 12 반원에서의 접선의 길이

49 ●●

오른쪽 그림에서 $\overline{AB}$는 원 O의 지름이고 $\overline{AC}$, $\overline{BD}$, $\overline{CD}$는 접선이다. $\overline{AC}=4$ cm, $\overline{BD}=9$ cm일 때, 원 O의 반지름의 길이를 구하시오.

(단, 점 P는 접점이다.)

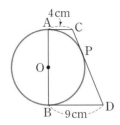

50 ●●

오른쪽 그림에서 $\overline{AB}$는 반원 O의 지름이고 $\overline{AC}$, $\overline{BD}$, $\overline{CD}$는 접선이다. $\overline{AC}=8$ cm, $\overline{BD}=4$ cm일 때, □ABDC의 넓이를 구하시오. (단, 점 E는 접점이다.)

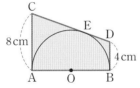

51 ●●●

오른쪽 그림에서 □ABCD는 한 변의 길이가 10 cm인 정사각형이고 $\overline{DE}$는 $\overline{BC}$를 지름으로 하는 반원 O의 접선이다. 이때 $\overline{DE}$의 길이는?

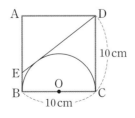

① 11 cm
② $\dfrac{23}{2}$ cm
③ 12 cm

④ $\dfrac{25}{2}$ cm
⑤ 13 cm

유형 13 삼각형의 내접원　　최다 빈출

52 ●●

오른쪽 그림에서 원 O는 △ABC의 내접원이고 세 점 P, Q, R는 그 접점이다. $\overline{PB}=1$ cm, $\overline{QC}=5$ cm, $\overline{AR}=3$ cm일 때, △ABC의 둘레의 길이를 구하시오.

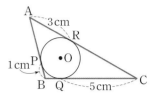

53 ●●

오른쪽 그림에서 원 O는 △ABC의 내접원이고 세 점 D, E, F는 그 접점이다. $\overline{AB}=11$ cm, $\overline{BC}=9$ cm, $\overline{CA}=8$ cm일 때, $\overline{BD}$의 길이는?

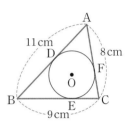

① 6 cm
② 6.5 cm
③ 7 cm

④ 7.5 cm
⑤ 8 cm

54 ●●

오른쪽 그림에서 원 O는 △ABC의 내접원이고 세 점 D, E, F는 그 접점이다. $\overline{BD}=9$ cm, $\overline{CF}=5$ cm이고 △ABC의 둘레의 길이가 36 cm일 때, $\overline{AF}$의 길이를 구하시오.

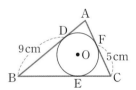

55 ●●●

오른쪽 그림에서 원 O는 △ABC의 내접원이고 세 점 D, E, F는 그 접점이다. 점 G를 접점으로 하는 직선이 $\overline{AC}$, $\overline{BC}$와 만나는 점을 각각 P, Q라 하자. $\overline{AB}=6$ cm, $\overline{BC}=9$ cm, $\overline{CA}=7$ cm일 때, △PQC의 둘레의 길이를 구하시오.

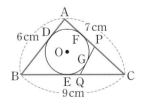

기출 유형

유형 14 직각삼각형의 내접원 (최다 빈출)

56

오른쪽 그림에서 원 O는 $\angle C=90°$인 직각삼각형 ABC의 내접원이고 세 점 D, E, F는 그 접점이다. $\overline{AB}=5\,cm$, $\overline{AC}=4\,cm$일 때, 원 O의 반지름의 길이는?

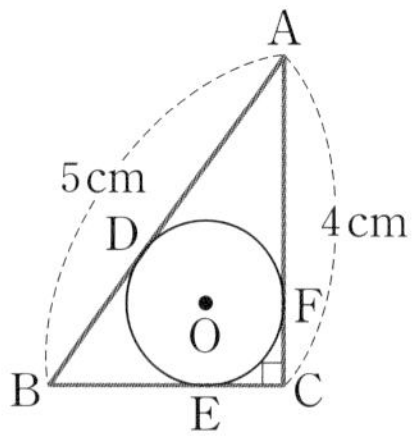

① $\frac{2}{3}$ cm ② 1 cm ③ $\frac{4}{3}$ cm
④ $\frac{5}{3}$ cm ⑤ 2 cm

57

오른쪽 그림에서 원 O는 $\angle A=90°$인 직각삼각형 ABC의 내접원이고 세 점 D, E, F는 그 접점이다. $\overline{BE}=4\,cm$, $\overline{CE}=6\,cm$일 때, 원 O의 넓이는?

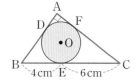

① $\pi\,cm^2$ ② $2\pi\,cm^2$ ③ $4\pi\,cm^2$
④ $\frac{25}{4}\pi\,cm^2$ ⑤ $9\pi\,cm^2$

58

오른쪽 그림에서 원 O는 $\angle B=90°$인 직각삼각형 ABC의 내접원이고 세 점 D, E, F는 그 접점이다. $\overline{AF}=5\,cm$, $\overline{CF}=12\,cm$일 때, △ABC의 둘레의 길이는?

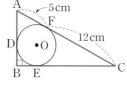

① 32 cm ② 34 cm ③ 36 cm
④ 38 cm ⑤ 40 cm

유형 15 외접사각형의 성질 (1) (최다 빈출)

59

오른쪽 그림에서 □ABCD는 원 O에 외접하고 네 점 E, F, G, H는 그 접점이다. $\overline{AE}=3\,cm$, $\overline{BC}=12\,cm$, $\overline{CD}=9\,cm$, $\overline{AD}=7\,cm$일 때, $\overline{BE}$의 길이를 구하시오.

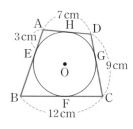

60

오른쪽 그림에서 □ABCD는 원에 외접하고 네 점 E, F, G, H는 그 접점이다. $\overline{AE}=7\,cm$, $\overline{BC}=13\,cm$, $\overline{DH}=5\,cm$일 때, □ABCD의 둘레의 길이를 구하시오.

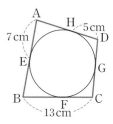

61

오른쪽 그림과 같이 원 O에 외접하는 □ABCD에서 $\overline{AD}=3\,cm$이고 □ABCD의 둘레의 길이가 16 cm일 때, $\overline{BC}$의 길이를 구하시오.

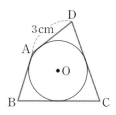

62

오른쪽 그림에서 □ABCD는 원 O에 외접하는 등변사다리꼴이다. $\overline{AD}=6\,cm$, $\overline{BC}=10\,cm$일 때, 원 O의 반지름의 길이를 구하시오.

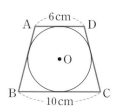

유형 16 외접사각형의 성질 (2)

63 ••

오른쪽 그림과 같이 ∠B=90°
인 □ABCD가 원에 외접한다.
$\overline{AB}$=6 cm, $\overline{AC}$=10 cm,
$\overline{AD}$=5 cm일 때, $\overline{DC}$의 길이를
구하시오.

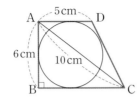

64 ••

오른쪽 그림과 같이 원 O에 외접하는
□ABCD에서 ∠A=∠B=90°이
고 $\overline{AD}$=6 cm, $\overline{DC}$=10 cm,
$\overline{AB}:\overline{BC}$=2:3일 때, $\overline{CE}$의 길이
를 구하시오. (단, 점 E는 접점이다.)

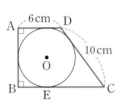

65 ••

오른쪽 그림에서 반지름의 길이가
4 cm인 원 O는 ∠C=∠D=90°
인 사다리꼴 ABCD에 내접한다.
$\overline{AB}$=12 cm일 때, □ABCD의
넓이를 구하시오.

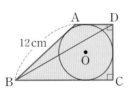

유형 17 외접사각형의 성질의 활용

66 •••

오른쪽 그림과 같이 원 O는 가로,
세로의 길이가 각각 5 cm, 4 cm
인 직사각형 ABCD의 세 변에
접한다. $\overline{BE}$가 원 O의 접선일 때,
$\overline{BE}$의 길이를 구하시오.

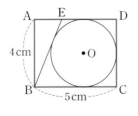

67 •••

오른쪽 그림과 같이 원 O는 직
사각형 ABCD의 세 변과 $\overline{DE}$
에 접한다. $\overline{AB}$=6 cm,
$\overline{BC}$=9 cm일 때, △DEC의 넓
이는?

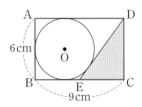

① $\dfrac{25}{2}$ cm²   ② 13 cm²   ③ $\dfrac{27}{2}$ cm²

④ 14 cm²   ⑤ $\dfrac{29}{2}$ cm²

유형 18 접하는 원에서의 활용

68 •••

오른쪽 그림과 같이 반원 P와 원 Q는
서로 외접하면서 반원 O의 내부에 접
한다. 원 Q의 지름의 길이가 12 cm일
때, 반원 P의 반지름의 길이는?

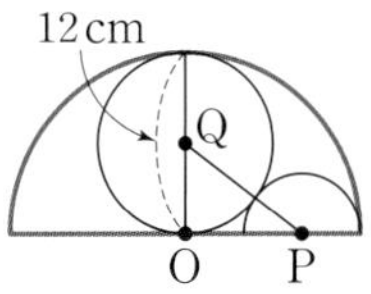

① 4 cm   ② $\dfrac{9}{2}$ cm   ③ 5 cm

④ $\dfrac{11}{2}$ cm   ⑤ 6 cm

69 •••

오른쪽 그림과 같이 원 O는 $\overline{AB}$=8,
$\overline{AD}$=10인 직사각형 ABCD의 세
변에 접하고, 원 O'은 원 O와 직사
각형 ABCD의 두 변에 접한다. 이
때 원 O'의 반지름의 길이는?

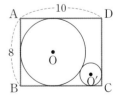

① $8-2\sqrt{10}$ ② $9-4\sqrt{3}$ ③ $10-4\sqrt{6}$
④ $14-4\sqrt{10}$ ⑤ $16-4\sqrt{3}$

기출에서 바로 뽑아온
서술형
전국 1000여 개 학교 시험 문제를 분석하여 출제율 높은 서술형 문제만 선별했어요!

01

오른쪽 그림과 같은 원 O에서 $\overline{OC}\perp\overline{AB}$이고 $\overline{MB}=3\,cm$, $\overline{MC}=1\,cm$일 때, 다음 물음에 답하시오. [4점]

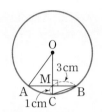

(1) $\overline{AM}$의 길이를 구하시오. [1점]

(2) 원 O의 반지름의 길이를 구하시오. [3점]

(1) **채점 기준 1** $\overline{AM}$의 길이 구하기 ··· 1점

$\overline{OC}\perp\overline{AB}$이므로

$\overline{AM}=$______$=$____ cm

(2) **채점 기준 2** $\overline{OM}$의 길이를 반지름의 길이를 사용하여 나타내기 ··· 1점

$\overline{OA}=r\,cm$라 하면

$\overline{OM}=\overline{OC}-\overline{MC}=$______(cm)

채점 기준 3 원 O의 반지름의 길이 구하기 ··· 2점

$\triangle OAM$에서 __________________ $\therefore r=$____

따라서 원 O의 반지름의 길이는 ______이다.

01-1

조건 바꾸기

오른쪽 그림과 같은 원 O에서 $\overline{OC}\perp\overline{AB}$이고 $\overline{OM}=\overline{CM}$, $\overline{MB}=2\sqrt{3}\,cm$일 때, 다음 물음에 답하시오. [4점]

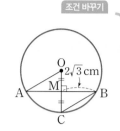

(1) $\overline{AM}$의 길이를 구하시오. [1점]

(2) 원 O의 반지름의 길이를 구하시오. [3점]

(1) **채점 기준 1** $\overline{AM}$의 길이 구하기 ··· 1점

(2) **채점 기준 2** $\overline{OM}$의 길이를 반지름의 길이를 사용하여 나타내기 ··· 1점

채점 기준 3 원 O의 반지름의 길이 구하기 ··· 2점

02

오른쪽 그림에서 원 O는 $\triangle ABC$의 내접원이고, 세 점 D, E, F는 그 접점이다. $\overline{AB}=10\,cm$, $\overline{AC}=9\,cm$, $\overline{AD}=4\,cm$일 때, $\overline{BC}$의 길이를 구하시오. [6점]

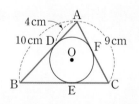

채점 기준 1 $\overline{BE}$의 길이 구하기 ··· 2점

$\overline{BE}=$______

$=\overline{AB}-\overline{AD}=10-$____$=$____(cm)

채점 기준 2 $\overline{CE}$의 길이 구하기 ··· 2점

$\overline{AF}=$______$=$____ cm이므로

$\overline{CE}=$______

$=\overline{AC}-\overline{AF}=9-$____$=$____(cm)

채점 기준 3 $\overline{BC}$의 길이 구하기 ··· 2점

$\therefore \overline{BC}=\overline{BE}+\overline{CE}=$____$+$____$=$____(cm)

02-1

숫자 바꾸기

오른쪽 그림에서 원 O는 $\triangle ABC$의 내접원이고 세 점 D, E, F는 그 접점이다. $\overline{BC}=14\,cm$, $\overline{AC}=11\,cm$, $\overline{CF}=6\,cm$일 때, $\overline{AB}$의 길이를 구하시오. [6점]

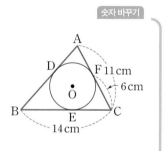

채점 기준 1 $\overline{AD}$의 길이 구하기 ··· 2점

채점 기준 2 $\overline{BD}$의 길이 구하기 ··· 2점

채점 기준 3 $\overline{AB}$의 길이 구하기 ··· 2점

03

오른쪽 그림과 같은 원 O에서
$\overline{OM} \perp \overline{AB}$, $\overline{ON} \perp \overline{CD}$이고
$\overline{AB}=10$ cm, $\overline{OM}=3$ cm,
$\overline{ON}=4$ cm일 때, $\overline{CD}$의 길이를 구
하시오. [4점]

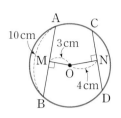

04

오른쪽 그림에서 $\overline{AB}=\overline{AC}$인 이등변
삼각형 ABC는 원 O에 내접한다. 원 O
의 반지름의 길이가 10 cm일 때, $\overline{AB}$
의 길이를 구하시오. [4점]

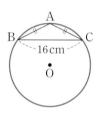

05

오른쪽 그림에서 $\overrightarrow{PA}$, $\overrightarrow{PB}$는 원 O
의 접선이고 두 점 A, B는 그 접점
이다. $\overline{PA}=8$ cm, $\overline{AO}=6$ cm일
때, $\overline{AB}$의 길이를 구하시오. [7점]

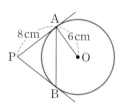

06

오른쪽 그림에서 $\overline{AB}$는 반원
O의 지름이고 $\overline{AC}$, $\overline{BD}$, $\overline{CD}$
는 접선이다. $\overline{AC}=4$ cm,
$\overline{BD}=9$ cm일 때, △COD의
넓이를 구하시오. (단, 점 E는
접점이다.) [6점]

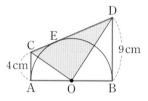

07

오른쪽 그림에서 원 O는
∠A=90°인 직각삼각형
ABC의 내접원이고 세 점 D,
E, F는 그 접점이다.
$\overline{BE}=9$ cm, $\overline{CE}=6$ cm일 때, △ABC의 넓이를 구하시
오. [6점]

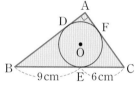

08

오른쪽 그림과 같이 반지름의 길이가
4 cm인 원에 사각형 ABCD가 외접
한다. $\overline{AD}=8$ cm, $\overline{BC}=10$ cm일
때, 색칠한 부분의 넓이를 구하시오.
[7점]

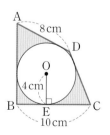

01

오른쪽 그림과 같은 원 O에서 $\overline{OM} \perp \overline{AB}$이고 $\overline{AB}=8\,\text{cm}$, $\overline{OM}=3\,\text{cm}$일 때, 원 O의 반지름의 길이는? [3점]

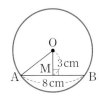

① 5 cm ② $5\sqrt{2}$ cm ③ $5\sqrt{3}$ cm

④ 6 cm ⑤ $6\sqrt{2}$ cm

02

오른쪽 그림은 반지름의 길이 가 10 cm인 원의 일부분이 다. $\overline{CM} \perp \overline{AB}$, $\overline{AM}=\overline{BM}$ 이고 $\overline{AB}=12\,\text{cm}$일 때, $\overline{CM}$의 길이는? [4점]

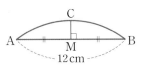

① 2 cm ② $\dfrac{5}{2}$ cm ③ 3 cm

④ $\dfrac{7}{2}$ cm ⑤ 4 cm

03

오른쪽 그림은 반지름의 길이가 6 cm인 원 모양의 종이를 원 위의 한 점이 원의 중심 O에 오도록 $\overline{AB}$ 를 접는 선으로 하여 접은 것이다. 이 때 $\overline{AB}$의 길이는? [4점]

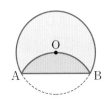

① 4 cm ② $4\sqrt{2}$ cm ③ $4\sqrt{3}$ cm

④ $6\sqrt{2}$ cm ⑤ $6\sqrt{3}$ cm

04

오른쪽 그림과 같이 중심이 같 은 두 원에서 큰 원의 현 AB가 작은 원과 만나는 두 점을 각각 C, D라 하고 점 O에서 $\overline{AB}$에 내린 수선의 발을 H라 하자. $\overline{AB}=12\,\text{cm}$, $\overline{CD}=8\,\text{cm}$, $\overline{OH}=3\,\text{cm}$일 때, 색칠한 부분의 넓이는? [4점]

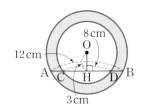

① $16\pi\,\text{cm}^2$ ② $20\pi\,\text{cm}^2$ ③ $24\pi\,\text{cm}^2$

④ $28\pi\,\text{cm}^2$ ⑤ $32\pi\,\text{cm}^2$

05

오른쪽 그림과 같이 중심이 같은 두 원에서 큰 원의 현 AB는 작은 원의 접선이다. 두 원의 반지름의 길이가 각각 6 cm, 4 cm일 때, $\overline{AB}$의 길이 는? [4점]

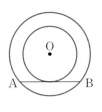

① 4 cm ② $4\sqrt{2}$ cm ③ $4\sqrt{3}$ cm

④ 8 cm ⑤ $4\sqrt{5}$ cm

06

오른쪽 그림의 원 O에서 $\overline{OM} \perp \overline{AB}$, $\overline{ON} \perp \overline{CD}$이고 $\overline{OM}=\overline{ON}=4\,\text{cm}$, $\overline{OA}=4\sqrt{2}\,\text{cm}$ 일 때, $\overline{CD}$의 길이는? [3점]

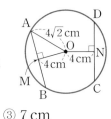

① 6 cm ② $6\sqrt{2}$ cm ③ 7 cm

④ 8 cm ⑤ $8\sqrt{2}$ cm

07

오른쪽 그림과 같이 원 O에
△ABC가 내접하고 있다.
$\overline{OM} \perp \overline{AB}$, $\overline{ON} \perp \overline{AC}$이고
$\overline{OM} = \overline{ON}$, ∠BAC=70°일 때,
∠x의 크기는? [3점]

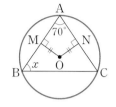

① 40°   ② 45°   ③ 50°
④ 55°   ⑤ 60°

08

오른쪽 그림에서 $\overline{PA}$는 원 O의
접선이고 점 A는 그 접점이다.
$\overline{PO}$와 원 O의 교점 B에 대하
여 $\overline{PA} = 8$ cm, $\overline{PB} = 4$ cm일
때, 원 O의 반지름의 길이는? [4점]

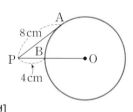

① 5 cm   ② $\dfrac{11}{2}$ cm   ③ 6 cm

④ $\dfrac{13}{2}$ cm   ⑤ 7 cm

09

오른쪽 그림에서 $\overrightarrow{PA}$, $\overrightarrow{PB}$는 원
O의 접선이고 두 점 A, B는 그
접점이다. ∠P=36°일 때,
∠PAB의 크기는? [3점]

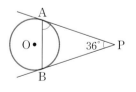

① 70°   ② 71°   ③ 72°
④ 73°   ⑤ 74°

10

오른쪽 그림에서 $\overline{PA}$, $\overline{PB}$는 원
O의 접선이고 두 점 A, B는 각
각 그 접점이다. ∠P=60°,
$\overline{PB} = 6$ cm일 때, △OAB의 넓
이는? [4점]

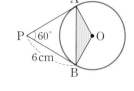

① $3\sqrt{3}$ cm²   ② 9 cm²   ③ $6\sqrt{3}$ cm²
④ 15 cm²   ⑤ $9\sqrt{3}$ cm²

11

오른쪽 그림에서 $\overline{AD}$, $\overline{AE}$, $\overline{BC}$
는 원 O의 접선이고 세 점 D, E,
F는 각각 그 접점이다.
$\overline{AB} = 7$ cm, $\overline{BD} = 4$ cm일 때,
△ABC의 둘레의 길이는? [4점]

① 18 cm   ② 19 cm   ③ 20 cm
④ 21 cm   ⑤ 22 cm

12

오른쪽 그림에서 $\overline{AB}$는 반원
O의 지름이고 $\overline{AC}$, $\overline{BD}$, $\overline{CD}$
는 접선이다. $\overline{AC} = 6$ cm,
$\overline{BD} = 4$ cm일 때, $\overline{AB}$의 길
이는? (단, 점 E는 접점이다.) [4점]

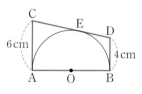

① $4\sqrt{3}$ cm   ② 8 cm   ③ $4\sqrt{5}$ cm
④ $4\sqrt{6}$ cm   ⑤ 10 cm

13

오른쪽 그림에서 원 O는
△ABC의 내접원이고 세 점 D,
E, F는 그 접점이다.
$\overline{AB}$=12 cm, $\overline{BC}$=14 cm,
$\overline{AC}$=10 cm일 때, $\overline{AF}$의 길이
는? [4점]

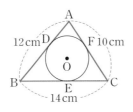

① 3 cm   ② $\dfrac{7}{2}$ cm   ③ 4 cm

④ $\dfrac{9}{2}$ cm   ⑤ 5 cm

14

오른쪽 그림에서 원 O는
∠B=90°인 직각삼각형
ABC의 내접원이고 세 점
D, E, F는 그 접점이다.
$\overline{AD}$=3 cm이고 원 O의 반지름의 길이가 2 cm일 때,
△ABC의 둘레의 길이는? [4점]

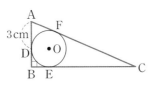

① 24 cm   ② 25 cm   ③ 28 cm
④ 30 cm   ⑤ 32 cm

15

오른쪽 그림에서 □ABCD
는 원 O에 외접하고 네 점 E,
F, G, H는 그 접점이다.
$\overline{AE}$=2 cm, $\overline{BC}$=10 cm,
$\overline{CD}$=7 cm, $\overline{AD}$=5 cm일
때, $\overline{BE}$의 길이는? [3점]

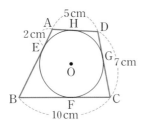

① 3 cm   ② 4 cm   ③ 5 cm
④ 6 cm   ⑤ 7 cm

16

오른쪽 그림과 같이 원 O에 외
접하는 □ABCD에서
∠C=∠D=90°이고
$\overline{AD}$=3 cm, $\overline{BC}$=6 cm일 때,
색칠한 부분의 넓이는? [5점]

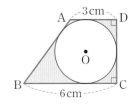

① $(18-4\pi)$ cm^2 ② $(18-2\pi)$ cm^2
③ $(18-\pi)$ cm^2 ④ $(36-4\pi)$ cm^2
⑤ $(36-\pi)$ cm^2

17

오른쪽 그림에서 원 O는 직사
각형 ABCD의 세 변과 $\overline{DE}$에
접하고 네 점 P, Q, R, S는 그
접점이다. $\overline{AD}$=12 cm,
$\overline{DC}$=8 cm일 때, △DEC의
둘레의 길이는? [5점]

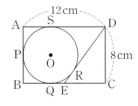

① 20 cm   ② 24 cm   ③ 28 cm
④ 30 cm   ⑤ 32 cm

18

오른쪽 그림과 같이 두 원 P와 Q는
서로 외접하면서 지름의 길이가
12 cm인 반원 O의 내부에 접한다.
이때 원 Q의 반지름의 길이는? [5점]

① 1 cm   ② $\dfrac{3}{2}$ cm   ③ 2 cm
④ $\dfrac{5}{2}$ cm   ⑤ 3 cm

19

오른쪽 그림에서 $\overline{AB}$는 원 O의 지름이다. $\overline{OM} \perp \overline{CD}$이고 $\overline{AB}=8\,cm$, $\overline{CD}=6\,cm$일 때, $\overline{OM}$의 길이를 구하시오. [4점]

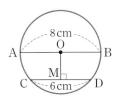

20

오른쪽 그림과 같이 반지름의 길이가 $3\sqrt{5}\,cm$인 원 O에서 $\overline{OM} \perp \overline{AB}$, $\overline{AB}=\overline{CD}$이고 $\overline{OM}=3\,cm$일 때, $\triangle DOC$의 넓이를 구하시오. [6점]

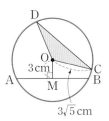

21

오른쪽 그림과 같이 원 O의 외부에 있는 한 점 P에서 원 O에 그은 두 접선의 접점을 각각 A, B라 하자. $\angle APO=30°$이고, $\triangle APB$의 둘레의 길이가 $15\sqrt{3}\,cm$일 때, 원 O의 반지름의 길이를 구하시오. [6점]

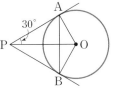

22

오른쪽 그림에서 원 O는 $\triangle ABC$의 내접원이고 세 점 D, E, F는 그 접점이다. $\overline{AB}=8\,cm$, $\overline{BC}=10\,cm$, $\overline{CA}=9\,cm$일 때, $\overline{AF}$의 길이를 구하시오. [7점]

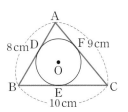

23

다음 그림에서 원 O는 $\angle A=90°$인 직각삼각형 ABC의 내접원이고 세 점 D, E, F는 그 접점이다. $\overline{BD}=6\,cm$, $\overline{AC}=6\,cm$일 때, 다음 물음에 답하시오.

[7점]

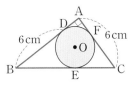

(1) $\overline{BC}$의 길이를 구하시오. [4점]

(2) 원 O의 넓이를 구하시오. [3점]

01

오른쪽 그림과 같은 원 O에서 $\overline{OM} \perp \overline{AB}$이고 $\overline{OA}=13$ cm, $\overline{OM}=5$ cm일 때, 현 AB의 길이는? [3점]

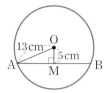

① 16 cm   ② 18 cm   ③ 20 cm

④ 22 cm   ⑤ 24 cm

02

오른쪽 그림은 원의 일부분이다. $\overline{AB}=\overline{AC}=5$ cm, $\overline{BC}=8$ cm일 때, 이 원의 반지름의 길이는? [4점]

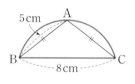

① $\dfrac{11}{3}$ cm   ② $\dfrac{25}{6}$ cm   ③ $\dfrac{9}{2}$ cm

④ 5 cm   ⑤ 6 cm

03

오른쪽 그림은 원 모양의 종이를 원 위의 한 점이 원의 중심 O에 오도록 $\overline{AB}$를 접는 선으로 하여 접은 것이다. $\overline{AB}=6$ cm일 때, 원 O의 반지름의 길이는? [4점]

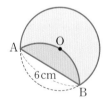

① $2\sqrt{2}$ cm   ② $2\sqrt{3}$ cm   ③ $\sqrt{15}$ cm

④ 4 cm   ⑤ $3\sqrt{2}$ cm

04

오른쪽 그림과 같이 중심이 같은 두 원에서 큰 원의 현 AB가 작은 원과 만나는 두 점을 각각 C, D라 하고 원의 중심 O에서 현 AB에 내린 수선의 발을 H라 하자. $\overline{AC}=\overline{CH}$이고 $\overline{OA}=2\sqrt{13}$ cm, $\overline{OH}=4$ cm일 때, 작은 원의 반지름의 길이는? [4점]

① $\sqrt{17}$ cm   ② $3\sqrt{2}$ cm   ③ $2\sqrt{5}$ cm

④ $2\sqrt{6}$ cm   ⑤ 5 cm

05

오른쪽 그림과 같이 점 O를 중심으로 하는 두 원에서 큰 원의 현 AB는 작은 원의 접선이다. $\overline{AB}=8$ cm일 때, 색칠한 부분의 넓이는? [4점]

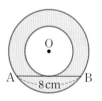

① 4π cm^2 ② 8π cm^2 ③ 12π cm^2

④ 16π cm^2 ⑤ 20π cm^2

06

오른쪽 그림과 같은 원 O에서 $\overline{OM} \perp \overline{AB}$, $\overline{ON} \perp \overline{CD}$이고 $\overline{AB}=4$ cm, $\overline{OD}=3$ cm, $\overline{DN}=2$ cm일 때, $\overline{OM}$의 길이는? [3점]

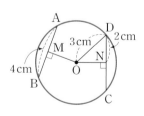

① 2 cm   ② $\sqrt{5}$ cm   ③ $\sqrt{6}$ cm

④ $\sqrt{7}$ cm   ⑤ $2\sqrt{2}$ cm

07

오른쪽 그림과 같은 원 O에서
$\overline{OM} \perp \overline{AB}$, $\overline{ON} \perp \overline{AC}$이고
$\overline{OM} = \overline{ON}$, $\angle ACB = 53°$일 때,
$\angle MON$의 크기는? [3점]

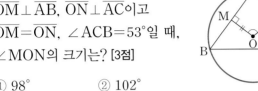

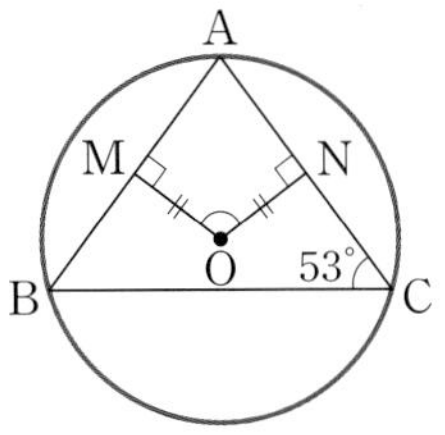

① 98°   ② 102°

③ 106°   ④ 110°

⑤ 114°

08

오른쪽 그림에서 $\overrightarrow{PA}$, $\overrightarrow{PB}$는 원
O의 접선이고 두 점 A, B는 그
접점이다. $\overline{PA} = 8$ cm,
$\overline{OB} = 5$ cm일 때, $\overline{PO}$의 길이는?

[3점]

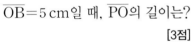

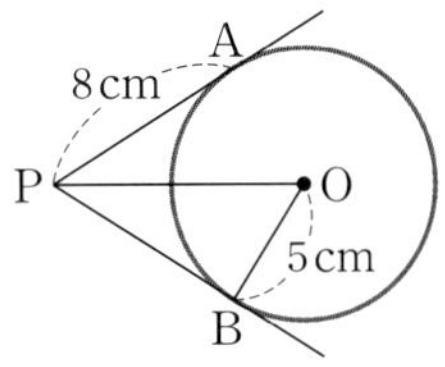

① $\sqrt{85}$ cm   ② $\sqrt{89}$ cm   ③ $3\sqrt{10}$ cm

④ $3\sqrt{11}$ cm   ⑤ $3\sqrt{13}$ cm

09

오른쪽 그림에서 $\overline{PA}$, $\overline{PB}$는 원
O의 접선이고 두 점 A, B는 그
접점이다. $\overline{PA} = 6$ cm,
$\angle OAB = 30°$일 때, $\triangle PAB$의
둘레의 길이는? [4점]

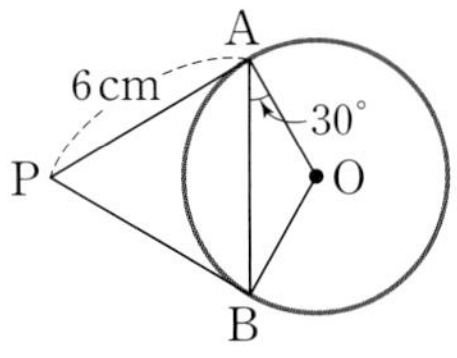

① 12 cm   ② 14 cm   ③ 16 cm

④ 18 cm   ⑤ 20 cm

10

오른쪽 그림에서 $\overline{PA}$, $\overline{PB}$는 원
O의 접선이고 두 점 A, B는 그
접점이다. 원 O의 반지름의 길이
가 5 cm이고 $\overline{PO} = 10$ cm일 때,
□PBOA의 넓이는? [4점]

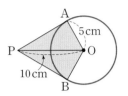

① $20\sqrt{3}$ cm²   ② 25 cm²   ③ $25\sqrt{3}$ cm²

④ 50 cm²   ⑤ $50\sqrt{3}$ cm²

11

오른쪽 그림에서 $\overline{AD}$, $\overline{AE}$, $\overline{BC}$
는 원 O의 접선이고 세 점 D, E,
F는 그 접점이다. $\overline{DA} = 9$ cm,
$\overline{BA} = 5$ cm, $\overline{CA} = 7$ cm일 때,
$\overline{BC}$의 길이는? [4점]

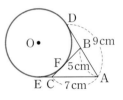

① 5 cm   ② $\dfrac{11}{2}$ cm   ③ 6 cm

④ $\dfrac{13}{2}$ cm   ⑤ 7 cm

12

오른쪽 그림에서 $\overline{AD}$, $\overline{BC}$, $\overline{CD}$
는 $\overline{AB}$를 지름으로 하는 반원 O
의 접선이고 세 점 A, B, E는 그
접점이다. $\overline{OA} = 2$ cm,
$\overline{DC} = 5$ cm일 때, 다음 보기에서
옳은 것을 모두 고른 것은? (단, $\overline{AD} < \overline{BC}$) [4점]

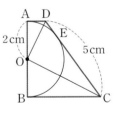

> **보기**
>
> ㄱ. $\overline{AD} + \overline{BC} = 9$ cm   ㄴ. $\angle DOC = 90°$
>
> ㄷ. □ABCD $= 10$ cm²   ㄹ. $\overline{OC} = \sqrt{29}$ cm

① ㄱ   ② ㄴ   ③ ㄱ, ㄴ

④ ㄱ, ㄹ   ⑤ ㄴ, ㄷ

13

오른쪽 그림에서 원 O는 △ABC의 내접원이고 세 점 D, E, F는 그 접점이다. ∠A=35°, ∠B=75°일 때, ∠x의 크기는? [3점]

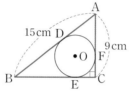

① 50°　　　　② 55°

③ 60°　　　　④ 65°

⑤ 70°

14

오른쪽 그림에서 원 O는 ∠C=90°인 직각삼각형 ABC의 내접원이고 세 점 D, E, F는 그 접점이다. $\overline{AB}$=15 cm, $\overline{AC}$=9 cm일 때, 원 O의 반지름의 길이는? [4점]

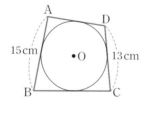

① 2 cm　　　　② $\dfrac{9}{4}$ cm　　　　③ $\dfrac{5}{2}$ cm

④ $\dfrac{11}{4}$ cm　　　　⑤ 3 cm

15

오른쪽 그림과 같이 원 O에 외접하는 □ABCD에서 $\overline{AB}$=15 cm, $\overline{CD}$=13 cm 이고 $\overline{AD}$: $\overline{BC}$=3 : 4일 때, $\overline{AD}$의 길이는? [4점]

① 10 cm　　　　② 11 cm　　　　③ 12 cm

④ 13 cm　　　　⑤ 14 cm

16

오른쪽 그림과 같이 ∠A=∠B=90°인 사다리꼴 ABCD가 원 O에 외접한다. $\overline{AB}$=6 cm, $\overline{BC}$=12 cm일 때, □ABCD의 둘레의 길이는? [5점]

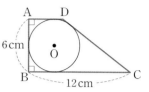

① 28 cm　　　　② 30 cm　　　　③ 32 cm

④ 34 cm　　　　⑤ 36 cm

17

오른쪽 그림과 같이 가로, 세로의 길이가 각각 10 cm, 8 cm인 직사각형 ABCD가 있다. 점 B를 중심으로 하고 $\overline{BA}$를 반지름으로 하는 사분원을 그린 뒤, 점 C에서 이 원에 그은 접선을 $\overline{CE}$, 그 접점을 F라 하자. 이때 $\overline{AE}$의 길이는? [5점]

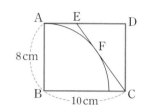

① 2 cm　　　　② $\dfrac{5}{2}$ cm　　　　③ 3 cm

④ $\dfrac{7}{2}$ cm　　　　⑤ 4 cm

18

오른쪽 그림과 같이 원 O는 $\overline{AB}$=18 cm, $\overline{AD}$=25 cm인 직사각형 ABCD의 세 변에 접하고 원 O′은 직사각형 ABCD의 두 변에 접한다. 두 원 O, O′이 외접할 때, 원 O′의 반지름의 길이는? [5점]

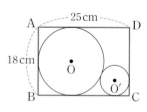

① 3 cm　　　　② $\dfrac{10}{3}$ cm　　　　③ $\dfrac{11}{3}$ cm

④ 4 cm　　　　⑤ $\dfrac{13}{3}$ cm

19

오른쪽 그림의 원 O에서 $\overline{CD}$는 원의 지름이고 $\overline{AB} \perp \overline{CD}$이다. $\overline{AB}$와 $\overline{CD}$의 교점 M에 대하여 $\overline{CM}=4$ cm, $\overline{MD}=8$ cm일 때, 현 AB의 길이를 구하시오. [4점]

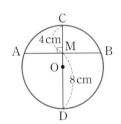

20

오른쪽 그림과 같이 중심이 같은 두 원에서 큰 원의 현 AB와 현 AC는 작은 원의 접선이고 두 점 P, Q는 그 접점이다. $\overline{AQ}=12$ cm, $\overline{BD}=6$ cm일 때, 작은 원의 반지름의 길이를 구하시오. [6점]

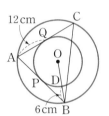

21

오른쪽 그림과 같이 △ABC의 외접원의 중심 O에서 세 변 AB, BC, CA에 내린 수선의 발을 각각 D, E, F라 하자. $\overline{OD}=\overline{OE}=\overline{OF}$이고 $\overline{AB}=10$ cm일 때, △ABC의 넓이를 구하시오. [6점]

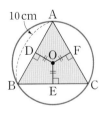

22

다음 그림에서 원 O는 ∠B=90°인 직각삼각형 ABC의 세 변과 $\overline{PQ}$에 접하고 네 점 D, E, F, G는 그 접점이다. $\overline{AB}=5$ cm, $\overline{AC}=13$ cm일 때, 다음 물음에 답하시오. [7점]

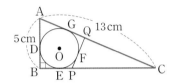

(1) 원 O의 반지름의 길이를 구하시오. [3점]

(2) △QPC의 둘레의 길이를 구하시오. [4점]

23

다음 그림에서 원 O는 직사각형 ABCD의 세 변과 $\overline{DE}$에 접한다. $\overline{DE}=17$ cm, $\overline{DC}=15$ cm일 때, $\overline{BE}$의 길이를 구하시오. [7점]

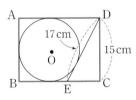

01

천재 변형

오른쪽 그림과 같은 원 O에서 두 현 AB, CD는 점 H에서 수직으로 만난다. $\overline{AH}=12$, $\overline{BH}=2$, $\overline{CH}=4$, $\overline{DH}=6$일 때, 원 O의 넓이를 구하시오.

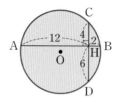

02

비상 변형

오른쪽 그림과 같이 반지름의 길이가 22 cm인 원 모양의 석쇠가 있다. 이 석쇠에서 평행한 두 개의 굵은 철사의 길이는 같고, 그 사이의 간격은 12 cm라 한다. 이때 평행한 두 굵은 철사의 길이의 합을 구하시오.

(단, 철사의 굵기는 생각하지 않는다.)

12 cm

03

신사고 변형

오른쪽 그림과 같이 반지름의 길이가 6 cm인 원 O에서 현 AB의 길이는 $6\sqrt{2}$ cm이다. 원 O 위를 움직이는 점 P에 대하여 △PAB의 넓이가 최대일 때, △PAB의 넓이를 구하시오.

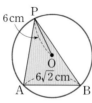

04

동아 변형

다음 그림과 같이 반지름의 길이가 각각 50 cm, 18 cm인 바퀴 2개가 벨트로 연결되어 있다. 작은 바퀴 쪽의 벨트의 연장선이 이루는 각의 크기가 54°일 때, 큰 바퀴에서 벨트가 닿지 않는 부분이 이루는 호의 길이를 구하시오. (단, 벨트의 두께는 생각하지 않는다.)

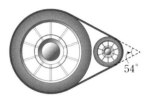

54°

05

천재 변형

오른쪽 그림과 같이 원 O가 육각형 ABCDEF의 각 변과 접할 때, 육각형의 둘레의 길이 l은 $l=2(\overline{BC}+\overline{DE}+\overline{AF})$이다. 그 이유를 서술하시오.

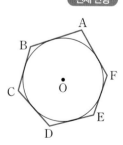

① 원과 직선

2 원주각

 단원별로 학습 계획을 세워 실천해 보세요.

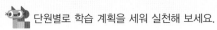

학습 날짜	월 일	월 일	월 일	월 일
학습 계획				
학습 실행도	0 ___ 100	0 ___ 100	0 ___ 100	0 ___ 100
자기 반성				

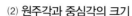

2 원주각

1 원주각과 중심각

(1) 원주각

원 O에서 $\overset{\frown}{AB}$ 위에 있지 않은 원 위의 한 점 P에 대하여 $\angle APB$ 를 $\overset{\frown}{AB}$에 대한 [(1)]이라 한다.

(2) 원주각과 중심각의 크기

한 원에서 한 호에 대한 원주각의 크기는 그 호에 대한 중심각의 크기의 $\dfrac{1}{2}$이다.

→ $\angle APB = \dfrac{1}{2} \angle AOB$

참고 한 호에 대한 중심각은 하나이지만 원주각은 무수히 많다.

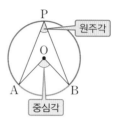

1 다음 그림의 원 O에서 $\angle x$의 크기를 구하시오.

(1)

(2)
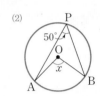

2 원주각의 성질

(1) 한 원에서 한 호에 대한 원주각의 크기는 모두 같다.

→ $\angle APB = \angle AQB = \angle ARB$

설명 $\angle APB$, $\angle AQB$, $\angle ARB$는 모두 $\overset{\frown}{AB}$에 대한 원주각이므로

$$\angle APB = \angle AQB = \angle ARB = \dfrac{1}{2} \angle AOB$$

(2) 반원에 대한 원주각의 크기는 90°이다.

→ $\overline{AB}$가 원 O의 지름이면 $\angle APB = $ [(2)]

설명 반원에 대한 중심각의 크기는 180°이므로

$$\angle APB = \dfrac{1}{2} \times 180° = 90°$$

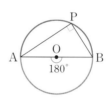

2 다음 그림의 원 O에서 $\angle x$의 크기를 구하시오.

(1)

(2)
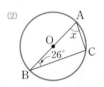

3 원주각의 크기와 호의 길이

한 원 또는 합동인 두 원에서

(1) 길이가 같은 호에 대한 원주각의 크기는 서로 같다.

→ $\overset{\frown}{AB} = \overset{\frown}{CD}$이면 $\angle APB = \angle CQD$

(2) 크기가 같은 원주각에 대한 호의 길이는 서로 같다.

→ $\angle APB = \angle CQD$이면 $\overset{\frown}{AB} = \overset{\frown}{CD}$

(3) 호의 길이는 그 호에 대한 원주각의 크기에 [(3)]한다.

3 다음 그림에서 x의 값을 구하시오.

(1)
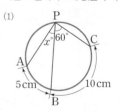

(2)
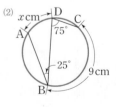

4 네 점이 한 원 위에 있을 조건

두 점 C, D가 직선 AB에 대하여 같은 쪽에 있을 때, $\angle ACB = \angle ADB$이면 네 점 A, B, C, D는 한 원 위에 있다.

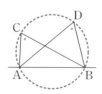

답 (1) 원주각 (2) 90° (3) 정비례

5 원에 내접하는 사각형의 성질

(1) 원에 내접하는 사각형의 한 쌍의 대각의 크기의 합은 $180°$이다.

→ $\angle A + \angle C = 180°$

$\angle B + \boxed{(4)} = 180°$

(2) 원에 내접하는 사각형의 한 외각의 크기는 그 외각에 이웃한 내각에 대한 대각의 크기와 같다.

→ $\angle DCE = \boxed{(5)}$

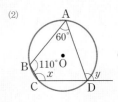

설명 (1) $\angle A = \dfrac{1}{2}\angle a$, $\angle C = \dfrac{1}{2}\angle b$이므로

$\angle A + \angle C = \dfrac{1}{2}(\angle a + \angle b) = \dfrac{1}{2} \times 360° = 180°$

같은 방법으로 $\angle B + \angle D = 180°$

(2) $\angle BCD + \angle DCE = 180°$이고 원에 내접하는 사각형의 한 쌍의 대각의 크기의 합은 $180°$이므로 $\angle A + \angle BCD = 180°$ ∴ $\angle DCE = \angle A$

6 사각형이 원에 내접하기 위한 조건

(1) 한 쌍의 대각의 크기의 합이 $180°$인 사각형은 원에 내접한다.

참고 직사각형, 정사각형, 등변사다리꼴은 한 쌍의 대각의 크기의 합이 $180°$이므로 항상 원에 내접한다.

(2) 한 외각의 크기가 그 외각에 이웃한 내각에 대한 대각의 크기와 같은 사각형은 원에 내접한다.

설명 □ABCD에서 $\angle A = \angle DCE$라 하면

$\angle BCD + \angle DCE = 180°$이므로 $\angle BCD + \angle A = 180°$

즉, 한 쌍의 대각의 크기의 합이 $180°$이므로 □ABCD는 원에 내접한다.

7 접선과 현이 이루는 각

(1) **접선과 현이 이루는 각**

원의 접선과 그 접점을 지나는 현이 이루는 각의 크기는 그 각의 내부에 있는 호에 대한 원주각의 크기와 같다.

→ $\overleftrightarrow{AT}$가 원 O의 접선이면 $\angle BAT = \angle BCA$

(2) **두 원에서 접선과 현이 이루는 각**

직선 PQ가 두 원의 공통인 접선이고 점 T가 접점일 때, 다음 각 경우에 대하여 $\overline{AB} \parallel \overline{DC}$가 성립한다.

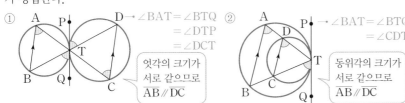

① → $\angle BAT = \angle BTQ$
$= \angle DTP$
$= \angle DCT$

엇각의 크기가 서로 같으므로 $\overline{AB} \parallel \overline{DC}$

② → $\angle BAT = \angle BTQ$
$= \angle CDT$

동위각의 크기가 서로 같으므로 $\overline{AB} \parallel \overline{DC}$

---

4 다음 그림에서 □ABCD가 원 O에 내접할 때, $\angle x$, $\angle y$의 크기를 각각 구하시오.

(1)
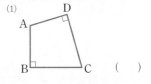

(2)
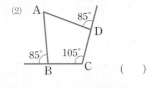

5 다음 그림의 □ABCD가 원에 내접하면 ○표, 내접하지 않으면 ×표를 하시오.

(1)
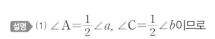
( )

(2)

( )

6 다음 그림에서 $\overrightarrow{AT}$는 원 O의 접선이고 점 A는 그 접점일 때, $\angle x$의 크기를 구하시오.

(1)
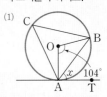

(2)
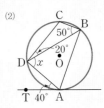

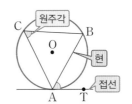

답 (4) $\angle D$ (5) $\angle A$

유형 01 원주각과 중심각의 크기 (1) [최다 빈출]

01

오른쪽 그림의 원 O에서
$\angle AOC = 110°$, $\angle BDC = 30°$일 때,
$\angle x$의 크기를 구하시오.

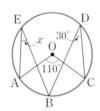

02

오른쪽 그림의 원 O에서
$\angle OAC = 18°$, $\angle OBC = 42°$일 때,
$\angle x$의 크기는?

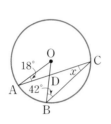

① 20° ② 22°
③ 24° ④ 25°
⑤ 27°

03

오른쪽 그림과 같이 반지름의 길이가
6 cm인 원 O에서 $\angle APB = 40°$일 때,
색칠한 부분의 넓이를 구하시오.

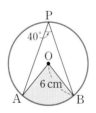

04

오른쪽 그림의 원 O에서
$\angle OBC = 43°$일 때, $\angle x$의 크기는?

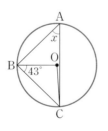

① 43° ② 45°
③ 47° ④ 49°
⑤ 51°

05

오른쪽 그림과 같이 원 O에 내접하는
□ABCD에서 $\angle ABC = 68°$일 때,
$\angle y - \angle x$의 크기는?

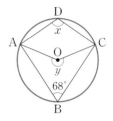

① 100° ② 102°
③ 110° ④ 112°
⑤ 120°

06

오른쪽 그림의 원 O에서
$\angle BCO = 70°$, $\angle AOC = 90°$일 때,
$\angle x$의 크기를 구하시오.

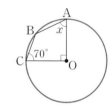

07

오른쪽 그림과 같이 $\overline{AB} = \overline{AC}$인 이등
변삼각형 ABC가 원 O에 내접하고 있
다. $\angle ABC = 25°$일 때, $\angle x$의 크기는?

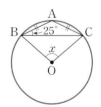

① 100° ② 105°
③ 110° ④ 115°
⑤ 120°

08

오른쪽 그림에서 점 P는 원 O의
두 현 AB와 CD의 연장선의 교
점이다. $\angle AOC = 36°$,
$\angle BOD = 86°$일 때, $\angle P$의 크
기를 구하시오.

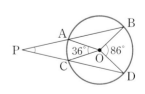

유형 **02** 원주각과 중심각의 크기 (2)

09 ●●

오른쪽 그림에서 $\overrightarrow{PA}$, $\overrightarrow{PB}$는 원 O의 접선이고 두 점 A, B는 그 접점이다. $\angle P = 40°$일 때, $\angle x$의 크기는?

① $60°$ ② $70°$ ③ $80°$

④ $90°$ ⑤ $100°$

10 ●●

오른쪽 그림에서 $\overline{PA}$, $\overline{PB}$는 원 O의 접선이고 두 점 A, B는 그 접점이다. $\angle P = 48°$일 때, $\angle x$의 크기를 구하시오.

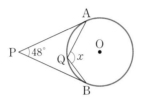

11 ●●

오른쪽 그림에서 △ABC는 원 O에 내접하고 $\overline{PA}$, $\overline{PB}$는 원 O의 접선이다. $\angle APB = 58°$일 때, 다음 중 옳지 <u>않은</u> 것은?

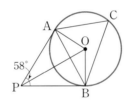

① $\angle PAO = 90°$ ② $\angle AOB = 122°$

③ $\angle ACB = 61°$ ④ $\angle OBA = 29°$

⑤ $\angle PAB = 63°$

유형 **03** 한 호에 대한 원주각의 크기   최다 빈출

12 ●●

오른쪽 그림에서 $\angle APB = 26°$, $\angle BQC = 24°$일 때, $\angle x$의 크기를 구하시오.

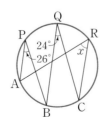

13 ●●●

오른쪽 그림의 원에서 $\angle ABD = 40°$, $\angle BPC = 70°$일 때, $\angle x$의 크기는?

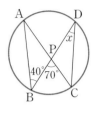

① $20°$ ② $25°$

③ $30°$ ④ $35°$

⑤ $40°$

14 ●●

오른쪽 그림의 원 O에서 $\angle AQC = 64°$, $\angle BOC = 90°$일 때, $\angle x$의 크기는?

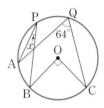

① $18°$ ② $19°$

③ $20°$ ④ $21°$

⑤ $22°$

15 ●●

오른쪽 그림에서 □ABCD가 원에 내접하고 $\angle ABD = 55°$, $\angle DAC = 30°$, $\angle APB = 80°$일 때, $\angle y - \angle x$의 크기를 구하시오.

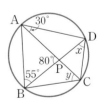

16 ●●

오른쪽 그림과 같이 두 현 AD, BC의 연장선의 교점을 P라 하자. $\angle P = 32°$, $\angle ACB = 61°$일 때, $\angle DBC$의 크기를 구하시오.

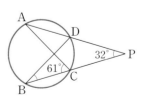

유형 **04** 반원에 대한 원주각의 크기

17 ··

오른쪽 그림에서 $\overline{BC}$는 원 O의 지름이고 $\angle ACB=32°$일 때, $\angle x$의 크기를 구하시오.

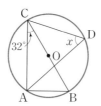

18 ··

오른쪽 그림에서 $\overline{AC}$는 원 O의 지름이고 $\angle ADB=57°$일 때, $\angle x$의 크기는?

① 29°　　② 31°

③ 33°　　④ 35°

⑤ 37°

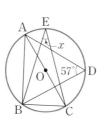

19 ··

오른쪽 그림에서 $\overline{AC}$는 원 O의 지름이고 $\angle APB=31°$일 때, $\angle x$의 크기는?

① 51°　　② 53°

③ 57°　　④ 59°

⑤ 61°

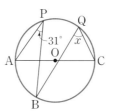

20 ··

오른쪽 그림의 반원 O에서 $\angle DOC=42°$일 때, $\angle x$의 크기를 구하시오.

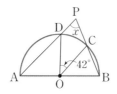

유형 **05** 원주각의 성질과 삼각비

21 ··

오른쪽 그림과 같이 반지름의 길이가 6 cm인 원 O에 내접하는 △ABC에서 $\overline{BC}=9$ cm일 때, $\cos A$의 값을 구하시오.

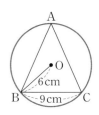

22 ··

오른쪽 그림에서 원 O는 △ABC의 외접원이다. $\angle BAC=60°$, $\overline{BC}=12$ cm일 때, 원 O의 반지름의 길이를 구하시오.

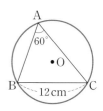

23 ··

오른쪽 그림에서 $\overline{AB}$는 원 O의 지름이다. $\angle CAB=30°$, $\overline{AC}=4\sqrt{3}$ cm일 때, 원 O의 넓이는?

① 4π cm² 　　② 8π cm²

③ 12π cm² 　④ 16π cm²

⑤ 20π cm²

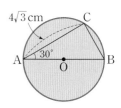

24 ···

오른쪽 그림과 같이 지름이 $\overline{AB}$인 원 O 위에 점 C를 잡고, $\overline{BC}$ 위의 한 점 D에서 $\overline{AB}$에 내린 수선의 발을 E라 하자. $\overline{AB}=10$, $\overline{AC}=6$이고 $\angle BDE=\angle x$라 할 때, $\sin x$의 값을 구하시오.

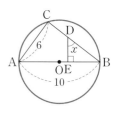

유형 06 원주각의 크기와 호의 길이 (1)

25 ●○○

오른쪽 그림에서 $\overset{\frown}{AB} = \overset{\frown}{CD}$이고 $\angle DBC = 34°$일 때, $\angle x$의 크기를 구하시오.

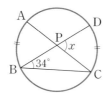

26 ●●○

오른쪽 그림과 같은 원 O에서 $\overset{\frown}{BC} = \overset{\frown}{CD}$이고 $\angle DAC = 20°$일 때, $\angle x + \angle y$의 크기를 구하시오.

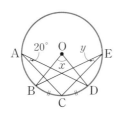

27 ●●○

오른쪽 그림과 같이 $\overline{AB}$를 지름으로 하는 반원 O에서 $\overset{\frown}{AP} = \overset{\frown}{CP}$이고 $\angle CAB = 50°$일 때, $\angle x$의 크기는?

① 20° ② 25° ③ 30°
④ 35° ⑤ 40°

28 ●●○

오른쪽 그림과 같은 원 O에서 $\overset{\frown}{BP} = \overset{\frown}{BC}$이고 $\angle BOP = 100°$, $\angle ABP = 20°$일 때, $\angle x$의 크기는?

① 100° ② 110°
③ 120° ④ 130°
⑤ 140°

유형 07 원주각의 크기와 호의 길이 (2)　　**최다 빈출**

29 ●●○

오른쪽 그림에서 점 P는 두 현 AC, BD의 교점이다. $\overset{\frown}{BC} = 8$ cm, $\angle ACD = 30°$, $\angle APB = 110°$일 때, $\overset{\frown}{AD}$의 길이는?

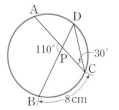

① 4 cm ② 5 cm
③ 6 cm ④ 7 cm
⑤ 8 cm

30 ●●○

오른쪽 그림의 원 O에서 $\overset{\frown}{AB} = 9$ cm이고 $\angle AOC = 80°$, $\angle BDC = 10°$일 때, x의 값은?

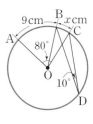

① 1 ② 2
③ 3 ④ 4
⑤ 5

31 ●●○

오른쪽 그림과 같이 두 현 AD, BC의 연장선의 교점을 P라 하자. $\overset{\frown}{AB} : \overset{\frown}{CD} = 3 : 1$이고 $\angle APB = 42°$일 때, $\angle x$의 크기는?

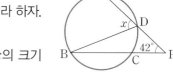

① 47° ② 53° ③ 57°
④ 59° ⑤ 63°

32 ●●
오른쪽 그림의 원 O에서 $\overline{OM} \perp \overline{AB}$, $\overline{ON} \perp \overline{AC}$이고 $\overline{OM} = \overline{ON}$이다. $\angle ABC = 70°$, $\overset{\frown}{AC} = 21\pi$일 때, $\overset{\frown}{BC}$의 길이를 구하시오.

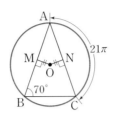

33 ●●●
오른쪽 그림에서 $\overline{AB}$, $\overline{DE}$는 원 O의 지름이다. $\overline{CB} /\!/ \overline{DE}$이고 $\angle AED = 20°$, $\overset{\frown}{BC} = 10 \text{ cm}$일 때, $\overset{\frown}{AD}$의 길이는?

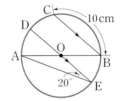

① 3 cm ② 4 cm
③ 5 cm ④ 6 cm
⑤ 7 cm

34 ●●●●
오른쪽 그림에서 $\overline{AB}$는 원 O의 지름이고 $\overset{\frown}{AC} : \overset{\frown}{BC} = 3 : 2$, $\overset{\frown}{AD} = \overset{\frown}{DE} = \overset{\frown}{EB}$일 때, $\angle x$의 크기는?

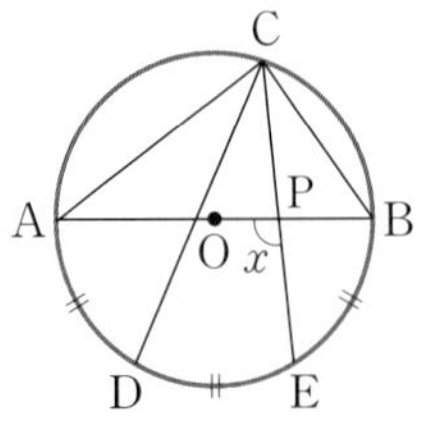

① 80° ② 84°
③ 88° ④ 92°
⑤ 96°

유형 **08** 원주각의 크기와 호의 길이 ⑶

35 ●●
오른쪽 그림에서 △ABC는 원 O에 내접하고 $\overset{\frown}{AB} : \overset{\frown}{BC} : \overset{\frown}{CA} = 3 : 4 : 5$일 때, $\angle A + \angle B - \angle C$의 크기를 구하시오.

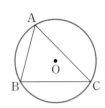

36 ●●
오른쪽 그림에서 점 P는 두 현 AC와 BD의 교점이다. $\angle BPC = 75°$이고 $\overset{\frown}{BC}$의 길이가 원의 둘레의 길이의 $\frac{1}{4}$일 때, $\angle ABP$의 크기를 구하시오.

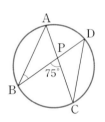

37 ●●
오른쪽 그림에서 점 P는 두 현 AC, BD의 교점이다. $\angle CPD = 80°$일 때, $\overset{\frown}{AB} + \overset{\frown}{CD}$의 길이는 이 원의 둘레의 길이의 몇 배인지 구하시오.

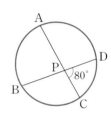

38 ●●●●
오른쪽 그림에서 점 P는 두 현 AC, BD의 교점이다. $\overset{\frown}{AB}$의 길이가 원의 둘레의 길이의 $\frac{1}{6}$이고 $\overset{\frown}{AB} : \overset{\frown}{CD} = 2 : 3$일 때, $\angle BPC$의 크기를 구하시오.

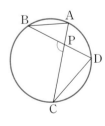

유형 09 네 점이 한 원 위에 있을 조건 <최다 빈출>

39 ••••

다음 중 네 점 A, B, C, D가 한 원 위에 있지 <u>않은</u> 것은?

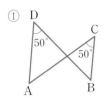 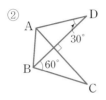 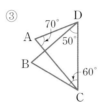

  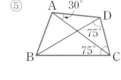

40 •••

오른쪽 그림에서 네 점 A, B, C, D 는 한 원 위에 있다. ∠ABD=45°, ∠BDC=65°일 때, ∠x의 크기를 구하시오.

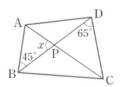

41 ••

오른쪽 그림에서 네 점 A, B, C, D 는 한 원 위에 있고 점 P는 $\overline{AD}$, $\overline{BC}$ 의 연장선의 교점이다.
∠ACP=23°, ∠DBC=75°일 때, ∠x의 크기를 구하시오.

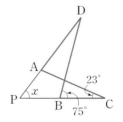

유형 10 원에 내접하는 사각형의 성질 (1)

42 •

오른쪽 그림과 같이 □ABCD가 원 O에 내접할 때, ∠x의 크기를 구하시오.

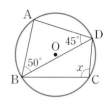

43 •

오른쪽 그림에서 $\overline{AB}$는 원 O의 지름이다. ∠D=110°일 때, ∠x의 크기는?

① 20° ② 25°
③ 30° ④ 35°
⑤ 40°

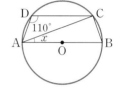

44 ••

오른쪽 그림의 원 O에서 ∠C=55°일 때, ∠x+∠y의 크기는?

① 110° ② 125°
③ 140° ④ 155°
⑤ 180°

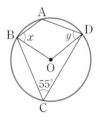

45 ••

오른쪽 그림과 같이 $\overline{AB}=\overline{AC}$인 △ABC는 원 O에 내접한다.
∠BAC=52°일 때, ∠APB의 크기를 구하시오.

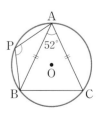

46

오른쪽 그림과 같이 □ABCE와 □ABDE가 원 O에 내접한다. $\overline{AC}$가 원 O의 지름이고 ∠ABD=70°, ∠BPE=80°일 때, ∠EAB의 크기는?

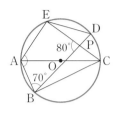

① 108° ② 110° ③ 112°
④ 116° ⑤ 120°

유형 11 원에 내접하는 사각형의 성질 (2)

47

오른쪽 그림과 같이 원 O에 내접하는 □ABCD에서 ∠BOD=120°일 때, ∠x의 크기를 구하시오.

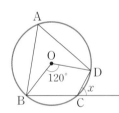

48

오른쪽 그림과 같이 □ABCD가 원에 내접하고 점 P는 두 현 AD, BC의 연장선의 교점이다. ∠P=26°, ∠ABP=76°일 때, ∠y−∠x의 크기는?

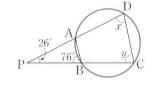

① 2° ② 3° ③ 5°
④ 8° ⑤ 10°

49

오른쪽 그림과 같이 □ABCD가 원에 내접하고 ∠BAD=102°, ∠DBC=52°, ∠ACD=30°일 때, ∠x+∠y의 크기를 구하시오.

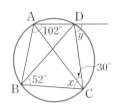

50

오른쪽 그림과 같이 원에 내접하는 □ABCD에서 ∠A=2∠C, ∠D=∠A−15°일 때, ∠ABE의 크기는?

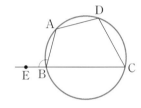

① 100° ② 105°
③ 110° ④ 115°
⑤ 120°

51

오른쪽 그림과 같이 □ABCD가 원에 내접하고 ∠ADB=42°, ∠BAC=63°, ∠BCD=102°일 때, ∠x+∠y의 크기를 구하시오.

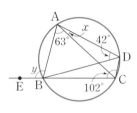

52

오른쪽 그림에서 $\overline{BC}=\overline{CE}$이고 ∠BAE=140°일 때, ∠y−∠x의 크기를 구하시오.

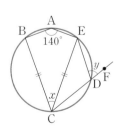

•정답 및 풀이 25쪽

유형12 원에 내접하는 다각형

53 ••

오른쪽 그림과 같이 원 O에 내접하는 오각형 ABCDE에서 ∠ABC=110°, ∠COD=46°일 때, ∠AED의 크기를 구하시오.

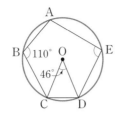

54 ••

오른쪽 그림과 같이 원 O에 내접하는 오각형 ABCDE에서 ∠COD=34°일 때, ∠B+∠E의 크기는?

① 187°　　② 189°

③ 193°　　④ 197°

⑤ 201°

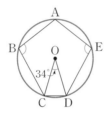

55 •••

오른쪽 그림과 같이 원에 내접하는 육각형 ABCDEF에서 ∠A+∠C+∠E의 크기는?

① 300°　　② 330°

③ 360°　　④ 390°

⑤ 420°

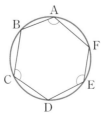

유형13 원에 내접하는 사각형과 외각의 성질　최다 빈출

56 ••

오른쪽 그림에서 □ABCD는 원에 내접하고 ∠ADC=130°, ∠Q=35°일 때, ∠x의 크기를 구하시오.

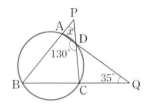

57 ••

오른쪽 그림에서 □ABCD는 원에 내접하고 ∠P=52°, ∠ABC=46°일 때, ∠x의 크기를 구하시오.

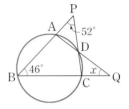

58 ••

오른쪽 그림에서 □ABCD는 원에 내접하고 ∠P=34°, ∠Q=22°일 때, ∠x의 크기를 구하시오.

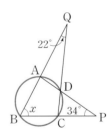

59 •••

오른쪽 그림에서 □ABCD는 원 O에 내접하고 ∠P=53°, ∠Q=27°일 때, ∠BAD의 크기는?

① 110°　　② 115°

③ 120°　　④ 125°

⑤ 130°

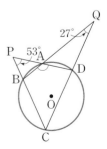

유형 **14** 두 원에서 내접하는 사각형의 성질의 활용

60 ●●●

오른쪽 그림과 같이 두 원이 두 점 P, Q에서 만나고 □ABCD가 두 점 P, Q를 지난다. ∠A=80°일 때, ∠x의 크기는?

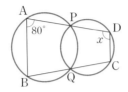

① 80° ② 90°
③ 100° ④ 110°
⑤ 120°

61 ●●

오른쪽 그림과 같이 두 원 O, O′이 두 점 P, Q에서 만나고 □ABCD가 두 점 P, Q를 지난다. ∠CDP=98°일 때, ∠x의 크기를 구하시오.

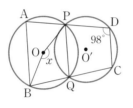

62 ●●

오른쪽 그림과 같이 두 원 O, O′이 두 점 E, F에서 만나고 □ABCD가 두 점 E, F를 지난다. ∠A=80°, ∠B=95°일 때, ∠x−∠y의 크기는?

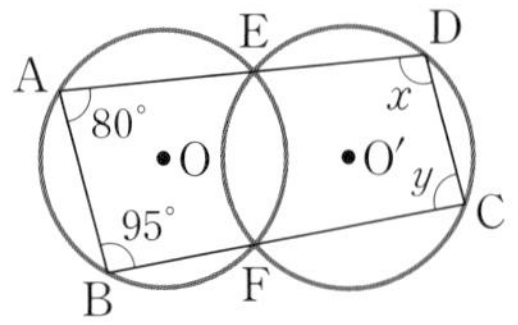

① 5° ② 10° ③ 12°
④ 15° ⑤ 18°

유형 **15** 사각형이 원에 내접하기 위한 조건

63 ●

다음 중 □ABCD가 원에 내접하는 것을 모두 고르면?

(정답 2개)

① 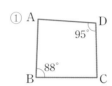 ②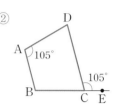

③ 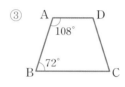 ④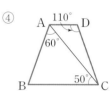

⑤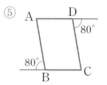

64 ●●

오른쪽 그림에서 ∠DAC=30°, ∠ADC=115°일 때, □ABCD가 원에 내접하도록 하는 ∠x의 크기를 구하시오.

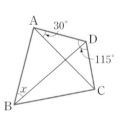

65 ●●

오른쪽 그림에서 ∠ADC=125°, ∠DFC=32°일 때, □ABCD가 원에 내접하도록 하는 ∠x의 크기를 구하시오.

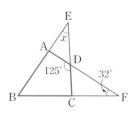

66 ..

오른쪽 그림에서
$\angle DAC = 55°$, $\angle ABD = 20°$,
$\angle DCE = 130°$일 때,
□ABCD가 원에 내접하도록
하는 $\angle x$, $\angle y$에 대하여 $\angle x + \angle y$의 크기는?

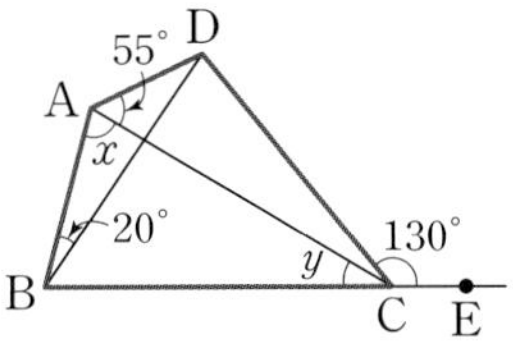

① 95°   ② 97°   ③ 100°
④ 103°   ⑤ 105°

67 ..

다음 보기에서 항상 원에 내접하는 사각형을 모두 고른 것은?

보기
ㄱ. 사다리꼴   ㄴ. 등변사다리꼴
ㄷ. 평행사변형   ㄹ. 직사각형
ㅁ. 마름모   ㅂ. 정사각형

① ㄱ, ㄴ, ㄷ   ② ㄱ, ㄷ, ㅂ   ③ ㄴ, ㄷ, ㅁ
④ ㄴ, ㄹ, ㅂ   ⑤ ㄱ, ㄴ, ㄹ, ㅁ

유형 16 접선과 현이 이루는 각   최다 빈출

68 ..

오른쪽 그림에서 직선 BD는 원 O의
접선이고 점 B는 그 접점이다.
$\angle CBD = 63°$일 때, $\angle OCB$의 크기는?

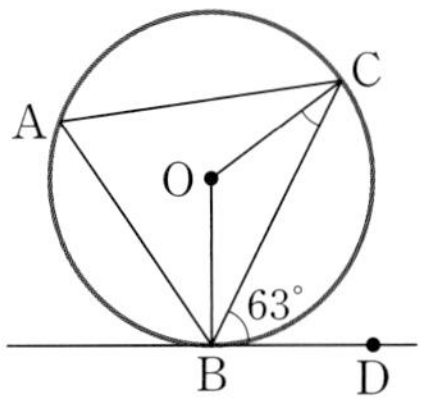

① 18°   ② 20°
③ 23°   ④ 25°
⑤ 27°

69 ..

오른쪽 그림에서 직선 BT는 원
O의 접선이고 점 B는 그 접점이
다. $\angle ATB = 32°$,
$\angle ACB = 72°$일 때, $\angle CAB$의
크기는?

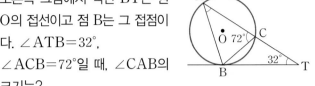

① 40°   ② 42°   ③ 45°
④ 48°   ⑤ 50°

70 ..

오른쪽 그림과 같이 원 O에 내접하
는 □ABCD에서 직선 CT는 원
O의 접선이고 점 C는 그 접점이다.
$\angle BAD = 95°$, $\angle BDC = 30°$일
때, $\angle DCT$의 크기를 구하시오.

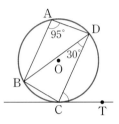

71 ..

오른쪽 그림에서 직선 PQ는 원 O의
접선이고 점 B는 그 접점이다.
$\overarc{AB} : \overarc{BC} = 4 : 5$, $\angle CAB = 60°$일
때, $\angle ABP + \angle CBQ$의 크기는?

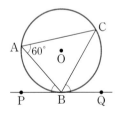

① 108°   ② 112°
③ 114°   ④ 116°
⑤ 118°

72 ..

오른쪽 그림에서 $\overrightarrow{PT}$는 원
의 접선이고 점 T는 그 접
점이다. $\angle CAT = 35°$,
$\angle ABT = 125°$일 때,
$\angle P$의 크기를 구하시오.

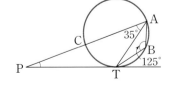

73 ··

오른쪽 그림에서 직선 AT는 원 O의 접선이고 점 A는 그 접점이다. $\overline{AB}=\overline{AD}$이고 ∠DAT=40°일 때, ∠$x$의 크기는?

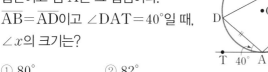

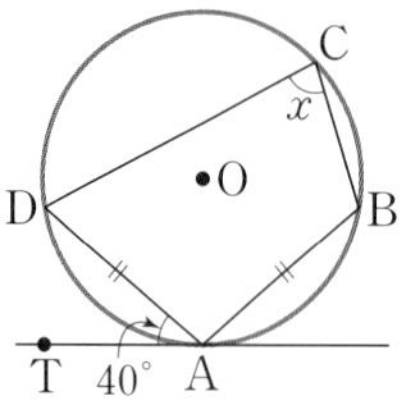

① 80° ② 82°

③ 84° ④ 86°

⑤ 88°

74 ··

오른쪽 그림에서 □ABCD는 원에 내접하고 두 직선 l, m은 각각 두 점 B, D에서 원에 접한다. ∠BCD=82° 일 때, ∠x + ∠y의 크기를 구하시오.

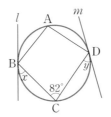

75 ···

오른쪽 그림에서 직선 XY는 두 원의 공통인 접선이고 점 B는 그 접점이다. 큰 원의 현 AC와 작은 원의 접점을 D라 하고 ∠CAB=60°, ∠ACB=28°일 때, ∠x의 크기는?

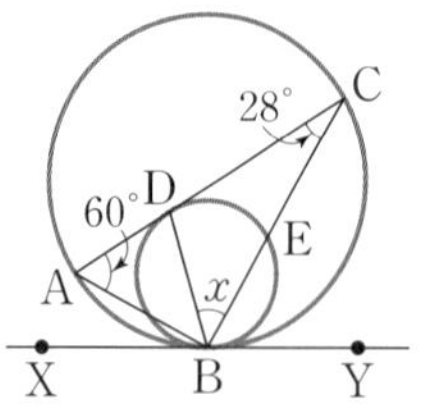

① 40° ② 42° ③ 44°

④ 46° ⑤ 48°

유형 17 접선과 현이 이루는 각의 활용 (1)

76 ··

오른쪽 그림에서 $\overrightarrow{PT}$는 원 O의 접선이고 점 T는 그 접점이다. $\overline{AB}$가 원 O의 지름이고 ∠BTC=70°일 때, ∠BPT의 크기를 구하시오.

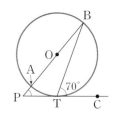

77 ··

오른쪽 그림에서 직선 BT는 원 O의 접선이고 점 B는 그 접점이다. $\overline{AD}$가 원 O의 지름이고 ∠BCD=112°일 때, ∠ABT의 크기는?

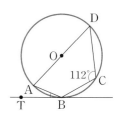

① 20° ② 22° ③ 26°

④ 29° ⑤ 32°

78 ···

오른쪽 그림에서 $\overline{AB}$는 원 O의 지름이고 점 T는 $\overline{AB}$의 연장선 위의 점 P에서 원 O에 그은 접선의 접점이다. ∠ACT=65°일 때, ∠x의 크기를 구하시오.

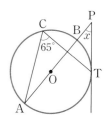

79 ···

오른쪽 그림에서 $\overrightarrow{PT}$는 원 O의 접선이고 점 T는 그 접점이다. $\overline{AB}$가 원 O의 지름이고 $\overline{PT}=\overline{TB}=8$ cm일 때, $\overline{PB}$의 길이를 구하시오.

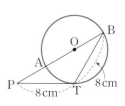

●정답 및 풀이 28쪽

유형 18 접선과 현이 이루는 각의 활용 (2)

80 ••

오른쪽 그림에서 $\overrightarrow{PA}$, $\overrightarrow{PB}$는 원 O 의 접선이고 두 점 A, B는 그 접점이다. ∠P=58°, ∠CAD=74°일 때, ∠CBE의 크기를 구하시오.

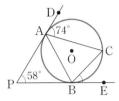

81 ••

오른쪽 그림에서 원 O는 △ABC 의 내접원이면서 △DEF의 외접 원이고 세 점 D, E, F는 그 접점이다. ∠A=60°, ∠B=48°일 때, ∠x의 크기는?

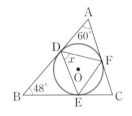

① 51° ② 52° ③ 53°
④ 54° ⑤ 55°

82 •••

다음 그림에서 $\overrightarrow{PA}$, $\overrightarrow{PB}$는 원 O의 접선이고 두 점 A, B는 그 접점이다. $\overset{\frown}{AC}=\overset{\frown}{BC}$이고 ∠P=24°일 때, ∠CBE의 크기는?

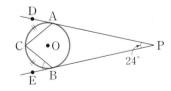

① 50° ② 51° ③ 52°
④ 53° ⑤ 54°

유형 19 두 원에서 접선과 현이 이루는 각

83 ••

다음 중 $\overline{AC}$ // $\overline{BD}$가 아닌 것은?

①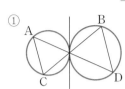

②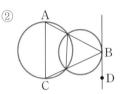

③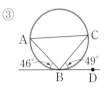

④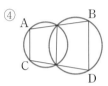

⑤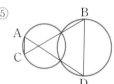

84 •••

오른쪽 그림에서 직선 PQ는 두 원의 공통인 접선이고 점 T는 그 접점이다. ∠BAT=45°, ∠CDT=70°일 때, ∠x의 크기는?

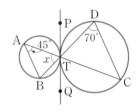

① 45° ② 50° ③ 55°
④ 60° ⑤ 65°

85 •••

오른쪽 그림에서 $\overleftrightarrow{PQ}$는 점 T에서 접하는 두 원의 공통인 접선이다. ∠ABT=50°, ∠ADC=115°일 때, ∠x의 크기를 구하시오.

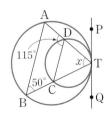

01

오른쪽 그림에서 점 P는 두 현 AC와 BD의 교점이다. $\overset{\frown}{AB}$의 길이는 원주의 $\frac{1}{4}$이고, $\overset{\frown}{CD}$의 길이는 원주의 $\frac{1}{9}$일 때, $\angle x$의 크기를 구하시오. [6점]

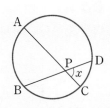

채점 기준 1 $\angle ACB$의 크기 구하기 ⋯ 2점

오른쪽 그림과 같이 $\overline{BC}$를 그으면

$\overset{\frown}{AB}$의 길이는 원주의 $\boxed{}$이므로

$\angle ACB = 180° \times \boxed{} = \underline{}$

채점 기준 2 $\angle DBC$의 크기 구하기 ⋯ 2점

$\overset{\frown}{CD}$의 길이는 원주의 $\boxed{}$이므로

$\angle DBC = 180° \times \boxed{} = \underline{}$

채점 기준 3 $\angle x$의 크기 구하기 ⋯ 2점

$\triangle BCP$에서 $\angle x = \underline{} + \underline{} = \underline{}$

01-1
숫자 바꾸기

오른쪽 그림에서 점 P는 두 현 AC와 BD의 교점이다. $\overset{\frown}{AB}$의 길이는 원의 둘레의 길이의 $\frac{1}{5}$이고 $\overset{\frown}{AB} : \overset{\frown}{CD} = 3 : 4$일 때, $\angle x$의 크기를 구하시오. [6점]

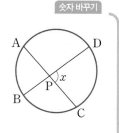

채점 기준 1 $\angle ADB$의 크기 구하기 ⋯ 2점

채점 기준 2 $\angle DAC$의 크기 구하기 ⋯ 2점

채점 기준 3 $\angle x$의 크기 구하기 ⋯ 2점

01-2
응용 서술형

오른쪽 그림에서 점 P는 두 현 AC와 BD의 교점이다. $\overline{AC}$는 원 O의 지름이고 $\overset{\frown}{AB}$의 길이는 원주의 $\frac{1}{6}$이다. $\overline{AB} = 2$ cm일 때, 원 O의 반지름의 길이를 구하시오. [7점]

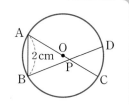

02

오른쪽 그림에서 □ABCD가 원에 내접하고 $\angle B = 50°$, $\angle P = 35°$일 때, $\angle Q$의 크기를 구하시오. [6점]

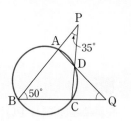

채점 기준 1 $\angle CDQ$의 크기 구하기 ⋯ 2점

□ABCD가 원에 내접하므로 $\angle CDQ = \angle\boxed{} = \underline{}$

채점 기준 2 $\angle Q$의 크기 구하기 ⋯ 4점

$\triangle PBC$에서 $\angle PCQ = \underline{} + \underline{} = \underline{}$

$\triangle DCQ$에서 $\underline{}$ ∴ $\angle Q = \underline{}$

02-1
조건 바꾸기

오른쪽 그림에서 □ABCD가 원에 내접하고 $\angle P = 30°$, $\angle ADC = 125°$일 때, $\angle Q$의 크기를 구하시오. [6점]

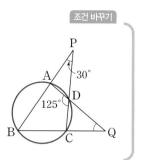

채점 기준 1 $\angle B$의 크기 구하기 ⋯ 2점

채점 기준 2 $\angle Q$의 크기 구하기 ⋯ 4점

03

다음 그림에서 $\overline{PA}$, $\overline{PB}$는 원 O의 접선이고 두 점 A, B는 그 접점이다. $\angle P = 38°$일 때, $\angle x$, $\angle y$의 크기를 각각 구하시오. [4점]

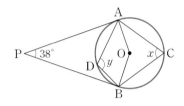

04

오른쪽 그림에서 점 P는 두 현 AB, CD의 교점이다. $\overarc{AC} = 6$ cm이고 $\angle ADC = 20°$, $\angle DPB = 60°$일 때, $\overarc{BD}$의 길이를 구하시오. [4점]

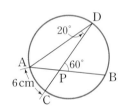

05

오른쪽 그림과 같이 $\overline{AB}$를 지름으로 하는 반원 O에서 $\angle COD = 50°$일 때, $\angle P$의 크기를 구하시오. [6점]

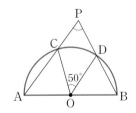

06

오른쪽 그림에서 네 점 A, B, C, D는 한 원 위에 있고 $\angle DAC = 80°$, $\angle D = 30°$일 때, $\angle x$, $\angle y$의 크기를 각각 구하시오. [4점]

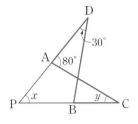

07

오른쪽 그림에서 □ABCD는 원 O에 내접하고 $\overline{AC}$는 원 O의 지름이다. $\angle BAC = 65°$, $\angle DCE = 115°$일 때, $\angle ABD$의 크기를 구하시오. [6점]

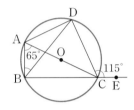

08

아래 그림에서 $\overline{BC}$는 원 O의 지름이고 $\overline{PA}$는 점 A를 접점으로 하는 원 O의 접선이다. $\angle PBA = 35°$일 때, 다음 물음에 답하시오. [7점]

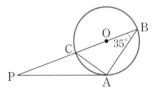

(1) $\angle CAP$의 크기를 구하시오. [2점]

(2) $\angle BAC$의 크기를 구하시오. [2점]

(3) $\angle P$의 크기를 구하시오. [3점]

실전! 중단원 학교 시험 1회

학교 선생님들이 출제하신 진짜 학교 시험 문제예요!

01

오른쪽 그림과 같은 원 O에서 $\angle x + \angle y$의 크기는? [3점]

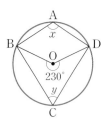

① 160° ② 165°
③ 170° ④ 175°
⑤ 180°

02

다음 그림에서 $\overline{PA}$, $\overline{PB}$는 각각 원 O의 접선이고 두 점 A, B는 그 접점이다. $\angle P = 40°$일 때, $\angle x$의 크기는? [4점]

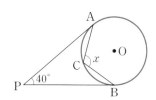

① 100° ② 110° ③ 120°
④ 130° ⑤ 140°

03

다음 그림에서 점 P는 두 현 AD, BC의 연장선의 교점이다. $\angle P = 28°$, $\angle DBC = 58°$일 때, $\angle ACB$의 크기는? [3점]

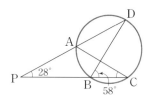

① 24° ② 26° ③ 28°
④ 30° ⑤ 32°

04

오른쪽 그림에서 $\overline{AB}$는 원 O의 지름이고 $\angle ADE = 37°$일 때, $\angle ECB$의 크기는? [3점]

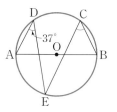

① 45° ② 47°
③ 49° ④ 51°
⑤ 53°

05

오른쪽 그림과 같이 반지름의 길이가 5인 원 O에 내접하는 $\triangle ABC$에서 $\overline{BC} = 6$일 때, $\cos A$의 값은? [4점]

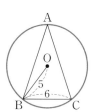

① $\frac{3}{5}$ ② $\frac{2}{3}$
③ $\frac{3}{4}$ ④ $\frac{4}{5}$
⑤ $\frac{5}{6}$

06

오른쪽 그림과 같은 원 O에서 $\widehat{BC} = \widehat{CD} = 4\text{ cm}$이고 $\angle COD = 82°$일 때, $\angle x$의 크기는? [3점]

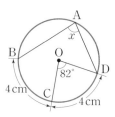

① 82° ② 83°
③ 84° ④ 85°
⑤ 86°

07

오른쪽 그림과 같이 두 현 AB, CD의 연장선의 교점을 P라 하자. $\overset{\frown}{BD} : \overset{\frown}{AC} = 1 : 5$이고 $\angle P = 48°$일 때, $\angle x$의 크기는? [4점]

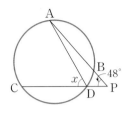

① 48°   ② 52°   ③ 56°

④ 60°   ⑤ 64°

08

오른쪽 그림의 원 O에서 $\overset{\frown}{AB} : \overset{\frown}{BC} : \overset{\frown}{CA} = 4 : 5 : 6$일 때, $\angle x$의 크기는? [4점]

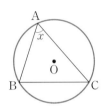

① 45°   ② 50°

③ 55°   ④ 60°

⑤ 65°

09

다음 중 네 점 A, B, C, D가 한 원 위에 있지 <u>않은</u> 것은? [3점]

①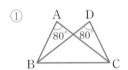

②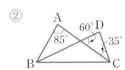

③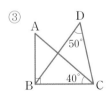

④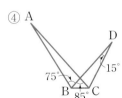

⑤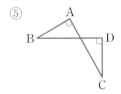

10

오른쪽 그림과 같이 □ABCD가 원에 내접하고 $\overset{\frown}{AE} = \overset{\frown}{ED}$, $\angle BCE = 80°$일 때, $\angle APE$의 크기는? [5점]

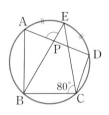

① 90°   ② 95°

③ 100°   ④ 105°

⑤ 110°

11

오른쪽 그림과 같이 □ABCD가 원 O에 내접하고 $\angle OBC = 40°$, $\angle DAC = 28°$일 때, $\angle x$의 크기는? [4점]

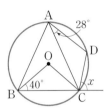

① 68°   ② 73°

③ 78°   ④ 83°

⑤ 88°

12

오른쪽 그림과 같이 원 O에 내접하는 오각형 ABCDE에서 $\angle AOB = 84°$, $\angle AED = 122°$일 때, $\angle BCD$의 크기는? [4점]

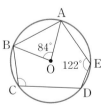

① 100°   ② 101°

③ 102°   ④ 103°

⑤ 104°

13

오른쪽 그림에서 □ABCD가
원에 내접하고 ∠P=32°,
∠Q=38°일 때, ∠x의 크기
는? [5점]

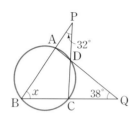

① 48°　　② 55°

③ 60°　　④ 64°

⑤ 76°

14

다음 그림과 같이 두 원 O, O′이 두 점 P, Q에서 만나
고 ∠ADC=95°일 때, ∠x의 크기는? [4점]

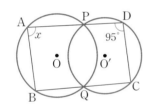

① 75°　　② 80°　　③ 85°

④ 90°　　⑤ 95°

15

오른쪽 그림에서
∠ABD=35°, ∠DAC=30°,
∠DCP=100°일 때,
□ABCD가 원에 내접하도록
하는 ∠x의 크기는? [4점]

① 100°　　② 105°　　③ 110°

④ 115°　　⑤ 120°

16

오른쪽 그림에서 $\overrightarrow{PQ}$는 $\overline{AB}$를
지름으로 하는 원 O의 접선이고,
점 C는 그 접점이다.
∠BCQ=65°일 때, ∠x의 크기
는? [4점]

① 40°　　② 45°　　③ 50°

④ 55°　　⑤ 60°

17

오른쪽 그림에서 $\overline{AB}$, $\overline{EB}$는
각각 두 반원 O, O′의 지름이
다. $\overline{AC}$가 반원 O′의 접선이고,
점 D는 그 접점일 때, ∠x의 크기는? [5점]

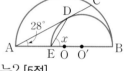

① 56°　　② 57°　　③ 58°

④ 59°　　⑤ 60°

18

오른쪽 그림에서 원 O는
△ABC의 내접원이면서
△DEF의 외접원이고 세 점
D, E, F는 그 접점이다.
∠B=40°, ∠EDF=50°일 때,
∠x의 크기는? [4점]

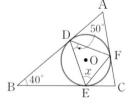

① 50°　　② 55°　　③ 60°

④ 65°　　⑤ 70°

19

오른쪽 그림의 원 O에서 ∠x의 크기를 구하시오. [4점]

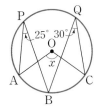

20

아래 그림에서 $\overline{AB}$는 원 O의 지름이고
$\overparen{AD} = \overparen{DE} = \overparen{EB}$, $\overparen{AC} : \overparen{BC} = 5 : 4$일 때, 다음 물음에 답하시오. [6점]

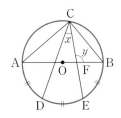

(1) ∠x의 크기를 구하시오. [3점]

(2) ∠y의 크기를 구하시오. [3점]

21

오른쪽 그림과 같이 $\overline{AB}$, $\overline{DE}$가 지름인 원 O에서 $\overline{CB} /\!/ \overline{DE}$이고 ∠AED=25°, $\overparen{BC}$=8 cm일 때, $\overparen{AD}$의 길이를 구하시오. [7점]

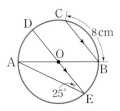

22

다음 그림에서 직선 PQ는 원 O의 접선이고 점 A는 그 접점이다. □ABCD는 원 O에 내접하고 ∠DAP=68°, ∠ADB=42°일 때, ∠x의 크기를 구하시오. [6점]

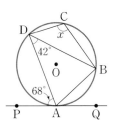

23

다음 그림에서 $\overline{PA}$는 원 O의 접선이고 점 A는 그 접점이다. ∠DCA=40°, ∠CBA=110°일 때, ∠P의 크기를 구하시오. [7점]

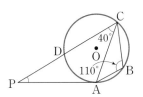

01

오른쪽 그림의 원 O에서
∠P=110°일 때, ∠x의 크기는?

[3점]

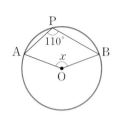

① 130°　　② 140°

③ 150°　　④ 160°

⑤ 170°

02

오른쪽 그림에서 $\overrightarrow{PA}$, $\overrightarrow{PB}$는
원 O의 접선이고 두 점 A,
B는 그 접점이다. ∠P=50°
일 때, ∠x의 크기는? [3점]

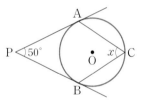

① 50°　　② 55°　　③ 60°

④ 65°　　⑤ 70°

03

오른쪽 그림에서 ∠DAC=45°,
∠APB=100°일 때, ∠x의 크기는?

[3점]

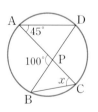

① 45°　　② 50°

③ 55°　　④ 60°

⑤ 65°

04

오른쪽 그림에서 $\overline{AB}$는 반원 O
의 지름이고 ∠DOE=40°일
때, ∠x의 크기는? [3점]

① 60°　　② 65°

③ 70°　　④ 75°

⑤ 80°

05

오른쪽 그림과 같이 원 O에 내접하는
△ABC에서 ∠A=45°이고 $\overline{BC}$=8
일 때, 원 O의 반지름의 길이는? [4점]

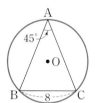

① 4　　② $4\sqrt{2}$

③ 6　　④ $4\sqrt{3}$

⑤ 8

06

오른쪽 그림에서 점 P는 원
의 두 현 AB와 CD의 연장
선의 교점이다.
$\overarc{AB}=\overarc{BC}=\overarc{CD}$이고
∠P=24°일 때, ∠x의 크기는? [5점]

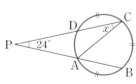

① 23°　　② 24°　　③ 25°

④ 26°　　⑤ 27°

07

오른쪽 그림에서 $\overline{AB}$는 원 O의
지름이고 ∠DAB=16°,
∠CAB=26°, $\overarc{AC}$=12 cm일
때, $\overarc{BD}$의 길이는? [4점]

① 2 cm   ② 3 cm

③ 4 cm   ④ 5 cm

⑤ 6 cm

08

오른쪽 그림에서 점 P는 두 현 AB,
CD의 교점이다. $\overarc{BD}$의 길이가 원주
의 $\dfrac{1}{5}$이고 $\overarc{AC}$: $\overarc{BD}$=7 : 3일 때,
∠x의 크기는? [4점]

① 96°   ② 104°   ③ 112°

④ 120°   ⑤ 132°

09

다음 그림에서 네 점 A, B, C, D는 한 원 위에 있다.
∠P=47°, ∠B=38°일 때, ∠x의 크기는? [4점]

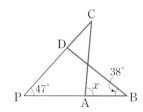

① 72°   ② 75°   ③ 80°

④ 83°   ⑤ 85°

10

오른쪽 그림과 같이 □ABCD가 원
O에 내접하고 ∠B : ∠D=4 : 5일
때, ∠D의 크기는? [3점]

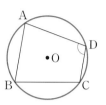

① 100°   ② 102°

③ 105°   ④ 107°

⑤ 110°

11

오른쪽 그림과 같이 원에 내
접하는 □ABCD에서
∠B=75°, ∠E=25°일 때,
∠x+∠y의 크기는? [4점]

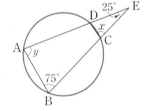

① 130°   ② 140°

③ 150°   ④ 160°

⑤ 170°

12

오른쪽 그림과 같이 원에 내접하는
오각형 ABCDE에서 ∠A=123°,
∠C=82°일 때, ∠EOD의 크기
는? [4점]

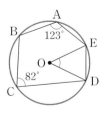

① 48°   ② 50°

③ 52°   ④ 54°

⑤ 56°

13

오른쪽 그림과 같이 육각형 ABCDEF가 원 O에 내접하고 ∠BCD=128°, ∠DEF=112°일 때, ∠FAB의 크기는? [4점]

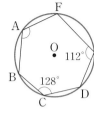

① 118°   ② 120°

③ 122°   ④ 124°

⑤ 126°

14

오른쪽 그림과 같이 두 원 O, O'이 두 점 P, Q에서 만나고 ∠ABQ=100°일 때, ∠x의 크기는? [4점]

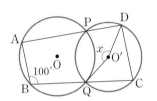

① 150°   ② 155°   ③ 160°

④ 165°   ⑤ 170°

15

다음 중 □ABCD가 원에 내접하는 것을 모두 고르면?

(정답 2개) [4점]

① 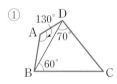   ②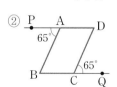

③ 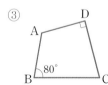   ④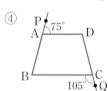

⑤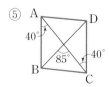

16

오른쪽 그림에서 $\overline{PC}$는 원의 접선이고, 점 C는 그 접점이다. ∠P=38°, $\overline{CP}=\overline{CB}$일 때, ∠$x$의 크기는? [4점]

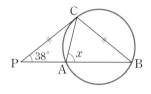

① 70°   ② 72°   ③ 74°

④ 76°   ⑤ 78°

17

오른쪽 그림에서 $\overline{PA}$는 원 O의 접선이고, 점 A는 그 접점이다. $\overline{PE}$는 ∠P의 이등분선이고 ∠BAC=70°일 때, ∠x의 크기는? [5점]

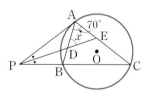

① 50°   ② 55°   ③ 60°

④ 65°   ⑤ 70°

18

오른쪽 그림과 같이 지름이 8 cm인 원 O에서 $\overline{PA}$는 원 O의 접선이고, 점 A는 그 접점이다. ∠B=30°일 때, △BPA의 넓이는? [5점]

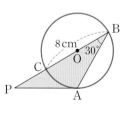

① $12\sqrt{3}$ cm²   ② $14\sqrt{3}$ cm²   ③ $16\sqrt{3}$ cm²

④ $20\sqrt{3}$ cm²   ⑤ $24\sqrt{3}$ cm²

19

오른쪽 그림에서 점 E는 두 현
AC, BD의 교점이다.
$\overparen{AD}$=5 cm, $\overparen{BC}$=10 cm이고
∠BEC=105°일 때, ∠x의 크기
를 구하시오. [4점]

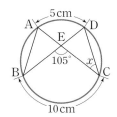

20

오른쪽 그림과 같이 원 O에 내접
하는 □ABCD에서 $\overline{BC}$가 원 O
의 지름이고 $\overparen{AB}=\overparen{AD}$,
∠ACB=34°일 때, ∠x의 크기
를 구하시오. [6점]

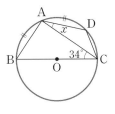

21

오른쪽 그림에서 직선 PQ는 원 O
의 접선이고 점 B는 그 접점이다.
$\overline{AC}$는 원 O의 지름이고 $\overline{DC}$∥$\overline{PQ}$,
∠ABP=25°일 때, ∠x의 크기
를 구하시오. [7점]

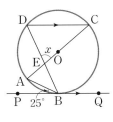

22

다음 그림에서 두 반직선 PA, PB는 원 O의 접선이고
두 점 A, B는 그 접점이다. $\overparen{AC}:\overparen{BC}$=2 : 3,
∠BAC=75°일 때, ∠x의 크기를 구하시오. [7점]

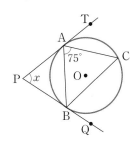

23

오른쪽 그림에서 원 O는
△ABC의 내접원이면서
△DEF의 외접원이고 세 점
D, E, F는 그 접점이다.
∠B=34°, ∠FDE=45°일
때, 다음 물음에 답하시오. [6점]

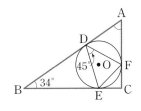

(1) ∠CEF, ∠CFE의 크기를 각각 구하시오. [4점]

(2) ∠C의 크기를 구하시오. [1점]

(3) ∠A의 크기를 구하시오. [1점]

교과서 속 특이 문제

● 정답 및 풀이 35쪽

중학교 수학 교과서 10종을 분석한 교과서별 출제 예상 문제예요!

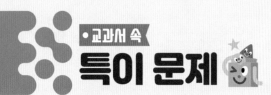

01

지학사 변형

오른쪽 그림은 원 위에 임의의 7개의 점을 잡고, 점 A에서부터 2개의 점을 건너뛰어 가면서 두 점을 연결하여 그린 별 모양이다. 그림에 표시된 7개의 각의 크기의 합을 구하시오.

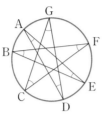

02

신사고 변형

오른쪽 그림과 같이 원 모양의 공연장의 한쪽에 무대가 있다. 이 공연장 가장자리의 한 지점 P에서 무대의 양 끝 지점 A, B를 바라본 각의 크기는 $30°$이고 $\overline{AB}$는 원의 현이다. $\overline{AB}=10$ m일 때, 무대를 제외한 공연장의 넓이를 구하시오.

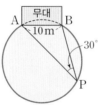

03

동아 변형

오른쪽 그림에서 □ABCD는 원 O에 내접한다. $\angle BCD=120°$이고, $\widehat{AB}=\widehat{AD}$, $\overline{BD}=6$ cm일 때, △ABD의 넓이를 구하시오.

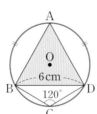

04

금성 변형

다음 그림에서 $\angle BAC=\angle BDC=90°$, $\angle APD=140°$이고, 점 O가 $\overline{BC}$의 중점일 때, $\angle AOD$의 크기를 구하시오.

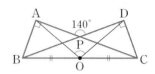

05

신사고 변형

다음 그림과 같이 원에 내접하는 □ABCD에서 대각선 AC의 연장선과 점 D를 접점으로 하는 접선의 교점을 E라 하자. $\overline{AC}=\overline{AD}$이고 $\angle AED=33°$일 때, $\angle B$의 크기를 구하시오.

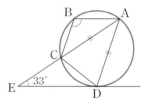

06

천재 변형

오른쪽 그림과 같이 점 A에서 원 O 위의 한 점 C를 지나는 접선에 내린 수선의 발을 P라 하자. $\overline{AB}$는 원 O의 지름이고 $\overline{AB}=16$, $\overline{AP}=9$일 때, $\overline{BC}$의 길이를 구하시오.

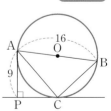

대푯값과 산포도

② 상관관계

🐱 단원별로 학습 계획을 세워 실천해 보세요.

학습 날짜	월 일	월 일	월 일	월 일
학습 계획				
학습 실행도	0 100	0 100	0 100	0 100
자기 반성				

1 대푯값과 산포도

1 대푯값

(1) **대푯값** : 자료 전체의 중심적인 경향이나 특징을 대표적으로 나타낸 값

(2) **평균** : 변량의 총합을 변량의 개수로 나눈 값

$$\rightarrow (\text{평균}) = \frac{(\text{변량})의 총합}{(\text{변량})의 개수}$$

(3) **중앙값** : 자료의 변량을 작은 값부터 크기순으로 나열할 때, 가운데 위치한 값

① 변량의 개수가 홀수이면 ➡ 가운데 위치한 값이 중앙값

② 변량의 개수가 짝수이면 ➡ 가운데 위치한 두 값의 ☐(1) 이 중앙값

참고 중앙값 구하기

❶ n개의 변량을 작은 값부터 크기순으로 나열한다.

❷ n이 홀수이면 $\frac{n+1}{2}$번째 변량이 중앙값이고

n이 짝수이면 $\frac{n}{2}$번째 변량과 $\left(\frac{n}{2}+1\right)$번째 변량의 평균이 중앙값이다.

(4) **최빈값** : 자료의 변량 중에서 가장 많이 나타나는 값

참고 최빈값은 변량이 중복되어 나타나는 자료나 숫자로 나타낼 수 없는 자료의 대푯값으로 많이 사용된다. 최빈값은 자료에 따라 두 개 이상일 수도 있다.

2 산포도

(1) **산포도** : 자료의 변량이 대푯값을 중심으로 흩어져 있는 정도를 하나의 수로 나타낸 값

➡ 변량들이 대푯값 주위에 모여 있을수록 산포도는 작고, 대푯값으로부터 멀리 흩어져 있을수록 산포도는 ☐(2).

(2) **편차** : 각 변량에서 평균을 뺀 값

$\boxed{(\text{편차}) = (\text{변량}) - (\text{평균})}$

① 편차의 총합은 항상 ☐(3) 이다.

② 평균보다 큰 변량의 편차는 양수이고, 평균보다 작은 변량의 편차는 음수이다.

③ 편차의 절댓값이 클수록 변량은 평균에서 멀리 떨어져 있고, 편차의 절댓값이 작을수록 변량은 평균 가까이에 있다.

(3) **분산** : 각 편차의 제곱의 평균

$$\rightarrow (\text{분산}) = \frac{(\text{편차})^2의 총합}{(\text{변량})의 개수}$$

(4) **표준편차** : 분산의 음이 아닌 제곱근

$$\rightarrow (\text{표준편차}) = \boxed{}$$

참고 편차, 표준편차의 단위는 변량의 단위와 같고, 분산에는 단위를 붙이지 않는다.

예 자료가 2, 3, 4, 5, 6인 경우

$$(\text{평균}) = \frac{2+3+4+5+6}{5} = \frac{20}{5} = 4$$

각 변량의 편차는 $-2, -1, 0, 1, 2$이므로

$$(\text{분산}) = \frac{(-2)^2+(-1)^2+0^2+1^2+2^2}{5} = \frac{10}{5} = 2$$

$$\therefore (\text{표준편차}) = \sqrt{2}$$

개념 check

1 다음 자료의 평균, 중앙값, 최빈값을 각각 구하시오.

(1) 6, 10, 7, 11, 6

(2) 2, 2, 3, 4, 5, 5

(3) 8, 9, 12, 9, 5, 8, 7, 6

2 다음은 은혁이네 모둠 학생 10명의 국어 성적을 조사하여 나타낸 줄기와 잎 그림이다. 은혁이네 반 학생들의 국어 성적의 중앙값과 최빈값을 각각 구하시오.

(6|0은 60점)

줄기	잎
6	0 5 9
7	0 6 8 8
8	2 8
9	4

3 아래 표는 학생 5명의 윗몸 일으키기 횟수에 대한 편차를 나타낸 것이다. 다음 물음에 답하시오.

학생	A	B	C	D	E
편차(회)	-6	x	3	1	-2

(1) x의 값을 구하시오.

(2) 윗몸 일으키기 횟수의 평균이 14회일 때, B의 윗몸 일으키기 횟수를 구하시오.

4 다음은 어느 반 학생 5명의 수학 성적을 조사하여 나타낸 것이다. 평균과 표준편차를 각각 구하시오.

(단위 : 점)

96, 88, 92, 90, 94

답 (1) 평균 (2) 크다 (3) 0 (4) $\sqrt{(\text{분산})}$

•정답 및 풀이 36쪽

시험에 꼭 나오는 기출 유형

전국 1000여 개 학교 시험 문제를 분석하여 출제율 높은 문제만 선별했어요!

유형 01 평균

01

3개의 변량 a, b, c의 평균이 8일 때, 5개의 변량 9, a, b, c, 12의 평균은?

① 6   ② 7   ③ 8
④ 9   ⑤ 10

02

다음 표는 어느 반 학생 10명의 수학 성적을 조사하여 나타낸 것이다. 이 학생들의 수학 성적의 평균을 구하시오.

수학 성적(점)	60	70	80	90	100
학생 수(명)	1	2	4	2	1

03

다음은 어떤 야구 선수의 5년에 걸친 홈런 수를 조사하여 나타낸 것이다. 홈런 수의 평균이 41개일 때, x의 값은?

(단위 : 개)

38,	52,	x,	33,	43

① 38   ② 39   ③ 40
④ 41   ⑤ 42

04

4개의 변량 a, b, c, d의 평균이 8일 때, 4개의 변량 $2a-1$, $2b-1$, $2c-1$, $2d-1$의 평균은?

① 3   ② 8   ③ 15
④ 16   ⑤ 24

유형 02 중앙값   최다 빈출

05

다음은 수정이네 모둠 학생 8명이 일년 동안 관람한 영화의 수를 조사하여 나타낸 것이다. 이 모둠 학생들이 일년 동안 관람한 영화의 수의 중앙값은?

(단위 : 편)

3,	6,	12,	11,	7,	3,	1,	8

① 6편   ② 6.5편   ③ 7편
④ 7.5편   ⑤ 8편

06

다음은 어느 동아리 학생들의 신발 크기를 조사하여 나타낸 줄기와 잎 그림이다. 이 동아리 학생들의 신발 크기의 중앙값을 구하시오.

(24|0은 240 mm)

줄기	잎
24	0 0 5 5 5 5
25	0 0 0 0 0 5
26	0 0 0 5 5
27	0 0 0 0 5 5 5

07

도연이네 모둠 6명의 미술 수행 평가 성적을 작은 값부터 크기 순으로 나열했을 때, 4번째 학생의 미술 수행 평가 성적은 18점이고 중앙값은 17점이라 한다. 이 모둠에 미술 수행 평가 성적이 16점인 학생이 들어오면 7명의 미술 수행 평가 성적의 중앙값은 어떻게 변화하는가?

① 중앙값은 처음보다 2점 감소한다.
② 중앙값은 처음보다 1점 감소한다.
③ 중앙값은 처음과 같다.
④ 중앙값은 처음보다 1점 증가한다.
⑤ 중앙값은 처음보다 2점 증가한다.

유형 03 최빈값

08.

오른쪽 표는 수빈이네 반 학생들의 필기구의 개수를 조사하여 나타낸 것이다. 필기구의 개수의 최빈값은?

필기구(개)	학생 수(명)
4	8
5	10
6	6
7	6
8	2

① 4개　　　② 5개

③ 6개　　　④ 7개

⑤ 8개

09.

다음은 민재네 반 학생 16명의 줄넘기 횟수를 측정하여 줄기와 잎 그림으로 나타낸 것이다. 줄넘기 횟수의 최빈값을 구하시오.

(1|4는 14회)

줄기	잎
1	4　6
2	0　2　6　6
3	2　6　7　7　7
4	1　4　6
5	2　4

10.

다음은 A반과 B반 학생들이 일년 동안 문화 예술 공연을 관람한 횟수를 조사하여 나타낸 것이다. A반의 최빈값을 a회, B반의 최빈값을 b회라 할 때, $a+b$의 값은?

(단위 : 회)

| A반 : 0, | 2, | 3, | 6, | 3, | 1, | 5 |
| B반 : 1, | 2, | 7, | 4, | 2, | 2, | 8 |

① 2　　　② 3　　　③ 4

④ 5　　　⑤ 6

유형 04 자료에서 대푯값 구하기

11.

다음 표는 지호의 일주일 동안의 독서 시간을 조사하여 나타낸 것이다. 일주일 동안의 독서 시간의 평균을 x분, 중앙값을 y분이라 할 때, $x-y$의 값은?

요일	월	화	수	목	금	토	일
시간(분)	30	44	52	45	64	95	90

① 5　　　② 6　　　③ 7

④ 8　　　⑤ 9

12.

다음 자료에 대한 설명으로 옳은 것은?

| 9, | 7, | 30, | 12, | 8, | 10, | 5, | 11 |

① 평균은 11이다.

② 중앙값은 10이다.

③ 평균과 중앙값은 같다.

④ 중앙값을 대푯값으로 하는 것이 가장 적절하다.

⑤ 평균을 대푯값으로 하는 것이 가장 적절하다.

13.

오른쪽 그림은 남학생 15명의 1분 동안의 턱걸이 횟수를 측정하여 나타낸 막대그래프이다. 이 자료의 평균, 중앙값, 최빈값을 각각 a회, b회, c회라 할 때, $15a+b+c$의 값을 구하시오.

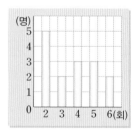

14 ••

연아는 과녁에 활을 11차례 쏘아 오른쪽 그림과 같은 결과를 얻었다. 연아가 얻은 점수의 중앙값을 a점, 최빈값을 b점이라 할 때, $a+b$의 값을 구하시오.

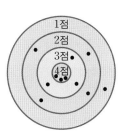

15 ••

다음은 서현이네 모둠 학생 7명의 하루 동안의 교육 방송 시청 시간을 조사하여 나타낸 것이다. 평균, 중앙값, 최빈값 중 어느 것이 대푯값으로 가장 적절한지 말하시오.

(단위 : 분)

| 28, | 50, | 57, | 120, | 38, | 66, | 47 |

유형 05 대푯값이 주어졌을 때, 변량 구하기 최다 빈출

16 ••

재범이의 4회에 걸친 수학 시험 성적의 평균이 80점이었다. 5회째 시험에서 성적이 향상되어 5회까지의 평균이 4회까지의 평균보다 3점이 올랐다면 5회의 성적은 몇 점인가?

① 91점 ② 92점 ③ 93점
④ 94점 ⑤ 95점

17 ••

다음은 어느 항공사의 제주 노선에서 지난 일주일 동안 비행기 출발이 지연된 시간을 조사하여 작은 값부터 크기순으로 나열한 것이다. 평균이 12분이고 중앙값이 11분일 때, $b-a$의 값을 구하시오.

(단위 : 분)

| 8, | 9, | a, | b, | 11, | 16, | 20 |

18 ••

다음 자료의 평균과 최빈값이 모두 5일 때, 중앙값을 구하시오. (단, $a<b$)

| 3, | 5, | a, | 2, | b, | 7, | 3, | 7, | 5 |

19 ••

3개의 변량 3, 6, x의 중앙값이 6이고 3개의 변량 9, 13, x의 중앙값이 9일 때, 다음 중 x의 값이 될 수 <u>없는</u> 것은?

① 6 ② 7 ③ 8
④ 9 ⑤ 10

20 ••

실수주의

오른쪽은 봉사 동아리 회원 10명의 여름 방학 동안의 봉사 활동 시간을 조사하여 나타낸 줄기와 잎 그림이다. 봉사 활동 시간의 중앙값이 14시간이고 평균이 a시간, 최빈값이 b시간일 때, $a+b+k$의 값을 구하시오. (단, $3 \leq k \leq 5$)

(0 | 5는 5시간)

줄기	잎
0	5 5
1	3 3 k 5
2	2 2 5
3	2

21 •••

다음은 어느 농구 대표 팀 선수 12명의 키를 조사하여 나타낸 것이다. 이 자료의 중앙값과 최빈값이 같을 때, x의 값을 구하시오. (단, 최빈값은 한 개이다.)

(단위 : cm)

| 221, | 185, | 194, | 196, | 182, | 180, |
| 200, | 192, | 185, | x, | 194, | 210 |

22 •••

다음 조건을 모두 만족하는 두 수 a, b에 대하여 $a-b$의 값을 구하시오.

> (가) 10, 14, 9, 5, 16, a의 중앙값은 12이다.
> (나) 14, a, 8, b, 12의 최빈값은 14이고, 중앙값은 13이다.

유형 06 편차 　　　　　　　　　　　　　최다 빈출

23 ••

다음 표는 어느 반 학생 7명의 국어 성적의 편차를 조사하여 나타낸 것이다. 국어 성적의 평균이 86점일 때, 호준이의 국어 성적는?

학생	세민	정일	동준	호준	인표	은석	우식
편차(점)	7	-5	-4		2	0	-3

① 83점　　　　② 85점　　　　③ 86점

④ 87점　　　　⑤ 89점

24 ••

다음 표는 어느 반 학생 6명의 몸무게와 편차를 조사하여 나타낸 것이다. $x+y$의 값을 구하시오.

학생	A	B	C	D	E	F
몸무게(kg)	56	63	65	y	58	57
편차(kg)	-3	x	6	-4	-1	-2

25 ••

5개의 변량 1, 3, 7, x, y의 평균이 4이고 x의 편차가 y의 편차보다 1만큼 작을 때, xy의 값을 구하시오.

26 •••

아래 표는 서희네 반 학생 5명의 음악 실기 성적에 대한 편차를 조사하여 나타낸 것이다. 다음 중 옳지 <u>않은</u> 것은?

학생	A	B	C	D	E
편차(점)	3	-2	-4	1	x

① x의 값은 2이다.
② 학생 E의 점수는 평균 점수보다 높다.
③ 점수가 가장 높은 학생은 A이다.
④ 학생 D의 점수는 두 학생 B, C의 점수의 평균보다 높다.
⑤ 평균보다 점수가 높은 학생은 2명이다.

유형 07 분산과 표준편차 　　　　　　　　최다 빈출

27 ••

다음은 절약이네 집의 1월부터 5월까지의 가스 사용량을 조사하여 나타낸 표이다. 가스 사용량의 분산은?

월	1	2	3	4	5
사용량(m³)	31	42	24	26	22

① 51.2　　　　② 51.6　　　　③ 52.2

④ 52.6　　　　⑤ 53.2

28 ••

다음 표는 A, B, C, D, E 5명의 학생들의 키의 편차를 조사하여 나타낸 것이다. 5명의 키의 표준편차는?

학생	A	B	C	D	E
편차(cm)	3	-1	0	x	-3

① 1 cm　　　　② $\sqrt{2}$ cm　　　　③ 2 cm

④ $\sqrt{3}$ cm　　　　⑤ 3 cm

29 ●●●

5개의 변량 4, 8, 11, 9, x의 평균이 9일 때, 분산은?

① 8.4　　　② 8.6　　　③ 8.8

④ 9　　　⑤ 9.2

30 ●●

다음 자료에 대한 설명으로 옳은 것은?

-4, 9, 4, -2, 8, 7, 0, -1, 6

① 평균은 2이다.

② 분산은 30이다.

③ 표준편차는 $\dfrac{\sqrt{186}}{3}$이다.

④ 각 변량들의 편차의 절댓값의 합은 40이다.

⑤ 각 변량들의 편차의 제곱의 합은 190이다.

31 ●●●

준호는 4개의 변량을 보고 평균을 5, 분산을 30이라 계산한 후, 2개의 변량 5, 2를 6, 1로 잘못 보고 계산한 것을 발견하였다. 4개의 변량을 바르게 보고 계산한 평균을 m, 분산을 v라 할 때, $m+v$의 값을 구하시오.

32 ●●●

4개의 변량 a, b, c, d의 평균이 4이고 표준편차가 $2\sqrt{3}$일 때, $(a-4)^2+(b-4)^2+(c-4)^2+(d-4)^2$의 값은?

① 36　　　② 40　　　③ 42

④ 48　　　⑤ 50

33 ●●

5개의 변량 5, 8, x, y, 6의 평균이 7이고 분산이 2일 때, x^2+y^2의 값은?

① 110　　　② 120　　　③ 130

④ 140　　　⑤ 150

34 ●●●

3개의 수 x, y, z의 평균이 80이고 분산이 2일 때, x^2, y^2, z^2의 평균을 구하시오.

35 ●●●

다음 표는 어떤 선수가 4월부터 8월까지 매월 야구 시합에 출전한 횟수를 조사하여 나타낸 것이다. 한 달 출전 횟수의 평균이 14회이고 표준편차가 $\sqrt{6.8}$회일 때, $x-y$의 값은?

(단, $x>y$)

월	4	5	6	7	8
횟수(회)	10	x	12	y	16

① 1　　　② 2　　　③ 3

④ 4　　　⑤ 5

유형 09 변화된 변량의 평균, 분산, 표준편차

36 ●

학생 8명의 미술 수행 평가 성적을 모두 3점씩 올려줄 때, 다음 중 학생 8명의 성적에 대한 설명으로 옳은 것은?

① 평균과 표준편차 모두 변함없다.
② 평균은 변함없고, 표준편차는 3점 올라간다.
③ 평균과 표준편차 모두 3점씩 올라간다.
④ 평균은 3점 올라가고, 표준편차는 변함없다.
⑤ 평균은 3점 올라가고, 표준편차는 9점 올라간다.

37 ●●

민수의 1학기 중간고사 4개 과목의 성적의 평균은 80점, 표준편차는 3점이었다. 동일한 과목에 대하여 기말고사에서는 4개 과목 모두 점수가 5점씩 올랐다고 할 때, 기말고사 성적의 평균과 분산을 각각 구하시오.

38 ●●

다음 보기 중 3개의 변량 x, y, z에 대한 설명으로 옳은 것을 모두 고른 것은?

> **보기**
>
> ㄱ. $x+2$, $y+2$, $z+2$의 평균은 x, y, z의 평균보다 2만큼 크다.
> ㄴ. $x+2$, $y+2$, $z+2$의 분산은 x, y, z의 분산과 같다.
> ㄷ. $2x$, $2y$, $2z$의 분산은 x, y, z의 분산의 2배이다.

① ㄱ
② ㄴ
③ ㄱ, ㄴ
④ ㄴ, ㄷ
⑤ ㄱ, ㄴ, ㄷ

39 ●●

3개의 변량 a, b, c의 평균이 3, 분산이 2일 때, $3a$, $3b$, $3c$의 분산을 구하시오.

유형 10 평균이 같은 두 집단 전체의 평균과 표준편차

40 ●●

다음 표는 민서네 반과 수아네 반의 영어 성적의 평균과 분산을 조사하여 나타낸 것이다. 두 반을 합친 전체 학생의 영어 성적의 분산은?

	학생 수(명)	평균(점)	분산
민서네 반	20	70	25
수아네 반	20	70	9

① 16
② 17
③ 18
④ 19
⑤ 20

41 ●●

오른쪽 표는 어느 학급 남학생과 여학생의 과학 성적에 대한 평균, 표준편차를 조사하여 나타낸

	남학생	여학생
평균(점)	80	80
표준편차(점)	$2\sqrt{2}$	2
학생 수(명)	5	15

것이다. 이 학급 전체 학생의 과학 성적의 표준편차를 구하시오.

42 ●●

남학생 6명과 여학생 4명의 수면 시간을 조사한 결과 수면 시간의 평균은 같고 분산은 각각 9, 4일 때, 전체 학생 10명의 수면 시간의 분산을 구하시오.

43 •••

A 모둠 8명의 수학 성적과 B 모둠 12명의 수학 성적은 평균이 같고 표준편차가 각각 a점, $\sqrt{6}$점이다. A, B 두 모둠 전체의 수학 성적의 표준편차가 $2\sqrt{2}$점일 때, a의 값을 구하시오.

유형 11 자료의 분석   최다 빈출

44 ••

아래 표는 어느 중학교 3학년 5개 반의 국어 성적의 평균과 표준편차를 조사하여 나타낸 것이다. 다음 중 옳은 것은?

(단, 각 반의 학생 수는 모두 같다.)

	1반	2반	3반	4반	5반
평균(점)	81	85	83	87	85
표준편차(점)	2.4	3.6	1.5	4.4	6.3

① 3반의 성적이 가장 우수하다.

② 2반과 5반은 성적의 분포가 같다.

③ 최고점을 기록한 학생은 4반에 있다.

④ 가장 성적이 고른 반은 3반이다.

⑤ 점수가 80점 이상인 학생은 1반보다 5반이 더 많다.

45 ••

다음 표는 A, B, C, D, E 다섯 학급에 대한 학업성취도 평가 성적의 평균과 표준편차를 조사하여 나타낸 것이다. 다섯 학급 중 성적이 가장 고른 학급을 구하시오.

(단, 각 학급의 학생 수는 모두 같다.)

학급	A	B	C	D	E
평균(점)	77	79	81	80	85
표준편차(점)	1.5	1.2	0.9	1.6	1.7

46 ••

학생 5명의 일주일 동안의 공부 시간의 평균과 표준편차가 다음 표와 같을 때, 공부 시간이 가장 불규칙한 학생은?

학생	A	B	C	D	E
평균(시간)	12	10	15	18	9
표준편차(시간)	1.2	1.0	0.9	1.3	1.1

① A   ② B   ③ C

④ D   ⑤ E

47 ••

아래 표는 각각 5명의 학생으로 구성된 A, B 두 모둠의 수학 성적을 조사하여 나타낸 것이다. 다음 보기에서 옳은 것을 모두 고른 것은?

A 모둠(점)	72	70	88	86	84
B 모둠(점)	62	68	80	90	100

보기

ㄱ. A 모둠의 평균은 80점이다.

ㄴ. B 모둠의 평균은 A 모둠의 평균보다 높다.

ㄷ. B 모둠의 분산은 A 모둠의 분산보다 크다.

ㄹ. A 모둠의 성적은 B 모둠의 성적보다 고르다.

① ㄱ, ㄴ   ② ㄷ, ㄹ   ③ ㄱ, ㄷ, ㄹ

④ ㄴ, ㄷ, ㄹ   ⑤ ㄱ, ㄴ, ㄷ, ㄹ

48 •••

다음은 두 양궁 선수 A, B가 각각 9번의 활을 쏜 결과이다. A, B 두 선수의 점수의 표준편차를 각각 구하고, 두 선수 중 어느 선수의 점수가 더 고르다고 할 수 있는지 말하시오.

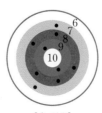

[A 선수]   [B 선수]

01

다음은 준표네 반 학생 6명이 일주일 동안 받은 벌점을 조사하여 나타낸 것이다. 일주일 동안 받은 벌점의 표준편차를 구하시오. [4점]

(단위 : 점)

14, 12, 5, 9, 2, 18

채점 기준 1 평균 구하기 … 1점

$(평균) = \underline{\hspace{4cm}} = \underline{\hspace{1cm}} (점)$

채점 기준 2 분산 구하기 … 2점

$(분산) = \underline{\hspace{4cm}} = \underline{\hspace{1cm}}$

채점 기준 3 표준편차 구하기 … 1점

$\therefore (표준편차) = \sqrt{(\boxed{})} = \underline{\hspace{1cm}} (점)$

01-1

숫자 바꾸기

다음은 시은이네 반 학생 7명의 영어 듣기평가 성적을 조사하여 나타낸 것이다. 영어 듣기평가 성적의 표준편차를 구하시오. [4점]

(단위 : 점)

17, 5, 18, 19, 14, 14, 18

채점 기준 1 평균 구하기 … 1점

채점 기준 2 분산 구하기 … 2점

채점 기준 3 표준편차 구하기 … 1점

02

4개의 변량 x, y, 3, 9의 평균이 6이고 분산이 6일 때, x, y, 2, 14의 분산을 구하시오. [6점]

채점 기준 1 $x+y$의 값 구하기 … 1점

x, y, 3, 9의 평균이 6이므로 $\dfrac{x+y+\boxed{}+\boxed{}}{4} = \underline{\hspace{1cm}}$

$\therefore x+y = \underline{\hspace{1cm}}$ …… ㉠

채점 기준 2 x^2+y^2의 값 구하기 … 2점

분산이 6이므로 $\dfrac{(x-6)^2+(y-6)^2+(\boxed{})^2+\boxed{}^2}{4} = \underline{\hspace{1cm}}$

$x^2+y^2-\boxed{}(x+y)+\underline{\hspace{1cm}} = 0$

위의 식에 ㉠을 대입하면 $x^2+y^2 = \underline{\hspace{1cm}}$

채점 기준 3 x, y, 2, 14의 평균 구하기 … 1점

x, y, 2, 14의 평균은

$\dfrac{x+y+2+14}{4} = \dfrac{\boxed{}+16}{4} = \underline{\hspace{1cm}}$

채점 기준 4 x, y, 2, 14의 분산 구하기 … 2점

따라서 분산은

$\dfrac{(x-7)^2+(y-7)^2+(\boxed{})^2+\boxed{}^2}{4}$

$= \dfrac{x^2+y^2-\boxed{}(x+y)+\boxed{}}{4} = \underline{\hspace{1cm}}$

02-1

숫자 바꾸기

4개의 변량 x, y, 4, 6의 평균이 5이고 분산이 5일 때, x, y, 1, 5의 분산을 구하시오. [6점]

채점 기준 1 $x+y$의 값 구하기 … 1점

채점 기준 2 x^2+y^2의 값 구하기 … 2점

채점 기준 3 x, y, 1, 5의 평균 구하기 … 1점

채점 기준 4 x, y, 1, 5의 분산 구하기 … 2점

●정답 및 풀이 42쪽

03

다음은 경찬이네 반 학생 30명이 영어 단어시험 100문제 중 맞힌 문제의 개수를 조사하여 나타낸 것이다. 이 자료의 중앙값을 a개, 최빈값을 b개라 할 때, $a-b$의 값을 구하시오.

[6점]

(단위 : 개)

24,	33,	23,	56,	30,	34,	83,	63,	77,	98
62,	43,	32,	45,	26,	94,	85,	34,	40,	62
99,	39,	66,	26,	26,	89,	59,	40,	66,	49

04

어떤 5개의 자연수의 평균이 6, 중앙값이 6, 최빈값이 4일 때, 분산을 구하시오. [7점]

05

다음 표는 6개 지역의 중학생 100명씩을 대상으로 자율 동아리 활동에 참여하는 학생 수를 조사하여 나타낸 것이다. 동아리 활동에 참여하는 학생 수의 표준편차를 구하시오. [6점]

지역	충청 북도	충청 남도	전라 북도	전라 남도	경상 북도	경상 남도
학생 수 (명)	36	37	33	44	45	33

06

어느 모둠 학생 6명의 팔굽혀펴기 기록의 평균은 13회이고 표준편차는 2회이다. 기록이 각각 9회, 17회인 2명의 학생이 이 모둠에 왔을 때, 전체 학생 8명의 팔굽혀펴기 기록의 표준편차를 구하시오. [6점]

07

3개의 변량 a, b, c의 평균이 8이고 분산이 2일 때, $2a+5$, $2b+5$, $2c+5$의 평균과 분산을 각각 구하시오. [6점]

08

희찬이네 모둠 학생들이 쪽지 시험을 본 결과 남학생 3명의 점수의 평균과 여학생 4명의 점수의 평균은 같았고, 표준편차는 각각 $\sqrt{5}$점, $2\sqrt{3}$점이었다. 전체 학생 7명의 쪽지 시험 점수의 표준편차를 구하시오. [6점]

실전! 중단원
학교 시험 1회

학교 선생님들이 출제하신 진짜 학교 시험 문제예요!

01

3개의 변량 a, b, c의 평균이 8일 때, 5개의 변량 a, b, c, 4, 7의 평균은? **[3점]**

① 5 ② 6 ③ 7
④ 8 ⑤ 9

02

다음은 제형이네 반 학생 24명의 키를 조사하여 나타낸 줄기와 잎 그림이다. 제형이네 반 학생의 키의 중앙값은? **[3점]**

(16|3은 163 cm)

줄기	잎
16	3 5 6 8 9
17	0 1 2 2 3 4 4 5 5 6 7 8 9 9
18	0 1 1 3 5

① 173 cm ② 173.5 cm ③ 174 cm
④ 174.5 cm ⑤ 175 cm

03

다음 보기 중 중앙값과 최빈값에 대한 설명으로 옳은 것을 모두 고른 것은? **[3점]**

보기
ㄱ. 중앙값은 항상 자료의 변량 중 하나이다.
ㄴ. 최빈값은 항상 1개이다.
ㄷ. 자료의 변량 중 매우 크거나 매우 작은 값이 있는 경우에는 중앙값을 대푯값으로 사용하는 것이 적절하다.
ㄹ. 자료가 수량으로 나타나지 않는 경우에는 최빈값을 대푯값으로 사용하는 것이 유용하다.

① ㄱ, ㄷ ② ㄱ, ㄹ ③ ㄴ, ㄷ
④ ㄴ, ㄹ ⑤ ㄷ, ㄹ

04

다음 표는 두 다이빙 선수 A, B가 각각 2번씩 다이빙을 하여 10명의 심사위원에게 얻은 점수를 조사하여 나타낸 것이다. A 선수의 점수의 최빈값을 a점, B 선수의 점수의 최빈값을 b점이라 할 때, $a+b$의 값은? **[4점]**

(단위 : 개)

	8점	8.5점	9점	9.5점	10점
A 선수	2	4	x	6	1
B 선수	5	y	6	3	2

① 16.5 ② 17 ③ 17.5
④ 18 ⑤ 18.5

05

다음 자료의 평균이 6이고 최빈값이 4일 때, 중앙값은? **[4점]**

3, a, 4, 7, b, 10, 9

① 4 ② 4.5 ③ 5
④ 5.5 ⑤ 6

06

어느 중학교 3학년 학생 A, B, C, D, E의 몸무게의 평균은 78 kg이고, 중앙값은 77 kg이다. 학생 E 대신 몸무게가 83 kg인 학생 F를 포함한 5명의 몸무게의 평균이 79 kg일 때, 학생 A, B, C, D, F의 몸무게의 중앙값은? **[5점]**

① 77 kg ② 77.5 kg ③ 78 kg
④ 78.5 kg ⑤ 79 kg

07

다음은 어느 볼링 동호회 회원 6명의 나이를 조사하여 만든 것이다. 다음 중 이 자료의 편차가 <u>아닌</u> 것은? [4점]

(단위 : 살)

29,	25,	30,	28,	29,	27

① −3살   ② −2살   ③ −1살
④ 0살   ⑤ 1살

08

아래 표는 성진이가 양궁 대회에 출전해 5경기를 치르는 동안의 점수에 대한 편차를 조사하여 나타낸 것이다. 성진이의 점수의 평균이 345점일 때, 다음 중 옳은 것은?

[4점]

경기	1	2	3	4	5
편차(점)	−13	x	8	4	7

① x의 값은 −7이다.
② 세 번째 경기의 점수는 337점이다.
③ 평균보다 점수가 높은 경기는 첫 번째, 두 번째 경기이다.
④ 첫 번째 경기의 점수가 가장 낮다.
⑤ 중앙값은 세 번째 경기의 점수와 같다.

09

다음은 학생 5명의 통학 시간을 조사하여 나타낸 것이다. 통학 시간의 분산은? [3점]

(단위 : 분)

15,	7,	4,	8,	6

① 10   ② 11   ③ 12
④ 13   ⑤ 14

10

다음은 프로야구팀 A, B, C의 최근 3경기 동안의 득점을 수직선 위에 나타낸 것이다. A, B, C팀의 득점의 표준편차를 각각 a점, b점, c점이라 할 때, a, b, c의 대소 관계는? [3점]

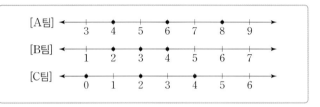

① $a=b=c$ ② $a=c<b$ ③ $b<a=c$
④ $b<c<a$ ⑤ $c<b<a$

11

5개의 변량 9, 12, 15, a, b의 평균과 분산이 모두 10일 때, ab의 값은? [4점]

① 45   ② 46   ③ 47
④ 48   ⑤ 49

12

밑면의 가로의 길이가 x, 세로의 길이가 y, 높이가 5인 직육면체의 12개의 모서리의 길이의 평균이 3이고 분산이 $\frac{8}{3}$일 때, xy의 값은? [5점]

① $\frac{7}{4}$ ② 2   ③ 3
④ $\frac{15}{4}$ ⑤ 4

13

다음 그림은 어느 모둠의 지필 평가와 수행 평가 성적을 나타낸 막대그래프이다. 지필 평가의 분산이 수행 평가의 분산의 3배일 때, 자연수 a, b에 대하여 $\dfrac{b}{a}$의 값은? [5점]

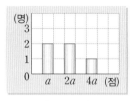

[지필 평가]　　　　[수행 평가]

① 1　　　　　② 2　　　　　③ 3
④ 4　　　　　⑤ 5

14

영현이의 2학기 중간고사 6개 과목의 성적의 평균은 75점, 표준편차는 5점이다. 기말고사에는 6개 과목 모두 점수가 5점씩 올랐다고 할 때, 기말고사 6개 과목의 성적의 평균과 분산을 차례대로 구하면? [4점]

① 75점, 10　　② 75점, 25　　③ 80점, 5
④ 80점, 10　　⑤ 80점, 25

15

어느 학급의 남학생과 여학생의 수학 시험 성적의 평균과 표준편차가 다음 표와 같을 때, 이 학급 전체 학생의 수학 시험 성적의 표준편차는? [4점]

	남학생	여학생
평균(점)	70	70
표준편차(점)	8	3
학생 수(명)	16	24

① $\sqrt{31}$ 점　　② $4\sqrt{2}$ 점　　③ $\sqrt{33}$ 점
④ $\sqrt{34}$ 점　　⑤ $\sqrt{35}$ 점

16

평균이 6이고 표준편차가 $2\sqrt{2}$인 5개의 변량에 2, 6, 10의 3개의 변량이 추가되었을 때, 전체 변량의 표준편차는? [4점]

① $2\sqrt{2}$　　　　② 3　　　　　③ $\sqrt{10}$
④ $\sqrt{11}$　　　　⑤ $2\sqrt{3}$

17

아래 표는 어느 중학교 3학년 4개 반의 국어 성적의 평균과 표준편차를 나타낸 것이다. 다음 중 옳은 것은? [4점]

반	1	2	3	4
평균(점)	73	68	75	70
표준편차(점)	2.4	1.8	2.1	1.5

① 1반보다 2반의 학생 수가 더 많다.
② 3반보다 4반의 국어 성적이 더 고르다.
③ 국어 성적이 가장 고른 반은 1반이다.
④ 국어 성적이 가장 낮은 학생은 2반에 있다.
⑤ 반별 국어 성적의 편차의 총합은 4반이 가장 작다.

18

아래 표는 프로 농구 A팀과 B팀이 치른 5번의 경기에서 양 팀의 자유투 성공 횟수를 조사하여 나타낸 것이다. 두 팀 모두 한 경기당 평균 자유투 성공 횟수가 12회일 때, 다음 보기 중 옳은 것을 모두 고른 것은? [4점]

(단위 : 회)

A팀	14	11	a	10	12
B팀	9	b	16	13	8

보기

ㄱ. a의 값이 b의 값보다 크다.
ㄴ. A팀의 자유투 성공 횟수의 분산은 2이다.
ㄷ. B팀의 자유투 성공 횟수의 표준편차는 3회이다.
ㄹ. 자유투 성공 횟수의 기복이 더 심한 팀은 B팀이다.

① ㄱ, ㄴ　　　② ㄱ, ㄹ　　　③ ㄴ, ㄷ
④ ㄴ, ㄹ　　　⑤ ㄷ, ㄹ

19

다음 표는 학생 20명의 영어 듣기평가 성적을 조사하여 나타낸 것이다. 이 학생들의 영어 듣기평가 성적의 평균을 구하시오. [4점]

점수(점)	4	8	12	16	20
학생 수(명)	2	5	4	x	3

20

다음 자료의 평균이 5일 때, 중앙값을 구하시오. [6점]

1,	x,	3,	8,	9,	5

21

4개의 변량 1, $a-2$, a, $2a-3$의 분산이 13일 때, 양수 a의 값을 구하시오. [6점]

22

3개의 변량 a, b, c의 평균이 7, 표준편차가 3일 때, 이차함수 $f(x)=(a-x)^2+(b-x)^2+(c-x)^2$에 대하여 $f(3)$의 값을 구하시오. [7점]

23

4개의 변량 a, b, c, d에 대하여 a, b와 c, d의 평균과 분산이 다음 표와 같을 때, a, b, c, d의 표준편차를 구하시오. [7점]

	a, b	c, d
평균	5	3
분산	16	4

실전! 중단원

학교 시험 2회

학교 선생님들이 출제하신 진짜 학교 시험 문제예요!

01

다음 표는 원필이의 일주일 동안의 공부 시간을 조사하여 나타낸 것이다. 공부 시간의 평균은? [3점]

요일	월	화	수	목	금	토	일
공부 시간(시간)	1	3	2	2	1	4	5

① $\frac{15}{7}$시간 ② $\frac{16}{7}$시간 ③ $\frac{17}{7}$시간
④ $\frac{18}{7}$시간 ⑤ $\frac{19}{7}$시간

02

3개의 변량 x, y, z의 평균이 7일 때, 5개의 변량 $2x$, $2y$, $2z$, 10, 8의 평균은? [4점]

① 10 ② 11 ③ 12
④ 13 ⑤ 14

03

7명의 학생의 몸무게를 조사하여 작은 값부터 크기순으로 나열했을 때 5번째 학생의 몸무게는 74 kg이고 중앙값은 71 kg였다. 몸무게가 77 kg인 학생을 추가하여 8명의 학생의 몸무게의 중앙값은? [4점]

① 71 kg ② 72.5 kg ③ 74 kg
④ 75.5 kg ⑤ 77 kg

04

다음은 학생 8명이 1년 동안 읽은 책의 권수를 조사하여 나타낸 것이다. 자료의 중앙값이 10권일 때, x의 값이 될 수 있는 가장 작은 값과 가장 큰 값의 합은? [4점]

(단위 : 권)

10, x, 14, 9, 11, 7, 10, 13

① 8 ② 9 ③ 10
④ 11 ⑤ 12

05

세 자료 A, B, C에 대한 설명으로 다음 중 옳지 않은 것을 모두 고르면? (정답 2개) [4점]

A	17,	18,	19,	20,	21,	22,	23
B	16,	17,	18,	18,	19,	20,	21
C	1,	19,	19,	20,	20,	21,	21

① 자료 A의 평균과 중앙값은 같다.
② 자료 B의 중앙값과 최빈값은 같다.
③ 자료 C의 중앙값은 19.5이다.
④ 자료 A는 최빈값을 대푯값으로 정하는 것이 가장 적절하다.
⑤ 자료 C는 중앙값을 대푯값으로 정하는 것이 가장 적절하다.

06

4회에 걸친 수학 시험 성적이 89점, 93점, 90점, 97점이다. 5회까지의 평균이 92점이 되었을 때, 5회에 받은 수학 시험 성적은 몇 점인가? [3점]

① 91점 ② 92점 ③ 93점
④ 94점 ⑤ 95점

07

변량 16, 20, 24, x, 22, 20, 22, 18의 중앙값은 x이다.
최빈값이 1개일 때, x의 값은? [4점]

① 16 　　　　② 18 　　　　③ 20

④ 22 　　　　⑤ 24

08

다음 표는 프로축구 선수 A, B, C, D, E 5명의 한 시즌의 페널티킥 성공 횟수에 대한 편차를 조사하여 나타낸 것이다. $a+b$의 값은? [3점]

선수	A	B	C	D	E
편차(회)	-3.2	a	0.8	b	-0.2

① 1.8 　　　　② 2 　　　　③ 2.2

④ 2.4 　　　　⑤ 2.6

09

다음 표는 어느 편의점의 일주일 동안의 음료수 판매량의 편차를 조사하여 나타낸 것이다. 하루 평균 음료수 판매량이 37개일 때, 수요일에 판매한 음료수는 몇 개인가? [3점]

요일	월	화	수	목	금	토	일
편차(개)	-2	-10		-4	5	10	9

① 26개 　　　　② 27개 　　　　③ 28개

④ 29개 　　　　⑤ 30개

10

5개의 변량 3, 8, 10, x, 5의 평균이 7일 때, 분산은?
　　　　　　　　　　　　　　　　　　　　　　[3점]

① 6 　　　　② 6.2 　　　　③ 6.4

④ 6.6 　　　　⑤ 6.8

11

다음 표는 도운이네 반 학생 A, B, C, D, E 5명의 과학 성적에서 도운이의 과학 성적을 각각 뺀 값을 나타낸 것이다. 도운이를 제외한 5명의 과학 성적의 표준편차는? [5점]

(단위 : 점)

학생	A	B	C	D	E
(과학 성적) － (도운이의 과학 성적)	-6	7	-2	5	1

① $\sqrt{22}$점 　　　　② $\sqrt{23}$점 　　　　③ $2\sqrt{6}$점

④ 5점 　　　　⑤ $\sqrt{26}$점

12

길이가 160 cm인 철사를 잘라 정사각형 8개를 만들었다. 각 정사각형의 한 변의 길이의 표준편차가 $\sqrt{19}$ cm일 때, 8개의 정사각형의 넓이의 평균은? [5점]

① $44\,cm^2$ 　　　　② $45\,cm^2$ 　　　　③ $46\,cm^2$

④ $47\,cm^2$ 　　　　⑤ $48\,cm^2$

13

4개의 변량 x, y, 9, 10의 평균이 7이고 분산이 7.5일 때, x^2+y^2의 값은? [4점]

① 29   ② 33   ③ 37
④ 41   ⑤ 45

14

5개의 변량 a, b, c, d, e의 평균이 3이고 표준편차가 3일 때, 변량 $2a+1$, $2b+1$, $2c+1$, $2d+1$, $2e+1$의 평균과 표준편차를 차례대로 구하면? [4점]

① 4, 9   ② 6, 3   ③ 6, 6
④ 7, 3   ⑤ 7, 6

15

다음 보기 중 3개의 변량 x, y, z에 대한 설명으로 옳은 것은 모두 몇 개인가? [4점]

> **보기**
> ㄱ. $3x$, $3y$, $3z$의 평균은 x, y, z의 평균보다 3만큼 크다.
> ㄴ. $x+1$, $y+2$, $z+3$의 평균은 x, y, z의 평균보다 2만큼 크다.
> ㄷ. $x-1$, $y-1$, $z-1$의 분산은 x, y, z의 분산보다 1만큼 작다.
> ㄹ. $2x$, $2y$, $2z$의 표준편차는 x, y, z의 표준편차의 2배이다.

① 0개   ② 1개   ③ 2개
④ 3개   ⑤ 4개

16

다음 표는 상현이네 학교 A, B 두 반 학생들의 통학 시간의 평균과 분산을 나타낸 것이다. 두 반 전체 학생 수가 20명이고 전체 학생의 통학 시간의 평균이 10분일 때, 전체 학생의 통학 시간의 표준편차는? [5점]

반	A	B
평균(분)	7	12
분산	10	5

① $2\sqrt{3}$분   ② $\sqrt{13}$분   ③ $\sqrt{14}$분
④ $\sqrt{15}$분   ⑤ 4분

17

다음 자료 중 변량이 가장 고르지 <u>않은</u> 것은? [4점]

① 5, 5, 5, 5, 5, 5   ② 4, 6, 4, 6, 4, 6
③ 4, 6, 4, 6, 5, 5   ④ 3, 7, 3, 7, 3, 7
⑤ 3, 7, 4, 6, 5, 5

18

아래 표는 어느 중학교 3학년 네 반의 2학기 중간고사 성적의 평균과 표준편차를 나타낸 것이다. 다음 보기 중 옳은 것을 모두 고른 것은? (단, 각 반의 학생 수는 모두 같다.) [4점]

반	1	2	3	4
평균(점)	75	80	80	85
표준편차(점)	2.8	1.2	3.7	4.1

> **보기**
> ㄱ. 2반의 성적은 3반의 성적에 비해 고르다.
> ㄴ. 1반 학생들의 성적은 4반 학생들의 성적보다 더 넓게 퍼져 있다.
> ㄷ. 성적이 가장 우수한 학생은 4반에 있다.
> ㄹ. 반별 중간고사 성적의 편차의 총합은 모두 같다.

① ㄱ, ㄴ   ② ㄱ, ㄷ   ③ ㄱ, ㄹ
④ ㄴ, ㄹ   ⑤ ㄷ, ㄹ

19

다음 자료의 평균, 중앙값, 최빈값을 각각 a, b, c라 할 때, $a+b+c$의 값을 구하시오. [4점]

$$6, \quad 1, \quad -3, \quad 9, \quad 1, \quad 3, \quad 8, \quad 1, \quad -1, \quad 5$$

20

7개의 변량 x_1, x_2, $\cdots$, x_7의 합이 14이고 각각의 변량의 제곱의 합이 112일 때, x_1, x_2, $\cdots$, x_7의 표준편차를 구하시오. [6점]

21

4개의 변량에 대하여 평균과 분산을 구하는데 2개의 변량 2, 9를 3, 8로 잘못 보고 계산하여 평균을 7, 분산을 10으로 구하였다. 바르게 보고 계산한 분산을 구하시오. [7점]

22

한 개의 주사위를 9번 던져 나온 눈의 수를 모두 나열한 자료를 분석한 결과가 다음과 같다. 이 자료의 분산을 V라 할 때, $9V$의 값을 구하시오. [7점]

(가) 주사위의 모든 눈이 적어도 한 번씩 나왔다.

(나) 최빈값은 1개이고, 중앙값과 평균은 모두 3이다.

23

다음 표는 A, B, C, D, E, F 6명의 회사원이 1년 동안 사용한 휴가 일수의 편차를 조사하여 나타낸 것이다. 사용한 휴가 일수의 분산이 10일 때, ab의 값을 구하시오. [6점]

회사원	A	B	C	D	E	F
편차(일)	0	-1	a	-3	b	5

중학교 수학 교과서 10종을 분석한 교과서별 출제 예상 문제예요!

01

오른쪽 그림은 A, B, C 세 동아리 학생들의 한달 동안의 봉사활동 시간을 조사하여 나타낸 꺾은선그래프이다. 다음 보기에서 옳은 것을 고르시오.

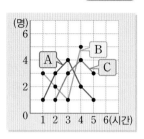

보기

ㄱ. 세 동아리 학생들의 봉사활동 시간의 중앙값은 모두 같다.

ㄴ. 세 동아리 학생들의 봉사활동 시간의 최빈값은 모두 같다.

ㄷ. 봉사활동 시간이 가장 고른 동아리는 C이다.

ㄹ. 봉사활동 시간의 평균이 가장 큰 동아리는 A이다.

02

4개의 변량 4, 5, x, y의 평균이 3개의 변량 4, 5, x의 평균과 같고 3개의 변량 x, y, 6의 최빈값과 같을 때, 가능한 xy의 값을 모두 구하시오.

03

4명의 학생이 서로의 키에 대하여 나눈 아래 대화를 보고, 다음 물음에 답하시오.

진석 : 내 키는 우리 네 명의 평균보다 13 cm나 더 커.

지우 : 참 부럽네! 나는 평균보다 7 cm 작은데.

소민 : 지우야. 넌 그래도 나보다 크잖아.

태형 : 진석아 좀만 기다려라. 내가 지금은 너보다 10 cm 작지만 곧 따라잡을게.

(1) 키가 가장 큰 학생과 가장 작은 학생의 키의 차이는 몇 cm인지 구하시오.

(2) 4명의 학생의 키의 표준편차를 구하시오.

04

7개의 자연수로 이루어진 자료의 중앙값이 5, 최빈값이 6, 평균이 7일 때, 7개의 자연수 중 가장 큰 수의 최댓값과 최솟값을 각각 구하시오.

① 대푯값과 산포도

2 상관관계

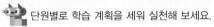

단원별로 학습 계획을 세워 실천해 보세요.

학습 날짜	월 일	월 일	월 일	월 일
학습 계획				
학습 실행도	0 100	0 100	0 100	0 100
자기 반성				

2 상관관계

① 산점도

두 변량 x, y의 순서쌍 (x, y)를 좌표로 하는 점을 좌표평면 위에 나타낸 그래프를 ⬚(1) 라 한다. 이때 산점도를 통해 두 변량 사이의 관계를 파악할 수 있다.

참고 x, y의 산점도를 주어진 조건에 따라 분석할 때 다음과 같이 기준이 되는 보조선을 이용하면 편리하다.

세로축 또는 가로축에 평행한 직선

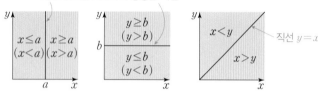

② 상관관계

(1) 두 변량에 대하여 한 변량의 값이 변함에 따라 다른 변량의 값이 변하는 경향이 있을 때, 이 두 변량 사이의 관계를 상관관계라 한다.

(2) 여러 가지 상관관계

① 양의 상관관계 : 두 변량 x와 y 사이에 x의 값이 증가함에 따라 y의 값도 대체로 증가하는 관계가 있을 때, 두 변량 x와 y 사이에는 양의 상관관계가 있다고 한다.

② 음의 상관관계 : 두 변량 x와 y 사이에 x의 값이 증가함에 따라 y의 값이 대체로 감소하는 관계가 있을 때, 두 변량 x와 y 사이에는 음의 상관관계가 있다고 한다.

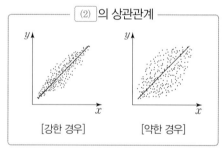

⬚(2) 의 상관관계

[강한 경우] [약한 경우]

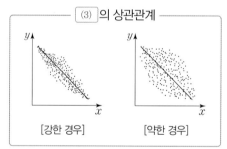

⬚(3) 의 상관관계

[강한 경우] [약한 경우]

참고 양의 상관관계 또는 음의 상관관계가 있는 산점도에서 점들이 한 직선에 가까이 모여 있을수록 상관관계가 강하다고 하고, 흩어져 있을수록 상관관계가 약하다고 한다.

(3) 두 변량 x와 y 사이에 x의 값이 증가함에 따라 y의 값이 증가하는지 감소하는지 그 관계가 분명하지 않을 때, x와 y 사이에는 상관관계가 없다고 한다.

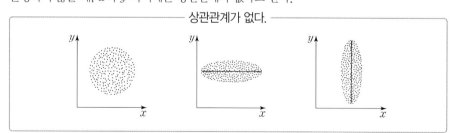

상관관계가 없다.

예 실생활에서의 상관관계

① 양의 상관관계 : 여름철 기온과 냉방비 ② 음의 상관관계 : 재화의 생산량과 가격

③ 상관관계가 없다. : 키와 시력

답 (1) 산점도 (2) 양 (3) 음

개념 check

1 다음은 재하네 반 학생 6명의 1차, 2차 영어 수행 평가 성적을 조사하여 나타낸 표이다. 1차 성적을 x점, 2차 성적을 y점이라 할 때, x와 y에 대한 산점도를 그리시오.

학생	A	B	C
1차(점)	85	70	100
2차(점)	90	75	90

학생	D	E	F
1차(점)	80	75	90
2차(점)	85	80	70

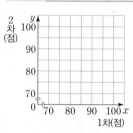

2 다음 보기의 산점도에 대한 설명으로 옳은 것에는 ○표, 옳지 않은 것에는 ×표를 하시오.

보기

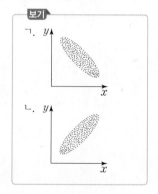

(1) ㄱ은 양의 상관관계가 있다.
( )

(2) ㄴ은 음의 상관관계가 있다.
( )

(3) ㄱ은 x의 값이 증가함에 따라 y의 값은 대체로 감소하는 관계가 있다. ( )

(4) ㄴ은 x의 값이 증가함에 따라 y의 값도 대체로 증가하는 관계가 있다. ( )

유형 01 산점도의 이해(1)   [최다 빈출]

[01 ~ 03] 오른쪽 그래프는 수정이네 반 학생 20명의 수학 성적과 과학 성적을 조사하여 나타낸 산점도이다. 다음 물음에 답하시오.

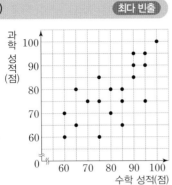

01.

수학 성적이 85점인 학생은 몇 명인지 구하시오.

02.

과학 성적이 70점 이하인 학생은 몇 명인지 구하시오.

03.

수학 성적과 과학 성적이 같은 학생은 몇 명인지 구하시오.

04.

오른쪽 그래프는 성규네 반 학생 20명의 두 번에 걸친 수학 수행 평가 성적을 조사하여 나타낸 산점도이다. 다음 중 옳지 않은 것은?

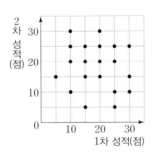

① 1차 성적이 15점인 학생은 4명이다.
② 2차 성적이 25점인 학생은 5명이다.
③ 1차 성적과 2차 성적이 같은 학생은 4명이다.
④ 5점을 받은 학생은 2차가 더 많다.
⑤ 30점을 받은 학생은 2차가 더 많다.

[05 ~ 06] 오른쪽 그래프는 독서 동아리 학생 15명이 지난달과 이번 달에 읽은 책의 권수를 조사하여 나타낸 산점도이다. 다음 물음에 답하시오.

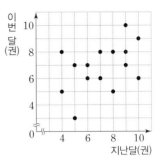

05.

지난달과 이번 달 모두 책을 5권 이하로 읽은 학생은 몇 명인가?

① 0명   ② 1명   ③ 2명
④ 3명   ⑤ 4명

06.

지난달보다 이번 달에 책을 더 많이 읽은 학생은 몇 명인가?

① 5명   ② 6명   ③ 7명
④ 8명   ⑤ 9명

07.

다음 그래프는 주리네 반 학생 25명의 수축기 혈압과 이완기 혈압을 측정하여 나타낸 산점도이다. 수축기 혈압이 140 mmHg 이상이거나 이완기 혈압이 90 mmHg 이상인 경우 고혈압으로 진단한다고 할 때, 주리네 반 학생 중 고혈압으로 진단받는 학생은 전체 학생의 몇 %인지 구하시오.

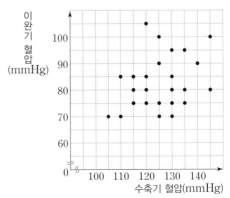

08 ..

오른쪽 그래프는 대열이네 반 학생 23명의 어제와 오늘의 휴대폰 사용 시간을 조사하여 나타낸 산점도이다. 다음 중 옳은 것은?

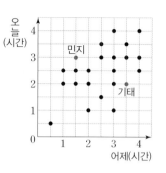

① 오늘 휴대폰 사용 시간의 최빈값은 3시간이다.

② 기태는 어제보다 오늘 휴대폰 사용 시간이 많다.

③ 민지의 어제와 오늘 휴대폰 사용 시간의 평균은 2시간 10분이다.

④ 어제와 오늘 모두 휴대폰을 2시간 이하로 사용한 학생은 5명이다.

⑤ 어제와 오늘 모두 휴대폰을 3시간 넘게 사용한 학생은 6명이다.

New 09 ..

다음 그래프는 장준이네 학교 학생들의 음악 성적과 미술 성적을 조사하여 나타낸 산점도이다. 장준이네 학교 학생 중 음악 성적에 비해 미술 성적이 가장 높은 학생과 음악 성적에 비해 미술 성적이 가장 낮은 학생의 음악 성적의 합을 구하시오.

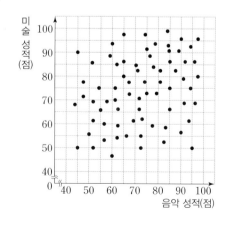

10 ..

다음 그래프는 어느 날 마트에 방문한 고객들이 마트에서 사용한 금액과 머문 시간을 조사하여 나타낸 산점도이다. 마트에 20분 이상 30분 이하의 시간 동안 머문 고객들이 마트에서 사용한 금액의 합은?

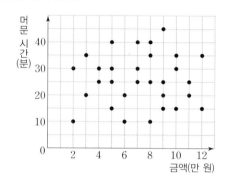

① 98만 원　　② 99만 원　　③ 100만 원
④ 101만 원　　⑤ 102만 원

11 ...

오른쪽 그래프는 수윤이네 학교 학생 40명의 전 과목 평균 성적과 수학 성적을 조사하여 나타낸 산점도이다. 다음 중 옳지 않은 것은?

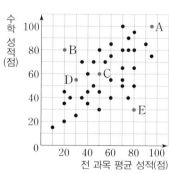

① 전 과목 평균 성적이 높은 학생은 대체로 수학 성적도 높다.

② 전 과목 평균 성적이 80점 이상인 학생은 전체의 20 %이다.

③ 학생 C는 학생 D보다 전 과목 평균 성적은 높지만 수학 성적은 낮다.

④ 학생 A, B, C, D, E 중 전 과목 평균 성적에 비해 수학 성적이 가장 높은 학생은 B이다.

⑤ 학생 A, B, C, D, E 중 전 과목 평균 성적에 비해 수학 성적이 가장 낮은 학생은 E이다.

• 정답 및 풀이 53쪽

유형 O2 산점도의 이해 (2)

12 ●●

오른쪽 그래프는 동우네 반 학생 20명의 체육 수행 평가로 1차, 2차에 걸쳐 성공한 줄넘기 뛰기 개수를 조사하여 나타낸 산점도이다. 1차, 2차를 합쳐 줄넘기 뛰기의 성공 개수가 100개 이상인 경우 수행 평가 성적이 만점이라 할 때, 체육 수행 평가 성적이 만점인 학생은 몇 명인지 구하시오.

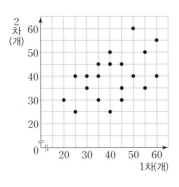

[13 ~ 14]

오른쪽 그래프는 연희네 반 학생 30명의 중간고사와 기말고사의 수학 성적을 조사하여 나타낸 산점도이다. 다음 물음에 답하시오.

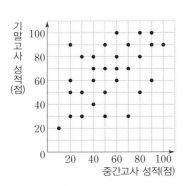

13 ●●

중간고사 성적보다 기말고사 성적이 30점 이상 상승한 학생들에게 선물을 주려고 한다. 준비해야 하는 선물은 몇 개인지 구하시오.

14 ●●

중간고사 성적보다 기말고사 성적이 20점 이상 하락한 학생들을 대상으로 보충수업을 진행하려고 한다. 보충수업에 참여해야 하는 학생은 몇 명인지 구하시오.

15 ●●

오른쪽 그래프는 우리나라 25개 도시의 어느 해 6월과 7월에 비가 온 일수를 조사하여 나타낸 산점도이다. 두 달 동안 비가 온 일수의 평균이 12일 이하인 도시는 몇 군데인가?

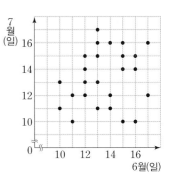

① 5군데　　　　② 6군데　　　　③ 7군데
④ 8군데　　　　⑤ 9군데

[16 ~ 17]

오른쪽 그래프는 지애네 반 학생 30명의 영어 수행 평가의 듣기 성적과 말하기 성적을 조사하여 나타낸 산점도이다. 다음 물음에 답하시오.

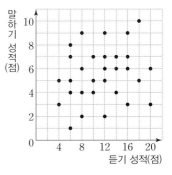

16 ●●

듣기 성적과 말하기 성적의 합이 13점 이하인 학생은 몇 명인가?

① 5명　　　　② 6명　　　　③ 7명
④ 8명　　　　⑤ 9명

17 ●●

듣기 성적과 말하기 성적의 평균이 11점 이상인 학생은 몇 명인가?

① 5명　　　　② 6명　　　　③ 7명
④ 8명　　　　⑤ 9명

18 ..

다음 그래프는 양궁 대회에 출전한 선수 32명의 1차와 2차 시기 점수를 조사하여 나타낸 산점도이다. 1차와 2차 시기 점수를 합하여 상위 50 %만 다음 라운드에 진출할 수 있다고 할 때, 다음 라운드에 진출하기 위한 최저 점수를 구하시오.

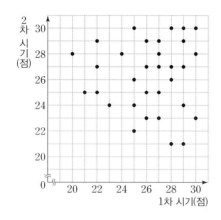

19 ..

오른쪽 그래프는 올해 1학기와 2학기에 우현이네 반 학생 15명이 지각한 횟수를 조사하여 나타낸 산점도이다. 다음 중 옳지 않은 것을 모두 고르면?

(정답 2개)

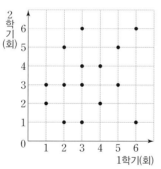

① 1학기보다 2학기에 더 많이 지각한 학생은 전체의 40 %이다.
② 1학기와 2학기의 지각 횟수의 차가 가장 큰 학생은 5회 차이가 난다.
③ 1학기와 2학기의 지각 횟수의 합이 5회 이하인 학생은 5명이다.
④ 1학기와 2학기의 지각 횟수의 차가 2회 이상인 학생은 4명이다.
⑤ 1학기와 2학기 중 적어도 한 학기에 지각을 6회 이상 한 학생은 2명이다.

20 ..

오른쪽 그래프는 남학생 20명의 제자리멀리뛰기 기록을 2번 측정하여 나타낸 산점도이다. 다음 보기에서 옳은 것을 모두 고르시오.

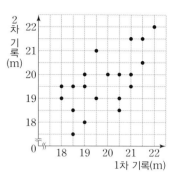

보기

ㄱ. 1차 기록과 2차 기록이 같은 학생은 4명이다.
ㄴ. 1차 기록과 2차 기록의 차가 1 m 미만인 학생은 전체의 30 %이다.
ㄷ. 2차 기록이 1차 기록보다 향상된 학생들의 2차 기록의 평균은 20 m이다.
ㄹ. 1차 기록과 2차 기록의 합이 하위 20 %인 학생의 1차 기록의 평균은 19 m이다.
ㅁ. 1차 기록이 높은 학생이 대체로 2차 기록도 높다.

21 ...

오른쪽 그래프는 어느 농구 동호회 회원 12명이 최근 5경기 동안 성공한 2점 슛과 3점 슛의 개수를 조사하여 나타낸 산점도이다. 득점이 가장 높은 회원 3명에게 격려금을 주려고 할 때, 격려금을 받는 3명의 득점의 평균을 구하시오.

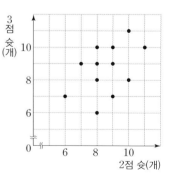

● 정답 및 풀이 54쪽

22

다음 중 산점도와 상관관계에 대한 설명으로 옳지 <u>않은</u> 것은?

① 산점도란 어떤 자료의 두 변량 x, y에 대하여 순서쌍 (x, y)를 좌표평면 위에 점으로 나타낸 것이다.

② 산점도를 이용하여 두 변량 x, y 사이의 상관관계를 알 수 있다.

③ 산점도에서 변량 x의 값이 증가함에 따라 변량 y의 값도 대체로 증가하는 경향이 있을 때, 두 변량 x, y 사이에는 양의 상관관계가 있다고 한다.

④ 음의 상관관계를 나타내는 산점도는 기울기가 음수인 한 직선에 점들이 가까이 분포되어 있다.

⑤ 약한 상관관계일수록 변량의 점들이 한 직선을 중심으로 가까이 모여 있다.

23

다음 중 보기의 산점도에 대한 설명으로 옳지 <u>않은</u> 것은?

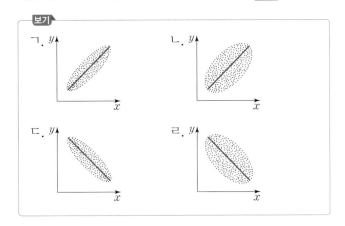

① ㄱ과 ㄴ은 양의 상관관계를 나타낸다.

② ㄷ과 ㄹ은 음의 상관관계를 나타낸다.

③ ㄴ보다 ㄱ이 더 강한 상관관계를 나타낸다.

④ ㄷ보다 ㄹ이 더 강한 상관관계를 나타낸다.

⑤ ㄱ, ㄴ, ㄷ, ㄹ 중 상관관계가 없는 산점도는 없다.

24

다음 중 두 변량 x, y에 대한 산점도가 오른쪽 그림과 같이 나타나는 것을 모두 고르면? (정답 2개)

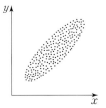

① 여름철 기온과 아이스크림 판매량

② 물건의 판매 가격과 판매량

③ 손님 수와 가게의 매출액

④ 운동량과 비만도

⑤ 시력과 발의 크기

25

겨울철 기온을 $x\ ℃$, 핫팩 판매량을 y개라 할 때, 다음 중 겨울철 기온과 핫팩 판매량 사이의 상관관계를 나타내는 산점도로 알맞은 것은?

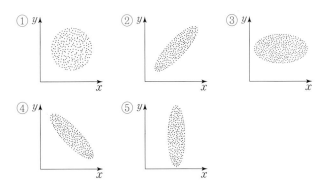

26

다음 보기 중 두 변량 사이에 음의 상관관계가 있는 것을 고르시오.

보기
ㄱ. 예금액과 이자
ㄴ. IQ와 식사 시간
ㄷ. 나이와 기초 대사량
ㄹ. 눈의 크기와 충치 개수
ㅁ. 물의 온도와 소금의 용해도

●정답 및 풀이 56쪽

27 ●●

다음 중 두 변량 사이의 상관관계가 나머지 넷과 다른 하나는?

① 가족 구성원 수와 생활비 지출액
② 자동차의 속력과 목적지까지 걸리는 시간
③ 키와 몸무게
④ 몸무게와 허리둘레
⑤ 지역의 인구 수와 학교 수

유형 04 상관관계의 분석 | 최다 빈출

28 ●

오른쪽 그래프는 여러 도시의 해발 고도와 기온을 조사하여 나타낸 산점도이다. 5개의 도시 A, B, C, D, E 중 해발 고도와 기온이 모두 높은 도시를 구하시오.

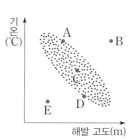

29 ●●

오른쪽 그래프는 지수네 학교 학생들의 독서량과 국어 성적을 조사하여 나타낸 산점도이다. 다음 중 옳지 <u>않은</u> 것은?

① 독서량과 국어 성적 사이에는 양의 상관관계가 있다.
② A, B, C, D, E 다섯 명 중 국어 성적이 가장 좋은 학생은 A이다.
③ A, B, C, D, E 다섯 명 중 독서량이 가장 많은 학생은 E이다.
④ 독서량에 비해 국어 성적이 가장 좋은 학생은 A이다.
⑤ E는 독서량에 비해 국어 성적이 좋지 않다.

30 ●●

오른쪽 그래프는 미영이네 반 학생들의 키와 몸무게를 조사하여 나타낸 산점도이다. 다음 중 A, B, C, D, E 5명의 학생들에 대한 설명으로 옳은 것은? (단, 체질량 지수는 키와 몸무게를 이용하여 비만도를 측정하는 방법이다.)

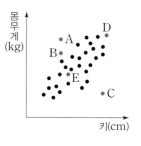

① A, B, C, D, E 5명 중 B의 몸무게가 가장 적게 나간다.
② 키에 비해 몸무게가 가장 적게 나가는 학생은 A이다.
③ 비만도가 가장 높을 것으로 예상되는 학생은 D이다.
④ A와 B는 키가 비슷하고, C와 D는 몸무게가 비슷하다.
⑤ A, B, C, D, E 5명 중 체질량 지수가 가장 비슷할 것으로 예상되는 학생은 D와 E이다.

31 ●●●

오른쪽 그래프는 어느 아파트의 가구당 생활비와 저축액을 조사하여 나타낸 산점도이다.
(수입)＝(생활비)＋(저축액)이라 할 때, 다음 보기에서 A, B, C, D, E 5가구에 대한 설명으로 옳은 것을 모두 고르시오. (단, 산점도의 가로축과 세로축의 눈금 크기는 같다.)

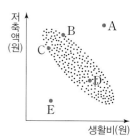

보기

ㄱ. 수입이 가장 많은 가구는 A이다.
ㄴ. 생활비에 비해 저축을 가장 적게 하는 가구는 B이다.
ㄷ. C는 수입을 저축에 더 사용하는 편이다.
ㄹ. 생활비와 저축액의 차이가 가장 적은 가구는 D이다.
ㅁ. E는 생활비와 저축액이 모두 많은 편이다.

기출 에서 바로 뽑아온
서술형

전국 1000여 개 학교 시험 문제를 분석하여 출제율 높은 서술형 문제만 선별했어요!

01

다음 그래프는 지연이네 반 학생 25명의 작년과 올해의 100 m 달리기 기록을 조사하여 나타낸 산점도이다. 작년과 비교하여 올해 기록이 더 느려진 학생은 전체의 a %이고 올해 기록이 2초 이상 빨라진 학생은 b명일 때, $a-b$의 값을 구하시오. [6점]

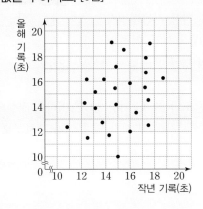

채점 기준 1 a의 값 구하기 … 3점

작년과 비교하여 올해 기록이 더 느려진 학생을 나타내는 점은 오른쪽 그림에서 대각선의 _____쪽(경계선 제외)에 속한다.

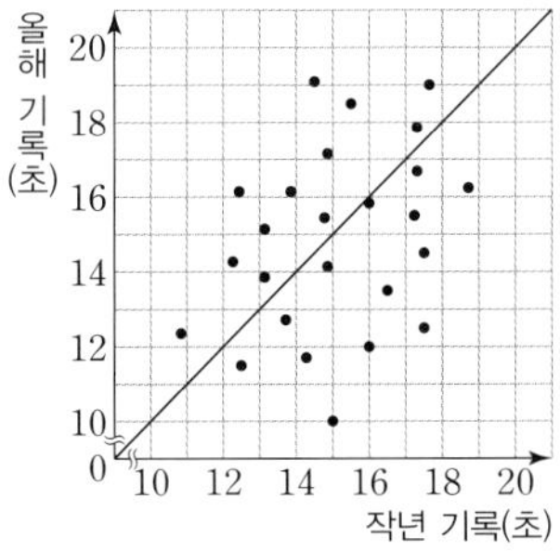

따라서 작년 기록보다 올해 기록이 더 느려진 학생은

_____명이므로 전체의

$\dfrac{\boxed{}}{\boxed{}} \times 100 = $_____(%) ∴ $a=$_____

채점 기준 2 b의 값 구하기 … 2점

작년 기록보다 올해 기록이 2초 이상 빨라진 학생을 나타내는 점은 오른쪽 그림에서 기준선의 _____쪽(경계선 포함)에 속한다.

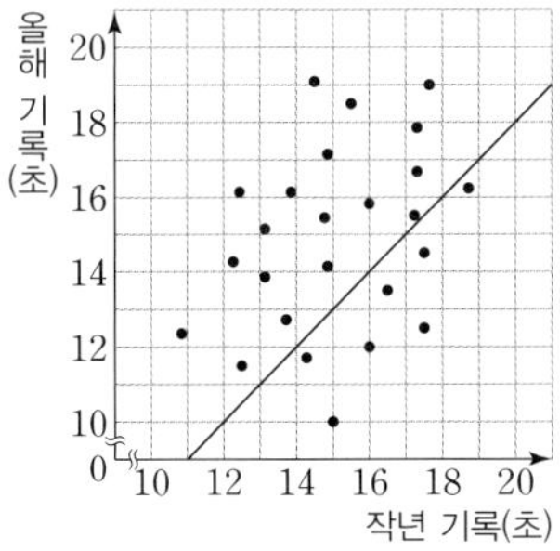

따라서 작년 기록보다 올해 기록이 2초 이상 빨라진 학생은 _____명이므로 $b=$_____

채점 기준 3 $a-b$의 값 구하기 … 1점

∴ $a-b=$_____ $-$ _____ $=$_____

01-1

숫자 바꾸기

다음 그래프는 승민이네 반 학생 28명의 1년 전과 현재 몸무게를 조사하여 나타낸 산점도이다. 1년 전과 비교하여 몸무게가 4 kg 이상 늘어난 학생이 전체의 a %이고 4 kg 이상 줄어든 학생이 b명일 때, $a+b$의 값을 구하시오. [6점]

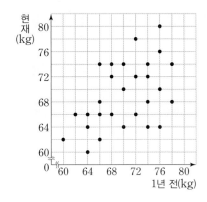

채점 기준 1 a의 값 구하기 … 3점

채점 기준 2 b의 값 구하기 … 2점

채점 기준 3 $a+b$의 값 구하기 … 1점

01-2

응용 서술형

성종이를 포함한 10명의 학생들이 어느 퀴즈 대회에 참가하여 1차, 2차에 걸쳐 예선을 치렀다. 10명의 학생이 1차, 2차 예선에서 맞힌 문제 수의 평균이 각각 6개, 7개이고 성

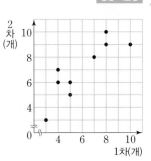

종이를 제외한 학생 9명이 1차와 2차 예선에서 맞힌 문제 수를 조사하여 나타낸 산점도가 위의 그래프와 같을 때, 1차, 2차 예선을 합쳐 성종이보다 많은 문제를 맞힌 학생은 모두 몇 명인지 구하시오. [7점]

02

다음 그래프는 민주네 반 학생 30명의 국어 성적과 영어 성적을 조사하여 나타낸 산점도이다. 국어 성적의 중앙값이 a점, 영어 성적의 최빈값이 b점일 때, a, b의 값을 각각 구하시오. [4점]

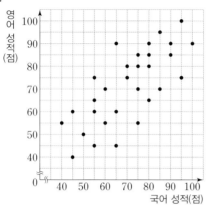

03

다음 그래프는 영택이네 반 학생 20명이 일주일 동안 도서관에서 대출한 책의 권수와 휴대폰 사용 시간을 조사하여 나타낸 산점도이다. 대출한 책의 권수가 6권 이상 8권 이하인 학생들의 휴대폰 사용 시간의 평균이 a시간이고 휴대폰 사용 시간이 6시간 이상 8시간 이하인 학생들의 대출한 책의 권수의 평균이 b권일 때, $a+b$의 값을 구하시오. [7점]

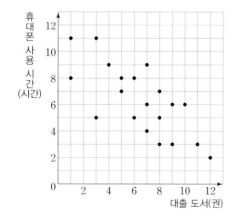

04

오른쪽 그래프는 윤경이네 학교 교실 24곳의 에어컨 가동 시간과 교실 온도를 조사하여 나타낸 산점도이다. 다음 물음에 답하시오. [6점]

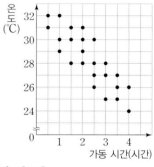

(1) 에어컨 가동 시간이 3시간 이상 4시간 이하인 교실의 평균 온도를 구하시오. [3점]

(2) 교실 온도가 27 ℃ 이상 29 ℃ 이하인 교실의 평균 에어컨 가동 시간은 몇 시간 몇 분인지 구하시오. [3점]

05

다음 그래프는 명수네 학교 학생 40명의 올해 1학기, 2학기 수학 성적을 조사하여 나타낸 산점도이다. 1, 2학기 수학 성적의 합이 하위 20 %에 속하는 학생들과 상위 10 %에 속하는 학생들을 대상으로 내년에 수준별 수업을 진행한다고 할 때, 수준별 수업에 참여하는 전체 학생들의 1, 2학기 수학 성적의 평균을 구하시오. [7점]

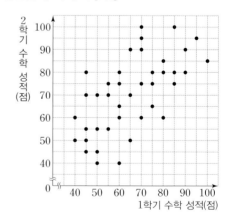

● 정답 및 풀이 57쪽

06

아래 그래프는 소희네 반 학생 20명의 중간고사와 기말고사의 사회 성적을 조사하여 나타낸 산점도이다. 다음 물음에 답하시오. [7점]

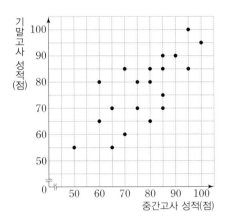

(1) 중간고사에 비해 기말고사 사회 성적이 향상된 학생은 전체의 몇 %인지 구하시오. [2점]

(2) 중간고사 사회 성적이 90점 이상인 학생들의 기말고사 사회 성적의 평균을 구하시오. [2점]

(3) 중간고사와 기말고사의 사회 성적이 모두 상위 20 % 이내에 드는 학생들의 중간고사와 기말고사의 사회 성적의 평균을 구하시오. [3점]

07

다음은 찬미네 반 학생 10명의 중간고사 수학 성적과 과학 성적을 조사하여 나타낸 표이다. 수학 성적과 과학 성적에 대한 산점도를 아래 그래프에 그리고 두 성적 사이의 상관관계를 말하시오. [4점]

학생	A	B	C	D	E
수학 성적(점)	70	85	80	95	60
과학 성적(점)	75	90	85	95	75

학생	F	G	H	I	J
수학 성적(점)	90	95	85	65	75
과학 성적(점)	80	90	80	70	80

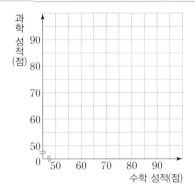

08

오른쪽 그래프는 두 변량 x와 y에 대한 산점도인데 일부가 찢어져 보이지 않는다. 찢어진 부분의 자료가 다음과 같을 때, 두 변량 x와 y 사이의 상관관계를 말하시오. [4점]

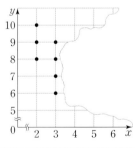

x	4	4	5	5	6
y	6	7	6	7	5

[01~02] 아래 그래프는 어느 회사에서 지하철을 이용하여 출근하는 직원 30명을 대상으로 이용하는 지하철역의 개수와 통근 시간을 조사하여 나타낸 산점도이다. 다음 물음에 답하시오.

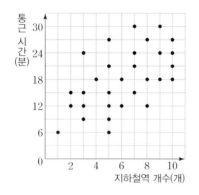

01

3개 이하의 지하철역을 이용하는 직원은 몇 명인가? [3점]

① 3명   ② 4명   ③ 5명
④ 6명   ⑤ 7명

02

통근 시간이 12분 초과 18분 이하인 직원은 전체의 몇 %인가? [4점]

① 20 %   ② 25 %   ③ 30 %
④ 35 %   ⑤ 40 %

03

오른쪽 그래프는 민속촌에 방문한 외국인 20명의 연습 전과 후의 제기차기 개수를 조사하여 나타낸 산점도이다. 연습 전과 후의 제기차기 개수가 같은 외국인은 몇 명인가? [4점]

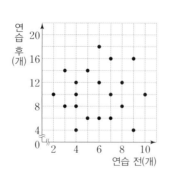

① 1명   ② 2명   ③ 3명
④ 4명   ⑤ 5명

04

오른쪽 그래프는 A, B 두 학생이 10 프레임 동안 볼링 경기를 하면서 각 프레임에 쓰러뜨린 볼링핀의 개수를 조사하여 나타낸 산점도이다. 다음 중 옳은 것은? [4점]

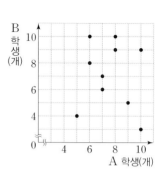

① 10 프레임 동안 쓰러뜨린 볼링핀의 개수는 B가 더 많다.
② 볼링핀을 8개 이상 쓰러뜨린 프레임의 수는 A가 더 많다.
③ 두 학생이 같은 개수의 볼링핀을 쓰러뜨린 프레임은 없다.
④ 10 프레임 중 쓰러뜨린 볼링핀의 개수가 가장 적은 학생은 A이다.
⑤ 10개의 핀을 모두 쓰러뜨린 횟수는 두 학생이 같다.

05

오른쪽 그래프는 수정이네 반 학생 24명의 미술 수행평가인 만들기 성적과 그리기 성적을 조사하여 나타낸 산점도이다. 다음 중 옳은 것은? [5점]

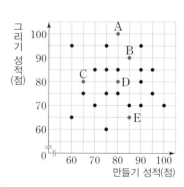

① 수정이네 반에는 그리기 성적이 만들기 성적보다 높은 학생보다 만들기 성적이 그리기 성적보다 높은 학생이 더 많다.
② 두 수행평가 성적의 합은 A보다 B가 더 크다.
③ 두 수행평가 성적의 차는 C보다 E가 더 크다.
④ D는 만들기 성적과 그리기 성적이 같지 않다.
⑤ 동점자는 만들기 성적이 90점인 학생들이 제일 많다.

06

다음 그래프는 재범이네 반 학생들의 통학 시간과 지각 횟수를 조사하여 나타낸 산점도이다. 통학 시간이 15분 이상인 학생 중 지각을 7회 이상 10회 이하로 한 학생들의 통학 시간의 평균은? [4점]

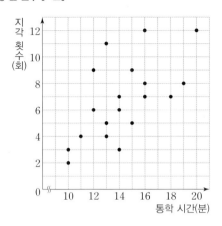

① 16분   ② 16.2분   ③ 16.5분
④ 16.8분   ⑤ 17분

07

오른쪽 그래프는 도서관 회원 20명이 3월과 4월에 대여한 책의 권수를 조사하여 나타낸 산점도이다. 다음 중 가장 큰 값은?

[5점]

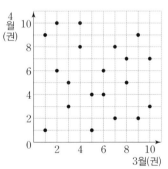

① 3월에 2권 이하의 책을 대여한 회원이 4월에 대여한 책의 평균 권수
② 3월에 4권 이상 6권 이하의 책을 대여한 회원이 4월에 대여한 책의 평균 권수
③ 3월에 8권 이상의 책을 대여한 회원이 4월에 대여한 책의 평균 권수
④ 4월에 2권 이상 4권 이하의 책을 대여한 회원이 3월에 대여한 책의 평균 권수
⑤ 4월에 6권 이상 8권 이하의 책을 대여한 회원이 3월에 대여한 책의 평균 권수

[08~09] 오른쪽 그래프는 재현이네 반 학생 25명의 양쪽 눈의 시력을 조사하여 나타낸 산점도이다. 다음 물음에 답하시오.

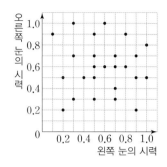

08

왼쪽 눈이 오른쪽 눈보다 시력이 좋은 학생의 비율은? [4점]

① $\dfrac{1}{15}$ ② $\dfrac{1}{5}$ ③ $\dfrac{1}{3}$

④ $\dfrac{2}{5}$ ⑤ $\dfrac{1}{2}$

09

양쪽 눈의 시력이 0.5 이상 차이나는 경우 안경으로 교정이 필요하다고 할 때, 교정이 필요한 학생은 전체의 몇 %인가? [4점]

① 16 %   ② 20 %   ③ 24 %
④ 28 %   ⑤ 32 %

10

오른쪽 그래프는 어느 오디션 프로그램의 참가자 20명이 부른 노래의 가사와 음정의 틀린 횟수를 조사하여 나타낸 산점도이다. 전체 참가자 중 가사와 음정을 합쳐 가장 많이 틀린 순으로 20 %를 탈락시켰을 때, 탈락자는 가사와 음정을 합쳐 최소 몇 번 이상 틀렸는가? [4점]

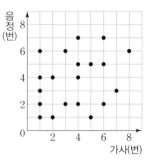

① 10번   ② 11번   ③ 12번
④ 13번   ⑤ 14번

11

다음 그래프는 어느 영어 학원 학생 40명의 2차에 걸친 단어 시험에서 맞힌 개수를 조사하여 나타낸 산점도이다. 1차, 2차 시험 전체의 80 % 이상을 맞히지 못하면 재시험을 치러야 한다고 할 때, 재시험을 치러야 하는 학생은 몇 명인가? (단, 각 시험은 50문제이다.) [4점]

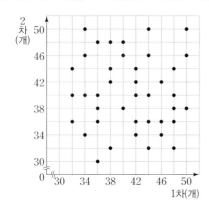

① 13명　　　② 14명　　　③ 15명
④ 16명　　　⑤ 17명

12

다음 그래프는 다현이네 반 학생 26명의 영어 말하기와 듣기 성적을 조사하여 나타낸 산점도이다. 두 성적의 평균이 같은 학생들끼리 짝이 되어 영어 회화 수업을 진행한다고 할 때, 짝이 없는 학생들의 말하기 성적의 합은?

[5점]

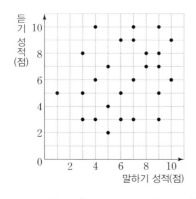

① 8점　　　② 9점　　　③ 10점
④ 11점　　　⑤ 12점

[13~14] 아래 보기를 보고 다음 물음에 답하시오.

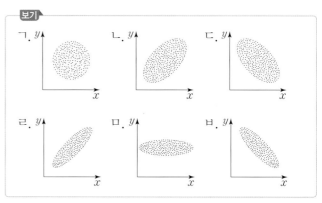

13

다음 중 보기에서 상관관계가 없는 것을 모두 고르면?

(정답 2개) [3점]

① ㄱ　　　② ㄴ　　　③ ㄷ
④ ㄹ　　　⑤ ㅁ

14

다음 중 보기에서 가장 강한 양의 상관관계를 나타내는 것과 가장 강한 음의 상관관계를 나타내는 것을 순서대로 짝 지은 것은? [3점]

① ㄱ, ㅁ　　　② ㄴ, ㄷ　　　③ ㄷ, ㄹ
④ ㄹ, ㅂ　　　⑤ ㅂ, ㄴ

15

도로 위를 달리고 있는 자동차의 속력을 x km/h, 브레이크를 밟았을 때, 자동차가 멈출 때까지 움직인 거리를 y km라 하자. 다음 중 두 변량 x와 y 사이의 상관관계를 나타낸 산점도로 알맞은 것은? [3점]

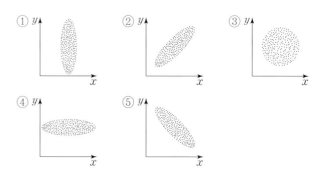

16

다음 보기에서 옳지 <u>않은</u> 것을 모두 고른 것은? [3점]

보기

ㄱ. 두 변량 사이의 상관관계는 산점도로 설명할 수 있다.

ㄴ. 산점도에서 변량 x의 값이 증가함에 따라 변량 y의 값도 대체로 증가하는 경향이 있을 때, 두 변량 x와 y 사이에는 음의 상관관계가 있다고 한다.

ㄷ. 산점도에서 변량 x의 값이 증가할 때, 변량 y의 값이 증가 또는 감소하는 경향이 분명하지 않으면 두 변량 x와 y 사이에는 상관관계가 없다고 한다.

ㄹ. 강한 상관관계를 나타내는 산점도일수록 변량을 나타내는 점들이 기울기가 양수인 한 직선을 중심으로 가까이 모여 있다.

① ㄱ, ㄴ   ② ㄱ, ㄷ   ③ ㄱ, ㄹ

④ ㄴ, ㄷ   ⑤ ㄴ, ㄹ

17

오른쪽 그래프는 최근 3년간 개봉한 한국 영화의 관객 평점과 관객 수를 조사하여 나타낸 산점도이다. 다음 중 관객 평점에 비해 관객 수가 적은 영화는? [4점]

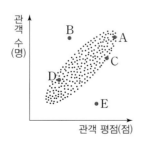

① A   ② B   ③ C

④ D   ⑤ E

18

오른쪽 그래프는 길거리에서 성인 남녀를 대상으로 하루 TV 시청 시간과 수면 시간을 조사하여 나타낸 산점도이다. 다음 중 옳지 <u>않은</u> 것은? [4점]

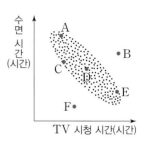

① TV 시청 시간이 긴 사람은 대체로 수면 시간이 짧다.

② A는 E에 비해 TV 시청 시간이 짧은 대신 수면 시간이 길다.

③ B는 TV 시청 시간과 수면 시간이 모두 긴 편이다.

④ C는 F보다 TV 시청 시간이 긴 대신에 수면 시간이 짧다.

⑤ D는 TV 시청 시간과 수면 시간이 모두 평균에 가깝다.

서술형

19

다음은 10명의 학생들이 1차, 2차에 거쳐 다트를 각각 5개씩 던져서 다트판에 맞힌 개수를 조사한 표이다. 1차에서 맞힌 개수와 2차에서 맞힌 개수를 두 변량으로 하는 산점도를 완성하시오. [4점]

학생	1차(개)	2차(개)	학생	1차(개)	2차(개)
A	5	4	F	3	4
B	1	2	G	2	5
C	2	4	H	4	1
D	4	5	I	5	2
E	1	3	J	3	3

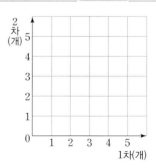

20

다음 그래프는 어느 프로 야구팀의 타자 25명의 작년과 올해 5월 한 달간의 안타 수를 조사하여 나타낸 산점도 이다. 작년보다 올해 안타가 더 많은 타자는 전체의 $a\%$, 작년과 올해의 안타 수가 같은 타자는 b명, 작년 과 올해의 안타 수가 가장 많이 차이나는 타자는 안타 수가 c개만큼 차이난다고 할 때, $a+b+c$의 값을 구하 시오. [7점]

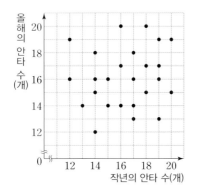

21

다음 그래프는 어느 식당에서 하루 동안 식사한 23개 테 이블의 각각의 인원 수와 식사 금액을 조사하여 나타낸 산점도이다. 일행이 5인 이상인 손님을 단체 손님으로 구분할 때, 이 날 단체 손님 테이블의 평균 식사 금액을 구하시오. [6점]

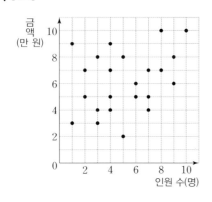

22

다음 그래프는 역도 국제 대회에 참가한 선수 30명의 예 선전 인상 종목, 용상 종목의 기록을 조사하여 나타낸 산점도이다. 인상, 용상 기록의 합계로 상위 10명만이 결선에 진출한다고 할 때, 결선 진출자들의 인상 종목의 평균 기록과 용상 종목의 평균 기록의 합을 구하시오. [7점]

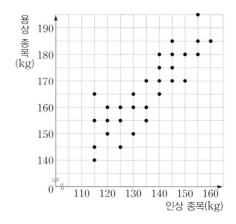

23

아래 그래프는 예인이네 반 학생 24명의 몸무게와 IQ를 조사하여 나타낸 산점도의 일부이다. 찢어진 부분의 자 료가 다음 표와 같을 때, 몸무게와 IQ 사이에 어떤 상관 관계가 있는지 구하고, 그 이유를 설명하시오. [6점]

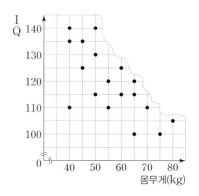

학생	몸무게(kg)	IQ	학생	몸무게(kg)	IQ
1	60	135	4	75	130
2	70	125	5	80	120
3	70	140	6	80	135

[01~02] 아래 표는 어느 배달 앱에 등록되어 있는 음식점 10곳의 맛과 서비스 별점을 조사하여 나타낸 것이다. 다음 물음에 답하시오.

음식점	A	B	C	D	E	F	G	H	I	J
맛(점)	5	2	5	1	2	3	2	3	4	5
서비스(점)	4	2	3	3	3	5	1	4	4	5

01

다음 중 위의 표와 같은 자료를 나타내는 산점도로 알맞은 것은? [3점]

①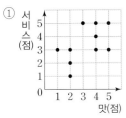
②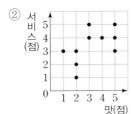
③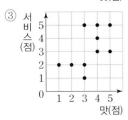
④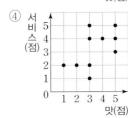
⑤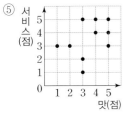

02

맛에 대한 별점이 서비스에 대한 별점보다 높은 음식점은 몇 곳인가? [3점]

① 1곳   ② 2곳   ③ 3곳
④ 4곳   ⑤ 5곳

03

오른쪽 그래프는 어느 동네 중국집 15곳의 짜장면과 짬뽕의 가격을 조사하여 나타낸 산점도이다. 다음 중 옳지 <u>않은</u> 것은? [4점]

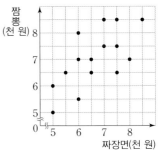

① 짜장면과 짬뽕의 가격 사이에는 양의 상관관계가 있다.
② 짜장면과 짬뽕의 가격이 같은 중국집은 4곳이다.
③ 짬뽕보다 짜장면의 가격이 더 높은 중국집은 전체의 20 %이다.
④ 짜장면과 짬뽕의 가격이 가장 많이 차이나는 중국집은 2000원 차이가 난다.
⑤ 대체로 짜장면이 짬뽕보다 비싸다.

04

다음 그래프는 프로야구 10개 구단의 작년과 올해 순위를 조사하여 나타낸 산점도이다. 작년에 비해 올해 순위가 가장 많이 향상된 팀의 올해 순위를 a위, 작년에 비해 올해 순위가 가장 많이 하락한 팀의 올해 순위를 b위라 할 때, $a+b$의 값은? [4점]

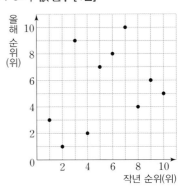

① 10   ② 11   ③ 12
④ 13   ⑤ 14

05

다음 그래프는 30명의 학생을 대상으로 실시한 1분 동안의 윗몸일으키기 기록을 조사하여 나타낸 산점도이다. 모든 학생들에게 2번의 기회가 주어지고 두 시기 중 한번이라도 윗몸일으키기를 60개 이상하면 실기 성적이 만점이라고 할 때, 만점인 학생은 모두 몇 명인가? [4점]

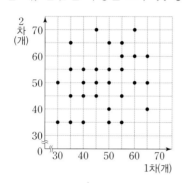

① 8명   ② 9명   ③ 10명
④ 11명   ⑤ 12명

06

다음 그래프는 어느 다이어트 프로그램에 참여한 참가자 25명의 6개월 전과 현재 몸무게를 조사하여 나타낸 산점도이다. 6개월 동안 6 kg 이상 감량한 참가자는 전체의 몇 % 인가? [4점]

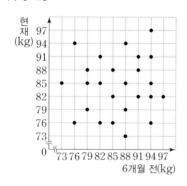

① 24 %   ② 28 %   ③ 32 %
④ 36 %   ⑤ 40 %

[07~09] 아래 그래프는 주아네 반 학생 30명의 올해 2학기 중간고사, 기말고사의 수학 성적을 조사하여 나타낸 산점도이다. 다음 물음에 답하시오.

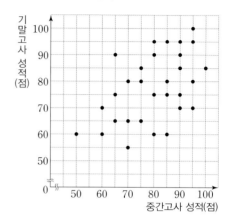

07

중간고사와 기말고사의 수학 성적이 모두 70점 이하인 학생은 전체의 몇 % 인가? [3점]

① 15 %   ② 20 %   ③ 25 %
④ 30 %   ⑤ 35 %

08

중간고사와 기말고사의 수학 성적의 평균이 가장 높은 학생과 가장 낮은 학생의 평균의 차는? [4점]

① 41.5점   ② 42점   ③ 42.5점
④ 43점   ⑤ 43.5점

09

올해 2학기 성적을 기준으로 수준별 수업을 진행하려고 한다. 상위 30 %는 상반, 하위 30 %는 하반, 나머지 40 %는 중반이라고 할 때, 중반에 속하는 학생 중 중간고사와 기말고사 성적의 평균이 가장 높은 학생과 가장 낮은 학생의 평균을 차례대로 구하면? [5점]

① 80점, 72.5점   ② 80점, 75점
③ 80점, 77.5점   ④ 85점, 72.5점
⑤ 85점, 75점

10

오른쪽 그래프는 어느 축구 구단 선수 30명의 경고 횟수를 조사하여 나타낸 산점도이다. 상반기, 하반기를 합쳐 경고 5회 이하인 선수들을 후보로 하여 페어플레이상을 시상한다고 할 때, 후보가 될 수 있는 선수는 몇 명인가? [4점]

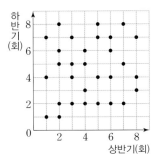

① 1명   ② 2명   ③ 3명
④ 4명   ⑤ 5명

11

아래 그래프는 지난 시즌 프로야구 A, B 두 팀 간의 경기의 점수를 조사하여 나타낸 산점도이다. 다음 중 옳지 <u>않은</u> 것은? (단, 중복된 점은 없다.) [5점]

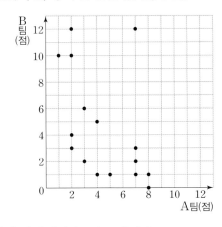

① 두 팀의 상대전적은 8승 8패이다.
② 득점이 가장 많았던 경기는 B팀이 이겼다.
③ 두 팀의 득점의 합이 8점 이하인 경기는 7경기이다.
④ 전체 득점의 평균은 A팀보다 B팀이 더 높다.
⑤ 두 팀이 각각 이긴 경기에서의 득점의 평균은 A팀이 B팀보다 높다.

12

오른쪽 그래프는 22번의 농구 경기에서 전체 득점과 3점 슛의 개수를 조사하여 나타낸 산점도이다. 이때 가능한 2점 슛의 최대 개수는? [5점]

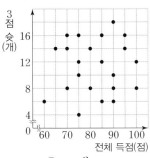

① 36개   ② 37개   ③ 38개
④ 39개   ⑤ 40개

[13~14] 오른쪽 그래프는 류진이네 반 학생 16명의 지난 중간고사 수학 성적과 영어 성적을 조사하여 나타낸 산점도이다. 다음 물음에 답하시오.

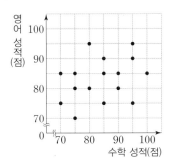

13

영어 성적보다 수학 성적이 높은 학생들의 수학 성적의 평균은? [4점]

① 86점   ② 87점   ③ 88점
④ 89점   ⑤ 90점

14

수학 성적보다 영어 성적이 높은 학생들의 영어 성적의 평균은? [4점]

① 85점   ② 86점   ③ 87점
④ 88점   ⑤ 89점

15

다음 중 두 변량의 산점도가 오른 쪽 그림과 같이 나타나는 것은?

[3점]

① 통학 거리와 통학 시간
② 지능지수와 앉은 키
③ 청바지 사이즈와 가격
④ 겨울철 온도와 난방비
⑤ 택시 운행 거리와 택시 요금

16

다음 중 두 변량 사이의 상관관계가 나머지 넷과 다른 하나는? [4점]

① 산의 높이와 기온
② 날씨와 국어 성적
③ 연필 가격과 인터넷 속도
④ 신발 사이즈와 신발 가격
⑤ 책의 제목의 음절 수와 책의 가격

17

오른쪽 그래프는 어느 백화점의 명품관에서 판매한 가방의 판매 가격과 판매량을 조사하여 나타낸 산점도이다. A, B, C, D, E 5개의 가방 중 판매 가격과 판매량이 모두 높은 가방은? [3점]

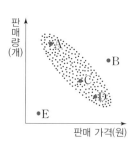

① A   ② B   ③ C
④ D   ⑤ E

18

오른쪽 그래프는 어느 회사의 직원 30명을 대상으로 월평균 소득과 저축액을 조사하여 나타낸 산점도이다. A~F 6명의 직원에 대한 설명으로 다음 중 옳지 않은 것은? [4점]

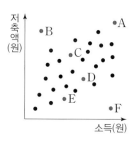

① 저축액이 가장 많은 사람은 A이다.
② 소득에 비해 저축액이 가장 많은 사람은 B이다.
③ C는 D보다 소득이 더 많다.
④ E는 소득에 비해 저축액이 적은 편이다.
⑤ 소득에 비해 저축액이 가장 적은 사람은 F이다.

서술형

19

다음 그래프는 어느 체조 경기 대회에 참가한 40명의 선수들이 A, B 두 심사위원에게 받은 점수를 조사하여 나타낸 산점도이다. 한 명 이상의 심사 위원에게 8점 이상을 받으면 결승전에 진출할 수 있다고 할 때, 결승전에 진출하는 선수는 전체의 몇 %인지 구하시오. [4점]

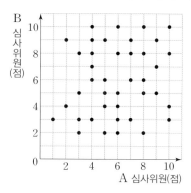

20

다음 그래프는 유나네 반 학생 20명의 음악과 체육 수행 평가 성적을 조사하여 나타낸 산점도이다. 두 과목 성적 의 합이 85점 이상인 학생은 a명이고 두 과목 성적의 차 가 20점 이상인 학생은 전체의 b %일 때, $a+b$의 값을 구하시오. [6점]

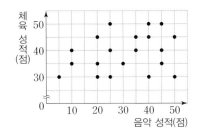

21

아래 그래프는 예지네 학교 동아리 32개의 작년과 올해 학생 수를 조사하여 나타낸 산점도이다. 학교에서 다음 세 조건을 모두 만족시키는 동아리에 활동비를 지원하려 고 할 때, 활동비를 지원받을 수 있는 동아리는 몇 개인 지 구하시오. [7점]

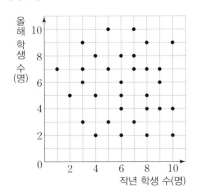

⑺ 작년보다 올해 학생 수가 더 많다.
⑻ 작년과 올해 학생 수의 차가 2명 이상이다.
⑼ 작년과 올해 학생 수의 평균이 5명 이상이다.

22

다음 그래프는 어느 날 우리나라 지역 30곳의 미세먼지 농도와 마스크를 착용한 시민의 수를 조사하여 나타낸 산점도이다. 미세먼지 상태가 보통인 지역에 있는 마스 크를 착용한 시민의 수의 평균을 구하시오. (단, 미세먼 지 농도가 $30 \, \mu\mathrm{g/m}^3$ 초과 $80 \, \mu\mathrm{g/m}^3$ 이하일 때 미세먼 지 상태를 보통이라 한다.) [7점]

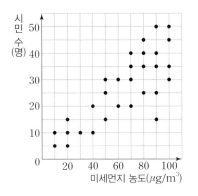

23

다음 그래프는 영어 토론 대회에 참가할 학교 대표 학생 을 뽑는 교내 예선에 참가한 학생 40명의 말하기, 듣기 시험 성적을 조사하여 나타낸 산점도이다. 두 성적의 합 이 상위 20 % 이내에 드는 학생을 뽑아 교내 2차 예선 을 치르려고 할 때, 2차 예선에 진출하려면 말하기, 듣기 시험 성적의 평균이 최소 몇 점 이상이어야 하는지 구하 시오. [6점]

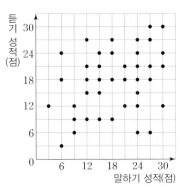

01

미래엔 변형

다음 그래프는 돼지고기와 소고기의 부위 100 g당 단백질 함유량(g)과 칼로리(kcal)를 조사하여 나타낸 산점도이다. 다이어트를 위해서는 50 g당 단백질 함유량이 15 g 이상, 칼로리가 100 kcal 이하인 고기를 섭취하는 것이 좋다고 할 때, 다이어트에 적합한 부위는 몇 개인지 구하시오. (단, 조사한 부위는 모두 20개이다.)

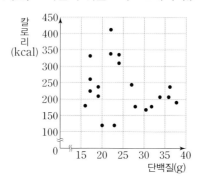

02

비상 변형

아래 그래프는 두 변량 x와 y에 대한 산점도이다. 다음 물음에 답하시오.

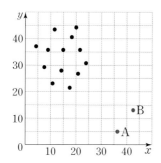

(1) 위의 산점도에서 두 점 A, B를 지웠을 때, 두 변량 x와 y 사이의 상관관계를 말하시오.

(2) 위의 산점도에 다음 5개의 자료를 추가하였을 때, 두 변량 x와 y 사이의 상관관계를 말하시오.

x	25	30	30	35	40
y	18	24	16	20	10

03

지학사 변형

다음은 2019년 KBO 리그 투수 20명의 각종 기록을 조사하여 나타낸 표이다. 방어율과 나머지 세 기록의 상관관계를 각각 구하시오. (단, 단위는 무시한다.)

번호	방어율	피안타	볼넷	삼진
1	2.29	165	33	163
2	2.50	165	29	189
3	2.51	198	38	180
4	2.55	164	41	126
5	2.62	151	42	148
6	2.92	171	44	138
7	2.96	148	46	130
8	3.05	164	45	119
9	3.13	166	39	141
10	3.38	165	36	105
11	3.50	169	63	134
12	3.51	191	54	135
13	3.62	153	63	135
14	3.88	157	59	100
15	4.07	168	45	102
16	4.12	181	59	124
17	4.24	158	56	82
18	4.34	164	40	117
19	4.77	168	50	65
20	4.96	175	65	91

●정답 및 풀이 65쪽

04
신사고 변형

다음은 유행성 결막염을 예방하는 방법에 대한 내용이다. ㄱ~ㅁ에서 유행성 결막염 발병과의 상관관계가 나머지 넷과 다른 하나를 고르시오.

> 외출 후에는 반드시 손 세정제나 비누를 이용하여 ㄱ. 손을 씻습니다. 미세먼지 농도가 낮은 날을 골라 ㄴ. 실내 환기를 시키고, 실내 습도는 50 % 정도를 유지합니다. ㄷ. 침구와 베개 커버는 자주 세탁하여 햇볕에 말리거나 털어주는 것이 효과적이며, 전염될 수 있으므로 ㄹ. 사람이 많은 장소는 피하는 것이 좋습니다. 또, 당근, 시금치, 브로콜리 등의 ㅁ. 루테인이 풍부한 녹황색 채소를 자주 먹어 눈의 면역력을 키우는 것도 결막염 예방에 도움이 됩니다.

05
금성 변형

아래 그래프는 A, B, C 세 나라에 대하여 각 30개 도시의 인구수와 통행량을 조사하여 나타낸 산점도이다. 다음 물음에 답하시오.

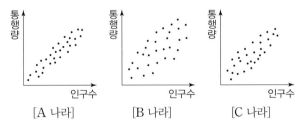

[A 나라]　　　[B 나라]　　　[C 나라]

(1) 인구수와 통행량에 대한 상관관계가 가장 강한 나라를 말하시오.

(2) 다음 보기 중 위 산점도의 상관관계와 같은 상관관계가 있는 것을 고르시오.

> **보기**
> ㄱ. 택시 운행 거리와 택시 요금
> ㄴ. 운동화 사이즈와 식사량
> ㄷ. 몸무게와 충치 개수
> ㄹ. 산의 높이와 기온

06
천재 변형

아래 그래프는 어느 해 여름의 최고 기온과 아이스크림 판매량 그리고 물놀이 사고 건수를 조사하여 나타낸 산점도이다. 주어진 산점도를 보고 두 학생이 나눈 대화가 다음과 같을 때, 서아의 마지막 대화에서 논리적 오류를 찾고 그 이유를 설명하시오.

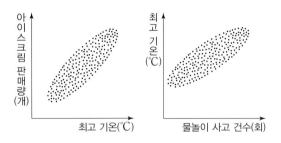

> 서아 : 두 산점도를 볼 때, 최고 기온과 아이스크림 판매량 사이에는 양의 상관관계가 있고, 물놀이 사고 건수와 최고 기온 사이에도 양의 상관관계가 있어.
> 준수 : 음…. 그러면 아이스크림 판매량과 물놀이 사고 건수 사이에도 양의 상관관계가 있겠군.
> 서아 : 그렇다면 아이스크림이 팔리지 않아야 물놀이 사고가 나지 않잖아! 오늘부터 아이스크림을 팔지 말라고 아이스크림 제조업체에 전화해야겠어!

기출 에서 pick 한

부록

- 기출에서 pick한 고난도 50

- 기말고사 대비 실전 모의고사 5회

- 특별한 부록
  동아출판 홈페이지 (www.bookdonga.com)에서
  〈실전 모의고사 5회〉를 다운 받아 사용하세요.

VI-1 원과 직선

01

오른쪽 그림과 같이 반지름의 길이가 9 cm인 원 O의 지름 AB와 현 CD가 평행하고 $\overline{OP}=4$ cm, $\overline{PD}=11$ cm일 때, $\overline{PC}$의 길이를 구하시오.

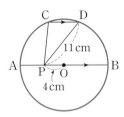

02

오른쪽 그림과 같이 반지름의 길이가 10인 원 O의 원주 위의 한 점이 원의 중심 O에 겹쳐지도록 $\overline{AB}$를 접는 선으로 하여 접었을 때, 색칠한 부분의 넓이를 구하시오.

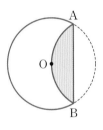

03

오른쪽 그림과 같이 반지름의 길이가 6인 원 O에서 $\overline{OM}=\overline{ON}=3$, $\angle NOM=150°$일 때, 색칠한 부분의 넓이를 구하시오.

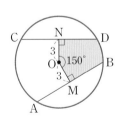

04

오른쪽 그림과 같이 중심이 O로 같고 반지름의 길이가 각각 8 cm, 6 cm인 두 원에서 $\overline{AB}$는 큰 원의 지름이고 점 E는 두 현 AB, CD의 교점이다. $\overline{AB}\perp\overline{CD}$이고 큰 원의 현 AD가 작은 원과 점 F에서 접할 때, $\overline{CD}$의 길이를 구하시오.

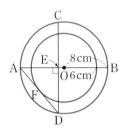

05

다음 그림에서 원 O는 △ABC의 내접원이고 세 점 P, Q, R는 그 접점이다. 또, 반직선 BD, BF는 원 O'의 접선이고 $\overline{AC}$는 원 O'과 점 E에서 접한다. $\overline{AB}=9$ cm, $\overline{BC}=12$ cm, $\overline{CA}=7$ cm일 때, $\overline{RE}$의 길이를 구하시오.

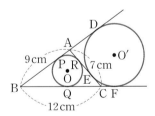

06

다음 그림에서 네 원은 네 삼각형의 내접원이고 $\overline{AC}$, $\overline{AD}$, $\overline{AE}$는 공통인 접선이다. $\overline{AB}=15$, $\overline{BC}=12$, $\overline{CD}=9$, $\overline{DE}=6$, $\overline{EF}=3$일 때, $\overline{AF}$의 길이를 구하시오.

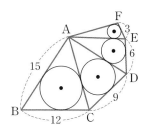

07

다음 그림에서 직사각형 ABCD의 둘레의 길이는 42 cm이고 반지름의 길이가 3 cm인 두 원 O, O′은 각각 △ABC와 △ACD의 내접원이다. 두 원 O, O′과 $\overline{AC}$의 접점을 각각 E, F라 할 때, □EOFO′의 넓이를 구하시오.

(단, $\overline{AB}<\overline{BC}$)

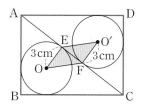

08

오른쪽 그림과 같이 원 O는 $\angle A=75°$, $\angle B=45°$인 △ABC에 내접하고 세 점 P, Q, R는 그 접점이다. $\overline{AB}=4$일 때, $\overline{BQ}$의 길이를 구하시오.

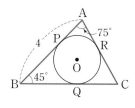

09

오른쪽 그림에서 $\overline{AB}$를 지름으로 하는 반원 O의 지름의 길이는 8이고 $\overline{AP}$, $\overline{PQ}$, $\overline{QB}$는 반원에 접한다. $\overline{AP}=x$, $\overline{QB}=y$이고 직선 PQ와 직선 AB가 이루는 각의 크기가 45°일 때, x, y의 값을 각각 구하시오.

(단, $x<y$)

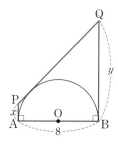

10

오른쪽 그림과 같이 반지름의 길이가 5 cm인 원 O에 외접하는 사각형 ABCD에 대하여 $\overline{AD}=11$ cm, $\overline{BC}=9$ cm일 때, 색칠한 부분의 넓이를 구하시오.

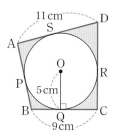

11

오른쪽 그림과 같이 원 O′이 반지름의 길이가 18인 부채꼴 AOB에 내접한다. 부채꼴 AOB의 넓이가 54π일 때, 원 O′의 둘레의 길이를 구하시오.

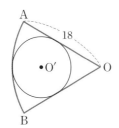

12

오른쪽 그림의 원 O에서 $\overline{AB}$는 지름이고, 두 점 A, B에서 그은 두 접선과 원 위의 한 점 P에서 그은 접선이 만나는 점을 각각 C, D라 하자. $\overline{AD}$와 $\overline{BC}$의 교점을 Q라 하고 $\overline{AC}=5$, $\overline{BD}=8$일 때, $\overline{PQ}$의 길이를 구하시오.

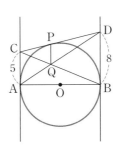

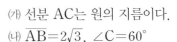

VI-2 원주각

13

오른쪽 그림과 같이 원에 내접하는 삼각형 ABC가 다음 조건을 만족시킬 때, 색칠한 부분의 넓이를 구하시오.

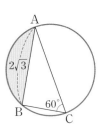

> ㈎ 선분 AC는 원의 지름이다.
> ㈏ $\overline{AB}=2\sqrt{3}$, $\angle C=60°$

14

오른쪽 그림과 같이 원 O에 내접하는 정오각형 ABCDE에서 $\overline{AF}=1\,\mathrm{cm}$일 때, $\overline{FC}$의 길이를 구하시오.

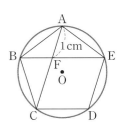

15

오른쪽 그림과 같이 $\overline{AB}$를 지름으로 하는 반원 O에서 $\angle OCE=\angle ODE=15°$, $\angle AOD=38°$일 때, $\angle COE$의 크기를 구하시오.

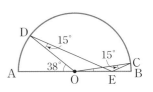

•정답 및 풀이 67쪽

16

오른쪽 그림에서 $\overline{CD}$는 반원 O의 지름이다. $\overline{AB}=\overline{BC}=4$ 이고 $\overline{CD}=16$일 때, $\overline{AD}$의 길이를 구하시오.

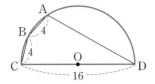

17

오른쪽 그림과 같이 좌표평면의 원점 O를 지나는 원 C가 x축과 점 A에서 만나고 y축과 점 B(0, 3)에서 만난다. 이 원 위의 점 P에 대하여 $\angle OPA=60°$일 때, 색칠한 부분의 넓이를 구하시오.

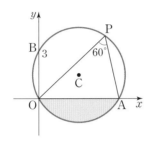

18

오른쪽 그림과 같이 $\overline{AB}$와 $\overline{BC}$를 각각 지름으로 하는 두 반원에서 $\overline{AQ}$는 작은 반원의 접선이고 점 P는 접점이다. $\overline{AC}=2$, $\overline{BC}=8$일 때, $\overline{AQ}$의 길이를 구하시오.

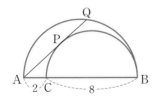

19

오른쪽 그림과 같이 반지름의 길이가 5인 원 O에 내접하는 □ABCD의 두 대각선 AC와 BD가 서로 수직일 때, $\overline{AB}^2+\overline{CD}^2$의 값을 구하시오.

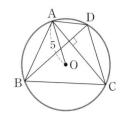

20

다음 그림과 같이 원 O의 지름 AB의 연장선 위의 점 P에서 원 O에 접선 PT를 그어 그 접점을 C라 하자. $\overline{PC}=\overline{BC}$ 이고 $\overline{PA}=\sqrt{6}$일 때, 원 O의 넓이를 구하시오.

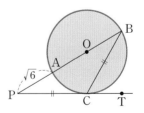

21

오른쪽 그림과 같이 원에 내접하는 오각형 ABCDE에 대하여 $\overline{AB}=\overline{BC}=\overline{AE}$, ∠AEC=46°일 때, ∠D의 크기를 구하시오.

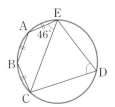

22

오른쪽 그림과 같이 팔각형 ABCDEFGH가 원에 내접할 때, ∠A+∠C+∠E+∠G의 크기를 구하시오.

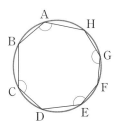

23

다음 그림과 같이 $\overline{AB}$를 지름으로 하고, 점 O를 중심으로 하는 반원 안에 $\overline{AO}$, $\overline{BO}$를 각각 지름으로 하는 반원 P, Q 가 있다. 점 A에서 반원 Q에 그은 접선이 두 반원 P, O와 만나는 점을 각각 C, D라 할 때, $\dfrac{\overline{BT}}{\overline{OT}}$의 값을 구하시오.

(단, 점 T는 접점이다.)

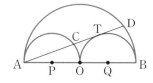

24

오른쪽 그림에서 점 H는 삼각형 ABC의 세 꼭짓점에서 각각의 대변에 내린 수선의 교점이다. 이때 7개의 점 A, B, C, D, E, F, H에서 네 점을 선택하여 만들 수 있는 사각형 중에서 원에 내접하는 사각형은 모두 몇 개인지 구하시오.

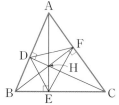

25

오른쪽 그림에서 직선 TT′은 점 A에서 두 원과 접하고 큰 원의 현 BC는 작은 원과 점 D에서 접한다. ∠CBA=37°, ∠BAT′=63°일 때, ∠BDA의 크기를 구하시오.

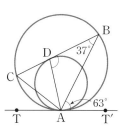

26

오른쪽 그림에서 직선 TP는 반지름의 길이가 6인 원 O의 접선이고 점 P는 그 접점이다.
$\angle ACB=81°$, $\angle APT=45°$일 때, 부채꼴 OPB의 넓이를 구하시오.

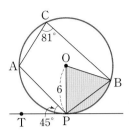

27

오른쪽 그림에서 직선 EC는 네 점 A, B, C, D를 지나는 원 O의 접선이고 $\overline{BD}$는 지름이다.
$\overline{AD} /\!/ \overline{EC}$이고 $\angle BCE=32°$일 때, $\overline{AC}$와 $\overline{BD}$의 교점 P에 대하여 $\angle DPC$의 크기를 구하시오.

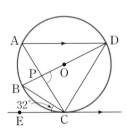

28

다음 그림에서 두 반직선 PX, PY는 원 O의 접선이고 두 점 A, B는 그 접점이다. $\angle APB=66°$, $\angle BED=90°$, $\angle CDE=21°$일 때, $\angle x$, $\angle y$, $\angle z$의 크기를 각각 구하시오.

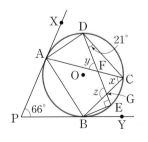

VII-1 대푯값과 산포도

29

지민이네 반 학생들이 어떤 영화를 보고 매긴 평점의 평균은 7.9점이다. 남학생들이 매긴 평점의 평균이 7.5점이고 여학생들이 매긴 평점의 평균이 8.2점일 때, 남학생 수와 여학생 수의 비를 가장 간단한 자연수의 비로 나타내시오.

30

8개의 수 2, 5, 5, 6, 9, a, b, c의 중앙값이 6이고 최빈값이 9일 때, 세 수 a, b, c의 평균을 구하시오.

31

10개의 변량 10, 13, 7, 15, 10, 11, 5, 8, 10, 9에 한 개의 변량을 추가할 때, 다음 보기에서 항상 옳은 것을 모두 고르시오.

보기
ㄱ. 최빈값은 변하지 않는다.
ㄴ. 평균은 변한다.
ㄷ. 중앙값은 변하지 않는다.

32

키가 다음과 같은 학생 4명이 있는 모둠에 한 학생이 더 들어와 5명의 키의 평균과 중앙값이 같게 되었다. 모든 학생의 키가 170 cm보다 작다고 할 때, 새로 들어온 학생의 키로 가능한 값을 모두 구하시오.

| 150 cm, | 152 cm, | 158 cm, | 160 cm |

33

자연수 x에 대하여 5개의 변량 4, x, 6, 7, 9의 중앙값을 a, 5개의 변량 3, 5, 9, 10, x의 중앙값을 b, 5개의 변량 10, 8, x, 6, 3의 중앙값을 c라 하자. $a=b=c$일 때, 가능한 x의 값을 모두 구하시오.

34

다음 표는 각 친구들이 한 윗몸일으키기 개수에서 소희가 한 윗몸일으키기 개수를 뺀 값을 나타낸 것이다. 5명의 학생들이 한 윗몸일으키기 개수의 분산을 구하시오.

(단위 : 개)

학생	지아	민지	소희	민결	서준
(각 학생의 개수) − (소희의 개수)	−4	−6	0	3	2

35

다음 표는 4명의 학생 A, B, C, D의 점수의 편차를 나타낸 것인데 일부분이 찢어졌다.

학생	A	B	C	D
편차(점)	−2	1	3	

점수가 2점 차이인 두 학생 E, F를 포함한 6명의 평균이 A, B, C, D 4명의 평균보다 20 % 낮다고 할 때, A, B, C, D, E, F 6명의 점수의 표준편차를 구하시오.

(단, 학생들이 얻은 점수는 모두 한 자리의 자연수이다.)

36

다음 표는 5개의 변량 A, B, C, D, E의 편차를 나타낸 것이다. 평균이 30일 때, 5개의 변량의 분산을 구하시오.

(단, $x<3$)

변량	A	B	C	D	E
편차	$3x^2-x+2$	$x-3$	$-2x-5$	$-7x+5$	$-2x^2+4x+7$

37

5개의 변량 x, 5, 8, 2, y의 평균이 5이고 분산이 4일 때, 5개의 변량 x, y, 7, 3, 5의 표준편차를 구하시오.

•정답 및 풀이 69쪽

38

어떤 자료 6개의 변량에 대한 평균과 분산을 구하였더니 각각 10, 7이었다. 그런데 자료를 다시 확인해 보니 변량 중 하나를 13으로 잘못 본 것이었다. 제대로 본 값으로 다시 구한 평균이 9일 때, 제대로 구한 분산은 얼마인지 구하시오.

39

한 변의 길이가 4인 정삼각형의 두 변을 사등분하여 오른쪽 그림과 같이 나누었을 때, 4개의 조각의 넓이의 분산을 구하시오.

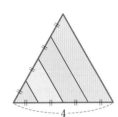

40

다음 세 자료 A, B, C의 분산을 각각 x, y, z라 할 때, x, y, z의 대소 관계를 부등호를 사용하여 나타내시오.

A : 2부터 20까지의 짝수
B : 2부터 10까지의 짝수
C : 12부터 20까지의 짝수

41

다음 표는 어느 중학교의 A반과 B반의 학생 수와 체육 수행 평가 성적의 평균, 표준편차를 조사하여 나타낸 것이다. 두 반 전체 학생의 성적의 표준편차를 구하시오.

	학생 수(명)	평균(점)	표준편차(점)
A반	20	8	3
B반	15	8	$\sqrt{2}$

42

다음 표는 남학생 3명과 여학생 3명으로 이루어진 어느 모둠 학생들의 일주일 동안의 하루 핸드폰 사용 시간을 조사하여 나타낸 것이다. 모둠 전체 학생들의 일주일 동안의 핸드폰 사용 시간의 평균을 m시간, 분산을 n이라 할 때, $m+n^2$의 값을 구하시오.

	평균(시간)	분산
남학생	3	5
여학생	5	3

43

유찬이네 반 학생 50명의 평균 몸무게는 56 kg이다. 남학생의 평균 몸무게는 62 kg, 표준편차는 $\sqrt{15}$ kg이고 여학생의 평균 몸무게는 50 kg, 표준편차는 $2\sqrt{2}$ kg일 때, 유찬이네 반 전체 학생의 몸무게의 표준편차를 구하시오.

44

오른쪽 그림과 같은 직육면체에서 12개의 모서리의 길이의 평균이 9이고 표준편차가 $\sqrt{26}$일 때, $a^2+b^2+c^2$의 값을 구하시오.

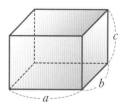

45

다음 그림은 반 대항 양궁 시합을 위해 두 학생 A, B가 10발씩 화살을 쏘아 과녁에 맞힌 결과이다. 점수의 평균이 높은 학생을 대표 선수로 뽑고, 평균이 같을 때에는 점수가 고른 학생을 대표 선수로 뽑을 때, A, B 두 학생 중 대표 선수로 적합한 학생을 구하시오.

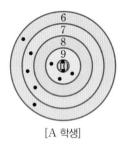

[A 학생]

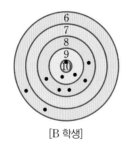

[B 학생]

46

네 변량 a, b, c, d의 평균이 5이고 표준편차가 3일 때, 네 변량 $3+2a$, $3+2b$, $3+2c$, $3+2d$의 평균과 표준편차를 각각 구하시오.

VII-2 상관관계

47

아래 그림은 어느 반 학생 12명의 수학 성적과 과학 성적을 조사하여 나타낸 것이다. 다음 조건을 모두 만족시키는 학생들의 수학 점수와 과학 점수의 분산을 비교하시오.

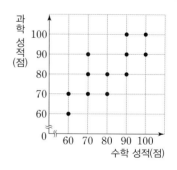

(가) 수학 성적과 과학 성적의 차가 10점 이하이다.

(나) 수학 성적과 과학 성적의 평균이 95점 이상이다.

●정답 및 풀이 72쪽

48

아래 그림은 지유네 반 학생 20명의 중간고사와 기말고사의 영어 성적을 조사하여 나타낸 것이다. 다음 조건을 모두 만족시키는 학생들에게 발전상을 수여하려고 할 때, 발전상을 받는 학생은 전체의 몇 %인지 구하시오.

> ㈎ 중간고사와 기말고사의 성적의 평균이 60점 이하이다.
>
> ㈏ 기말고사 성적이 중간고사 성적보다 20점 이상 높다.

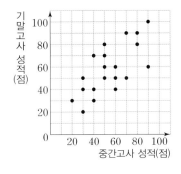

49

오른쪽 그림은 단우네 반 학생 20명의 1차, 2차 수학 수행 평가 성적을 조사하여 나타낸 것이다. 수준별 수업을 위해 3개의 그룹으로 나누어 수업을 진행하려 한다. 1, 2차 성적의 총점이 상위

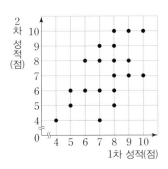

15%에 속하는 학생의 그룹을 A, 하위 20%에 속하는 학생의 그룹을 B, 나머지 학생이 속하는 그룹을 C라 할 때, 각 그룹의 성적의 총점의 평균과 분산을 각각 구하시오.

50

아래 산점도는 A, B 두 회사 직원들의 가계 소득액과 가계 지출액을 조사하여 나타낸 것이다. 다음 보기에서 옳은 것을 모두 고르시오.

(단, 두 산점도의 가로축과 세로축의 눈금 크기는 같다.)

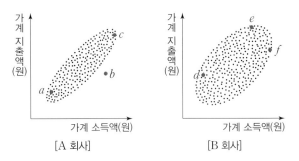

[A 회사]   [B 회사]

보기

> ㄱ. 가계 소득액이 큰 가구가 대체로 지출액도 크다.
> ㄴ. 가계 소득액과 지출액 사이의 상관관계는 물건 가격과 소비량 사이의 상관관계와 같다.
> ㄷ. A 회사 직원들의 가계 소득액의 평균이 B 회사 직원들의 가계 소득액의 평균보다 높다.
> ㄹ. B 회사 직원들의 가계 지출액의 분산이 A 회사 직원들의 가계 지출액의 분산보다 크다.
> ㅁ. e와 f는 소득액 대비 지출액의 비율이 d보다 높다고 볼 수 있다.
> ㅂ. a~f 6명의 직원 중 가계 소득액에 비해 저축을 가장 적게 하는 사람은 f이다.
> ㅅ. b는 c보다 가계 소득에 비해 지출을 적게 하는 편이다.
> ㅇ. d는 B 회사 전체 직원 중 가계 소득액이 가장 적다.

선택형	18문항 70점	총점
서술형	5문항 30점	100점

※ 선택형 문제입니다. 문제를 풀고 답을 골라 OMR 답안지에 ■표 하시오.

01

오른쪽 그림의 원 O에서 $\overline{OM} \perp \overline{AB}$이고 $\overline{OM}=6$, $\overline{OC}=10$일 때, $\overline{AB}$의 길이는?

[3점]

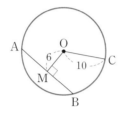

① $2\sqrt{34}$ ② 12
③ $10\sqrt{2}$ ④ 16
⑤ 18

02

오른쪽 그림에서 $\overrightarrow{AD}$, $\overrightarrow{AE}$, $\overline{BC}$는 원 O의 접선이고 세 점 D, E, F는 그 접점이다. $\overline{AB}=7\,cm$, $\overline{BC}=8\,cm$, $\overline{AC}=9\,cm$일 때, $\overline{AD}$의 길이는? [4점]

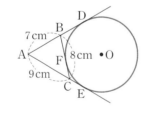

① 8 cm   ② 9 cm   ③ 10 cm
④ 11 cm   ⑤ 12 cm

03

오른쪽 그림에서 □ABCD는 원 O에 외접하고 네 점 P, Q, R, S는 그 접점이다. $\overline{AB}=8$, $\overline{BC}=11$, $\overline{AD}=6$일 때, $\overline{DC}$의 길이는? [4점]

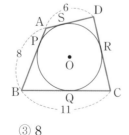

① 6   ② 7   ③ 8
④ 9   ⑤ 10

04

오른쪽 그림의 직사각형 ABCD에서 □ABED는 원 O에 외접하는 사각형이고, △DEC는 원 O′에 외접하는 삼각형이다. $\overline{AD}=12\,cm$, $\overline{BE}=4\,cm$일 때, 원 O의 반지름의 길이와 원 O′의 반지름의 길이의 합은? [5점]

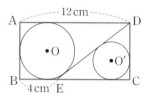

① 4 cm   ② 5 cm   ③ 6 cm
④ 7 cm   ⑤ 8 cm

05

오른쪽 그림의 원 O에서 $\angle BOC=110°$, $\angle OCA=20°$일 때, $\angle x$의 크기는? [3점]

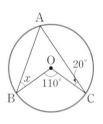

① 20°   ② 25°
③ 30°   ④ 35°
⑤ 40°

06

오른쪽 그림에서 $\overline{AB}$는 반지름의 길이가 3 cm인 원 O의 지름이다. $\overset{\frown}{AC} : \overset{\frown}{BC}=2:1$일 때, △ABC의 둘레의 길이는? [4점]

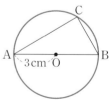

① $(6+3\sqrt{3})$ cm   ② $(6+6\sqrt{3})$ cm
③ $(9+3\sqrt{3})$ cm   ④ $(9+6\sqrt{3})$ cm
⑤ $(9+9\sqrt{3})$ cm

07

오른쪽 그림과 같이 원 O에 내접
하는 오각형 ABCDE에서
∠ABC=125°, ∠AED=105°
일 때, ∠x의 크기는? [4점]

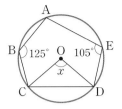

① 95°　　　② 100°

③ 105°　　④ 110°

⑤ 115°

08

오른쪽 그림에서 □ABCD는
원 O에 내접하고 ∠P=44°,
∠Q=36°일 때, ∠x의 크기
는? [5점]

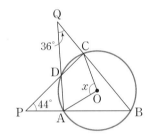

① 80°　　　② 88°

③ 96°　　　④ 100°

⑤ 108°

09

오른쪽 그림에서 직선 PT는 반
지름의 길이가 5인 원 O의 접선
이고 점 T는 그 접점이다.
$\overline{AT}=8$일 때, $\tan x$의 값은?

[4점]

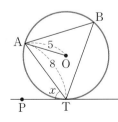

① $\dfrac{3}{4}$　　　② $\dfrac{4}{5}$　　　③ $\dfrac{5}{4}$

④ $\dfrac{4}{3}$　　　⑤ $\dfrac{8}{5}$

10

다음 자료는 농구 동아리 학생 9명의 1분 동안 자유투
성공 횟수를 조사하여 나타낸 것이다. 자유투 성공 횟수
의 평균, 중앙값, 최빈값이 바르게 짝 지어진 것은? [3점]

(단위 : 회)

> 7, 8, 10, 5, 6, 7, 8, 4, 8

	평균	중앙값	최빈값
①	7회	7회	7회
②	7회	7회	8회
③	7회	7회	7회, 8회
④	8회	8회	7회
⑤	8회	8회	8회

11

아래 표는 3개 반 학생들의 수학 성적의 평균과 표준편
차를 조사하여 나타낸 것이다. 다음 중 옳은 것을 모두
고르면? (정답 2개) [4점]

반	1	2	3
평균(점)	73	68	75
표준편차(점)	2.4	1.8	2.1

① 편차의 총합은 3반이 가장 크다.

② 2반에 성적이 가장 낮은 학생이 있다.

③ 수학 성적이 가장 우수한 반은 1반이다.

④ 2반의 성적이 가장 고르게 분포되어 있다.

⑤ 1반 학생들의 성적이 평균으로부터 가장 멀리 흩어
져 있다.

12

다음 조건을 만족시키는 세 자연수 중에서 가장 큰 수
는? [5점]

> (가) 중앙값이 5이다.
> (나) 평균은 6이고, 분산은 14이다.

① 8　　　　② 9　　　　③ 11

④ 12　　　⑤ 14

13

두 자료 A, B가 아래 표와 같을 때, 다음 보기에서 옳은 것을 모두 고른 것은? [4점]

자료 A	1	3	5	7	9
자료 B	2	4	6	8	10

> 보기
> ㄱ. 두 자료 A, B의 평균이 서로 같다.
> ㄴ. 자료 B가 자료 A보다 표준편차가 크다.
> ㄷ. 자료 A의 중앙값과 평균은 서로 같다.

① ㄱ   ② ㄷ   ③ ㄱ, ㄴ
④ ㄱ, ㄷ   ⑤ ㄴ, ㄷ

14

세 수 a, b, c의 평균이 7이고 표준편차가 $2\sqrt{2}$일 때, $(a-7)^2+(b-7)^2+(c-7)^2$의 값은? [4점]

① $3\sqrt{2}$ ② $6\sqrt{2}$ ③ 12
④ 18   ⑤ 24

15

오른쪽 그래프는 어느 반 학생 10명의 수학 성적과 영어 성적을 조사하여 나타낸 산점도이다. 수학 성적과 영어 성적의 차가 20점 이상인 학생들의 영어 성적의 평균은? [4점]

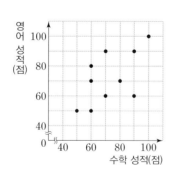

① 70점   ② $\dfrac{220}{3}$점   ③ 75점
④ $\dfrac{230}{3}$점   ⑤ 80점

16

오른쪽 그래프는 자전거 동호회 회원 15명이 하루 동안 자전거를 탄 시간과 거리를 조사하여 나타낸 산점도이다. 다음 보기에서 옳은 것을 모두 고른 것은? [4점]

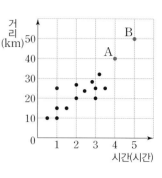

> 보기
> ㄱ. 자전거를 탄 시간과 거리 사이에는 양의 상관관계가 있다.
> ㄴ. A, B 두 점을 지우면 상관관계가 없다.
> ㄷ. 하루 동안 1시간 이하로 달린 회원은 3명이다.

① ㄱ   ② ㄱ, ㄴ   ③ ㄱ, ㄷ
④ ㄴ, ㄷ   ⑤ ㄱ, ㄴ, ㄷ

17

한 해 동안 생산된 사과의 양이 많을수록 그 해의 사과 가격이 떨어진다고 한다. 어느 해의 사과 생산량을 x kg, 사과의 가격을 y원이라 할 때, 다음 중 x와 y 사이의 상관관계를 나타낸 산점도는? [3점]

①    ②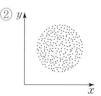

③ 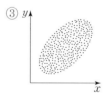   ④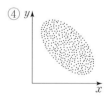

⑤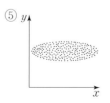

18

오른쪽 그래프는 책의 쪽수와 가격을 조사하여 나타낸 산점도이다. 책의 쪽수에 비하여 가격이 가장 비싼 것은 어느 것인가? [3점]

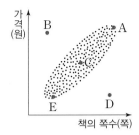

① A   ② B

③ C   ④ D

⑤ E

서술형 ──────────────○

19

오른쪽 그림에서 $\overline{AD}$, $\overline{BC}$, $\overline{CD}$는 $\overline{AB}$를 지름으로 하는 반원 O의 접선이고, 세 점 A, B, E는 그 접점이다. $\overline{AD}=4\,cm$, $\overline{BC}=6\,cm$일 때, $\overline{BD}$의 길이를 구하시오. [6점]

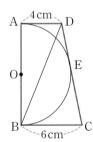

20

오른쪽 그림에서 원 O는 △ABC의 내접원이고 세 점 D, E, F는 그 접점이다. △DEF, △ABC가 각각 원 O, 원 O′에 내접하고 $\overset{\frown}{AB} : \overset{\frown}{BC} : \overset{\frown}{CA} = 4 : 3 : 2$일 때, ∠$x$의 크기를 구하시오. [7점]

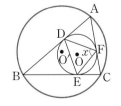

21

다음은 9개의 변량을 작은 값부터 크기순으로 나열한 것이다. 이 자료의 평균, 중앙값, 최빈값이 모두 같을 때, a, b의 값을 각각 구하시오. [4점]

> 3, 4, 5, 5, 7, 7, a, 10, b

22

다음 표는 A, B, C, D, E, F, G 7명의 학생의 하루 핸드폰 사용 시간의 편차를 조사하여 나타낸 것이다. 핸드폰 사용 시간의 표준편차를 구하시오. [6점]

(단위 : 시간)

학생	A	B	C	D	E	F	G
편차	−1	−2	x	1	3	0	2

23

다음 그래프는 명수네 학교 학생 40명의 올해 1학기, 2학기 수학 성적을 조사하여 나타낸 산점도이다. 1, 2학기 성적의 합이 상위 30 %에 속하는 학생들을 대상으로 내년에 특별반을 만들려고 할 때, 특별반 학생들의 1, 2학기 성적의 합의 평균을 구하시오. [7점]

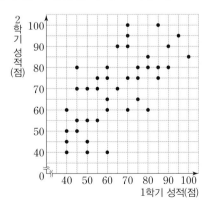

선택형	18문항 70점	총점
서술형	5문항 30점	100점

※ 선택형 문제입니다. 문제를 풀고 답을 골라 OMR 답안지에
■ 표 하시오.

01

오른쪽 그림은 원 모양 접시의
일부이다. $\overline{AB} \perp \overline{CM}$ 이고
$\overline{CM}=2\,\mathrm{cm}$, $\overline{AM}=\overline{BM}=6\,\mathrm{cm}$
일 때, 이 접시의 반지름의 길이
는? [4점]

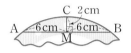

① 8 cm   ② 9 cm   ③ 10 cm

④ 11 cm   ⑤ 12 cm

02

오른쪽 그림과 같이 △ABC의 외
접원의 중심 O에서 세 변 AB,
BC, CA에 내린 수선의 발을 각각
D, E, F라 하자.
$\overline{OD}=\overline{OE}=\overline{OF}=\sqrt{3}\,\mathrm{cm}$일 때,
△ABC의 둘레의 길이는? [4점]

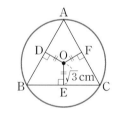

① $6\sqrt{3}$ cm   ② 12 cm   ③ 15 cm

④ 18 cm   ⑤ $12\sqrt{3}$ cm

03

오른쪽 그림과 같은 원 모양의 시계에
서 시계의 테두리 부분을 제외한 안쪽
부분의 접선이 시계의 테두리와 만나
는 두 점을 각각 A, B라 하자.
$\overline{AB}=20\,\mathrm{cm}$일 때, 시계의 테두리 부
분의 넓이는? [4점]

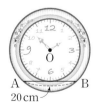

① $81\pi\,\mathrm{cm}^2$ ② $100\pi\,\mathrm{cm}^2$ ③ $144\pi\,\mathrm{cm}^2$

④ $100\sqrt{3}\pi\,\mathrm{cm}^2$ ⑤ $100\sqrt{6}\pi\,\mathrm{cm}^2$

04

오른쪽 그림과 같이 반지름의
길이가 12 cm인 부채꼴 OAB
에 원 O′이 내접하고
∠AOB=60°일 때, 원 O′의
넓이는? [5점]

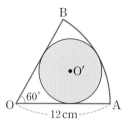

① $9\pi\,\mathrm{cm}^2$ ② $12\pi\,\mathrm{cm}^2$ ③ $16\pi\,\mathrm{cm}^2$

④ $20\pi\,\mathrm{cm}^2$ ⑤ $25\pi\,\mathrm{cm}^2$

05

오른쪽 그림에서 $\overline{AC}$는 원 O의 지름
이고 ∠D=40°일 때, ∠x의 크기
는? [3점]

① 40°   ② 45°

③ 50°   ④ 55°

⑤ 60°

06

오른쪽 그림에서
$\overset{\frown}{AB}:\overset{\frown}{CD}=4:1$이고
∠P=45°일 때, ∠x의 크기
는? [4점]

① 55°   ② 60°

③ 65°   ④ 70°

⑤ 75°

07

오른쪽 그림에서 ∠DAC=20°,
∠EDC=85°이다. □ABCD가 원
에 내접할 때, ∠x의 크기는? [4점]

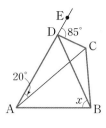

① 65°　　　　② 70°

③ 75°　　　　④ 80°

⑤ 85°

08

다음 그림에서 $\overrightarrow{PA}$는 원 O의 접선이고, 점 A는 그 접
점이다. 원 O 위의 점 A, B, C, D, E에 대하여
$\overset{\frown}{AB}=\overset{\frown}{BC}=\overset{\frown}{CD}=\overset{\frown}{DE}=\overset{\frown}{EA}$일 때, ∠$x$의 크기는? [4점]

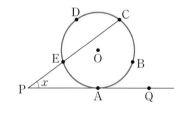

① 24°　　　　② 30°　　　　③ 36°

④ 42°　　　　⑤ 48°

09

다음 그림에서 직선 PQ는 원 O의 접선이고, 점 A는 그
접점이다. 두 원 O, O′이 두 점 B, E에서 만날 때, ∠x
의 크기는? [4점]

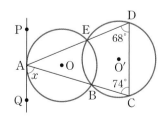

① 68°　　　　② 70°　　　　③ 72°

④ 74°　　　　⑤ 76°

10

다음은 시우의 기말고사 5과목의 시험 성적을 조사하여
나타낸 것이다. 시우의 시험 성적의 평균이 80점일 때,
x의 값은? [3점]

(단위 : 점)

90, 84, 82, x, 74

① 70　　　　　② 72　　　　　③ 74

④ 76　　　　　⑤ 78

11

다음은 선우네 반 학생 6명의 하루 평균 수면 시간을 조
사하여 나타낸 것이다. 이 자료의 중앙값은? [3점]

(단위 : 시간)

8, 5, 10, 8, 6, 7

① 6시간　　　② 6.5시간　　③ 7시간

④ 7.5시간　　⑤ 8시간

12

아래 표는 A, B, C, D, E 5명의 학생의 한 학기 동안
의 독서량에 대한 편차를 조사하여 나타낸 것이다. 다음
보기에서 옳은 것을 모두 고른 것은? [3점]

(단위 : 권)

학생	A	B	C	D	E
편차	−1	−2	−3	−4	x

보기

ㄱ. x의 값은 −5이다.

ㄴ. B 학생과 D 학생의 독서량의 차이는 2권이다.

ㄷ. E 학생의 독서량은 평균보다 높다.

ㄹ. 5명의 학생의 한 학기 동안의 독서량의 분산은 26
이다.

① ㄱ, ㄹ　　　　② ㄴ, ㄷ　　　　③ ㄱ, ㄴ, ㄷ

④ ㄱ, ㄷ, ㄹ　　⑤ ㄴ, ㄷ, ㄹ

13

5명의 학생의 수행 평가가 잘못 채점되어 다시 채점한 결과 모두 2점씩 감점되었다고 한다. 이때 평균과 표준편차는 재채점 전과 비교하여 어떻게 변화하는가? [4점]

① 평균과 표준편차 모두 2점씩 작아진다.
② 평균은 2점 작아지지만 표준편차는 그대로이다.
③ 평균은 2점 작아지고 표준편차는 4점 작아진다.
④ 평균은 그대로이고 표준편차는 2점 작아진다.
⑤ 평균은 그대로이고 표준편차는 4점 작아진다.

14

다음은 4개의 변량에 대한 두 학생의 대화이다. 바르게 보고 계산한 변량의 분산은? [5점]

> 지은 : 음…. 내가 계산해 보니 평균이 5, 분산이 $\dfrac{15}{2}$가 나와.
>
> 수호 : 어? 이상하다 …. 지은아! 실제 변량 중 3, 6을 1, 8로 각각 잘못 보고 계산했네.

① $\dfrac{5}{2}$ ② $\dfrac{7}{2}$ ③ $\dfrac{9}{2}$

④ $\dfrac{11}{2}$ ⑤ $\dfrac{13}{2}$

15

다음 표는 아영이네 반 A, B, C, D 4개의 모둠 학생들의 영어 수행 평가의 평균과 분산을 조사하여 나타낸 것이다. 아영이네 반 전체 학생의 분산은? [5점]

모둠	A	B	C	D
학생 수(명)	6	4	8	7
평균(점)	15	15	15	15
분산	3	10	4	5

① 3   ② 4   ③ 5
④ 6   ⑤ 7

16

오른쪽 그래프는 어느 반 학생들의 키와 신발 사이즈를 조사하여 나타낸 산점도이다. 중복된 점은 없다고 할 때, 다음 중 옳은 것을 모두 고르면? (정답 2개) [4점]

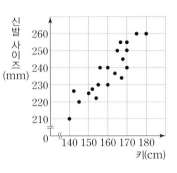

① 키와 신발 사이즈 사이에는 양의 상관관계가 있다.
② 총 18명의 학생을 조사한 것이다.
③ 신발 사이즈가 250 mm 미만인 학생은 4명이다.
④ 키가 170 cm인 학생은 3명이다.
⑤ 신발 사이즈가 260 mm인 학생은 3명이다.

17

다음 중 보기의 산점도에 대한 설명으로 옳지 <u>않은</u> 것은? [3점]

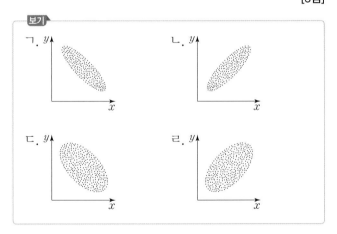

① 양의 상관관계를 나타내는 산점도는 ㄴ, ㄹ이다.
② 음의 상관관계를 나타내는 산점도는 ㄱ, ㄷ이다.
③ ㄱ이 ㄷ보다 상관관계가 강하다.
④ ㄴ이 ㄹ보다 상관관계가 약하다.
⑤ x의 값이 증가함에 따라 y의 값이 증가하는 경향이 있는 것은 ㄴ, ㄹ이다.

18

오른쪽 그래프는 두 변량 x, y에 대한 산점도이다. 다음 중 2개의 점을 추가하였을 때, 음의 상관관계가 되는 것은? [4점]

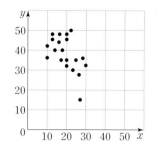

① $(40, 20)$, $(50, 10)$
② $(40, 30)$, $(50, 30)$
③ $(40, 30)$, $(50, 40)$
④ $(40, 40)$, $(50, 50)$
⑤ $(40, 50)$, $(50, 40)$

서술형

19

다음 그림에서 직선 PQ는 원 O의 접선이고 점 C는 그 접점이다. $\angle BCP = 68°$, $\angle DOC = 144°$일 때, $\angle x$의 크기를 구하시오. [6점]

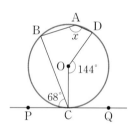

20

다음 그림의 반원 O에서 $\overarc{AD} : \overarc{DC} = 4 : 3$, $\angle E = 72°$일 때, $\angle x$의 크기를 구하시오. [7점]

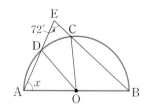

21

오른쪽 막대 그래프는 학생 15명의 배구 서브 횟수를 조사하여 나타낸 것이다. 배구 서브 횟수의 중앙값, 최빈값을 각각 구하시오. [4점]

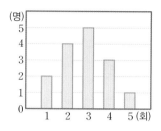

22

다음은 학생 6명의 한 달 동안의 독서 시간의 편차를 조사하여 나타낸 것이다. 분산이 4일 때, xy의 값을 구하시오. [6점]

(단위 : 시간)

$$-1, \quad 2, \quad x, \quad -3, \quad -1, \quad y$$

23

오른쪽 그래프는 어느 반 여학생 11명의 1차와 2차에 걸친 1분당 농구 자유투 성공 횟수를 조사하여 나타낸 산점도이다. 1차보다 2차에 던진 자유투 성공 횟수가 줄어든 학생의 2차 자유투 성공 횟수의 평균을 구하시오. [7점]

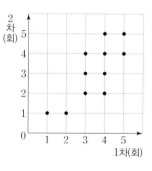

기말고사 대비 실전 모의고사 3회

시간 45분 | 점수 점

선택형	18문항 70점	총점 100점
서술형	5문항 30점	

※ 선택형 문제입니다. 문제를 풀고 답을 골라 OMR 답안지에 ■표 하시오.

01

오른쪽 그림의 원 O에서 $\overline{OM}\perp\overline{AB}$, $\overline{ON}\perp\overline{AC}$이고 $\overline{OM}=6$, $\overline{ON}=4$, $\overline{AB}=10$일 때, $\overline{AC}$의 길이는? [4점]

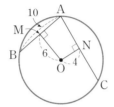

① $6\sqrt{5}$ ② $8\sqrt{3}$
③ $2\sqrt{51}$ ④ $6\sqrt{6}$
⑤ $2\sqrt{57}$

02

오른쪽 그림은 반지름의 길이가 9인 원 모양의 종이를 $\overline{AB}$를 접는 선으로 하여 점 D가 원의 지름 CD 위의 점 D′에 놓이도록 접은 것이다. $\overline{CD'}=\overline{D'M}$일 때, $\overline{AB}$의 길이는? [5점]

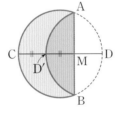

① $6\sqrt{2}$ ② $8\sqrt{2}$ ③ $10\sqrt{2}$
④ $12\sqrt{2}$ ⑤ $14\sqrt{2}$

03

오른쪽 그림에서 $\overrightarrow{PT}$는 원 O의 접선이고 점 T는 그 접점이다. $\overline{OP}$와 원 O의 교점 A에 대하여 $\overline{PT}=21\,\text{cm}$, $\overline{PA}=9\,\text{cm}$일 때, 원 O의 반지름의 길이는? [3점]

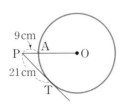

① 16 cm ② 17 cm ③ 18 cm
④ 19 cm ⑤ 20 cm

04

오른쪽 그림에서 $\overrightarrow{AD}$, $\overrightarrow{AE}$, $\overline{BC}$는 원 O의 접선이고 세 점 D, E, F는 그 접점이다. $\overline{OA}=10$이고 원 O의 반지름의 길이가 5일 때, △ABC의 둘레의 길이는? [4점]

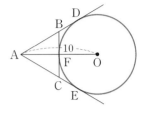

① $10\sqrt{2}$ ② $10\sqrt{3}$ ③ 20
④ $10\sqrt{5}$ ⑤ $10\sqrt{6}$

05

오른쪽 그림과 같이 ∠A=∠B=90°인 사다리꼴 ABCD가 반지름의 길이가 4인 원 O에 외접한다. $\overline{CD}=10$일 때, □ABCD의 넓이는? [4점]

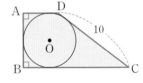

① 68 ② 72 ③ 76
④ 80 ⑤ 84

06

오른쪽 그림에서 ∠BAC=28°, ∠CED=37°일 때, ∠BFD의 크기는? [3점]

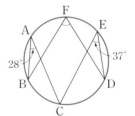

① 56° ② 60°
③ 65° ④ 70°
⑤ 74°

07

오른쪽 그림에서 점 E는 $\overline{AC}$, $\overline{BD}$의
교점이다. $\overparen{AB}=\overparen{BC}$일 때, 다음 중
옳지 않은 것은? [4점]

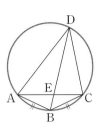

① ∠ADB=∠BAC

② ∠ACB=∠BDC

③ ∠ABD=∠CBD

④ △AEB∽△DAB

⑤ △ADE∽△BCE

08

오른쪽 그림과 같이 오각형
ABCDE가 원 O에 내접하고
∠ABC=116°, ∠AED=84°
일 때, ∠COD의 크기는? [4점]

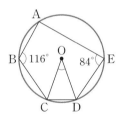

① 28°   ② 32°

③ 36°   ④ 40°

⑤ 44°

09

오른쪽 그림에서 □ABCD
는 원 O에 내접하고
∠DPC=32°,
∠BQC=24°일 때,
∠BAD의 크기는? [4점]

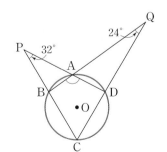

① 118°   ② 120°

③ 122°   ④ 124°

⑤ 126°

10

다음 보기에서 항상 원에 내접하는 사각형은 모두 몇 개
인가? [3점]

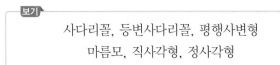

사다리꼴, 등변사다리꼴, 평행사변형
마름모, 직사각형, 정사각형

① 2개   ② 3개   ③ 4개

④ 5개   ⑤ 6개

11

다음은 수현이네 반 학생들이 한 달 동안 운동한 시간을
조사하여 나타낸 줄기와 잎 그림이다. 학생들의 운동
시간의 중앙값을 a시간, 최빈값을 b시간이라 할 때,
$a+b$의 값은? [4점]

(1 | 0은 10시간)

줄기	잎
1	0 0 1 2 3 4 5 7 7 9
2	1 1 1 2 3 5 6
3	2 3 4

① 40   ② 41   ③ 42

④ 43   ⑤ 44

12

세 자료 A, B, C에 대한 다음 설명 중 옳은 것은? [4점]

• 자료 A : 1, 2, 3, 4, 5, 6, 7
• 자료 B : 2, 4, 4, 5, 8, 10, 100
• 자료 C : 1, 3, 3, 5, 5, 5, 7

① 자료 A는 대푯값으로 최빈값이 적절하다.

② 자료 A는 평균과 중앙값이 서로 같지 않다.

③ 자료 B는 대푯값으로 평균이 적절하다.

④ 자료 C는 평균이 5이다.

⑤ 자료 C는 중앙값과 최빈값이 같다.

13

아래 표는 A, B, C, D, E 5명의 학생의 국어 성적에 대한 편차를 조사하여 나타낸 것이다. 다음 중 옳지 <u>않은</u> 것은? [4점]

(단위 : 점)

학생	A	B	C	D	E
편차	-4	2	0	x	3

① x의 값은 -1이다.
② C 학생의 국어 성적은 평균과 같다.
③ 분산은 7.5이다.
④ A 학생과 B 학생의 성적의 차는 6점이다.
⑤ E 학생의 성적이 가장 높다.

14

다섯 명의 학생 A, B, C, D, E의 1학기 동안의 독서량을 조사하였더니 B는 A보다 4권을 많이 읽었고, C보다는 6권을 많이 읽었다. 반면 B는 D보다 3권을 적게 읽었고, E보다는 7권을 적게 읽었다. 이때 학생 5명의 독서량의 분산은? [5점]

① 16   ② 18   ③ 20
④ 22   ⑤ 24

15

다음 표는 5명의 양궁 선수 A, B, C, D, E가 12발을 쏜 후에 과녁에 맞힌 점수의 평균과 표준편차를 조사하여 나타낸 것이다. 5명의 선수 중에서 점수가 가장 고른 선수는? [3점]

선수	A	B	C	D	E
평균(점)	108	115	100	90	104
표준편차(점)	$\sqrt{2}$	$\sqrt{10}$	3	$\sqrt{5}$	$\sqrt{3}$

① A   ② B   ③ C
④ D   ⑤ E

16

3개의 변량 a, b, c의 평균과 분산이 모두 2일 때, 변량 $4a-1$, $4b-1$, $4c-1$의 분산은? [5점]

① 7   ② 8   ③ 16
④ 31   ⑤ 32

17

오른쪽 그래프는 명은이네 반 학생 24명의 작년과 올해의 비만도를 조사하여 나타낸 산점도이다. 비만도가 90 % 이상 110 % 이하인 경우 비만도가 정상 범위에 있다고 할 때, 작년과 올해 모두 비만도가 정상 범위에 있는 학생은 몇 명인가? [4점]

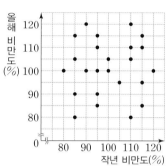

① 6명   ② 7명   ③ 8명
④ 9명   ⑤ 10명

18

다음 보기 중 두 변량 사이에 대체로 양의 상관관계가 있는 것은 모두 몇 개인가? [3점]

> **보기**
> ㄱ. 성인의 나이와 청력
> ㄴ. 자동차 수와 공기 오염
> ㄷ. 키와 수학 성적
> ㄹ. 기온과 아이스크림 판매량
> ㅁ. 책의 두께와 무게

① 1개   ② 2개   ③ 3개
④ 4개   ⑤ 5개

서술형

19

오른쪽 그림에서 $\overleftrightarrow{HT}$는 $\overline{AB}$를 지름으로 하는 원 O의 접선이고 점 T는 그 접점이다. $\overline{AH} \perp \overleftrightarrow{HT}$이고 $\overline{AB}=10$, $\overline{AH}=3$일 때, $\overline{BT}$의 길이를 구하시오. [7점]

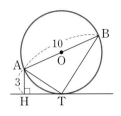

20

오른쪽 그림에서 $\overline{AB}$는 원 O의 지름이다. $\overline{AC}$의 연장선과 $\overline{BD}$의 연장선의 교점을 E, $\overline{AD}$와 $\overline{BC}$의 교점을 F라 하고 $\angle AEB=56°$일 때, 다음 물음에 답하시오. [7점]

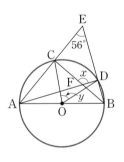

(1) $\angle x$의 크기를 구하시오. [3점]

(2) $\angle y$의 크기를 구하시오. [3점]

(3) $\angle x + \angle y$의 크기를 구하시오. [1점]

21

4개의 변량 x, y, 9, 15의 평균이 9이고 중앙값이 8일 때, x, y의 값을 각각 구하시오. (단, $x<y$) [4점]

22

다음 표는 수영이의 5과목에 대한 중간고사 성적을 조사하여 나타낸 것이다. 이 자료의 표준편차를 구하시오. [6점]

과목	국어	영어	수학	과학	사회
점수(점)	82	80	88	86	84

23

오른쪽 그래프는 어느 헬스장 회원 20명의 지난 달과 이번 달의 헬스장 방문 횟수를 조사하여 나타낸 산점도이다. 이번 달의 방문 횟수가 지난 달의 방문 횟수보다 많은 회원은 전체의 몇 % 인지 구하시오. [6점]

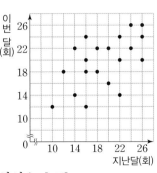

선택형	18문항 70점	총점
서술형	5문항 30점	100점

※ 선택형 문제입니다. 문제를 풀고 답을 골라 OMR 답안지에 ■표 하시오.

01

오른쪽 그림과 같이 반지름의 길이가 10인 원 O에서 $\overline{AB} \perp \overline{OC}$이고 $\overline{AB}=16$일 때, $\overline{AC}$의 길이는?

[3점]

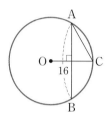

① 4　　　　② $4\sqrt{2}$
③ $4\sqrt{3}$　　　④ 8
⑤ $4\sqrt{5}$

02

오른쪽 그림의 원 O에서 $\overline{AB} \perp \overline{OM}$이고 $\overline{AB}=\overline{CD}$이다. $\overline{OD}=9$, $\overline{OM}=7$일 때, $\triangle OCD$의 넓이는?

[4점]

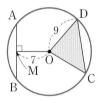

① $21\sqrt{2}$　　② $21\sqrt{5}$　　③ $28\sqrt{2}$
④ $28\sqrt{5}$　　⑤ $35\sqrt{2}$

03

오른쪽 그림에서 두 점 A, B는 원 밖의 점 P에서 원 O에 그은 두 접선의 접점이다. 원 위의 한 점 C에 대하여 $\overset{\frown}{AC}=\overset{\frown}{BC}$이고 $\angle ACB=122°$, $\angle PBC=29°$일 때, $\angle APB$의 크기는? [4점]

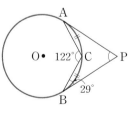

① 62°　　　② 64°　　　③ 66°
④ 68°　　　⑤ 70°

04

오른쪽 그림에서 $\overline{AB}$는 반원 O의 지름이고 $\overline{AD}$, $\overline{BC}$, $\overline{CD}$는 반원 O의 접선이다. 점 E는 반원 O와 $\overline{CD}$의 접점이고 $\overline{AD}=5$, $\overline{BC}=9$일 때, $\square ABCD$의 넓이는? [4점]

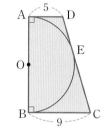

① $36\sqrt{5}$　　　② $38\sqrt{5}$
③ $40\sqrt{5}$　　　④ $42\sqrt{5}$
⑤ $44\sqrt{5}$

05

오른쪽 그림과 같이 가로, 세로의 길이가 각각 13, 12인 직사각형 ABCD가 있다. 점 B를 중심으로 하고 $\overline{BA}$를 반지름으로 하는 사분원을 그린 후 점 C에서 이 원에 그은 접선을 $\overline{CE}$, 그 접점을 F라 하자. 이때 $\overline{AE}$의 길이는? [5점]

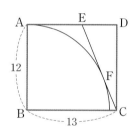

① 4　　　　② 5　　　　③ 6
④ 7　　　　⑤ 8

06

오른쪽 그림에서 $\overline{PA}$, $\overline{PB}$는 원 O의 접선이고 두 점 A, B는 그 접점이다. $\angle APB=64°$일 때, $\angle x+\angle y$의 크기는?

[4점]

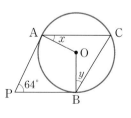

① 56°　　　② 58°　　　③ 60°
④ 62°　　　⑤ 64°

07

오른쪽 그림에서 점 P는 $\overline{AC}$, $\overline{BD}$
의 교점이다. $\overparen{AB} : \overparen{CD} = 3 : 4$,
$\angle CPD = 105°$일 때, $\angle ADP$의 크
기는? [4점]

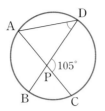

① 30°　　　　② 35°
③ 40°　　　　④ 45°
⑤ 50°

08

다음 그림에서 두 점 P, Q는 두 원 O_1, O_2의 교점이고,
두 점 R, S는 두 원 O_2, O_3의 교점이다. $\angle CDR = 95°$,
$\angle DCS = 80°$일 때, $\angle x - \angle y$의 크기는? [5점]

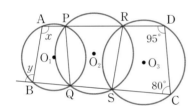

① 5°　　　　② 10°　　　　③ 15°
④ 20°　　　　⑤ 25°

09

오른쪽 그림과 같이 원 O에 내접
하는 오각형 ABCDE에서
$\angle B = 117°$, $\angle E = 87°$이다. 직
선 DT가 원 O의 접선이고 점 D
는 그 접점일 때, $\angle CDT$의 크기
는? [4점]

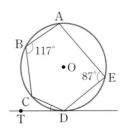

① 22°　　　　② 24°　　　　③ 26°
④ 28°　　　　⑤ 30°

10

오른쪽 그림에서 직선
PQ는 점 T에서 접하는
두 원의 공통인 접선이다.
점 T를 지나는 두 직선이
두 원과 만나는 점을 각각
A, B, C, D라 하고 $\angle BAT = 71°$, $\angle TDC = 58°$일
때, $\angle DTC$의 크기는? [4점]

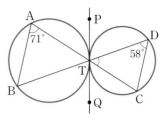

① 43°　　　　② 47°　　　　③ 51°
④ 55°　　　　⑤ 59°

11

다음 표는 A, B, C, D, E 5명의 학생의 1분 동안 윗몸
일으키기 횟수를 조사하여 나타낸 것이다. C 학생의 윗
몸일으키기 횟수의 편차는? [3점]

학생	A	B	C	D	E
횟수(회)	20	45	30	60	55

① −15회　　　　② −12회　　　　③ −9회
④ 6회　　　　⑤ 10회

12

다음 중 자료의 분포가 가장 고른 것은? [3점]

① 1, 1, 1, 3, 4　　　　② 1, 2, 3, 4, 5
③ 2, 3, 3, 3, 4　　　　④ 2, 3, 5, 7, 8
⑤ 3, 3, 4, 5, 5

13

다음 자료의 중앙값이 10일 때, x의 값은? [4점]

$$12, \quad x, \quad 3, \quad 7, \quad 2, \quad 11, \quad 15, \quad 13$$

① 8　　　　② 9　　　　③ 10
④ 11　　　⑤ 12

14

3개의 수 a, b, c의 평균이 5이고 분산이 14일 때, 5개의 수 3, a, b, c, 7의 분산은? [4점]

① 7　　　　② 10　　　③ 12
④ 20　　　⑤ 28

15

다음 중 옳지 <u>않은</u> 것은? [3점]

① 편차는 변량에서 평균을 뺀 값이다.
② 최빈값은 여러 개일 수 있다.
③ 대푯값에는 평균, 중앙값, 최빈값 등이 있다.
④ 표준편차가 작을수록 변량이 평균과 멀리 떨어져 있다.
⑤ 자료가 흩어져 있는 정도를 하나의 수로 나타낸 값을 산포도라 한다.

16

민영이네 반에서 영어 듣기 평가를 치른 결과 남학생 12명, 여학생 8명의 평균은 16점으로 서로 같고, 표준편차는 각각 $\sqrt{3}$점, $2\sqrt{2}$점이었다. 이 반 전체 학생 20명의 영어 듣기 평가 성적의 표준편차는? [4점]

① 2점　　　　② $\sqrt{5}$점　　　③ $\sqrt{6}$점
④ $2\sqrt{5}$점　　⑤ $2\sqrt{6}$점

17

오른쪽 그래프는 어느 반 학생 20명의 중간고사 성적과 기말고사 성적을 조사하여 나타낸 산점도이다. 다음 조건을 만족시키는 학생은 모두 몇 명인가? [5점]

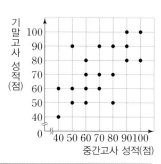

(가) 중간고사 성적보다 기말고사 성적이 향상되었다.
(나) 중간고사와 기말고사의 성적 차이가 20점 이상이다.
(다) 중간고사와 기말고사 성적의 평균이 60점 이상이다.

① 1명　　　② 2명　　　③ 3명
④ 4명　　　⑤ 5명

18

오른쪽 그래프는 청소년의 키와 몸무게를 조사하여 나타낸 산점도이다. 다음 중 옳지 <u>않은</u> 것은? [3점]

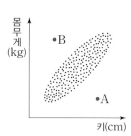

① 키와 몸무게 사이에는 양의 상관관계가 있다.
② A 학생은 키에 비해 몸무게가 적게 나간다.
③ B 학생은 키에 비해 몸무게가 많이 나간다.
④ A 학생은 B 학생보다 몸무게가 적게 나간다.
⑤ B 학생은 A 학생보다 키가 크다.

서술형

19

오른쪽 그림에서 원 O는
∠B＝90°인 직각삼각형 ABC
의 내접원이고 세 점 D, E, F
는 그 접점이다. $\overline{AF}=4$,
$\overline{CF}=6$일 때, 색칠한 부분의
넓이를 구하시오. [6점]

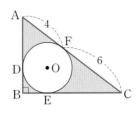

20

오른쪽 그림에서 □ABCD는 원
O에 내접하고 $\overline{AD}$는 원 O의 지
름이다. ∠DCE＝68°,
∠CAD＝40°일 때, 다음 물음에
답하시오. [7점]

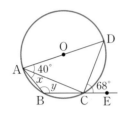

(1) ∠x의 크기를 구하시오. [3점]

(2) ∠y의 크기를 구하시오. [3점]

(3) ∠x＋∠y의 크기를 구하시오. [1점]

21

다음 자료의 평균이 6이고 $a-b=2$일 때, 이 자료의 중
앙값을 구하시오. [4점]

4, a, 8, 9, 3, b

22

아래 표는 도준이의 일주일 동안의 핸드폰 사용 시간과
운동 시간을 조사하여 나타낸 것이다. 핸드폰 사용 시간
과 운동 시간에 대한 산점도를 다음 그래프에 그리고,
상관관계를 말하시오. [6점]

	월	화	수	목	금	토	일
핸드폰 사용 시간(분)	60	70	80	90	100	110	120
운동 시간(분)	80	65	60	50	40	35	30

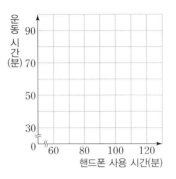

23

오른쪽 그래프는 은성
이네 반 학생 20명의 영
어 능력 시험의 읽기 성
적과 듣기 성적을 조사
하여 나타낸 산점도이
다. 다음 물음에 답하시
오. [7점]

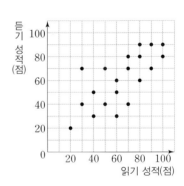

(1) 듣기 성적이 읽기 성적보다 높은 학생은 모두 몇 명
인지 구하시오. [2점]

(2) 두 성적이 모두 80점 이상인 학생은 전체의 몇 ％인
지 구하시오. [2점]

(3) 읽기 성적이 90점 이상인 학생의 듣기 성적의 평균
을 구하시오. [3점]

기말고사 대비 실전 모의고사 5회

시간 45분 | 점수 점

선택형	18문항 70점	총점 100점
서술형	5문항 30점	

※ 선택형 문제입니다. 문제를 풀고 답을 골라 OMR 답안지에 ▪표 하시오.

01

오른쪽 그림은 원을 현 AB를 따라 자르고 남은 도형이다. 원 위의 한 점 P에서 $\overline{AB}$에 내린 수선의 발을 H라 하면 $\overline{AH}=\overline{BH}=4$이다. $\overline{PH}=12$일 때, 이 원의 반지름의 길이는? [4점]

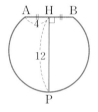

① $\frac{17}{3}$　② 6　③ $\frac{19}{3}$
④ $\frac{20}{3}$　⑤ 7

02

오른쪽 그림과 같이 원 O에 △ABC가 내접하고 있다. $\overline{OM}\perp\overline{AB}$, $\overline{ON}\perp\overline{AC}$, $\overline{OM}=\overline{ON}$이고 $\overline{AB}=18$, $\angle BAC=60°$일 때, 다음 중 옳지 않은 것은? [4점]

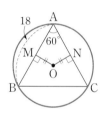

① $\overline{BC}=18$　② $\overline{CN}=9$
③ $\overline{OB}=6\sqrt{3}$　④ $\overline{OM}=2\sqrt{3}$
⑤ $\triangle ABC=81\sqrt{3}$

03

오른쪽 그림과 같이 육각형 ABCDEF가 원에 외접하고 $\overline{AB}=4$, $\overline{BC}=5$, $\overline{CD}=6$, $\overline{DE}=7$, $\overline{EF}=8$일 때, $\overline{AF}$의 길이는? [5점]

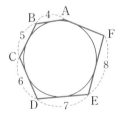

① 6　② 7　③ 8
④ 9　⑤ 10

04

오른쪽 그림과 같이 △ABC는 원 O에 내접한다. $\angle A=x$, $\overline{BC}=5$일 때, 원 O의 반지름의 길이는? [3점]

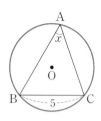

① $\frac{2}{\sin A}$　② $\frac{5}{2\sin A}$
③ $\frac{3}{\sin A}$　④ $\frac{5}{2\cos A}$
⑤ $\frac{2}{\cos A}$

05

오른쪽 그림에서 $\angle ACE=\angle ADB=23°$, $\angle CAD=54°$일 때, $\angle x+\angle y$의 크기는? [4점]

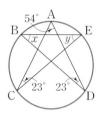

① 72°　② 76°
③ 80°　④ 84°
⑤ 88°

06

오른쪽 그림에서 점 A, B, C, D, E는 한 원 위에 있고 $\angle ABC=111°$, $\angle AED=104°$일 때, $\angle CAD$의 크기는? [4점]

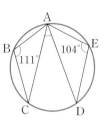

① 35°　② 37°
③ 39°　④ 41°
⑤ 43°

07

오른쪽 그림에서
$\angle ADB=24°$, $\angle DPC=38°$
이고 네 점 A, B, C, D가 한
원 위에 있을 때, $\angle CQD$의
크기는? [4점]

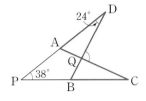

① 74°   ② 78°   ③ 82°

④ 86°   ⑤ 90°

08

다음 그림에서 두 원은 두 점 C, D에서 만난다. 한 원의
두 현 AD, BC의 연장선의 교점을 P, 연장선이 다른
원과 만나는 점을 각각 E, F라 하면 $\angle ABC=87°$,
$\angle DEF=118°$일 때, $\angle P$의 크기는? [5점]

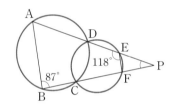

① 30°   ② 31°   ③ 32°

④ 33°   ⑤ 34°

09

아래 자료의 평균, 중앙값, 최빈값을 각각 a, b, c라 할
때, 다음 중 a, b, c의 대소 관계로 알맞은 것은? [3점]

> 3, 5, 7, 7, 10, 8, 8, 8

① $a<b<c$ ② $a<c<b$

③ $b<a<c$ ④ $b<c<a$

⑤ $c<b<a$

10

5개의 변량 4, 8, 10, 13, x의 중앙값이 8일 때, 다음
중 x의 값이 될 수 없는 것은? [3점]

① 1   ② 4   ③ 5

④ 8   ⑤ 9

11

다음 자료에서 두 변량 a, b의 평균이 5일 때, 전체 자료
의 평균은? [3점]

> 4, a, b, 7, 11, 10

① 4   ② 5   ③ 6

④ 7   ⑤ 8

12

다음 표는 A, B, C, D, E 5명의 학생이 일주일 동안
컴퓨터를 사용한 시간의 편차를 조사하여 나타낸 것이
다. 컴퓨터 사용 시간의 평균이 5시간일 때, B 학생의
컴퓨터 사용 시간은? [4점]

학생	A	B	C	D	E
편차(시간)	−1		4	−2	1

① 3시간   ② 4시간   ③ 5시간

④ 6시간   ⑤ 7시간

13

4개의 변량 3, 5, x, y의 평균이 5이고 표준편차가 $\sqrt{2}$일 때, xy의 값은? [4점]

① 20   ② 27   ③ 32

④ 35   ⑤ 36

14

다음 표는 소영이네 반 학생 20명의 일주일 동안의 운동 시간의 편차와 학생 수를 조사하여 나타낸 것이다. 소영이네 반 학생들의 일주일 동안의 운동 시간의 표준편차는? [4점]

편차(시간)	a	-3	-1	1	3	5
학생 수(명)	1	2	9	3	3	2

① $\sqrt{6}$시간   ② $\sqrt{7.3}$시간   ③ $\sqrt{7.8}$시간

④ $\sqrt{8.2}$시간   ⑤ $\sqrt{8.5}$시간

15

A 모둠의 학생 5명의 수학 수행평가 성적의 평균은 7점이고 분산은 4이다. A 모둠의 학생 중 점수가 7점인 학생 한 명을 제외한 학생 4명의 수학 수행평가 성적의 표준편차는? [5점]

① 2점   ② $\sqrt{5}$점   ③ $\sqrt{6}$점

④ $2\sqrt{2}$점   ⑤ 3점

16

연속하는 세 홀수의 분산은? [4점]

① 2   ② $\dfrac{8}{3}$ ③ 3

④ $\dfrac{10}{3}$ ⑤ 4

17

오른쪽 그래프는 재율이네 반 학생 20명의 이틀 동안의 게임 시간과 학습 시간을 조사하여 나타낸 산점도이다. 다음 중 옳은 것은? [4점]

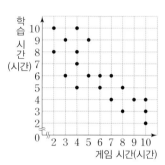

① 게임 시간과 학습 시간은 양의 상관관계가 있다.
② 게임 시간이 8시간 이상인 학생은 5명이다.
③ 학습 시간이 8시간 이상인 학생은 전체의 30 %이다.
④ 게임 시간이 2시간 이하인 학생의 학습 시간의 평균은 8시간이다.
⑤ 학습 시간이 5시간 미만인 학생의 게임 시간의 평균은 7.5시간이다.

18

다음 중 상관관계가 없는 산점도는? [3점]

① 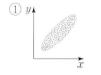   ②   ③

④   ⑤

19

오른쪽 그림에서 $\overline{PA}$, $\overline{PB}$는 반지름의 길이가 3인 원 O의 접선이고 두 점 A, B는 그 접점이다. $\overline{OP}=5$일 때, $\triangle PAB$의 넓이를 구하시오. [7점]

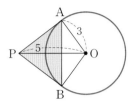

20

오른쪽 그림에서 세 점 D, E, F는 각각 $\overparen{AB}$, $\overparen{BC}$, $\overparen{CA}$의 중점이다. $\angle DEF=61°$일 때, $\angle BAC$의 크기를 구하시오. [6점]

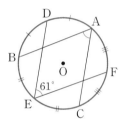

21

오른쪽 그림에서 직선 BE는 원 O의 접선이고 점 B는 그 접점이다. $\angle ABE=33°$, $\angle AOC=118°$일 때, $\angle BDC$의 크기를 구하시오. [6점]

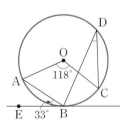

22

다음 자료는 학생 6명의 한 학기 동안의 봉사 활동 시간을 조사하여 나타낸 것이다. 이 학생들의 봉사 활동 시간의 표준편차를 구하시오. [4점]

(단위 : 시간)

> 2, 4, 8, 7, 5, 4

23

오른쪽 그래프는 어느 반 학생 15명의 수학 성적과 과학 성적을 조사하여 나타낸 산점도이다. 다음 물음에 답하시오. [7점]

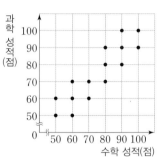

(1) 수학 성적보다 과학 성적이 높은 학생의 과학 성적의 평균을 구하시오. [2점]

(2) 과학 성적보다 수학 성적이 높은 학생의 과학 성적의 평균을 구하시오. [2점]

(3) 수학 성적과 과학 성적의 합이 상위 20 %에 속하는 학생의 두 과목 성적의 합의 평균을 a점, 하위 20 %에 속하는 학생의 두 과목 성적의 합의 평균을 b점이라 할 때, $a-b$의 값을 구하시오. [3점]

나의 오답 Note

단원명	주요 개념	처음 푼 날	복습한 날

문제

풀이

개념

왜 틀렸을까?

☐ 문제를 잘못 이해해서

☐ 계산 방법을 몰라서

☐ 계산 실수

☐ 기타:

틀린 문제를 다시 한 번 풀어 보고 실력을 완성해 보세요.

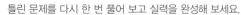

단원명	주요 개념	처음 푼 날	복습한 날

문제

풀이

개념

왜 틀렸을까?

☐ 문제를 잘못 이해해서

☐ 계산 방법을 몰라서

☐ 계산 실수

☐ 기타:

나의 오답 Note

단원명	주요 개념	처음 푼 날	복습한 날

문제

풀이

개념

왜 틀렸을까?

☐ 문제를 잘못 이해해서

☐ 계산 방법을 몰라서

☐ 계산 실수

☐ 기타:

나의 오답 Note

단원명	주요 개념	처음 푼 날	복습한 날

문제

풀이

개념

왜 틀렸을까?

☐ 문제를 잘못 이해해서

☐ 계산 방법을 몰라서

☐ 계산 실수

☐ 기타:

동아출판이 만든 진짜 기출예상문제집

특급기출

동아출판이 만든 진짜 기출예상문제집

특급기출

기말고사

중학 수학 3-2

정답 및 풀이

동아출판

VI. 원의 성질

1 원과 직선

개념 check 8쪽~9쪽

1 (1) 3 (2) 5
2 (1) 12 (2) 5
3 (1) 12 (2) 3
4 15°
5 (1) 8 (2) 10
6 (1) 70° (2) 130°
7 10
8 8

기출 유형 10쪽~19쪽

01 ④	02 $6\sqrt{3}$ cm	03 $4\sqrt{5}$ cm	04 3 cm
05 ⑤	06 ③	07 ②	08 ②
09 ③	10 $\frac{9}{2}$ cm	11 $4\sqrt{3}$ cm	12 $6\sqrt{3}$ cm
13 $25\sqrt{3}$ cm²	14 4π cm	15 7 cm	16 72π cm²
17 $8\sqrt{3}$ cm	18 24 cm	19 ⑤	20 ④
21 9	22 $6\sqrt{5}$ cm	23 5 cm	24 ④
25 16 cm	26 ③	27 ④	28 ②
29 ①	30 12π cm²	31 8 cm	32 3 cm
33 144π cm²	34 ⑤	35 134°	36 ③
37 ④	38 ②	39 32°	40 $\frac{56}{3}\pi$ cm²
41 44°	42 ②	43 ②	44 ①
45 5 cm	46 ㄱ, ㄷ, ㄹ	47 4 cm	48 $10\sqrt{3}$ cm
49 6 cm	50 $48\sqrt{2}$ cm²	51 ④	52 18 cm
53 ①	54 4 cm	55 10 cm	56 ②
57 ③	58 ⑤	59 7 cm	60 50 cm
61 5 cm	62 $\sqrt{15}$ cm	63 7 cm	64 8 cm
65 80 cm²	66 $\frac{13}{3}$ cm	67 ③	68 ①
69 ④			

서술형 20쪽~21쪽

01 (1) 3 cm (2) 5 cm
01-1 (1) $2\sqrt{3}$ cm (2) 4 cm
02 11 cm
02-1 13 cm
03 $6\sqrt{2}$ cm
04 $4\sqrt{5}$ cm
05 $\frac{48}{5}$ cm
06 39 cm²
07 54 cm²
08 $(72-16\pi)$ cm²

실전 중단원 학교 시험 1회 22쪽~25쪽

01 ①	02 ①	03 ⑤	04 ②	05 ⑤
06 ④	07 ④	08 ③	09 ③	10 ①
11 ⑤	12 ④	13 ③	14 ④	15 ④
16 ①	17 ②	18 ②	19 $\sqrt{7}$ cm	20 18 cm²

21 5 cm
22 $\frac{7}{2}$ cm
23 (1) 10 cm (2) 4π cm²

실전 중단원 학교 시험 2회 26쪽~29쪽

01 ⑤	02 ②	03 ②	04 ⑤	05 ④
06 ②	07 ③	08 ②	09 ④	10 ③
11 ③	12 ⑤	13 ②	14 ⑤	15 ③
16 ③	17 ⑤	18 ④	19 $8\sqrt{2}$ cm	20 9 cm

21 $25\sqrt{3}$ cm²
22 (1) 2 cm (2) 20 cm
23 12 cm

교과서 속 특이 문제 30쪽

01 50π
02 $32\sqrt{7}$ cm
03 $(18+18\sqrt{2})$ cm²
04 35π cm
05 풀이 참조

2 원주각

개념 check 32쪽~33쪽

1 (1) 65° (2) 100°
2 (1) 50° (2) 64°
3 (1) 30 (2) 3
4 (1) $\angle x=95°$, $\angle y=90°$ (2) $\angle x=120°$, $\angle y=110°$
5 (1) ○ (2) ×
6 (1) 52° (2) 70°

기출 유형 ○34쪽~45쪽

01 25°	02 ③	03 8π cm²	04 ③
05 ④	06 65°	07 ①	08 25°
09 ②	10 114°	11 ⑤	12 50°
13 ③	14 ②	15 5°	16 29°
17 58°	18 ③	19 ④	20 69°
21 $\dfrac{\sqrt{7}}{4}$	22 $4\sqrt{3}$ cm	23 ④	24 $\dfrac{4}{5}$
25 68°	26 100°	27 ①	28 ③
29 ③	30 ③	31 ⑤	32 12π
33 ②	34 ⑤	35 90°	36 30°
37 $\dfrac{4}{9}$ 배	38 105°	39 ④	40 70°
41 52°	42 95°	43 ①	44 ②
45 116°	46 ⑤	47 60°	48 ①
49 130°	50 ②	51 120°	52 30°
53 93°	54 ④	55 ③	56 45°
57 36°	58 62°	59 ⑤	60 ③
61 164°	62 ④	63 ②, ④	64 35°
65 38°	66 ⑤	67 ④	68 ⑤
69 ①	70 65°	71 ①	72 20°
73 ①	74 98°	75 ④	76 50°
77 ②	78 40°	79 $8\sqrt{3}$ cm	80 45°
81 ④	82 ②	83 ③	84 ⑤
85 65°			

서술형 □46쪽~47쪽

01 65°	01-1 84°	01-2 2 cm	02 45°
02-1 40°	03 $\angle x=71°$, $\angle y=109°$		04 12 cm
05 65°	06 $\angle x=50°$, $\angle y=30°$		07 40°
08 (1) 35°	(2) 90°	(3) 20°	

실전 중단원 학교 시험 1회 48쪽~51쪽

01 ⑤	02 ②	03 ④	04 ⑤	05 ④
06 ①	07 ④	08 ④	09 ④	10 ③
11 ③	12 ①	13 ②	14 ③	15 ②
16 ①	17 ④	18 ③	19 110°	
20 (1) 30°	(2) 100°	21 5 cm	22 110°	23 30°

실전 중단원 학교 시험 2회 52쪽~55쪽

01 ②	02 ④	03 ③	04 ③	05 ②
06 ⑤	07 ④	08 ④	09 ⑤	10 ①
11 ④	12 ②	13 ②	14 ③	15 ①, ④
16 ④	17 ②	18 ①	19 35°	20 22°
21 75°	22 70°			
23 (1) $\angle CEF=45°$, $\angle CFE=45°$ (2) 90° (3) 56°				

교과서 속 특이 문제 ○56쪽

01 180°	02 $\left(25\sqrt{3}+\dfrac{250}{3}\pi\right)$ m²	03 $9\sqrt{3}$ cm²
04 100°	05 109°	06 $4\sqrt{7}$

Ⅶ. 통계

1 대푯값과 산포도

개념 check ○58쪽

1 (1) 평균 : 8, 중앙값 : 7, 최빈값 : 6
 (2) 평균 : 3.5, 중앙값 : 3.5, 최빈값 : 2, 5
 (3) 평균 : 8, 중앙값 : 8, 최빈값 : 8, 9
2 중앙값 : 77점, 최빈값 : 78점
3 (1) 4 (2) 18회
4 평균 : 92점, 표준편차 : $2\sqrt{2}$ 점

기출 유형 ○59쪽~65쪽

01 ④	02 80점	03 ②	04 ③
05 ②	06 257.5 mm	07 ②	08 ②
09 37회	10 ④	11 ④	12 ④
13 61	14 5	15 중앙값	16 ⑤
17 2	18 5	19 ②	20 32.5
21 194	22 1	23 ⑤	24 59
25 20	26 ⑤	27 ①	28 ③
29 ⑤	30 ③	31 33	32 ④
33 ③	34 66	35 ②	36 ④
37 평균 : 85점, 분산 : 9	38 ③	39 18	
40 ②	41 $\sqrt{5}$ 점	42 7	43 $\sqrt{11}$
44 ④	45 C 학급	46 ②	47 ④
48 A 선수 : $\dfrac{2}{3}$ 점, B 선수 : $\dfrac{\sqrt{22}}{3}$ 점, A 선수			

01 $\sqrt{29}$점   01-1 $2\sqrt{5}$점   02 $\dfrac{41}{2}$ 02-1 $\dfrac{15}{2}$

03 21   04 $\dfrac{18}{5}$ 05 $\dfrac{\sqrt{210}}{3}$명   06 $\sqrt{7}$회

07 평균 : 21, 분산 : 8   08 3점

학교 시험 1회
68쪽~71쪽

01 ③	02 ④	03 ⑤	04 ④	05 ③
06 ①	07 ②	08 ④	09 ⑤	10 ⑤
11 ④	12 ③	13 ①	14 ⑤	15 ①
16 ②	17 ②	18 ④	19 12.6점	20 4.5
21 7	22 75	23 $\sqrt{11}$		

학교 시험 2회
72쪽~75쪽

01 ④	02 ③	03 ②	04 ③	05 ③, ④
06 ①	07 ③	08 ⑤	09 ④	10 ⑤
11 ①	12 ①	13 ⑤	14 ⑤	15 ③
16 ②	17 ④	18 ③	19 6	20 $2\sqrt{3}$
21 13	22 28	23 -12		

특이 문제
76쪽

01 ㄷ   02 $\dfrac{81}{4}$, 54

03 (1) 22 cm   (2) $\sqrt{77}$ cm   04 최댓값 : 26, 최솟값 : 23

2 상관관계

개념 check   78쪽

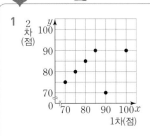

2 (1) ×   (2) ×   (3) ○   (4) ○

기출 유형   79쪽~84쪽

01 3명	02 6명	03 7명	04 ⑤
05 ③	06 ②	07 32 %	08 ④
09 140점	10 ④	11 ③	12 4명
13 8개	14 4명	15 ②	16 ④
17 ③	18 53점	19 ④, ⑤	20 ㄱ, ㄷ, ㅁ
21 51점	22 ⑤	23 ④	24 ①, ③
25 ④	26 ㄷ	27 ②	28 B
29 ④	30 ⑤	31 ㄱ, ㄷ	

서술형   □85쪽~87쪽

01 41   01-1 35   01-2 4명

02 $a=72.5$, $b=90$ 03 $\dfrac{49}{4}$

04 (1) 26 ℃   (2) 2시간 20분   05 62.5점

06 (1) 45 %   (2) 92.5점   (3) 95점

07 풀이 참조, 양의 상관관계   08 음의 상관관계

학교 시험 1회
88쪽~92쪽

01 ⑤	02 ③	03 ④	04 ⑤	05 ③
06 ④	07 ④	08 ④	09 ①	10 ②
11 ②	12 ③	13 ①, ⑤	14 ④	15 ②
16 ⑤	17 ⑤	18 ④	19 풀이 참조	20 52
21 6.5만 원	22 331.5 kg	23 풀이 참조		

실전 중단원 학교 시험 2회

93쪽~97쪽

01 ②	02 ③	03 ⑤	04 ⑤	05 ④
06 ④	07 ②	08 ③	09 ④	10 ⑤
11 ⑤	12 ③	13 ⑤	14 ①	15 ④
16 ①	17 ②	18 ③	19 55 %	20 35
21 7개	22 28명	23 24점		

교과서 속 특이 문제

98쪽~99쪽

01 3개　　　02 (1) 상관관계가 없다.　(2) 음의 상관관계

03 방어율과 피안타 : 상관관계가 없다.

　　방어율과 볼넷 : 양의 상관관계

　　방어율과 삼진 : 음의 상관관계

04 ㄹ　　　05 (1) A 나라　(2) ㄱ　　06 풀이 참조

부록

고난도 50

102쪽~111쪽

01 $\sqrt{73}$ cm　　02 $\frac{100}{3}\pi-25\sqrt{3}$　　　03 $9\sqrt{3}+3\pi$

04 $6\sqrt{7}$ cm　　05 3 cm　　06 9　　　07 9 cm²

08 $2+\sqrt{2}-\frac{\sqrt{6}}{3}$　　09 $x=4(\sqrt{2}-1),\ y=4(\sqrt{2}+1)$

10 $(100-25\pi)$ cm²　　11 12π　　12 $\frac{40}{13}$

13 $\frac{4}{3}\pi-\sqrt{3}$　　14 $\frac{1+\sqrt{5}}{2}$ cm　　15 8°

16 14　　17 $3\pi-\frac{9\sqrt{3}}{4}$　　18 $\frac{10\sqrt{5}}{3}$　　19 100

20 6π　　21 69°　　22 540°　　23 $\sqrt{2}$

24 6개　　25 103°　　26 $\frac{36}{5}\pi$　　27 84°

28 $\angle x=57°,\ \angle y=54°,\ \angle z=111°$　　29 3 : 4

30 8　　31 ㄱ, ㄷ　　32 140 cm, 155 cm

33 6, 7　　34 12　　35 $\frac{4\sqrt{3}}{3}$점　　36 71.2

37 $\sqrt{2}$　　38 6　　39 $\frac{15}{16}$　　40 $y=z<x$

41 $\sqrt{6}$점　　42 29　　43 $\sqrt{47.5}$ kg　　44 321

45 B 학생　　46 평균 : 13, 표준편차 : 6　　47 서로 같다.

48 15 %

49 A 그룹 : 19점, $\frac{2}{3}$, B 그룹 : 10점, $\frac{3}{2}$, C 그룹 : 15점, $\frac{34}{13}$

50 ㄱ, ㄹ, ㅅ

기말고사 대비 실전 모의고사 1회

112쪽~115쪽

01 ④	02 ⑤	03 ④	04 ②	05 ④
06 ③	07 ②	08 ④	09 ④	10 ②
11 ④, ⑤	12 ③	13 ②	14 ⑤	15 ④
16 ①	17 ④	18 ②	19 $4\sqrt{7}$ cm	20 70°
21 $a=7,\ b=15$	22 2시간	23 171.25점		

기말고사 대비 실전 모의고사 2회

116쪽~119쪽

01 ③	02 ④	03 ②	04 ③	05 ③
06 ⑤	07 ①	08 ③	09 ④	10 ①
11 ④	12 ⑤	13 ②	14 ①	15 ③
16 ①, ④	17 ④	18 ①	19 140°	20 66°
21 중앙값 : 3회, 최빈값 : 3회		22 0	23 2.4회	

기말고사 대비 실전 모의고사 3회

120쪽~123쪽

01 ①	02 ④	03 ⑤	04 ②	05 ②
06 ③	07 ③	08 ④	09 ①	10 ②
11 ②	12 ①	13 ③	14 ④	15 ①
16 ⑤	17 ④	18 ③	19 $\sqrt{70}$	
20 (1) 124°　(2) 68°　(3) 192°			21 $x=5,\ y=7$	
22 $2\sqrt{2}$ 점	23 50 %			

기말고사 대비 실전 모의고사 4회

124쪽~127쪽

01 ⑤	02 ③	03 ②	04 ④	05 ⑤
06 ②	07 ④	08 ①	09 ②	10 ③
11 ②	12 ③	13 ①	14 ②	15 ④
16 ②	17 ③	18 ⑤	19 $24-4\pi$	
20 (1) 28°　(2) 130°　(3) 158°			21 6	
22 풀이 참조, 음의 상관관계				
23 (1) 6명　(2) 25 %　(3) 82.5점				

기말고사 대비 실전 모의고사 5회

128쪽~131쪽

01 ④	02 ④	03 ①	04 ②	05 ③
06 ①	07 ④	08 ②	09 ①	10 ⑤
11 ④	12 ①	13 ④	14 ③	15 ②
16 ②	17 ④	18 ⑤	19 $\frac{192}{25}$	20 58°
21 26°	22 2시간	23 (1) 80점　(2) 70점　(3) $\frac{260}{3}$		

1 원과 직선

VI. 원의 성질

8쪽~9쪽

개념 check

1 답 (1) 3 (2) 5

(1) $\overline{OM} \perp \overline{AB}$이므로 $\overline{AM} = \overline{BM}$

$\therefore x = 3$

(2) $\overline{OM} \perp \overline{AB}$이므로 $\overline{AM} = \overline{BM}$

$\therefore x = \dfrac{1}{2}\overline{AB} = \dfrac{1}{2} \times 10 = 5$

2 답 (1) 12 (2) 5

(1) $\triangle OAM$에서 $\overline{AM} = \sqrt{10^2 - 8^2} = 6$

이때 $\overline{OM} \perp \overline{AB}$이므로 $\overline{AM} = \overline{BM}$

$\therefore x = 2\overline{AM} = 2 \times 6 = 12$

(2) $\overline{OM} \perp \overline{AB}$이므로 $\overline{AM} = \overline{BM}$

즉, $\overline{AM} = \dfrac{1}{2}\overline{AB} = \dfrac{1}{2} \times 24 = 12$이므로

$\triangle AOM$에서 $x = \sqrt{13^2 - 12^2} = 5$

3 답 (1) 12 (2) 3

(1) $\overline{OM} = \overline{ON}$이므로 $\overline{AD} = \overline{BC}$

$\therefore x = 12$

(2) $\overline{AB} = \overline{CD}$이므로 $\overline{OM} = \overline{ON}$

$\therefore x = 3$

4 답 15°

$\overline{OM} = \overline{ON}$이므로 $\triangle ABC$는 $\overline{AB} = \overline{AC}$인 이등변삼각형이다.

$\therefore \angle y = 65°$

$\triangle ABC$에서 $\angle x = 180° - 2 \times 65° = 50°$

$\therefore \angle y - \angle x = 65° - 50° = 15°$

5 답 (1) 8 (2) 10

(1) $\overline{PB} = \overline{PA} = 8$

(2) $\angle PBO = 90°$이므로 $\triangle PBO$에서

$\overline{PO} = \sqrt{8^2 + 6^2} = 10$

6 답 (1) 70° (2) 130°

(1) $\overline{PA} = \overline{PB}$이므로 $\triangle PAB$에서

$\angle x = \dfrac{1}{2} \times (180° - 40°) = 70°$

(2) $\angle OAP = \angle OBP = 90°$이므로 $\square APBO$에서

$\angle x = 360° - (90° + 50° + 90°) = 130°$

7 답 10

$\overline{CF} = \overline{CE}$

$= \overline{BC} - \overline{BE} = 12 - 5 = 7$

또, $\overline{BD} = \overline{BE} = 5$이므로

$\overline{AF} = \overline{AD}$

$= \overline{AB} - \overline{BD} = 8 - 5 = 3$

$\therefore x = \overline{AF} + \overline{CF} = 3 + 7 = 10$

8 답 8

$\square ABCD$가 원 O에 외접하므로

$\overline{AB} + \overline{CD} = \overline{AD} + \overline{BC}$

$5 + x = 6 + 7$ $\therefore x = 8$

기출 유형

○10쪽~19쪽

유형 01 현의 수직이등분선 (1)

10쪽

원의 중심에서 현에 내린 수선은 그 현을 수직이등분한다.

(1) $\overline{OM} \perp \overline{AB}$이면 $\overline{AM} = \overline{BM}$

(2) 직각삼각형 OAM에서

$\overline{AM} = \sqrt{\overline{OA}^2 - \overline{OM}^2}$

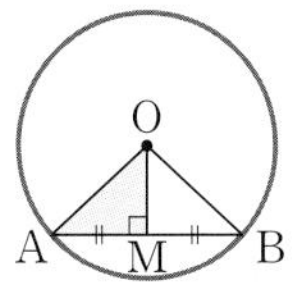

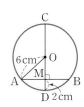

01 답 ④

$\triangle OAM$에서

$\overline{AM} = \sqrt{4^2 - 2^2} = \sqrt{12} = 2\sqrt{3}$ (cm)

$\therefore \overline{AB} = 2\overline{AM} = 2 \times 2\sqrt{3} = 4\sqrt{3}$ (cm)

02 답 $6\sqrt{3}$ cm

오른쪽 그림과 같이 $\overline{OC}$를 그으면

$\overline{OB} = \overline{OC} = \overline{OA} = 6$ cm

$\overline{OM} = \dfrac{1}{2}\overline{OB} = \dfrac{1}{2} \times 6 = 3$ (cm)

$\triangle COM$에서

$\overline{CM} = \sqrt{6^2 - 3^2} = \sqrt{27} = 3\sqrt{3}$ (cm)

$\therefore \overline{CD} = 2\overline{CM} = 2 \times 3\sqrt{3} = 6\sqrt{3}$ (cm)

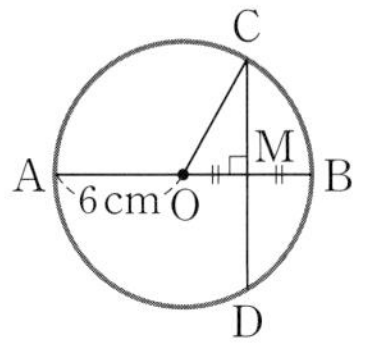

03 답 $4\sqrt{5}$ cm

오른쪽 그림과 같이 $\overline{OA}$를 그으면

$\overline{OA} = \overline{OD} = \dfrac{1}{2}\overline{CD} = \dfrac{1}{2} \times 12 = 6$ (cm)

$\overline{OM} = \overline{OD} - \overline{DM} = 6 - 2 = 4$ (cm)

$\triangle OAM$에서

$\overline{AM} = \sqrt{6^2 - 4^2} = \sqrt{20} = 2\sqrt{5}$ (cm)

$\therefore \overline{AB} = 2\overline{AM} = 2 \times 2\sqrt{5} = 4\sqrt{5}$ (cm)

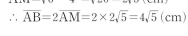

04 답 3 cm

오른쪽 그림과 같이 $\overline{OD}$를 그으면

$\overline{OD} = \dfrac{1}{2}\overline{AB} = \dfrac{1}{2} \times 10 = 5$ (cm)

$\overline{MD} = \dfrac{1}{2}\overline{CD} = \dfrac{1}{2} \times 8 = 4$ (cm)

$\triangle MOD$에서

$\overline{OM} = \sqrt{5^2 - 4^2} = \sqrt{9} = 3$ (cm)

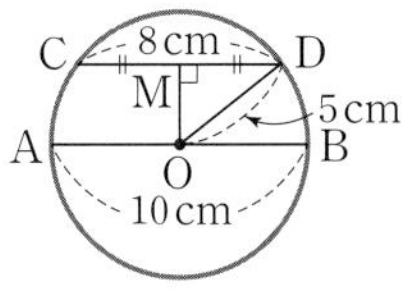

05 답 ⑤

오른쪽 그림과 같이 원의 중심 O에서 $\overline{CD}$에 내린 수선의 발을 M이라 하면

$\overline{DM} = \dfrac{1}{2}\overline{CD} = \dfrac{1}{2} \times 10 = 5$ (cm)

$\overline{OD} = \dfrac{1}{2}\overline{AB} = \dfrac{1}{2} \times 16 = 8$ (cm)

$\triangle DOM$에서

$\overline{OM} = \sqrt{8^2 - 5^2} = \sqrt{39}$ (cm)

$\therefore \triangle OCD = \dfrac{1}{2} \times 10 \times \sqrt{39} = 5\sqrt{39}$ (cm²)

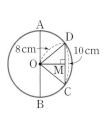
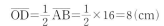

06 답 ③

△ABC가 정삼각형이므로 $\overline{BC}=12\,cm$

$\therefore \overline{BM}=\dfrac{1}{2}\overline{BC}=\dfrac{1}{2}\times 12=6\,(cm)$

오른쪽 그림과 같이 $\overline{BO}$를 그으면
△OBM에서

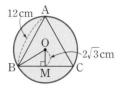

$\overline{OB}=\sqrt{6^2+(2\sqrt{3})^2}=\sqrt{48}\,(cm)$

$\therefore$ (원 O의 넓이)$=\pi\times(\sqrt{48})^2$
　　　　　　　　$=48\pi\,(cm^2)$

07 답 ②

$\overline{AM}=\dfrac{1}{2}\overline{AB}=\dfrac{1}{2}\times 4\sqrt{3}=2\sqrt{3}\,(cm)$

$\angle AOM=180°-120°=60°$

△OAM에서

$\overline{OA}=\dfrac{2\sqrt{3}}{\sin 60°}=2\sqrt{3}\times\dfrac{2}{\sqrt{3}}=4\,(cm)$

즉, 원 O의 반지름의 길이는 $4\,cm$이므로
(원 O의 둘레의 길이)$=2\pi\times 4=8\pi\,(cm)$

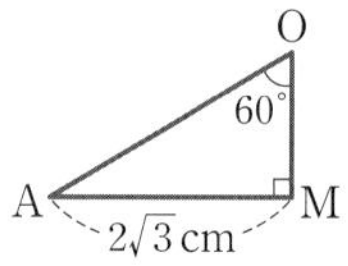

유형 **02** 현의 수직이등분선 (2)　11쪽

원의 일부분이 주어졌을 때, 원의 반지름의 길이는 다음과 같이 구한다.

❶ 원의 중심을 찾아 반지름의 길이를 r로 놓는다. ←현의 수직이등분선은 원의 중심을 지난다.

❷ 피타고라스 정리를 이용하여 식을 세운다.
　→$r^2=(r-a)^2+b^2$

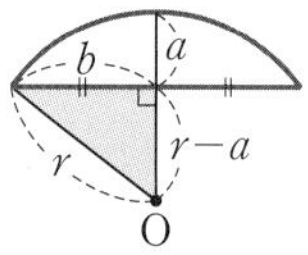

08 답 ②

$\overline{CD}$는 현 AB의 수직이등분선이므로 $\overline{CD}$의 연장선은 오른쪽 그림과 같이 원의 중심을 지난다. 원의 중심을 O, 반지름의 길이를 $r\,cm$라 하면

$\overline{OD}=(r-3)\,cm$

△AOD에서

$r^2=6^2+(r-3)^2$, $6r=45$　$\therefore r=\dfrac{15}{2}$

따라서 원의 반지름의 길이는 $\dfrac{15}{2}\,cm$이다.

참고 현의 수직이등분선은 원의 중심을 지난다.

09 답 ③

$\overline{AC}=\dfrac{1}{2}\overline{AB}=\dfrac{1}{2}\times 16=8\,(cm)$

$\overline{CD}$는 현 AB의 수직이등분선이므로 $\overline{CD}$의 연장선은 오른쪽 그림과 같이 원의 중심을 지난다. 원의 중심을 O, 반지름의 길이를 $r\,cm$라 하면

$\overline{OC}=(r-4)\,cm$

△OAC에서

$r^2=8^2+(r-4)^2$, $8r=80$　$\therefore r=10$

따라서 원의 반지름의 길이는 $10\,cm$이므로
(원의 둘레의 길이)$=2\pi\times 10=20\pi\,(cm)$

10 답 $\dfrac{9}{2}$ cm

점 M은 $\overline{AB}$의 중점이므로

$\overline{AM}=\dfrac{1}{2}\overline{AB}=\dfrac{1}{2}\times 4\sqrt{2}=2\sqrt{2}\,(cm)$

$\overline{MC}$는 현 AB의 수직이등분선이므로 $\overline{MC}$는 오른쪽 그림과 같이 원의 중심을 지난다. 원의 중심을 O, 반지름의 길이를 $r\,cm$라 하면

$\overline{AO}=r\,cm$, $\overline{MO}=(8-r)\,cm$이므로

△AOM에서

$r^2=(2\sqrt{2})^2+(8-r)^2$, $16r=72$　$\therefore r=\dfrac{9}{2}$

따라서 원의 반지름의 길이는 $\dfrac{9}{2}\,cm$이다.

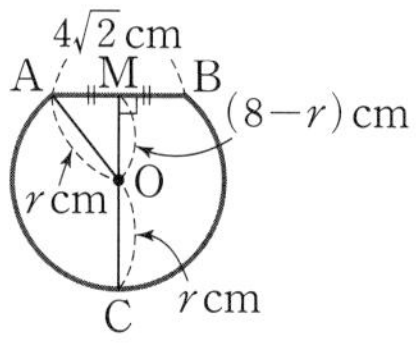

유형 **03** 현의 수직이등분선 (3)　11쪽

원주 위의 한 점 C가 원의 중심에 오도록 원 모양의 종이를 접었을 때

(1) $\overline{AM}=\overline{BM}$

(2) $\overline{OA}=r$라 하면 $\overline{OM}=\overline{MC}=\dfrac{r}{2}$

(3) 직각삼각형 OAM에서

$\overline{OA}^2=\overline{AM}^2+\overline{OM}^2$ → $r^2=a^2+\left(\dfrac{r}{2}\right)^2$

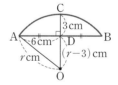

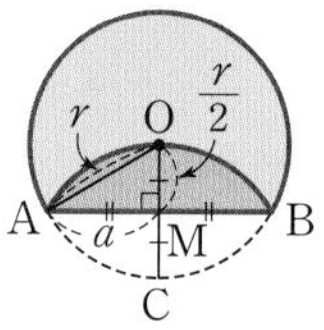

11 답 $4\sqrt{3}$ cm

오른쪽 그림과 같이 원의 중심 O에서 $\overline{AB}$에 내린 수선의 발을 M이라 하면

$\overline{OA}=4\,cm$

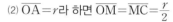

$\overline{OM}=\dfrac{1}{2}\overline{OA}=\dfrac{1}{2}\times 4=2\,(cm)$

△OAM에서

$\overline{AM}=\sqrt{4^2-2^2}=\sqrt{12}=2\sqrt{3}\,(cm)$

$\therefore \overline{AB}=2\overline{AM}=2\times 2\sqrt{3}=4\sqrt{3}\,(cm)$

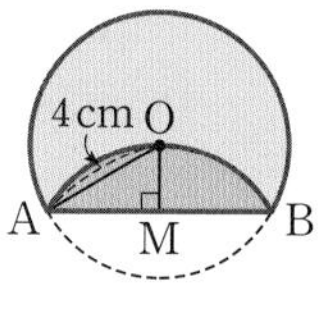

12 답 $6\sqrt{3}$ cm

오른쪽 그림과 같이 원의 중심 O에서 $\overline{AB}$에 내린 수선의 발을 M이라 하면

$\overline{AM}=\dfrac{1}{2}\overline{AB}=\dfrac{1}{2}\times 18=9\,(cm)$

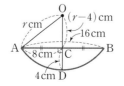
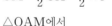

원 O의 반지름의 길이를 $r\,cm$라 하면

$\overline{OA}=r\,cm$, $\overline{OM}=\dfrac{1}{2}\overline{OA}=\dfrac{r}{2}\,(cm)$

△AOM에서

$r^2=\left(\dfrac{r}{2}\right)^2+9^2$, $r^2=108$　$\therefore r=6\sqrt{3}\ (\because r>0)$

따라서 원 O의 반지름의 길이는 $6\sqrt{3}\,cm$이다.

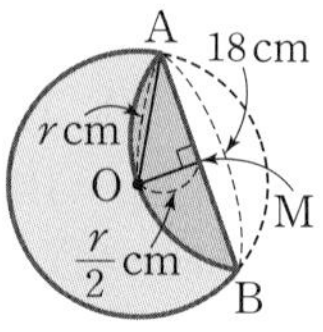

13 답 $25\sqrt{3}$ cm²

오른쪽 그림과 같이 반원의 중심 O에서 $\overline{AC}$에 내린 수선의 발을 M이라 하면

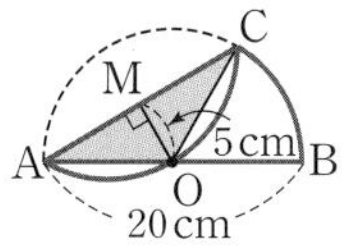

$\overline{OA}=\dfrac{1}{2}\overline{AB}=\dfrac{1}{2}\times20=10\,(\text{cm})$

$\overline{OM}=\dfrac{1}{2}\overline{AO}=\dfrac{1}{2}\times10=5\,(\text{cm})$

$\triangle AOM$에서

$\overline{AM}=\sqrt{10^2-5^2}=\sqrt{75}=5\sqrt{3}\,(\text{cm})$

$\therefore \overline{AC}=2\overline{AM}=2\times5\sqrt{3}=10\sqrt{3}\,(\text{cm})$

$\therefore \triangle AOC=\dfrac{1}{2}\times10\sqrt{3}\times5=25\sqrt{3}\,(\text{cm}^2)$

14 답 4π cm

오른쪽 그림과 같이 원의 중심 O에서 $\overline{AB}$에 내린 수선의 발을 M이라 하면

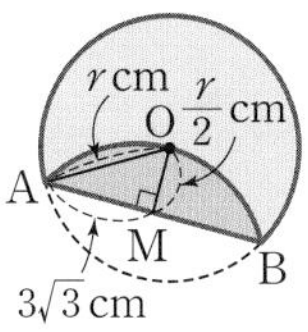

$\overline{AM}=\dfrac{1}{2}\overline{AB}=\dfrac{1}{2}\times6\sqrt{3}=3\sqrt{3}\,(\text{cm})$

원 O의 반지름의 길이를 r cm라 하면

$\overline{OA}=r$ cm, $\overline{OM}=\dfrac{1}{2}\overline{OA}=\dfrac{r}{2}\,(\text{cm})$

$\triangle OAM$에서

$r^2=\left(\dfrac{r}{2}\right)^2+(3\sqrt{3})^2,\ r^2=36$ $\therefore r=6\ (\because r>0)$

$\triangle OAM$에서 오른쪽 그림과 같이 $\angle AOM=x$라 하면

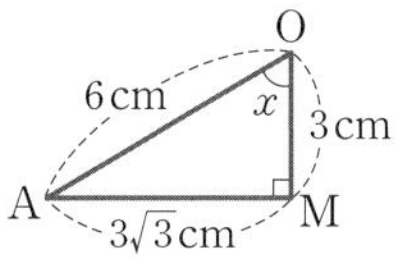

$\sin x=\dfrac{\overline{AM}}{\overline{OA}}=\dfrac{3\sqrt{3}}{6}=\dfrac{\sqrt{3}}{2}$이므로

$x=60°$, 즉 $\angle AOM=60°$

따라서 $\angle AOB=2\angle AOM=2\times60°=120°$이므로

$\overparen{AB}=2\pi\times6\times\dfrac{120}{360}=4\pi\,(\text{cm})$

유형 **04** 현의 수직이등분선 (4) 12쪽

중심이 O로 일치하고 반지름의 길이가 다른 두 원에서 큰 원의 현 AB가 작은 원과 만나는 두 점을 각각 C, D라 하고 점 O에서 현 AB에 내린 수선의 발을 M이라 할 때

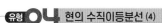

(1) $\overline{AM}=\overline{BM}$
(2) $\overline{CM}=\overline{DM}$

15 답 7 cm

오른쪽 그림과 같이 원의 중심 O에서 $\overline{AB}$에 내린 수선의 발을 M이라 하면

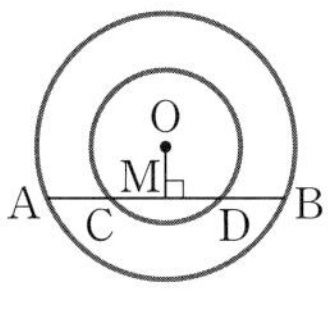

$\overline{AM}=\dfrac{1}{2}\overline{AB}=\dfrac{1}{2}\times26=13\,(\text{cm})$

$\overline{CM}=\dfrac{1}{2}\overline{CD}=\dfrac{1}{2}\times12=6\,(\text{cm})$

$\therefore \overline{AC}=\overline{AM}-\overline{CM}=13-6=7\,(\text{cm})$

16 답 72π cm²

$\triangle OAM$에서 $\overline{AM}=\sqrt{11^2-3^2}=\sqrt{112}=4\sqrt{7}\,(\text{cm})$

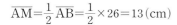

$\overline{AC}=\overline{AM}-\overline{CM}$
$=\overline{BM}-\overline{DM}=\sqrt{7}\,(\text{cm})$

$\therefore \overline{CM}=\overline{AM}-\overline{AC}$
$=4\sqrt{7}-\sqrt{7}=3\sqrt{7}\,(\text{cm})$

오른쪽 그림과 같이 $\overline{OC}$를 그으면

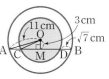

$\triangle OCM$에서

$\overline{OC}=\sqrt{3^2+(3\sqrt{7})^2}=\sqrt{72}=6\sqrt{2}\,(\text{cm})$

따라서 작은 원의 넓이는

$\pi\times(6\sqrt{2})^2=72\pi\,(\text{cm}^2)$

유형 **05** 현의 수직이등분선 (5) 12쪽

중심이 O로 일치하고 반지름의 길이가 다른 두 원에서 큰 원의 현 AB가 작은 원의 접선이고 점 H가 접점일 때

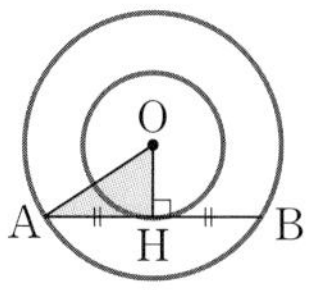

(1) $\overline{OH}\perp\overline{AB}$
(2) $\overline{AH}=\overline{BH}$
(3) $\overline{OA}^2=\overline{OH}^2+\overline{AH}^2$

17 답 $8\sqrt{3}$ cm

오른쪽 그림과 같이 작은 원의 접점을 M이라 하고 $\overline{OM}$을 그으면 $\overline{OM}\perp\overline{AB}$

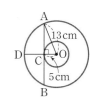

$\overline{OM}=\overline{OC}=4$ cm

$\triangle OAM$에서

$\overline{AM}=\sqrt{8^2-4^2}=\sqrt{48}=4\sqrt{3}\,(\text{cm})$

$\therefore \overline{AB}=2\overline{AM}=2\times4\sqrt{3}=8\sqrt{3}\,(\text{cm})$

18 답 24 cm

$\overline{AB}$는 작은 원의 접선이므로 $\overline{OC}\perp\overline{AB}$

오른쪽 그림과 같이 $\overline{AO}$를 그으면

$\overline{AO}=\overline{DO}=8+5=13\,(\text{cm})$

$\triangle ACO$에서

$\overline{AC}=\sqrt{13^2-5^2}=\sqrt{144}=12\,(\text{cm})$

$\therefore \overline{AB}=2\overline{AC}=2\times12=24\,(\text{cm})$

19 답 ⑤

오른쪽 그림과 같이 작은 원의 접점을 M이라 하고 $\overline{OM}$, $\overline{OA}$를 그으면 $\overline{OM}\perp\overline{AB}$

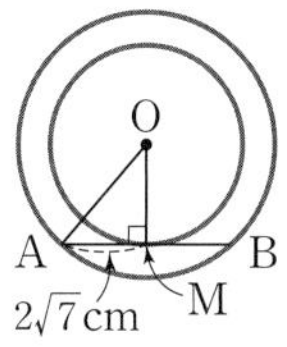

$\overline{AM}=\dfrac{1}{2}\overline{AB}=\dfrac{1}{2}\times4\sqrt{7}=2\sqrt{7}\,(\text{cm})$

두 원의 반지름의 길이의 비가 $4:3$이므로

$\overline{OA}=4x$ cm, $\overline{OM}=3x$ cm라 하자.

$\triangle OAM$에서

$(4x)^2=(3x)^2+(2\sqrt{7})^2,\ x^2=4$ $\therefore x=2\ (\because x>0)$

따라서 작은 원의 반지름의 길이는

$3\times2=6\,(\text{cm})$

20 답 ④

오른쪽 그림과 같이 작은 원의 접점을 M이라 하고 $\overline{OM}$, $\overline{OA}$를 그으면 $\overline{OM}\perp\overline{AB}$

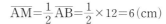

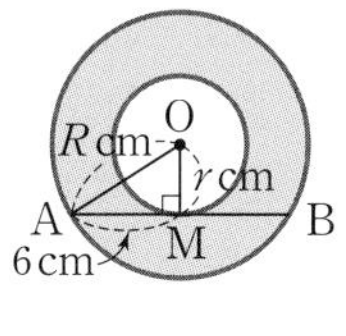

$\overline{AM}=\dfrac{1}{2}\overline{AB}=\dfrac{1}{2}\times12=6\,(\text{cm})$

큰 원의 반지름의 길이를 R cm, 작은 원의 반지름의 길이를 r cm라 하면 $\overline{OA}=R$ cm, $\overline{OM}=r$ cm

△OAM에서

$R^2=6^2+r^2$　∴ $R^2-r^2=36$

따라서 색칠한 부분의 넓이는

$\pi R^2-\pi r^2=\pi(R^2-r^2)=36\pi\,(\text{cm}^2)$

유형 06 현의 길이 (1)
13쪽

한 원 또는 합동인 두 원에서

(1) $\overline{OM}=\overline{ON}$이면 $\overline{AB}=\overline{CD}$

(2) $\overline{AB}=\overline{CD}$이면 $\overline{OM}=\overline{ON}$

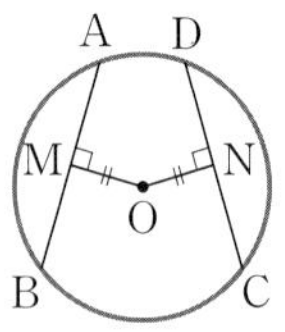

21 답 9

$\overline{ON}\perp\overline{CD}$에서 $\overline{CN}=\overline{DN}=3$ cm　∴ $x=3$

$\overline{OM}=\overline{ON}$에서 $\overline{AB}=\overline{CD}=3+3=6\,(\text{cm})$　∴ $y=6$

∴ $x+y=3+6=9$

22 답 $6\sqrt5$ cm

△OAM에서

$\overline{AM}=\sqrt{9^2-6^2}=\sqrt{45}=3\sqrt5\,(\text{cm})$

$\overline{AB}=2\overline{AM}=2\times3\sqrt5=6\sqrt5\,(\text{cm})$

이때 $\overline{OM}=\overline{ON}$이므로 $\overline{CD}=\overline{AB}=6\sqrt5$ cm

23 답 5 cm

$\overline{ON}\perp\overline{CD}$이므로

$\overline{CD}=2\overline{CN}=2\times12=24\,(\text{cm})$

이때 $\overline{AB}=\overline{CD}$이므로 $\overline{OM}=\overline{ON}$

$\overline{OC}=13$ cm이므로

$\overline{OM}=\overline{ON}=\sqrt{13^2-12^2}=\sqrt{25}=5\,(\text{cm})$

24 답 ④

오른쪽 그림과 같이 점 O에서 $\overline{AB}$에 내린 수선의 발을 N이라 하면

$\overline{AB}=\overline{CD}$이므로 $\overline{ON}=\overline{OM}=3$ cm

△ANO에서

$\overline{AN}=\sqrt{5^2-3^2}=\sqrt{16}=4\,(\text{cm})$

∴ $\overline{AB}=2\overline{AN}=2\times4=8\,(\text{cm})$

∴ $\triangle OAB=\dfrac12\times8\times3=12\,(\text{cm}^2)$

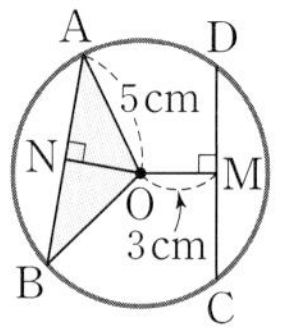

25 답 16 cm

오른쪽 그림과 같이 원의 중심 O에서 $\overline{AB}$에 내린 수선의 발을 M이라 하면

$\overline{BM}=\dfrac12\overline{AB}=\dfrac12\times30=15\,(\text{cm})$

△OBM에서

$\overline{OM}=\sqrt{17^2-15^2}=\sqrt{64}=8\,(\text{cm})$

$\overline{AB}=\overline{CD}$이므로 원 O의 중심에서 두 현 AB, CD까지의 거리는 서로 같다. 이때 $\overline{AB}\,/\!/\,\overline{CD}$이므로 두 현 AB, CD 사이의 거리는

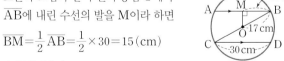

$2\overline{OM}=2\times8=16\,(\text{cm})$

참고 평행한 두 직선 사이의 거리는 한 직선 위의 한 점에서 다른 직선에 내린 수선의 발의 길이이다.

유형 07 현의 길이 (2)
13쪽

오른쪽 그림의 원 O에서

$\overline{OM}\perp\overline{AB}$, $\overline{ON}\perp\overline{AC}$이고

$\overline{OM}=\overline{ON}$이면 $\overline{AB}=\overline{AC}$

→ △ABC는 $\overline{AB}=\overline{AC}$인 이등변삼각형

→ $\angle B=\angle C$

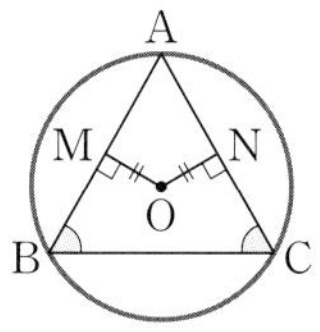

26 답 ③

$\overline{OM}=\overline{ON}$이므로 △ABC는 $\overline{BA}=\overline{BC}$인 이등변삼각형이다.

∴ $\angle x=\dfrac12\times(180°-50°)=65°$

27 답 ④

$\overline{OM}=\overline{ON}$이므로 △ABC는 $\overline{AB}=\overline{AC}$인 이등변삼각형이다.

∴ $\angle BAC=180°-2\times72°=36°$

28 답 ②

□AMON에서

$\angle A=360°-(90°+100°+90°)=80°$

이때 $\overline{OM}=\overline{ON}$이므로 △ABC는 $\overline{AB}=\overline{AC}$인 이등변삼각형이다.

∴ $\angle x=\dfrac12\times(180°-80°)=50°$

29 답 ①

△ABC에서 $\overline{AM}=\overline{MB}$, $\overline{AN}=\overline{NC}$이므로 삼각형의 두 변의 중점을 연결한 선분의 성질에 의하여

$\overline{BC}=2\overline{MN}=2\times4=8\,(\text{cm})$

$\overline{AB}=2\overline{AM}=2\times5=10\,(\text{cm})$

이때 $\overline{OM}=\overline{ON}$이므로 $\overline{AC}=\overline{AB}=10$ cm

따라서 △ABC의 둘레의 길이는

$\overline{AB}+\overline{BC}+\overline{CA}=10+8+10=28\,(\text{cm})$

30 답 12π cm²

$\overline{OD}=\overline{OE}=\overline{OF}$이므로 $\overline{AB}=\overline{BC}=\overline{CA}$

즉, △ABC는 정삼각형이므로 오른쪽 그림과 같이 $\overline{OE}$의 연장선을 그으면 그 연장선은 점 A를 지난다.

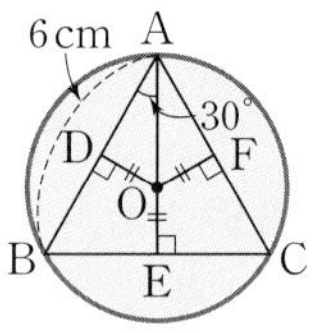

$\angle OAD=\dfrac12\angle BAC=\dfrac12\times60°=30°$

$\overline{AD}=\dfrac12\overline{AB}=\dfrac12\times6=3\,(\text{cm})$이므로

△ADO에서

$\overline{AO}=\dfrac{3}{\cos30°}=3\times\dfrac{2}{\sqrt3}=2\sqrt3\,(\text{cm})$

따라서 원 O의 넓이는

$\pi\times(2\sqrt3)^2=12\pi\,(\text{cm}^2)$

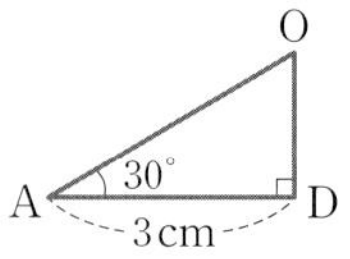

다른 풀이

$\triangle BAE$에서 $\angle BAE = 180° - (60° + 90°) = 30°$이므로

$\overline{AE} = 6\cos 30° = 6 \times \dfrac{\sqrt{3}}{2} = 3\sqrt{3}\,(\text{cm})$

점 O는 $\triangle ABC$의 무게중심이므로

$\overline{AO} = \dfrac{2}{3}\overline{AE} = \dfrac{2}{3} \times 3\sqrt{3} = 2\sqrt{3}\,(\text{cm})$

따라서 원 O의 넓이는

$\pi \times (2\sqrt{3})^2 = 12\pi\,(\text{cm}^2)$

유형 08 원의 접선의 성질 (1) 14쪽

원 밖의 한 점 P에서 원 O에 그은 접선의
접점을 A라 할 때
(1) $\overline{OA} \perp \overline{PA}$
(2) $\overline{PO}^2 = \overline{PA}^2 + \overline{OA}^2$

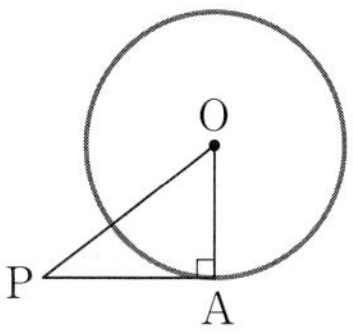

31 답 8 cm

$\triangle APO$에서

$\overline{OA} = \overline{OB} = 6\,\text{cm}$이므로

$\overline{PA} = \sqrt{10^2 - 6^2} = \sqrt{64} = 8\,(\text{cm})$

32 답 3 cm

오른쪽 그림과 같이 $\overline{OT}$를 그어 원 O의
반지름의 길이를 $r\,\text{cm}$라 하면
$\overline{OA} = \overline{OT} = r\,\text{cm}$, $\overline{OP} = (r+2)\,\text{cm}$
이때 $\angle OTP = 90°$이므로
$\triangle OPT$에서
$(r+2)^2 = 4^2 + r^2$, $4r = 12$ ∴ $r = 3$
따라서 원 O의 반지름의 길이는 3 cm이다.

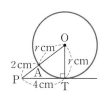

33 답 $144\pi\,\text{cm}^2$

오른쪽 그림과 같이 $\overline{OT}$를 그어 원 O의
반지름의 길이를 $r\,\text{cm}$라 하면
$\overline{OA} = \overline{OT} = r\,\text{cm}$
$\overline{OP} = (r+3)\,\text{cm}$
이때 $\angle OTP = 90°$이므로
$\triangle OPT$에서
$(r+3)^2 = 9^2 + r^2$, $6r = 72$ ∴ $r = 12$
따라서 원 O의 반지름의 길이는 12 cm이므로
원 O의 넓이는
$\pi \times 12^2 = 144\pi\,(\text{cm}^2)$

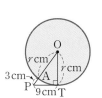

34 답 ⑤

오른쪽 그림과 같이 $\overline{OT}$를 그으면

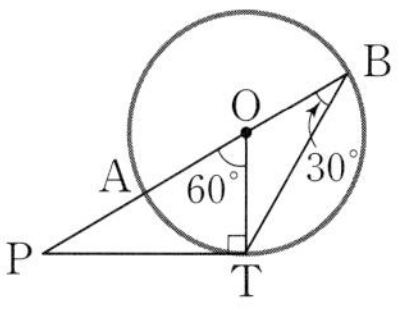

$\overline{OT} = \dfrac{1}{2} \times 6 = 3\,(\text{cm})$

$\angle OTB = \angle OBT = 30°$이므로
$\angle AOT = 30° + 30° = 60°$
이때 $\angle OTP = 90°$이므로
$\triangle OPT$에서
$\overline{PT} = 3\tan 60° = 3 \times \sqrt{3} = 3\sqrt{3}\,(\text{cm})$

유형 09 원의 접선의 성질 (2) 15쪽

원 밖의 한 점 P에서 원 O에 그은 두 접
선의 접점을 A, B라 할 때
(1) $\overline{PA} = \overline{PB}$
(2) $\angle APB + \angle AOB = 180°$

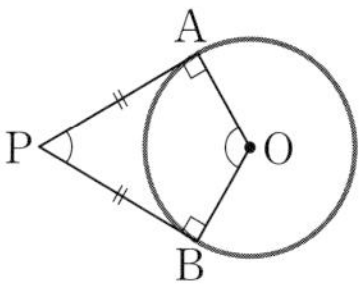

35 답 134°

$\triangle PAB$에서 $\overline{PA} = \overline{PB}$이므로

$\angle P = 180° - 2 \times 67° = 46°$

$\angle P + \angle AOB = 180°$이므로

$46° + \angle AOB = 180°$ ∴ $\angle AOB = 134°$

36 답 ③

$\angle PAO = \angle PBO = 90°$이므로

$\triangle PBO$에서

$\overline{PB} = \sqrt{17^2 - 8^2} = \sqrt{225} = 15\,(\text{cm})$

$\overline{PA} = \overline{PB} = 15\,\text{cm}$이므로

(□APBO의 둘레의 길이) $= \overline{AP} + \overline{PB} + \overline{BO} + \overline{OA}$
$= 15 + 15 + 8 + 8 = 46\,(\text{cm})$

37 답 ④

$\overline{PB} = \overline{PA} = 6\,\text{cm}$이므로

$\triangle ABP = \dfrac{1}{2} \times 6 \times 6 \times \sin 45° = \dfrac{1}{2} \times 6 \times 6 \times \dfrac{\sqrt{2}}{2} = 9\sqrt{2}\,(\text{cm}^2)$

38 답 ②

$\overline{CO} = \overline{AO} = 2\,\text{cm}$이므로

$\overline{PO} = 4 + 2 = 6\,(\text{cm})$

$\angle PAO = 90°$이므로 $\triangle APO$에서

$\overline{PA} = \sqrt{6^2 - 2^2} = \sqrt{32} = 4\sqrt{2}\,(\text{cm})$

∴ $\overline{PB} = \overline{PA} = 4\sqrt{2}\,\text{cm}$

39 답 32°

$\angle PBC = 90°$이므로

$\angle PBA = 90° - 16° = 74°$

$\triangle PAB$에서 $\overline{PA} = \overline{PB}$이므로

$\angle P = 180° - 2 \times 74° = 32°$

40 답 $\dfrac{56}{3}\pi\,\text{cm}^2$

$\angle P + \angle AOB = 180°$이므로

$75° + \angle AOB = 180°$ ∴ $\angle AOB = 105°$

따라서 색칠한 부분의 넓이는

$\pi \times 8^2 \times \dfrac{105}{360} = \dfrac{56}{3}\pi\,(\text{cm}^2)$

41 답 44°

오른쪽 그림과 같이 $\overline{AB}$를 그으면

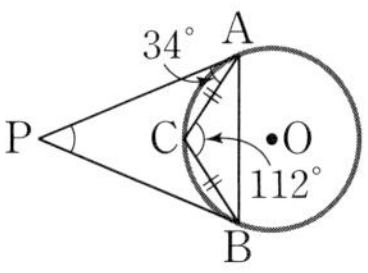

$\triangle ACB$에서 $\overline{AC} = \overline{BC}$이므로

$\angle CAB = \dfrac{1}{2} \times (180° - 112°) = 34°$

∴ $\angle PAB = \angle PAC + \angle CAB = 34° + 34° = 68°$

$\triangle PAB$에서 $\overline{PA} = \overline{PB}$이므로

$\angle P = 180° - 2 \times 68° = 44°$

유형 **○** 원의 접선의 성질 (3)   16쪽

원 밖의 점 P에서 원 O에 그은 두 접선
의 접점을 A, B라 하고 $\overline{PO}$와 $\overline{AB}$의 교
점을 H라 하면

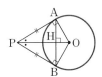

(1) $\triangle PAO \equiv \triangle PBO$

(2) $\angle APO = \angle BPO$

(3) $\triangle APH \equiv \triangle BPH$

(4) $\overline{AB} \perp \overline{PO}$

(5) $\overline{AH} = \overline{BH} = \dfrac{1}{2}\overline{AB}$

---

42 답 ②

오른쪽 그림과 같이 $\overline{PO}$를 그으면

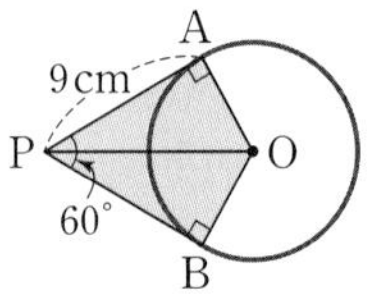

$\triangle APO$와 $\triangle BPO$에서

$\angle PAO = \angle PBO = 90°$

$\overline{PO}$는 공통, $\overline{AO} = \overline{BO}$ (반지름)이므로

$\triangle APO \equiv \triangle BPO$ (RHS 합동)

즉, $\angle APO = \dfrac{1}{2}\angle APB = \dfrac{1}{2} \times 60° = 30°$

$\triangle APO$에서

$\overline{AO} = 9\tan 30° = 9 \times \dfrac{\sqrt{3}}{3} = 3\sqrt{3}\,(\text{cm})$이므로

$\square APBO = 2\triangle APO$

$= 2 \times \left(\dfrac{1}{2} \times 9 \times 3\sqrt{3} \right) = 27\sqrt{3}\,(\text{cm}^2)$

43 답 ②

$\triangle AOP$와 $\triangle BOP$에서

$\overline{AO} = \overline{BO}$ (반지름), $\overline{OP}$는 공통

$\angle OAP = \angle OBP = 90°$이므로

$\triangle AOP \equiv \triangle BOP$ (RHS 합동) (④)

즉, $\angle AOP = \dfrac{1}{2}\angle AOB = \dfrac{1}{2} \times 120° = 60°$이므로

$\angle APO = 180° - (90° + 60°) = 30°$ (③)

$\triangle AOP$에서

$\overline{OP} = \dfrac{4\sqrt{3}}{\cos 60°} = 4\sqrt{3} \times 2 = 8\sqrt{3}\,(\text{cm})$ (①)

$\overline{AP} = 4\sqrt{3}\tan 60° = 4\sqrt{3} \times \sqrt{3} = 12\,(\text{cm})$

$\triangle ABP$에서 $\overline{PA} = \overline{PB}$이고 $\angle APB = 60°$이므로

$\angle PAB = \angle PBA = \dfrac{1}{2} \times (180° - 60°) = 60°$

즉, $\triangle ABP$는 정삼각형이므로 $\overline{AB} = \overline{AP} = 12\,(\text{cm})$ (②)

$\therefore \square AOBP = 2\triangle AOP$

$= 2 \times \left(\dfrac{1}{2} \times 4\sqrt{3} \times 12 \right) = 48\sqrt{3}\,(\text{cm}^2)$ (⑤)

따라서 옳지 않은 것은 ②이다.

44 답 ①

오른쪽 그림과 같이 $\overline{PO}$를 그어 $\overline{PO}$와
$\overline{AB}$의 교점을 H라 하자.

$\angle PAO = 90°$이므로 $\triangle APO$에서

$\overline{PO} = \sqrt{12^2 + 5^2} = 13\,(\text{cm})$

이때 $\triangle APO \equiv \triangle BPO$ (RHS 합동)에서

$\angle APO = \angle BPO$이므로 $\triangle APH \equiv \triangle BPH$ (SAS 합동)

즉, $\overline{AB} \perp \overline{PO}$이고 $\overline{AH} = \overline{BH}$이므로 $\overline{PO} \times \overline{AH} = \overline{PA} \times \overline{OA}$

$13 \times \overline{AH} = 12 \times 5$ $\therefore \overline{AH} = \dfrac{60}{13}\,\text{cm}$

$\therefore \overline{AB} = 2\overline{AH} = 2 \times \dfrac{60}{13} = \dfrac{120}{13}\,(\text{cm})$

유형 **11** 원의 접선의 활용   16쪽

$\overrightarrow{PA}$, $\overrightarrow{PB}$, $\overline{AB}$가 원 O의 접선이고
세 점 D, E, F가 그 접점일 때

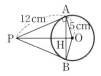

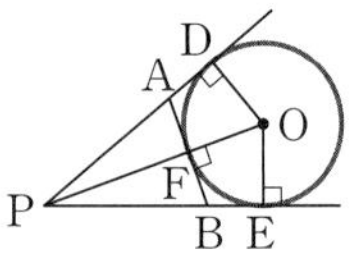

(1) $\overline{PD} = \overline{PE}$, $\overline{AD} = \overline{AF}$, $\overline{BE} = \overline{BF}$

(2) ($\triangle APB$의 둘레의 길이)

$= \overline{PA} + \overline{PB} + \overline{AB}$

$= \overline{PA} + \overline{PB} + (\overline{AF} + \overline{BF})$

$= (\overline{PA} + \overline{AD}) + (\overline{PB} + \overline{BE})$

$= \overline{PD} + \overline{PE} = 2\overline{PD} = 2\overline{PE}$

---

45 답 5 cm

$\overline{AC} = \overline{AX} = \overline{PX} - \overline{PA} = 10 - 8 = 2\,(\text{cm})$

이때 $\overline{PY} = \overline{PX} = 10\,\text{cm}$이므로

$\overline{BC} = \overline{BY} = \overline{PY} - \overline{PB} = 10 - 7 = 3\,(\text{cm})$

$\therefore \overline{AB} = \overline{AC} + \overline{BC} = 2 + 3 = 5\,(\text{cm})$

46 답 ㄱ, ㄷ, ㄹ

ㄱ. 원 밖의 한 점에서 원에 그은 두 접선의 길이는 같으므로
$\overline{AD} = \overline{AE}$

ㄷ. $\overline{BD} = \overline{BF}$, $\overline{CE} = \overline{CF}$에서
$\overline{BC} = \overline{BF} + \overline{CF} = \overline{BD} + \overline{CE}$

ㄹ. $\overline{AB} + \overline{BC} + \overline{CA} = \overline{AB} + (\overline{BD} + \overline{CE}) + \overline{CA}$
$= \overline{AD} + \overline{AE} = 2\overline{AD}$

따라서 옳은 것은 ㄱ, ㄷ, ㄹ이다.

47 답 4 cm

$\overline{AD} = \overline{AE}$, $\overline{BD} = \overline{BF}$, $\overline{CE} = \overline{CF}$이므로

$\overline{AB} + \overline{AC} + \overline{BC} = \overline{AB} + \overline{AC} + (\overline{BF} + \overline{CF})$

$= (\overline{AB} + \overline{BD}) + (\overline{AC} + \overline{CE})$

$= \overline{AD} + \overline{AE} = 2\overline{AE}$

즉, $9 + 8 + 7 = 2\overline{AE}$이므로 $2\overline{AE} = 24$ $\therefore \overline{AE} = 12\,\text{cm}$

$\therefore \overline{CE} = \overline{AE} - \overline{AC} = 12 - 8 = 4\,(\text{cm})$

48 답 $10\sqrt{3}$ cm

$\angle OAE = \dfrac{1}{2}\angle BAC = \dfrac{1}{2} \times 60° = 30°$

오른쪽 그림과 같이 $\overline{OE}$를 그으면
$\triangle OAE$에서

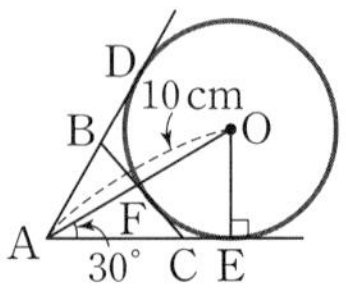

$\overline{AE} = 10\cos 30° = 10 \times \dfrac{\sqrt{3}}{2} = 5\sqrt{3}\,(\text{cm})$

$\therefore$ ($\triangle ABC$의 둘레의 길이) $= \overline{AB} + \overline{AC} + \overline{BC}$

$= (\overline{AB} + \overline{BD}) + (\overline{AC} + \overline{CE})$

$= \overline{AD} + \overline{AE} = 2\overline{AE}$

$= 2 \times 5\sqrt{3} = 10\sqrt{3}\,(\text{cm})$

유형 12 반원에서의 접선의 길이   17쪽

$\overline{AB}$는 반원 O의 지름이고 $\overline{AC}$, $\overline{BD}$, $\overline{CD}$
가 반원 O의 접선일 때

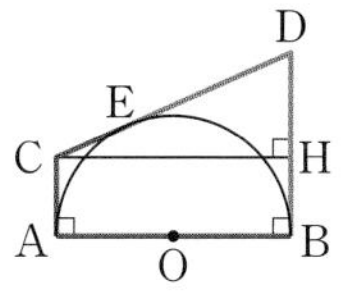

(1) $\overline{CA}=\overline{CE}$, $\overline{DB}=\overline{DE}$
   → $\overline{CD}=\overline{CA}+\overline{DB}$

(2) 점 C에서 $\overline{DB}$에 내린 수선의 발을 H라 하면 직각삼각형
   DCH에서 $\overline{AB}=\overline{CH}=\sqrt{\overline{CD}^2-\overline{DH}^2}$

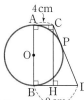

49 답 6 cm

$\overline{CP}=\overline{CA}=4$ cm, $\overline{DP}=\overline{DB}=9$ cm이므로
$\overline{CD}=\overline{CP}+\overline{DP}=4+9=13$ (cm)
오른쪽 그림과 같이 점 C에서 $\overline{BD}$에 내린
수선의 발을 H라 하면
$\overline{HD}=\overline{BD}-\overline{BH}=9-4=5$ (cm)이므로
$\triangle CHD$에서
$\overline{CH}=\sqrt{13^2-5^2}=\sqrt{144}=12$ (cm)
즉, $\overline{AB}=12$ cm이므로 원 O의 반지름의 길이는
$12\times\dfrac{1}{2}=6$ (cm)

50 답 $48\sqrt{2}$ cm²

$\overline{CE}=\overline{CA}=8$ cm, $\overline{DE}=\overline{DB}=4$ cm이므로
$\overline{CD}=\overline{CE}+\overline{DE}=8+4=12$ (cm)
오른쪽 그림과 같이 점 D에서 $\overline{CA}$에
내린 수선의 발을 H라 하면 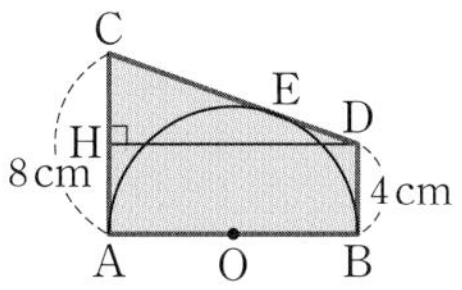
$\overline{CH}=\overline{CA}-\overline{HA}=8-4=4$ (cm)
$\triangle CHD$에서
$\overline{HD}=\sqrt{12^2-4^2}=\sqrt{128}=8\sqrt{2}$ (cm)
이때 $\overline{AB}=\overline{HD}=8\sqrt{2}$ cm이므로
$\square ABDC=\dfrac{1}{2}\times(8+4)\times8\sqrt{2}=48\sqrt{2}$ (cm²)

51 답 ④

오른쪽 그림과 같이 $\overline{DE}$와 반원 O의
접점을 P, 점 E에서 $\overline{CD}$에 내린 수선
의 발을 F라 하자. 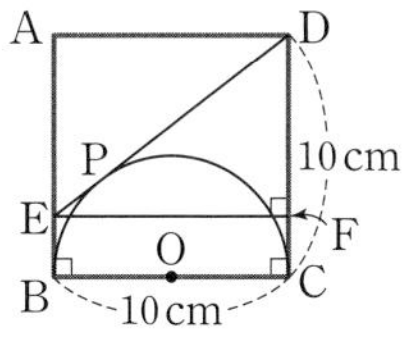
$\overline{EP}=\overline{EB}=\overline{FC}=x$ cm라 하면
$\overline{DP}=\overline{DC}=10$ cm이므로
$\overline{DE}=(10+x)$ cm, $\overline{DF}=(10-x)$ cm
$\triangle DEF$에서 $(10+x)^2=10^2+(10-x)^2$
$40x=100$ ∴ $x=\dfrac{5}{2}$
∴ $\overline{DE}=10+x=10+\dfrac{5}{2}=\dfrac{25}{2}$ (cm)

유형 13 삼각형의 내접원   17쪽

원 O는 $\triangle ABC$의 내접원이고 세 점
D, E, F는 그 접점일 때,
→ $\overline{AD}=\overline{AF}$, $\overline{BD}=\overline{BE}$, $\overline{CE}=\overline{CF}$

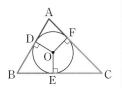

52 답 18 cm

$\overline{AP}=\overline{AR}=3$ cm, $\overline{BQ}=\overline{BP}=1$ cm, $\overline{CR}=\overline{CQ}=5$ cm
∴ ($\triangle ABC$의 둘레의 길이) $=\overline{AB}+\overline{BC}+\overline{CA}$
   $=(3+1)+(1+5)+(5+3)$
   $=4+6+8=18$ (cm)

53 답 ①

$\overline{BD}=\overline{BE}=x$ cm라 하면
$\overline{AF}=\overline{AD}=(11-x)$ cm, $\overline{CF}=\overline{CE}=(9-x)$ cm
이때 $\overline{AC}=\overline{AF}+\overline{CF}$이므로
$8=(11-x)+(9-x)$, $20-2x=8$
$2x=12$ ∴ $x=6$
따라서 $\overline{BD}$의 길이는 6 cm이다.

54 답 4 cm

$\overline{AD}=\overline{AF}=x$ cm라 하면
$\overline{BE}=\overline{BD}=9$ cm, $\overline{CE}=\overline{CF}=5$ cm이므로
($\triangle ABC$의 둘레의 길이) $=2\times(9+5+x)=36$
$14+x=18$ ∴ $x=4$
따라서 $\overline{AF}$의 길이는 4 cm이다.

55 답 10 cm

$\overline{CE}=\overline{CF}=x$ cm라 하면
$\overline{AD}=\overline{AF}=(7-x)$ cm
$\overline{BD}=\overline{BE}=(9-x)$ cm
이때 $\overline{AB}=\overline{AD}+\overline{BD}$이므로
$6=(7-x)+(9-x)$, $2x=10$ ∴ $x=5$
∴ $\overline{CE}=5$ cm
∴ ($\triangle PQC$의 둘레의 길이) $=\overline{CP}+\overline{PQ}+\overline{QC}$
   $=\overline{CP}+(\overline{PG}+\overline{QG})+\overline{QC}$
   $=\overline{CP}+\overline{PF}+\overline{QE}+\overline{QC}$
   $=\overline{CF}+\overline{CE}=2\overline{CE}$
   $=2\times5=10$ (cm)

유형 14 직각삼각형의 내접원   18쪽

$\angle B=90°$인 직각삼각형 ABC의 내
접원 O와 $\overline{AB}$, $\overline{BC}$의 접점을 각각 D,
E라 할 때,
→ $\square ODBE$는 정사각형

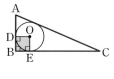

56 답 ②

$\triangle ABC$에서
$\overline{BC}=\sqrt{5^2-4^2}=\sqrt{9}=3$ (cm)
오른쪽 그림과 같이 $\overline{OE}$, $\overline{OF}$를 그어 원
O의 반지름의 길이를 r cm라 하면
$\square OECF$는 정사각형이므로
$\overline{CE}=\overline{CF}=r$ cm
$\overline{AD}=\overline{AF}=(4-r)$ cm
$\overline{BD}=\overline{BE}=(3-r)$ cm
이때 $\overline{AB}=\overline{AD}+\overline{BD}$이므로

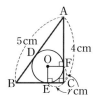

$5=(4-r)+(3-r)$, $2r=2$ $\quad\therefore r=1$

따라서 원 O의 반지름의 길이는 1 cm이다.

57 답 ③

오른쪽 그림과 같이 $\overline{OD}$, $\overline{OF}$를 그어
원 O의 반지름의 길이를 r cm라 하면
□ADOF는 정사각형이므로

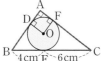

$\overline{AD}=\overline{AF}=r$ cm

$\overline{AB}=(r+4)$ cm

$\overline{AC}=(r+6)$ cm

△ABC에서 $10^2=(r+4)^2+(r+6)^2$

$r^2+10r-24=0$, $(r+12)(r-2)=0$ $\quad\therefore r=2\ (\because r>0)$

따라서 원 O의 반지름의 길이는 2 cm이므로 원 O의 넓이는

$\pi\times2^2=4\pi\ (\text{cm}^2)$

58 답 ⑤

오른쪽 그림과 같이 $\overline{OD}$, $\overline{OE}$를 그어
원 O의 반지름의 길이를 r cm라 하면
□DBEO는 정사각형이므로

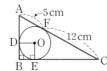

$\overline{BD}=\overline{BE}=r$ cm

$\overline{AB}=(r+5)$ cm

$\overline{BC}=(r+12)$ cm

△ABC에서 $17^2=(r+5)^2+(r+12)^2$

$r^2+17r-60=0$, $(r+20)(r-3)=0$ $\quad\therefore r=3\ (\because r>0)$

$\therefore \overline{AB}=3+5=8\ (\text{cm})$, $\overline{BC}=3+12=15\ (\text{cm})$

따라서 △ABC의 둘레의 길이는 $8+15+17=40\ (\text{cm})$

유형 **15** 외접사각형의 성질 (1)   18쪽

원 O에 외접하는 사각형 ABCD에서
$\overline{AB}+\overline{DC}=\overline{AD}+\overline{BC}$

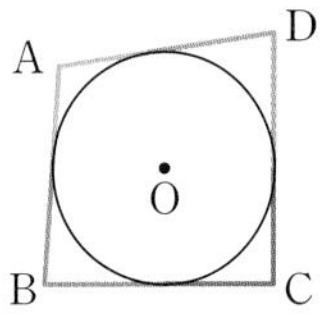

59 답 7 cm

$\overline{AB}+\overline{DC}=\overline{AD}+\overline{BC}$이므로

$(3+\overline{BE})+9=7+12$ $\quad\therefore \overline{BE}=7$ cm

60 답 50 cm

$\overline{AH}=\overline{AE}=7$ cm이므로

$\overline{AD}=\overline{AH}+\overline{DH}=7+5=12\ (\text{cm})$

이때 $\overline{AB}+\overline{DC}=\overline{AD}+\overline{BC}$이므로

(□ABCD의 둘레의 길이)$=2(\overline{AD}+\overline{BC})$

$\qquad\qquad\qquad\qquad\qquad=2\times(12+13)=50\ (\text{cm})$

61 답 5 cm

$\overline{AB}+\overline{DC}=\overline{AD}+\overline{BC}$이므로

$\overline{AD}+\overline{BC}=\dfrac{1}{2}\times(\text{□ABCD의 둘레의 길이})$

$\qquad\qquad\quad=\dfrac{1}{2}\times16=8\ (\text{cm})$

즉, $3+\overline{BC}=8$이므로 $\overline{BC}=5$ cm

62 답 $\sqrt{15}$ cm

$\overline{AB}+\overline{DC}=\overline{AD}+\overline{BC}=6+10=16\ (\text{cm})$

이때 $\overline{AB}=\overline{DC}$이므로

$\overline{AB}=\overline{DC}=\dfrac{1}{2}\times16=8\ (\text{cm})$

오른쪽 그림과 같이 두 점 A, D에서
$\overline{BC}$에 내린 수선의 발을 각각 H, H'이
라 하면

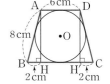

$\overline{BH}=\overline{CH'}=\dfrac{1}{2}\times(10-6)=2\ (\text{cm})$

△ABH에서

$\overline{AH}=\sqrt{8^2-2^2}=\sqrt{60}=2\sqrt{15}\ (\text{cm})$

따라서 원 O의 반지름의 길이는

$\dfrac{1}{2}\overline{AH}=\dfrac{1}{2}\times2\sqrt{15}=\sqrt{15}\ (\text{cm})$

유형 **16** 외접사각형의 성질 (2)   19쪽

(1) 원에 외접하는 □ABCD에서
$\angle C=90°$일 때
$\Rightarrow \overline{BD}^2=\overline{BC}^2+\overline{DC}^2$

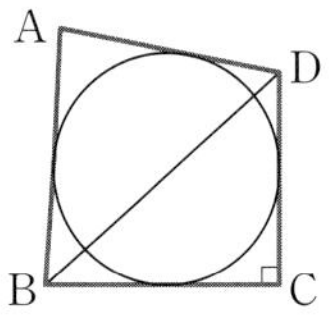

(2) 원 O에 외접하는 □ABCD에서
$\angle A=\angle B=90°$일 때
$\Rightarrow$ (원 O의 반지름의 길이)$=\dfrac{1}{2}\overline{AB}$

63 답 7 cm

△ABC에서

$\overline{BC}=\sqrt{10^2-6^2}=\sqrt{64}=8\ (\text{cm})$

이때 $\overline{AB}+\overline{DC}=\overline{AD}+\overline{BC}$이므로

$6+\overline{DC}=5+8$ $\quad\therefore \overline{DC}=7$ cm

64 답 8 cm

$\overline{AB}:\overline{BC}=2:3$이므로

$\overline{AB}=2k$ cm, $\overline{BC}=3k$ cm $(k>0)$라 하면

$\overline{AB}+\overline{DC}=\overline{AD}+\overline{BC}$이므로

$2k+10=6+3k$ $\quad\therefore k=4$

즉, $\overline{AB}=2\times4=8\ (\text{cm})$, $\overline{BC}=3\times4=12\ (\text{cm})$

$\therefore \overline{BE}=\dfrac{1}{2}\overline{AB}=\dfrac{1}{2}\times8=4\ (\text{cm})$

$\therefore \overline{CE}=\overline{BC}-\overline{BE}=12-4=8\ (\text{cm})$

65 답 80 cm²

$\overline{DC}$의 길이는 원 O의 지름의 길이와 같으므로

$\overline{DC}=2\times4=8\ (\text{cm})$

$\overline{AD}+\overline{BC}=\overline{AB}+\overline{DC}$이고

$\overline{AB}+\overline{DC}=12+8=20\ (\text{cm})$이므로

$\text{□ABCD}=\dfrac{1}{2}\times(\overline{AD}+\overline{BC})\times\overline{DC}$

$\qquad\qquad=\dfrac{1}{2}\times20\times8=80\ (\text{cm}^2)$

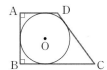

19쪽

유형 7 외접사각형의 성질의 활용

원 O가 직사각형 ABCD의 세 변 및 $\overline{DE}$ 와 접하고 세 점 F, G, H는 그 접점일 때

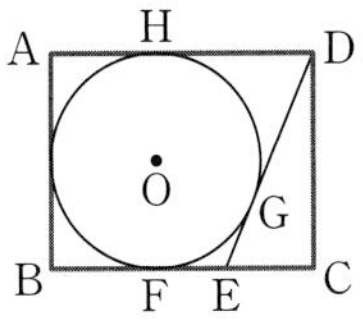

(1) $\overline{DE}=\overline{DG}+\overline{EG}=\overline{DH}+\overline{EF}$

(2) □ABED에서
$\overline{AB}+\overline{DE}=\overline{AD}+\overline{BE}$

(3) △DEC에서 $\overline{DE}^2=\overline{EC}^2+\overline{DC}^2$

66 답 $\dfrac{13}{3}$ cm

$\overline{BE}=x$ cm라 하면

□EBCD에서 $\overline{BE}+\overline{DC}=\overline{ED}+\overline{BC}$이므로

$x+4=\overline{ED}+5$ ∴ $\overline{ED}=(x-1)$ cm

$\overline{AE}=\overline{AD}-\overline{ED}=5-(x-1)=6-x$ (cm)

△ABE에서 $x^2=(6-x)^2+4^2$

$12x=52$ ∴ $x=\dfrac{13}{3}$

따라서 $\overline{BE}$의 길이는 $\dfrac{13}{3}$ cm이다.

67 답 ③

오른쪽 그림과 같이 원 O의 접점을 각각 P, Q, R, S라 하면

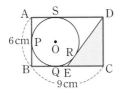

$\overline{DC}=\overline{AB}=6$ cm

$\overline{AS}=\overline{BQ}=\dfrac{1}{2}\overline{AB}=\dfrac{1}{2}\times6=3$ (cm)

∴ $\overline{DR}=\overline{DS}=\overline{AD}-\overline{AS}=9-3=6$ (cm)

$\overline{EQ}=\overline{ER}=x$ cm라 하면

$\overline{EC}=(6-x)$ cm, $\overline{DE}=(6+x)$ cm

△DEC에서 $(6+x)^2=(6-x)^2+6^2$

$24x=36$ ∴ $x=\dfrac{3}{2}$

$\overline{EC}=6-\dfrac{3}{2}=\dfrac{9}{2}$ (cm)이므로

$\triangle DEC=\dfrac{1}{2}\times\overline{EC}\times\overline{DC}=\dfrac{1}{2}\times\dfrac{9}{2}\times6=\dfrac{27}{2}$ (cm²)

유형 8 접하는 원에서의 활용

19쪽

원 Q가 반원 O의 내부에 접하면서 반원 P에 외접할 때

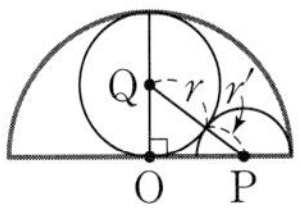

→ 직각삼각형 QOP에서
$\overline{QP}=r+r'$, $\overline{OP}=2r-r'$이므로
$(r+r')^2=r^2+(2r-r')^2$

68 답 ①

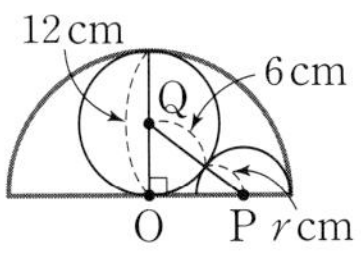

오른쪽 그림에서 반원 P의 반지름의 길이를 r cm라 하면

$\overline{QP}=(6+r)$ cm

$\overline{OP}=(12-r)$ cm

△QOP에서 $(6+r)^2=6^2+(12-r)^2$

$36r=144$ ∴ $r=4$

따라서 반원 P의 반지름의 길이는 4 cm이다.

69 답 ④

$\overline{AB}=8$이므로

원 O의 반지름의 길이는 $\dfrac{8}{2}=4$

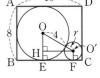

오른쪽 그림과 같이 두 점 O, O'에서 $\overline{BC}$에 내린 수선의 발을 각각 E, F라 하고 점 O'에서 $\overline{OE}$에 내린 수선의 발을 H, 원 O'의 반지름의 길이를 r라 하면

$\overline{OH}=4-r$, $\overline{OO'}=4+r$

$\overline{HO'}=\overline{EF}=10-(4+r)=6-r$

△OHO'에서 $(4+r)^2=(4-r)^2+(6-r)^2$

$r^2-28r+36=0$ ∴ $r=14-4\sqrt{10}$ (∵ $0<r<4$)

따라서 원 O'의 반지름의 길이는 $14-4\sqrt{10}$이다.

 서술형

20쪽~21쪽

01 답 (1) 3 cm (2) 5 cm

(1) 채점 기준 1 $\overline{AM}$의 길이 구하기 … 1점

$\overline{OC}\perp\overline{AB}$이므로

$\overline{AM}=\overline{BM}=3$ cm

(2) 채점 기준 2 $\overline{OM}$의 길이를 반지름의 길이를 사용하여 나타내기 … 1점

$\overline{OA}=r$ cm라 하면

$\overline{OM}=\overline{OC}-\overline{MC}=r-1$ (cm)

채점 기준 3 원 O의 반지름의 길이 구하기 … 2점

△OAM에서

$r^2=3^2+(r-1)^2$, $2r=10$ ∴ $r=5$

따라서 원 O의 반지름의 길이는 5 cm이다.

01-1 답 (1) $2\sqrt{3}$ cm (2) 4 cm

(1) 채점 기준 1 $\overline{AM}$의 길이 구하기 … 1점

$\overline{OC}\perp\overline{AB}$이므로

$\overline{AM}=\overline{BM}=2\sqrt{3}$ cm

(2) 채점 기준 2 $\overline{OM}$의 길이를 반지름의 길이를 사용하여 나타내기 … 1점

$\overline{OA}=r$ cm라 하면

$\overline{OM}=\dfrac{1}{2}\overline{OC}=\dfrac{r}{2}$ (cm)

채점 기준 3 원 O의 반지름의 길이 구하기 … 2점

△OAM에서

$r^2=(2\sqrt{3})^2+\left(\dfrac{r}{2}\right)^2$, $r^2=16$ ∴ $r=4$ (∵ $r>0$)

따라서 원 O의 반지름의 길이는 4 cm이다.

02 답 11 cm

채점 기준 1 $\overline{BE}$의 길이 구하기 … 2점

$\overline{BE}=\overline{BD}=\overline{AB}-\overline{AD}=10-4=6$ (cm)

채점 기준 2 $\overline{CE}$의 길이 구하기 … 2점

$\overline{AF}=\overline{AD}=4$ cm이므로

$\overline{CE}=\overline{CF}=\overline{AC}-\overline{AF}=9-4=5$ (cm)

채점 기준 3 $\overline{BC}$의 길이 구하기 ··· 2점

$\therefore \overline{BC}=\overline{BE}+\overline{CE}=6+5=11\,(\text{cm})$

02-1 답 13 cm

채점 기준 1 $\overline{AD}$의 길이 구하기 ··· 2점

$\overline{AD}=\overline{AF}=11-6=5\,(\text{cm})$

채점 기준 2 $\overline{BD}$의 길이 구하기 ··· 2점

$\overline{CE}=\overline{CF}=6\,\text{cm}$이므로

$\overline{BD}=\overline{BE}=14-6=8\,(\text{cm})$

채점 기준 3 $\overline{AB}$의 길이 구하기 ··· 2점

$\therefore \overline{AB}=\overline{AD}+\overline{BD}=5+8=13\,(\text{cm})$

03 답 $6\sqrt{2}$ cm

$\overline{AM}=\dfrac{1}{2}\overline{AB}=\dfrac{1}{2}\times10=5\,(\text{cm})$

오른쪽 그림과 같이 $\overline{AO}$를 그으면

△AMO에서

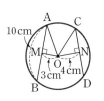

$\overline{AO}=\sqrt{3^2+5^2}=\sqrt{34}\,(\text{cm})$

즉, 원 O의 반지름의 길이는 $\sqrt{34}$ cm ······ ❶

위의 그림과 같이 $\overline{OC}$를 그으면

△CON에서

$\overline{CN}=\sqrt{(\sqrt{34})^2-4^2}=\sqrt{18}=3\sqrt{2}\,(\text{cm})$

$\therefore \overline{CD}=2\overline{CN}=2\times3\sqrt{2}=6\sqrt{2}\,(\text{cm})$ ······ ❷

채점 기준	배점
❶ 원 O의 반지름의 길이 구하기	2점
❷ $\overline{CD}$의 길이 구하기	2점

04 답 $4\sqrt{5}$ cm

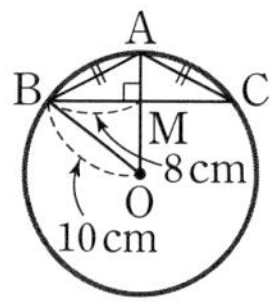

오른쪽 그림과 같이 이등변삼각형 ABC의 꼭짓점 A에서 $\overline{BC}$에 내린 수선의 발을 M이라 하면

$\overline{BM}=\overline{MC}=\dfrac{1}{2}\times16=8\,(\text{cm})$

$\overline{AM}$은 현 BC의 수직이등분선이므로 $\overline{AM}$의 연장선은 원 O의 중심을 지난다.

△OMB에서

$\overline{OM}=\sqrt{10^2-8^2}=\sqrt{36}=6\,(\text{cm})$ ······ ❶

따라서 $\overline{AM}=\overline{OA}-\overline{OM}=10-6=4\,(\text{cm})$이므로

△ABM에서

$\overline{AB}=\sqrt{8^2+4^2}=\sqrt{80}=4\sqrt{5}\,(\text{cm})$ ······ ❷

채점 기준	배점
❶ $\overline{OM}$의 길이 구하기	2점
❷ $\overline{AB}$의 길이 구하기	2점

05 답 $\dfrac{48}{5}$ cm

오른쪽 그림과 같이 $\overline{PO}$를 그어 $\overline{PO}$와 $\overline{AB}$가 만나는 점을 H라 하자.

△PAO에서 ∠PAO=90°이므로

$\overline{PO}=\sqrt{8^2+6^2}=\sqrt{100}=10\,(\text{cm})$ ······ ❶

△APO≡△BPO에서 $\overline{AB}\perp\overline{PO}$

즉, △APO에서 $\overline{PO}\times\overline{AH}=\overline{PA}\times\overline{OA}$이므로

$10\times\overline{AH}=8\times6,\ 10\overline{AH}=48$ $\therefore \overline{AH}=\dfrac{24}{5}\,\text{cm}$ ······ ❷

$\therefore \overline{AB}=2\overline{AH}=2\times\dfrac{24}{5}=\dfrac{48}{5}\,(\text{cm})$ ······ ❸

채점 기준	배점
❶ $\overline{PO}$의 길이 구하기	2점
❷ $\overline{AH}$의 길이 구하기	3점
❸ $\overline{AB}$의 길이 구하기	2점

06 답 39 cm²

오른쪽 그림과 같이 $\overline{OE}$를 긋고 점 C에서 $\overline{BD}$에 내린 수선의 발을 H라 하자.

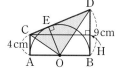

$\overline{CE}=\overline{CA}=4\,\text{cm},\ \overline{DE}=\overline{DB}=9\,\text{cm}$

$\therefore \overline{CD}=4+9=13\,(\text{cm})$ ······ ❶

$\overline{DH}=9-4=5\,(\text{cm})$

△DCH에서

$\overline{CH}=\sqrt{13^2-5^2}=\sqrt{144}=12\,(\text{cm})$이므로

$\overline{OE}=\dfrac{1}{2}\overline{AB}=\dfrac{1}{2}\times12=6\,(\text{cm})$ ······ ❷

$\therefore \triangle COD=\dfrac{1}{2}\times13\times6=39\,(\text{cm}^2)$ ······ ❸

채점 기준	배점
❶ $\overline{CD}$의 길이 구하기	2점
❷ $\overline{OE}$의 길이 구하기	2점
❸ △COD의 넓이 구하기	2점

07 답 54 cm²

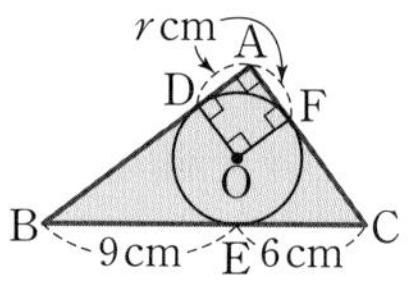

오른쪽 그림과 같이 $\overline{OD}$, $\overline{OF}$를 긋고 원 O의 반지름의 길이를 r cm라 하면 □ADOF는 정사각형이므로

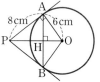

$\overline{AD}=\overline{AF}=r\,\text{cm}$

$\overline{BD}=\overline{BE}=9\,\text{cm},\ \overline{CF}=\overline{CE}=6\,\text{cm}$

즉, $\overline{AB}=(r+9)\,\text{cm},\ \overline{AC}=(r+6)\,\text{cm}$ ······ ❶

△ABC에서

$15^2=(r+9)^2+(r+6)^2,\ r^2+15r-54=0$

$(r+18)(r-3)=0$ $\therefore r=3\ (\because r>0)$ ······ ❷

$\therefore \triangle ABC=\dfrac{1}{2}\times12\times9=54\,(\text{cm}^2)$ ······ ❸

채점 기준	배점
❶ $\overline{AB}$, $\overline{AC}$의 길이를 반지름의 길이를 사용하여 나타내기	2점
❷ 원 O의 반지름의 길이 구하기	2점
❸ △ABC의 넓이 구하기	2점

08 답 $(72-16\pi)$ cm²

오른쪽 그림과 같이 $\overline{AO}$, $\overline{BO}$, $\overline{CO}$, $\overline{DO}$를 그으면 □ABCD의 넓이는 나누어진 4개의 삼각형의 넓이의 합과 같다.

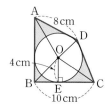

□ABCD가 원에 외접하므로

$\overline{AB}+\overline{CD}=\overline{AD}+\overline{BC}$

$=8+10=18\,(\text{cm})$ ······ ❶

$\therefore \square ABCD$

$= \triangle OAB + \triangle OBC + \triangle OCD + \triangle ODA$

$= \dfrac{1}{2} \times \overline{AB} \times 4 + \dfrac{1}{2} \times 10 \times 4 + \dfrac{1}{2} \times \overline{CD} \times 4 + \dfrac{1}{2} \times 8 \times 4$

$= 36 + 2 \times (\overline{AB} + \overline{CD})$

$= 36 + 2 \times 18 = 72 \, (\text{cm}^2)$ ······ ❷

$\therefore (\text{색칠한 부분의 넓이}) = 72 - \pi \times 4^2$

$= 72 - 16\pi \, (\text{cm}^2)$ ······ ❸

채점 기준	배점
❶ $\overline{AB} + \overline{CD}$의 길이 구하기	2점
❷ $\square ABCD$의 넓이 구하기	3점
❸ 색칠한 부분의 넓이 구하기	2점

실전! 중단원 학교 시험 1회

22쪽~25쪽

01 ①	02 ①	03 ⑤	04 ②	05 ⑤
06 ④	07 ④	08 ③	09 ③	10 ①
11 ⑤	12 ④	13 ③	14 ④	15 ④
16 ①	17 ②	18 ②	19 $\sqrt{7}$ cm	20 18 cm²
21 5 cm	22 $\dfrac{7}{2}$ cm	23 (1) 10 cm	(2) 4π cm²	

01 답 ① 유형 01

$\overline{AM} = \dfrac{1}{2} \overline{AB} = \dfrac{1}{2} \times 8 = 4 \, (\text{cm})$

$\triangle OAM$에서 $\overline{OA} = \sqrt{3^2 + 4^2} = \sqrt{25} = 5 \, (\text{cm})$

따라서 원 O의 반지름의 길이는 5 cm이다.

02 답 ① 유형 02

$\overline{CM}$은 현 AB의 수직이등분선이므로 $\overline{CM}$의 연장선은 오른쪽 그림과 같이 원의 중심을 지난다.

원의 중심을 O라 하면 원의 반지름의 길이가 10 cm이므로 $\overline{OA} = 10 \, \text{cm}$

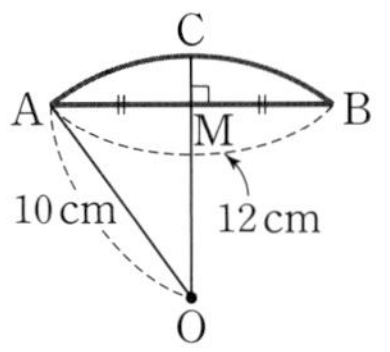

$\overline{AM} = \dfrac{1}{2} \overline{AB} = \dfrac{1}{2} \times 12 = 6 \, (\text{cm})$

$\triangle AOM$에서

$\overline{OM} = \sqrt{10^2 - 6^2} = \sqrt{64} = 8 \, (\text{cm})$

$\therefore \overline{CM} = \overline{OC} - \overline{OM} = 10 - 8 = 2 \, (\text{cm})$

03 답 ⑤ 유형 03

오른쪽 그림과 같이 원의 중심 O에서 $\overline{AB}$에 내린 수선의 발을 M이라 하면

$\overline{OA} = 6 \, \text{cm}$

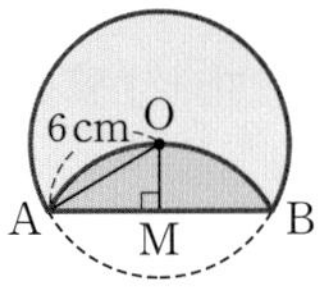

$\overline{OM} = \dfrac{1}{2} \overline{OA} = \dfrac{1}{2} \times 6 = 3 \, (\text{cm})$

$\triangle OAM$에서

$\overline{AM} = \sqrt{6^2 - 3^2} = \sqrt{27} = 3\sqrt{3} \, (\text{cm})$

$\therefore \overline{AB} = 2\overline{AM} = 2 \times 3\sqrt{3} = 6\sqrt{3} \, (\text{cm})$

04 답 ② 유형 04

$\overline{AH} = \dfrac{1}{2} \overline{AB} = \dfrac{1}{2} \times 12 = 6 \, (\text{cm})$

$\overline{CH} = \dfrac{1}{2} \overline{CD} = \dfrac{1}{2} \times 8 = 4 \, (\text{cm})$

오른쪽 그림과 같이 $\overline{OA}$, $\overline{OC}$를 그으면 $\triangle OAH$에서

$\overline{OA} = \sqrt{6^2 + 3^2} = \sqrt{45} = 3\sqrt{5} \, (\text{cm})$

$\triangle OCH$에서

$\overline{OC} = \sqrt{4^2 + 3^2} = \sqrt{25} = 5 \, (\text{cm})$

따라서 색칠한 부분의 넓이는

$\pi \times (3\sqrt{5})^2 - \pi \times 5^2 = 20\pi \, (\text{cm}^2)$

05 답 ⑤ 유형 05

오른쪽 그림과 같이 현 AB와 작은 원의 접점을 H라 하고 $\overline{OA}$, $\overline{OH}$를 그으면 $\overline{OH} \perp \overline{AB}$이고

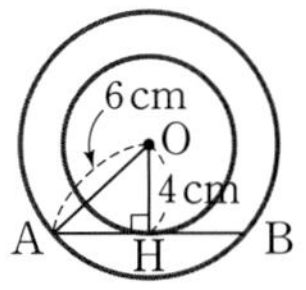

$\overline{OH} = 4 \, \text{cm}$, $\overline{OA} = 6 \, \text{cm}$

$\triangle OAH$에서

$\overline{AH} = \sqrt{6^2 - 4^2} = \sqrt{20} = 2\sqrt{5} \, (\text{cm})$

$\therefore \overline{AB} = 2\overline{AH} = 2 \times 2\sqrt{5} = 4\sqrt{5} \, (\text{cm})$

06 답 ④ 유형 06

$\triangle OAM$에서

$\overline{AM} = \sqrt{(4\sqrt{2})^2 - 4^2} = \sqrt{16} = 4 \, (\text{cm})$

$\therefore \overline{AB} = 2\overline{AM} = 2 \times 4 = 8 \, (\text{cm})$

이때 $\overline{OM} = \overline{ON}$이므로 $\overline{CD} = \overline{AB} = 8 \, \text{cm}$

07 답 ④ 유형 07

$\overline{OM} = \overline{ON}$이므로 $\overline{AB} = \overline{AC}$

즉, $\triangle ABC$는 $\overline{AB} = \overline{AC}$인 이등변삼각형이다.

$\therefore \angle x = \dfrac{1}{2} \times (180° - 70°) = 55°$

08 답 ③ 유형 08

오른쪽 그림과 같이 $\overline{OA}$를 긋고 원 O의 반지름의 길이를 r cm라 하면

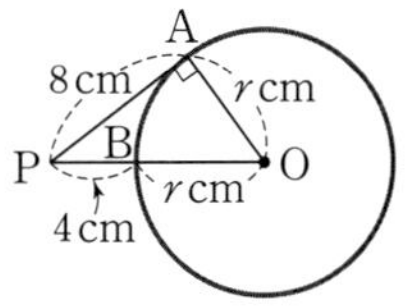

$\overline{OA} = \overline{OB} = r \, \text{cm}$

$\overline{PO} = (r + 4) \, \text{cm}$

이때 $\angle PAO = 90°$이므로

$\triangle APO$에서

$(r + 4)^2 = 8^2 + r^2$, $8r = 48$ $\therefore r = 6$

따라서 원 O의 반지름의 길이는 6 cm이다.

09 답 ③ 유형 09

$\overline{PA} = \overline{PB}$이므로 $\triangle ABP$에서

$\angle PAB = \dfrac{1}{2} \times (180° - 36°) = 72°$

10 답 ① 유형 10

오른쪽 그림과 같이 $\overline{PO}$를 그으면 $\triangle APO \equiv \triangle BPO$ (RHS 합동)이므로

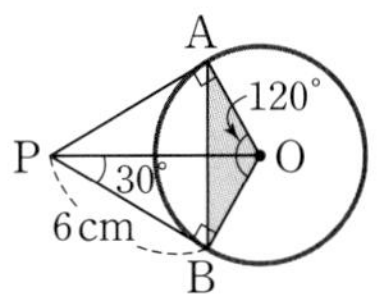

$\angle OPB = \dfrac{1}{2} \angle P = \dfrac{1}{2} \times 60° = 30°$

$\triangle PBO$에서

$\overline{OB}=6\tan30°=6\times\dfrac{\sqrt{3}}{3}=2\sqrt{3}\,(\text{cm})$

이때 $\angle AOB=180°-\angle P=180°-60°=120°$이므로

$\triangle OAB=\dfrac{1}{2}\times2\sqrt{3}\times2\sqrt{3}\times\sin(180°-120°)$

$\qquad\quad=\dfrac{1}{2}\times2\sqrt{3}\times2\sqrt{3}\times\dfrac{\sqrt{3}}{2}=3\sqrt{3}\,(\text{cm}^2)$

11 답 ⑤　　　　　　　　　　　　　　　유형 ⑪

$\overline{BD}=\overline{BF}$, $\overline{CE}=\overline{CF}$이므로

$(\triangle ABC$의 둘레의 길이$)=\overline{AB}+\overline{BC}+\overline{CA}$

$\qquad\qquad\qquad\qquad\quad=\overline{AB}+(\overline{BF}+\overline{CF})+\overline{CA}$

$\qquad\qquad\qquad\qquad\quad=(\overline{AB}+\overline{BD})+(\overline{CE}+\overline{CA})$

$\qquad\qquad\qquad\qquad\quad=\overline{AD}+\overline{AE}=2\overline{AD}$

$\qquad\qquad\qquad\qquad\quad=2\times(7+4)=22\,(\text{cm})$

12 답 ④　　　　　　　　　　　　　　　유형 ⑫

오른쪽 그림과 같이 점 D에서 $\overline{AC}$에
내린 수선의 발을 H라 하면

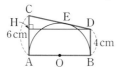

$\overline{CE}=\overline{CA}=6\,\text{cm}$

$\overline{DE}=\overline{DB}=4\,\text{cm}$

$\therefore\ \overline{CD}=\overline{CE}+\overline{DE}=6+4=10\,(\text{cm})$

$\overline{CH}=\overline{CA}-\overline{HA}=6-4=2\,(\text{cm})$

$\triangle CHD$에서

$\overline{HD}=\sqrt{10^2-2^2}=\sqrt{96}=4\sqrt{6}\,(\text{cm})$

$\therefore\ \overline{AB}=\overline{HD}=4\sqrt{6}\,\text{cm}$

13 답 ③　　　　　　　　　　　　　　　유형 ⑬

$\overline{AD}=\overline{AF}=x\,\text{cm}$라 하면

$\overline{BE}=\overline{BD}=(12-x)\,\text{cm}$

$\overline{CE}=\overline{CF}=(10-x)\,\text{cm}$

이때 $\overline{BC}=\overline{BE}+\overline{CE}$이므로

$14=(12-x)+(10-x)$, $2x=8$　　$\therefore x=4$

따라서 $\overline{AF}$의 길이는 $4\,\text{cm}$이다.

14 답 ④　　　　　　　　　　　　　　　유형 ⑭

원 O의 반지름의 길이가 $2\,\text{cm}$이므
로 오른쪽 그림과 같이 $\overline{OD}$, $\overline{OE}$를
그으면

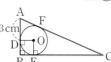

$\overline{BD}=\overline{BE}=2\,\text{cm}$

$\therefore\ \overline{AB}=\overline{AD}+\overline{BD}=3+2=5\,(\text{cm})$

$\overline{CE}=\overline{CF}=x\,\text{cm}$라 하면

$\overline{BC}=(x+2)\,\text{cm}$, $\overline{AC}=(x+3)\,\text{cm}$

$\triangle ABC$에서

$(x+3)^2=5^2+(x+2)^2$, $2x=20$　　$\therefore x=10$

$\therefore\ \overline{BC}=10+2=12\,(\text{cm})$, $\overline{AC}=10+3=13\,(\text{cm})$

$\therefore\ (\triangle ABC$의 둘레의 길이$)=\overline{AB}+\overline{BC}+\overline{AC}$

$\qquad\qquad\qquad\qquad\qquad\quad=5+12+13=30\,(\text{cm})$

15 답 ④　　　　　　　　　　　　　　　유형 ⑮

$\overline{AB}+\overline{DC}=\overline{AD}+\overline{BC}$이므로

$\overline{AB}+7=5+10$　　$\therefore\ \overline{AB}=8\,\text{cm}$

$\overline{AB}=\overline{AE}+\overline{BE}$이므로

$8=2+\overline{BE}$　　$\therefore\ \overline{BE}=6\,\text{cm}$

16 답 ①　　　　　　　　　　　　　　　유형 ⑯

오른쪽 그림과 같이 점 A에서 $\overline{BC}$에 내
린 수선의 발을 H라 하고 원 O의 반지
름의 길이를 $r\,\text{cm}$라 하면

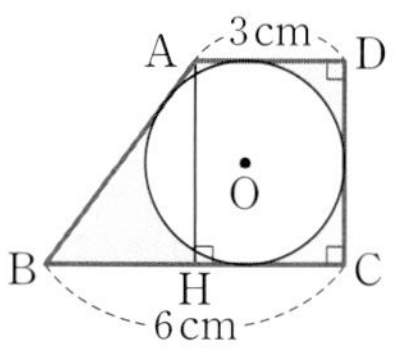

$\overline{AH}=\overline{DC}=2r\,\text{cm}$

$\overline{AB}+\overline{DC}=\overline{AD}+\overline{BC}$이므로

$\overline{AB}+2r=3+6$　　$\therefore\ \overline{AB}=(9-2r)\,\text{cm}$

$\overline{BH}=6-3=3\,(\text{cm})$이므로 $\triangle ABH$에서

$(9-2r)^2=3^2+(2r)^2$, $36r=72$　　$\therefore r=2$

$\therefore\ (\text{색칠한 부분의 넓이})=\dfrac{1}{2}\times(3+6)\times4-\pi\times2^2$

$\qquad\qquad\qquad\qquad\qquad\quad=18-4\pi\,(\text{cm}^2)$

17 답 ②　　　　　　　　　　　　　　　유형 ⑰

$\overline{AS}=\overline{AP}=\dfrac{1}{2}\overline{AB}=\dfrac{1}{2}\times8=4\,(\text{cm})$이므로

$\overline{DR}=\overline{DS}=\overline{AD}-\overline{AS}=12-4=8\,(\text{cm})$

$\overline{EQ}=\overline{ER}=x\,\text{cm}$라 하면

$\overline{DE}=(x+8)\,\text{cm}$, $\overline{EC}=12-(4+x)=8-x\,(\text{cm})$

$\therefore\ (\triangle DEC$의 둘레의 길이$)=\overline{DE}+\overline{EC}+\overline{DC}$

$\qquad\qquad\qquad\qquad\qquad\quad=(x+8)+(8-x)+8=24\,(\text{cm})$

다른 풀이

$\triangle DEC$에서 $\overline{DE}=(x+8)\,\text{cm}$, $\overline{EC}=(8-x)\,\text{cm}$,

$\overline{CD}=8\,\text{cm}$이므로

$(x+8)^2=(8-x)^2+8^2$, $32x=64$　　$\therefore x=2$

$\therefore\ \overline{DE}=2+8=10\,(\text{cm})$, $\overline{EC}=8-2=6\,(\text{cm})$

$\therefore\ (\triangle DEC$의 둘레의 길이$)=10+6+8=24\,(\text{cm})$

18 답 ②　　　　　　　　　　　　　　　유형 ⑱

오른쪽 그림과 같이 원의 중심 Q에서 $\overline{PO}$
에 내린 수선의 발을 H라 하고 원 Q의 반
지름의 길이를 $r\,\text{cm}$라 하면 $\overline{HO}=r\,\text{cm}$

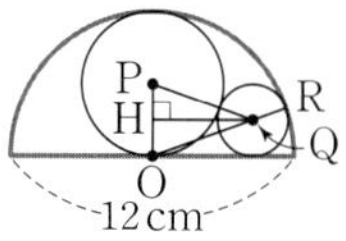

$(\text{원 P의 지름의 길이})=\dfrac{1}{2}\times12=6\,(\text{cm})$

$\overline{PO}=\dfrac{1}{2}\times6=3\,(\text{cm})$

$\overline{OQ}$의 연장선이 반원 O와 만나는 점을 R라 하면

$\overline{OR}=6\,\text{cm}$이므로 $\overline{OQ}=(6-r)\,\text{cm}$

즉, $\overline{PH}=(3-r)\,\text{cm}$, $\overline{PQ}=(r+3)\,\text{cm}$이므로

$\triangle PHQ$에서

$\overline{QH}^2=(r+3)^2-(3-r)^2=12r$　　……㉠

$\triangle HOQ$에서

$\overline{QH}^2=(6-r)^2-r^2=36-12r$　　……㉡

㉠, ㉡에서 $36-12r=12r$, $24r=36$　　$\therefore r=\dfrac{3}{2}$

따라서 원 Q의 반지름의 길이는 $\dfrac{3}{2}\,\text{cm}$이다.

19 답 $\sqrt{7}\,\text{cm}$　　　　　　　　　　　　유형 ①

오른쪽 그림과 같이 $\overline{OC}$를 그으면

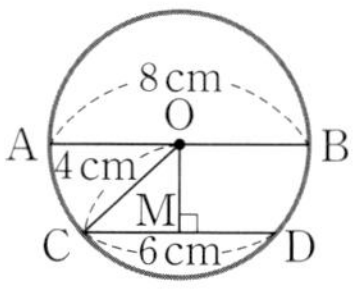

$\overline{OC}=\dfrac{1}{2}\overline{AB}=\dfrac{1}{2}\times8=4\,(\text{cm})$

$\overline{CM}=\dfrac{1}{2}\overline{CD}=\dfrac{1}{2}\times6=3\,(\text{cm})$　　……❶

△OCM에서

$\overline{OM}=\sqrt{4^2-3^2}=\sqrt{7}\,(cm)$ ······ ❷

채점 기준	배점
❶ $\overline{OC}$, $\overline{CM}$의 길이 각각 구하기	2점
❷ $\overline{OM}$의 길이 구하기	2점

20 답 18 cm² 〔유형 06〕

오른쪽 그림과 같이 원의 중심 O에서 $\overline{CD}$에 내린 수선의 발을 H라 하자. 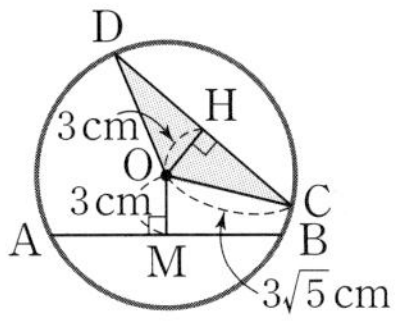
$\overline{AB}=\overline{CD}$이므로
$\overline{OH}=\overline{OM}=3\,cm$
△OCH에서
$\overline{CH}=\sqrt{(3\sqrt{5})^2-3^2}=\sqrt{36}=6\,(cm)$
$\overline{CD}=2\overline{CH}=2\times6=12\,(cm)$ ······ ❶

$\therefore \triangle DOC=\dfrac{1}{2}\times12\times3=18\,(cm^2)$ ······ ❷

채점 기준	배점
❶ $\overline{CD}$의 길이 구하기	4점
❷ △DOC의 넓이 구하기	2점

21 답 5 cm 〔유형 10〕

△APO≡△BPO이므로
∠APB=2∠APO=2×30°=60°
$\overline{PA}=\overline{PB}$이므로
$\angle PAB=\angle PBA=\dfrac{1}{2}\times(180°-60°)=60°$
즉, △APB는 정삼각형이다. ······ ❶
△APB의 둘레의 길이가 $15\sqrt{3}$ cm이므로
$(\triangle APB의 한 변의 길이)=\dfrac{15\sqrt{3}}{3}=5\sqrt{3}\,(cm)$ ······ ❷
△APO에서
$\overline{AO}=5\sqrt{3}\tan30°=5\sqrt{3}\times\dfrac{\sqrt{3}}{3}=5\,(cm)$
따라서 원 O의 반지름의 길이는 5 cm이다. ······ ❸

채점 기준	배점
❶ △APB가 정삼각형임을 알기	2점
❷ △APB의 한 변의 길이 구하기	2점
❸ 원 O의 반지름의 길이 구하기	2점

22 답 $\dfrac{7}{2}$ cm 〔유형 13〕

$\overline{AD}=\overline{AF}=x$ cm라 하면
$\overline{CF}=\overline{CE}=(9-x)$ cm, $\overline{BD}=\overline{BE}=(8-x)$ cm ······ ❶
이때 $\overline{BC}=\overline{BE}+\overline{CE}$이므로
$10=(8-x)+(9-x), 2x=7 \quad \therefore x=\dfrac{7}{2}$
따라서 $\overline{AF}$의 길이는 $\dfrac{7}{2}$ cm이다. ······ ❷

채점 기준	배점
❶ $\overline{AF}$, $\overline{CF}$, $\overline{BD}$의 길이를 각각 식으로 나타내기	3점
❷ $\overline{AF}$의 길이 구하기	4점

23 답 (1) 10 cm (2) 4π cm² 〔유형 14〕

(1) $\overline{AD}=\overline{AF}=x$ cm라 하면
$\overline{CE}=\overline{CF}=(6-x)$ cm이므로
$\overline{BC}=\overline{BE}+\overline{CE}=6+(6-x)=12-x\,(cm)$
△ABC에서
$(12-x)^2=(x+6)^2+6^2, 36x=72 \quad \therefore x=2$
$\therefore \overline{BC}=12-2=10\,(cm)$ ······ ❶

(2) 오른쪽 그림과 같이 $\overline{OD}$, $\overline{OF}$를 그으면 □ADOF는 정사각형이므로 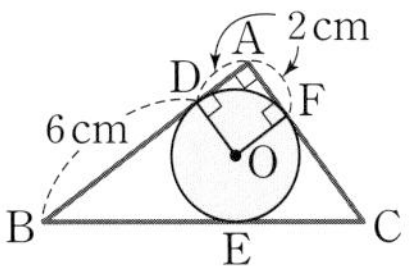
$\overline{OD}=\overline{AD}=\overline{AF}=2$ cm
즉, 원 O의 반지름의 길이는 2 cm이다. ······ ❷
따라서 원 O의 넓이는
$\pi\times2^2=4\pi\,(cm^2)$ ······ ❸

채점 기준	배점
❶ $\overline{BC}$의 길이 구하기	4점
❷ 원 O의 반지름의 길이 구하기	2점
❸ 원 O의 넓이 구하기	1점

학교 시험 2회

26쪽~29쪽

01 ⑤	02 ②	03 ②	04 ⑤	05 ④
06 ②	07 ③	08 ②	09 ④	10 ③
11 ③	12 ⑤	13 ②	14 ⑤	15 ③
16 ③	17 ⑤	18 ④	19 $8\sqrt{2}$ cm	20 9 cm
21 $25\sqrt{3}$ cm²		22 (1) 2 cm	(2) 20 cm	23 12 cm

01 답 ⑤ 〔유형 01〕

△OAM에서
$\overline{AM}=\sqrt{13^2-5^2}=\sqrt{144}=12\,(cm)$
$\therefore \overline{AB}=2\overline{AM}=2\times12=24\,(cm)$

02 답 ② 〔유형 02〕

오른쪽 그림과 같이 점 A에서 $\overline{BC}$에 내린 수선의 발을 H라 하면 △ABC는 이등변삼각형이므로 $\overline{BH}=\overline{CH}$ 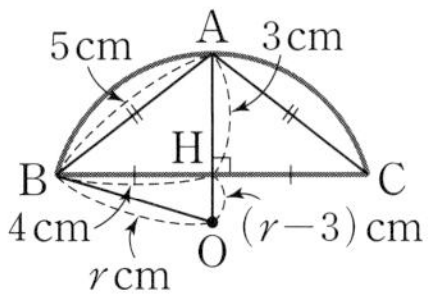
$\therefore \overline{BH}=\dfrac{1}{2}\overline{BC}=\dfrac{1}{2}\times8=4\,(cm)$
이때 $\overline{AH}$는 현 BC의 수직이등분선이므로 $\overline{AH}$의 연장선은 원의 중심을 지난다. 원의 중심을 O, 반지름의 길이를 r cm라 하면
△ABH에서 $\overline{AH}=\sqrt{5^2-4^2}=\sqrt{9}=3\,(cm)$
△BOH에서
$\overline{OB}=r$ cm, $\overline{OH}=(r-3)$ cm이므로
$r^2=4^2+(r-3)^2, 6r=25 \quad \therefore r=\dfrac{25}{6}$
따라서 원의 반지름의 길이는 $\dfrac{25}{6}$ cm이다.

03 답 ② 　　　　　　　　　　　　　　　 유형 **03**

오른쪽 그림과 같이 원 O의 반지름의 길이를 r cm라 하고 원 O에서 $\overline{AB}$에 내린 수선의 발을 M이라 하면

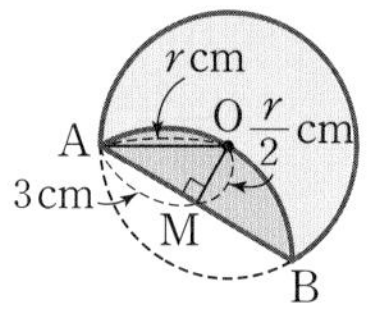

$$\overline{AM}=\frac{1}{2}\overline{AB}=\frac{1}{2}\times 6=3\,(cm)$$

$\overline{OA}=r$ cm, $\overline{OM}=\frac{1}{2}\overline{OA}=\frac{r}{2}\,(cm)$

△OAM에서

$r^2=\left(\frac{r}{2}\right)^2+3^2,\ r^2=12$ 　　∴ $r=2\sqrt{3}$ ($\because r>0$)

따라서 원 O의 반지름의 길이는 $2\sqrt{3}$ cm이다.

04 답 ⑤ 　　　　　　　　　　　　　　　 유형 **04**

△OAH에서 $\overline{AH}=\sqrt{(2\sqrt{13})^2-4^2}=\sqrt{36}=6\,(cm)$

$\overline{AC}=\overline{CH}$이므로

$\overline{CH}=\frac{1}{2}\overline{AH}=\frac{1}{2}\times 6=3\,(cm)$

오른쪽 그림과 같이 $\overline{OC}$를 그으면 △OCH에서

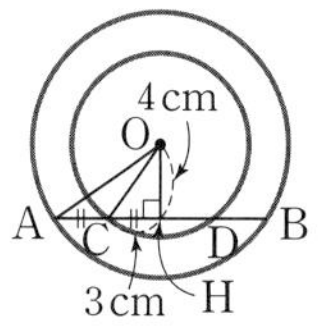

$\overline{OC}=\sqrt{4^2+3^2}=\sqrt{25}=5\,(cm)$

따라서 작은 원의 반지름의 길이는 5 cm이다.

05 답 ④ 　　　　　　　　　　　　　　　 유형 **05**

오른쪽 그림과 같이 점 O에서 $\overline{AB}$에 내린 수선의 발을 H라 하면

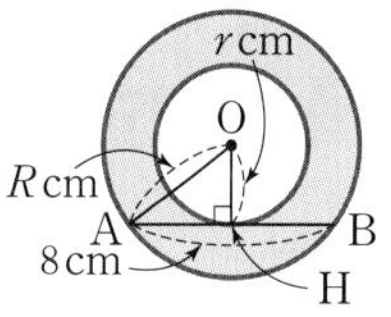

$$\overline{AH}=\frac{1}{2}\overline{AB}=\frac{1}{2}\times 8=4\,(cm)$$

큰 원의 반지름의 길이를 R cm, 작은 원의 반지름의 길이를 r cm라 하면

△OAH에서 $R^2=4^2+r^2$ 　　∴ $R^2-r^2=16$

따라서 색칠한 부분의 넓이는

$$\pi R^2-\pi r^2=\pi(R^2-r^2)=16\pi\,(cm^2)$$

06 답 ② 　　　　　　　　　　　　　　　 유형 **06**

△DON에서 $\overline{ON}=\sqrt{3^2-2^2}=\sqrt{5}\,(cm)$

$\overline{CD}=2\overline{DN}=2\times 2=4\,(cm)$에서 $\overline{AB}=\overline{CD}$

∴ $\overline{OM}=\overline{ON}=\sqrt{5}$ cm

07 답 ③ 　　　　　　　　　　　　　　　 유형 **07**

$\overline{OM}=\overline{ON}$이므로 $\overline{AB}=\overline{AC}$

즉, △ABC는 $\overline{AB}=\overline{AC}$인 이등변삼각형이므로

∠BAC=$180°-2\times 53°=74°$

□AMON에서

∠MON=$360°-(74°+90°+90°)=106°$

08 답 ② 　　　　　　　　　　　　　　　 유형 **09**

$\overline{PB}=\overline{PA}=8$ cm, ∠PBO=$90°$이므로

△PBO에서 $\overline{PO}=\sqrt{8^2+5^2}=\sqrt{89}\,(cm)$

09 답 ④ 　　　　　　　　　　　　　　　 유형 **09**

∠PAO=$90°$이므로 ∠PAB=$90°-30°=60°$

이때 $\overline{PA}=\overline{PB}$이므로 ∠P=$180°-2\times 60°=60°$

즉, △PAB는 정삼각형이다.

∴ (△PAB의 둘레의 길이)=$3\overline{PA}=3\times 6=18\,(cm)$

10 답 ③ 　　　　　　　　　　　　　　　 유형 **10**

∠OAP=$90°$이므로 △APO에서

$\overline{PA}=\sqrt{10^2-5^2}=\sqrt{75}=5\sqrt{3}\,(cm)$

이때 △APO≡△BPO (RHS 합동)이므로

$\square PBOA=2\triangle APO=2\times\left(\frac{1}{2}\times 5\times 5\sqrt{3}\right)=25\sqrt{3}\,(cm^2)$

11 답 ③ 　　　　　　　　　　　　　　　 유형 **11**

$\overline{AE}=\overline{AD}=9$ cm이므로

$\overline{BD}=9-5=4\,(cm)$, $\overline{CE}=9-7=2\,(cm)$

이때 $\overline{BF}=\overline{BD}=4$ cm, $\overline{CF}=\overline{CE}=2$ cm이므로

$\overline{BC}=\overline{BF}+\overline{CF}=4+2=6\,(cm)$

[다른 풀이]

(△ABC의 둘레의 길이)=$2\overline{AD}=2\times 9=18\,(cm)$이므로

$7+5+\overline{BC}=18$ 　　∴ $\overline{BC}=6$ cm

12 답 ⑤ 　　　　　　　　　　　　　　　 유형 **12**

ㄱ. $\overline{DE}=\overline{DA}$, $\overline{CE}=\overline{CB}$이므로
$\overline{AD}+\overline{BC}=\overline{DE}+\overline{EC}=\overline{DC}=5$ cm

ㄴ. 오른쪽 그림과 같이 $\overline{OE}$를 그으면 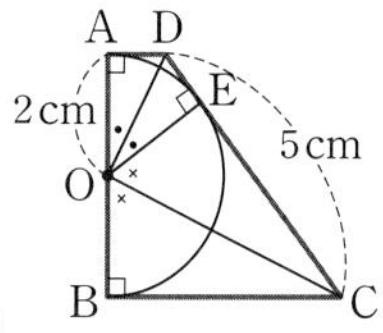
$\overline{OE}\perp\overline{DC}$

이때 △AOD≡△EOD (RHS 합동),
△CEO≡△CBO (RHS 합동)이므로
∠AOD=∠EOD, ∠COE=∠COB

∴ ∠DOC=∠EOD+∠COE=$\frac{1}{2}\times 180°=90°$

ㄷ. $\overline{AD}+\overline{BC}=5$ cm이므로

$\square ABCD=\frac{1}{2}\times(\overline{AD}+\overline{BC})\times\overline{AB}=\frac{1}{2}\times 5\times 4=10\,(cm^2)$

ㄹ. △OAD∽△CBO (AA 닮음)이므로

$\overline{OA}:\overline{AD}=\overline{CB}:\overline{BO}$

$\overline{AD}=x$ cm라 하면 $\overline{BC}=(5-x)$ cm

$2:x=(5-x):2$에서 $x^2-5x+4=0$

$(x-1)(x-4)=0$ 　　∴ $x=1$ ($\because \overline{AD}<\overline{BC}$)

∴ $\overline{OC}=\sqrt{2^2+4^2}=\sqrt{20}=2\sqrt{5}\,(cm)$

따라서 옳은 것은 ㄴ, ㄷ이다.

13 답 ② 　　　　　　　　　　　　　　　 유형 **13**

△ABC에서 ∠C=$180°-(35°+75°)=70°$

△CFE에서 $\overline{CE}=\overline{CF}$이므로

∠$x=\frac{1}{2}\times(180°-70°)=55°$

14 답 ⑤ 　　　　　　　　　　　　　　　 유형 **14**

△ABC에서 $\overline{BC}=\sqrt{15^2-9^2}=\sqrt{144}=12\,(cm)$

오른쪽 그림과 같이 $\overline{OE}$, $\overline{OF}$를 그어 원 O의 반지름의 길이를 r cm라 하면

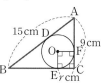

□OECF는 정사각형이므로

$\overline{CE}=\overline{CF}=r$ cm

$\overline{BD}=\overline{BE}=(12-r)\,\text{cm}$

$\overline{AD}=\overline{AF}=(9-r)\,\text{cm}$

이때 $\overline{AB}=\overline{BD}+\overline{AD}$이므로

$15=(12-r)+(9-r)$

$2r=6$ ∴ $r=3$

따라서 원 O의 반지름의 길이는 3 cm이다.

15 답 ③ 유형 15

□ABCD가 원에 외접하므로

$\overline{AB}+\overline{DC}=\overline{AD}+\overline{BC}$

∴ $\overline{AD}+\overline{BC}=15+13=28\,(\text{cm})$

이때 $\overline{AD}:\overline{BC}=3:4$이므로

$\overline{AD}=28\times\dfrac{3}{3+4}=28\times\dfrac{3}{7}=12\,(\text{cm})$

16 답 ③ 유형 16

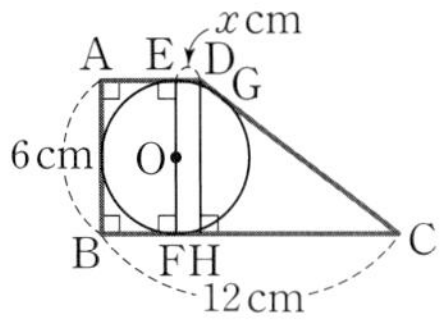

오른쪽 그림과 같이 점 D에서 $\overline{BC}$에 내린 수선의 발을 H라 하고 $\overline{AD}$, $\overline{BC}$, $\overline{CD}$와 원 O의 접점을 각각 E, F, G라 하자.

$\overline{ED}=x\,\text{cm}$라 하면

△DHC에서

$\overline{DH}=\overline{AB}=6\,\text{cm}$

$\overline{CH}=12-(3+x)=9-x\,(\text{cm})$

$\overline{DC}=\overline{DG}+\overline{GC}=x+9\,(\text{cm})$

$(x+9)^2=6^2+(9-x)^2$

$36x=36$ ∴ $x=1$

∴ $\overline{AD}=\overline{AE}+\overline{ED}=3+1=4\,(\text{cm})$

이때 $\overline{AB}+\overline{DC}=\overline{AD}+\overline{BC}$이므로

(□ABCD의 둘레의 길이)$=2\times(\overline{AD}+\overline{BC})$

$=2\times(4+12)=32\,(\text{cm})$

17 답 ⑤ 유형 17

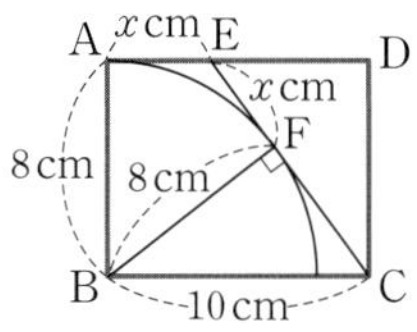

오른쪽 그림과 같이 $\overline{BF}$를 그으면

$\overline{BF}=\overline{BA}=8\,\text{cm}$

$\overline{BF}\perp\overline{CE}$이므로 △FBC에서

$\overline{CF}=\sqrt{10^2-8^2}=\sqrt{36}=6\,(\text{cm})$

$\overline{AE}=\overline{FE}=x\,\text{cm}$라 하면

△ECD에서

$(x+6)^2=8^2+(10-x)^2$

$32x=128$ ∴ $x=4$

따라서 $\overline{AE}$의 길이는 4 cm이다.

18 답 ④ 유형 18

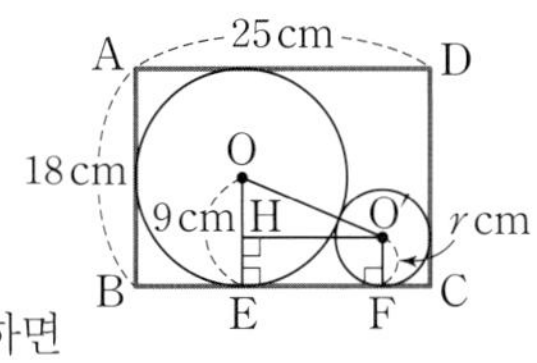

오른쪽 그림과 같이 두 점 O, O′에서 $\overline{BC}$에 내린 수선의 발을 각각 E, F라 하고 점 O′에서 $\overline{OE}$에 내린 수선의 발을 H라 하자.

원 O′의 반지름의 길이를 $r\,\text{cm}$라 하면 원 O의 반지름의 길이는 9 cm이므로

$\overline{OO'}=(r+9)\,\text{cm}$

$\overline{OH}=(9-r)\,\text{cm}$

$\overline{HO'}=25-(9+r)=16-r\,(\text{cm})$

△OHO′에서

$(r+9)^2=(9-r)^2+(16-r)^2$

$r^2-68r+256=0$, $(r-4)(r-64)=0$

∴ $r=4$ (∵ $0<r<9$)

따라서 원 O′의 반지름의 길이는 4 cm이다.

19 답 $8\sqrt{2}\,\text{cm}$ 유형 01

$\overline{CD}=4+8=12\,(\text{cm})$이므로

원 O의 반지름의 길이는

$\dfrac{1}{2}\overline{CD}=\dfrac{1}{2}\times12=6\,(\text{cm})$

∴ $\overline{OM}=\overline{OC}-\overline{CM}=6-4=2\,(\text{cm})$ ······❶

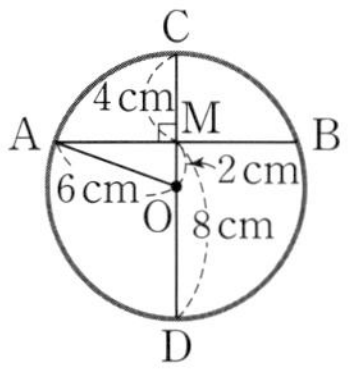

오른쪽 그림과 같이 $\overline{OA}$를 그으면

△OAM에서

$\overline{AM}=\sqrt{6^2-2^2}=\sqrt{32}=4\sqrt{2}\,(\text{cm})$

∴ $\overline{AB}=2\overline{AM}$

$=2\times4\sqrt{2}=8\sqrt{2}\,(\text{cm})$ ······❷

채점 기준	배점
❶ $\overline{OM}$의 길이 구하기	2점
❷ 현 AB의 길이 구하기	2점

20 답 9 cm 유형 05

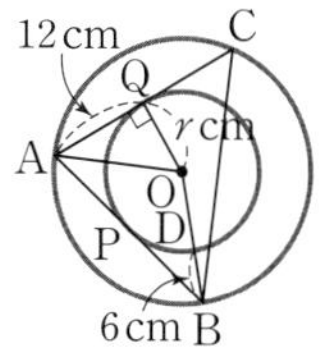

오른쪽 그림과 같이 $\overline{OA}$, $\overline{OQ}$를 그어 작은 원의 반지름의 길이를 $r\,\text{cm}$라 하면

$\overline{AO}=\overline{BO}=r+6\,(\text{cm})$이므로 ······❶

△AOQ에서

$(r+6)^2=12^2+r^2$

$12r=108$ ∴ $r=9$

따라서 작은 원의 반지름의 길이는 9 cm이다. ······❷

채점 기준	배점
❶ 작은 원의 반지름의 길이를 $r\,\text{cm}$라 하고 $\overline{AO}$의 길이를 r를 사용하여 나타내기	3점
❷ 작은 원의 반지름의 길이 구하기	3점

21 답 $25\sqrt{3}\,\text{cm}^2$ 유형 07

$\overline{OD}=\overline{OE}=\overline{OF}$이므로

$\overline{AB}=\overline{BC}=\overline{CA}=10\,\text{cm}$

즉, △ABC는 정삼각형이므로

$\angle BAC=60°$ ······❶

∴ △ABC $=\dfrac{1}{2}\times\overline{AB}\times\overline{AC}\times\sin60°$

$=\dfrac{1}{2}\times10\times10\times\dfrac{\sqrt{3}}{2}$

$=25\sqrt{3}\,(\text{cm}^2)$ ······❷

채점 기준	배점
❶ $\angle BAC$의 크기 구하기	3점
❷ △ABC의 넓이 구하기	3점

22 답 (1) 2 cm (2) 20 cm 유형 11+유형 14

(1) △ABC에서

$\overline{BC}=\sqrt{13^2-5^2}=\sqrt{144}=12\,(\text{cm})$

오른쪽 그림과 같이 $\overline{OD}$, $\overline{OE}$
를 그어 원 O의 반지름의 길
이를 r cm라 하면

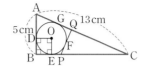

□DBEO는 정사각형이므로

$\overline{BE} = \overline{BD} = r$ cm

$\overline{AG} = \overline{AD} = (5-r)$ cm

$\overline{CG} = \overline{CE} = (12-r)$ cm

이때 $\overline{AC} = \overline{AG} + \overline{CG}$이므로

$13 = (5-r) + (12-r)$, $2r = 4$ $\quad\therefore r = 2$

즉, 원 O의 반지름의 길이는 2 cm이다. ...... ❶

(2) $(\triangle QPC$의 둘레의 길이$)$

$= \overline{QP} + \overline{PC} + \overline{CQ}$

$= (\overline{QF} + \overline{PF}) + \overline{PC} + \overline{CQ}$

$= (\overline{QG} + \overline{CQ}) + (\overline{PE} + \overline{PC})$

$= \overline{CG} + \overline{CE} = 2\overline{CE}$

$= 2 \times (12-2) = 20 \, (\text{cm})$ ...... ❷

채점 기준	배점
❶ 원 O의 반지름의 길이 구하기	3점
❷ $\triangle$QPC의 둘레의 길이 구하기	4점

23 답 12 cm

유형 ⑰

$\triangle$DEC에서

$\overline{EC} = \sqrt{17^2 - 15^2} = \sqrt{64} = 8 \, (\text{cm})$ ...... ❶

$\overline{BE} = x$ cm라 하면 $\overline{AD} = (x+8)$ cm

□ABED에서

$\overline{AD} + \overline{BE} = \overline{AB} + \overline{DE}$이므로 ...... ❷

$(x+8) + x = 15 + 17$

$2x + 8 = 32$ $\quad\therefore x = 12$

따라서 $\overline{BE}$의 길이는 12 cm이다. ...... ❸

채점 기준	배점
❶ $\overline{EC}$의 길이 구하기	2점
❷ $\overline{AD} + \overline{BE} = \overline{AB} + \overline{DE}$임을 알기	2점
❸ $\overline{BE}$의 길이 구하기	3점

● 30쪽

01 답 50π

점 O에서 $\overline{AB}$에 내린 수선의 발을 M이
라 하면 $\overline{AM} = \overline{BM} = 7$

$\therefore \overline{HM} = 7 - 2 = 5$

점 O에서 $\overline{CD}$에 내린 수선의 발을 N이
라 하면 $\overline{CN} = \overline{DN} = 5$

$\therefore \overline{HN} = 6 - 5 = 1$

이때 $\overline{OM} = \overline{NH}$이므로 $\triangle$AOM에서

$\overline{OA} = \sqrt{\overline{OM}^2 + \overline{AM}^2} = \sqrt{1^2 + 7^2} = \sqrt{50} = 5\sqrt{2}$

따라서 원 O의 넓이는

$\pi \times (5\sqrt{2})^2 = 50\pi$

02 답 $32\sqrt{7}$ cm

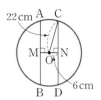

오른쪽 그림과 같이 평행한 두 개의 굵은
철사를 각각 현 AB와 현 CD로 나타내
고, 원 O의 중심에서 두 현 AB, CD에
내린 수선의 발을 각각 M, N이라 하자.

$\triangle$CON에서

$\overline{CN} = \sqrt{22^2 - 6^2} = \sqrt{448} = 8\sqrt{7} \, (\text{cm})$

$\therefore \overline{CD} = 2\overline{CN} = 2 \times 8\sqrt{7} = 16\sqrt{7} \, (\text{cm})$

이때 $\overline{AB} = \overline{CD}$이므로 평행한 두 굵은 철사의 길이의 합은

$16\sqrt{7} + 16\sqrt{7} = 32\sqrt{7} \, (\text{cm})$

03 답 $(18 + 18\sqrt{2}) \, \text{cm}^2$

점 O에서 $\overline{AB}$에 내린 수선의 발을 H라 하면

$\overline{AH} = \overline{BH}$

$\qquad = \dfrac{1}{2}\overline{AB} = \dfrac{1}{2} \times 6\sqrt{2} = 3\sqrt{2} \, (\text{cm})$

$\overline{OA} = 6$ cm이므로

$\triangle$OAH에서

$\overline{OH} = \sqrt{6^2 - (3\sqrt{2})^2} = \sqrt{18} = 3\sqrt{2} \, (\text{cm})$

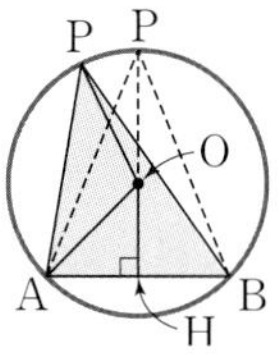

이때 $\triangle$PAB의 넓이가 최대이려면 삼각형
의 높이가 최대이어야 하므로 오른쪽 그림
과 같이 세 점 P, O, H가 일직선 위에 있어
야 한다.

즉, $\overline{PH} = \overline{OP} + \overline{OH} = 6 + 3\sqrt{2} \, (\text{cm})$이므로

$\triangle\text{PAB} = \dfrac{1}{2} \times 6\sqrt{2} \times (6 + 3\sqrt{2})$

$\qquad\qquad = 18 + 18\sqrt{2} \, (\text{cm}^2)$

04 답 35π cm

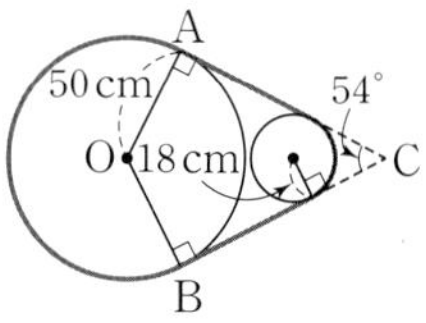

오른쪽 그림의 □AOBC에서

$\angle OAC = \angle OBC = 90°$

$\angle C = 54°$이므로

$\angle AOB = 360° - (90° + 90° + 54°)$

$\qquad\qquad = 126°$

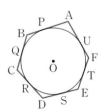

큰 바퀴에서 벨트가 닿지 않는 부분이 이루는 호는 $\overparen{AB}$이므로

$\overparen{AB} = 2\pi \times 50 \times \dfrac{126}{360} = 35\pi \, (\text{cm})$

05 답 풀이 참조

오른쪽 그림과 같이 원 O와 육각형의 접
점을 P, Q, R, S, T, U라 하자. 원 O
밖에 있는 점 A에서 원 O에 그은 두 접
선 $\overline{AP}$, $\overline{AU}$의 길이는 서로 같으므로
$\overline{AP} = \overline{AU}$이다.

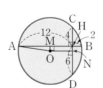

같은 방법으로

$\overline{BP} = \overline{BQ}$, $\overline{CQ} = \overline{CR}$, $\overline{DR} = \overline{DS}$, $\overline{ES} = \overline{ET}$, $\overline{FT} = \overline{FU}$

따라서 원 O에 외접하는 육각형 ABCDEF에서

$\overline{BC} + \overline{DE} + \overline{AF} = (\overline{BQ} + \overline{QC}) + (\overline{DS} + \overline{SE}) + (\overline{AU} + \overline{UF})$

$\qquad\qquad\qquad\qquad = (\overline{BP} + \overline{CR}) + (\overline{DR} + \overline{ET}) + (\overline{AP} + \overline{TF})$

$\qquad\qquad\qquad\qquad = (\overline{BP} + \overline{AP}) + (\overline{CR} + \overline{DR}) + (\overline{ET} + \overline{TF})$

$\qquad\qquad\qquad\qquad = \overline{AB} + \overline{CD} + \overline{EF}$

이므로 $l = 2(\overline{BC} + \overline{DE} + \overline{AF})$이다.

2 원주각

개념 check

1 답 (1) $65°$ (2) $100°$

(1) $\angle x = \dfrac{1}{2} \times 130° = 65°$

(2) $\angle x = 2 \times 50° = 100°$

2 답 (1) $50°$ (2) $64°$

(1) $\angle x = \angle APB = 50°$

(2) $\angle BCA = 90°$이므로

$\angle x = 180° - (26° + 90°) = 64°$

3 답 (1) 30 (2) 3

(1) $x° : 60° = 5 : 10$ ∴ $x° = 30°$

∴ $x = 30$

(2) $25° : 75° = x : 9$ ∴ $x = 3$

4 답 (1) $\angle x = 95°$, $\angle y = 90°$ (2) $\angle x = 120°$, $\angle y = 110°$

(1) $85° + \angle x = 180°$ ∴ $\angle x = 95°$

$90° + \angle y = 180°$ ∴ $\angle y = 90°$

(2) $60° + \angle x = 180°$ ∴ $\angle x = 120°$

$\angle y = \angle ABC = 110°$

5 답 (1) ○ (2) ✕

(1) $\angle B + \angle D = 90° + 90° = 180°$이므로 □ABCD는 원에 내접한다.

(2) $\angle ABC = \angle ADC = 180° - 85° = 95°$

$\angle ABC + \angle ADC \neq 180°$이므로 □ABCD는 원에 내접하지 않는다.

6 답 (1) $52°$ (2) $70°$

(1) $\angle BCA = \dfrac{1}{2} \times 104° = 52°$이므로

$\angle x = \angle BCA = 52°$

(2) $\angle DBA = \angle DAT = 40°$

□ABCD는 원에 내접하므로 $\angle CDA + \angle CBA = 180°$

∴ $\angle x = 180° - (40° + 50° + 20°) = 70°$

기출 유형

◎ 34쪽~45쪽

유형 01 원주각과 중심각의 크기 (1)

34쪽

(원주각의 크기) $= \dfrac{1}{2} \times$ (중심각의 크기)

➡ $\angle APB = \dfrac{1}{2} \angle AOB$

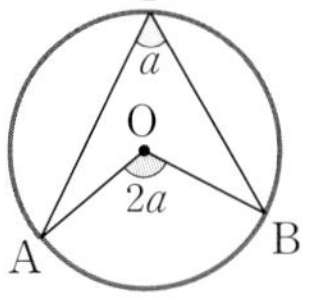

01 답 $25°$

오른쪽 그림과 같이 $\overline{OB}$를 그으면

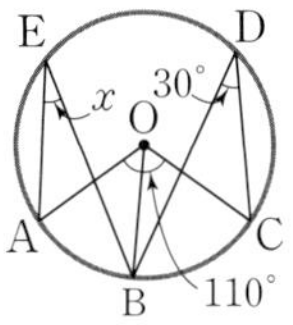

$\angle BOC = 2 \times 30° = 60°$이므로

$\angle AOB = 110° - 60° = 50°$

∴ $\angle x = \dfrac{1}{2} \angle AOB = \dfrac{1}{2} \times 50° = 25°$

02 답 ③

$\angle AOB = 2\angle x$이므로

△OAD에서 $\angle ADB = 2\angle x + 18°$

또, △BCD에서 $\angle ADB = \angle x + 42°$이므로

$2\angle x + 18° = \angle x + 42°$

∴ $\angle x = 24°$

03 답 $8\pi \text{ cm}^2$

$\angle AOB = 2\angle APB$

$= 2 \times 40° = 80°$

∴ (색칠한 부분의 넓이) $= \pi \times 6^2 \times \dfrac{80}{360}$

$= 8\pi \, (\text{cm}^2)$

04 답 ③

△OBC는 $\overline{OB} = \overline{OC}$인 이등변삼각형이므로

$\angle OCB = \angle OBC = 43°$

∴ $\angle BOC = 180° - (43° + 43°) = 94°$

∴ $\angle x = \dfrac{1}{2} \angle BOC = \dfrac{1}{2} \times 94° = 47°$

05 답 ④

$\angle AOC = 2 \times 68° = 136°$

∴ $\angle y = 360° - 136° = 224°$

$\angle x = \dfrac{1}{2} \times 224° = 112°$

∴ $\angle y - \angle x = 224° - 112° = 112°$

06 답 $65°$

오른쪽 그림과 같이 $\overset{\frown}{ABC}$ 위에 있지 않은 원 위의 한 점 P를 잡으면 $\angle ABC$는 $\overset{\frown}{APC}$의 원주각이므로

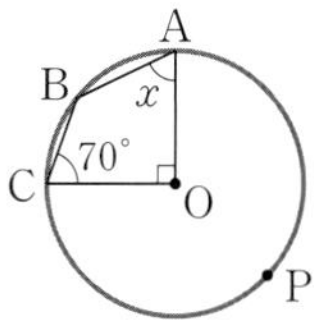

$\angle ABC = \dfrac{1}{2} \times 270° = 135°$

사각형의 내각의 크기의 합은 360°이므로

$\angle x + 135° + 70° + 90° = 360°$

$\angle x = 360° - 295°$

∴ $\angle x = 65°$

07 답 ①

△ABC가 $\overline{AB} = \overline{AC}$인 이등변삼각형이므로

$\angle BAC = 180° - (25° + 25°) = 130°$

오른쪽 그림과 같이 $\overset{\frown}{BAC}$ 위에 있지 않은 원 위의 한 점 P를 잡으면 $\angle BAC$는 $\overset{\frown}{BPC}$의 원주각이므로

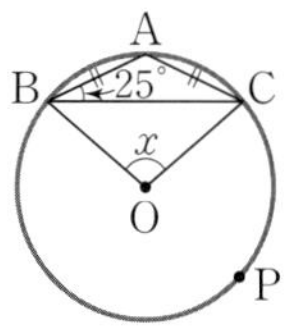

$\angle x = 360° - 2 \times 130° = 100°$

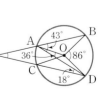

08 답 $25°$

오른쪽 그림과 같이 $\overline{AD}$를 그으면

$\angle BAD = \dfrac{1}{2} \times 86° = 43°$

$\angle ADC = \dfrac{1}{2} \times 36° = 18°$

△APD에서

$43° = \angle P + 18°$ ∴ $\angle P = 25°$

유형 02 원주각과 중심각의 크기 (2)   35쪽

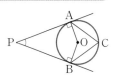

$\overrightarrow{PA}$, $\overrightarrow{PB}$가 원 O의 접선일 때,
$\angle OAP = \angle OBP = 90°$이므로
→ $\angle P + \angle AOB = 180°$
→ $\angle AOB = 2\angle C$이므로
   $\angle C = \dfrac{1}{2}\angle AOB = \dfrac{1}{2}(180° - \angle P)$

09 답 ②

오른쪽 그림과 같이 $\overline{AO}$, $\overline{BO}$를 그으
면 $\angle PAO = \angle PBO = 90°$
□AOBP에서

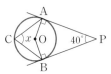

$\angle AOB = 360° - (90° + 40° + 90°)$
       $= 140°$
∴ $\angle x = \dfrac{1}{2}\angle AOB = \dfrac{1}{2} \times 140° = 70°$

10 답 114°

오른쪽 그림과 같이 $\overline{OA}$, $\overline{OB}$를 그
으면 $\angle PAO = \angle PBO = 90°$
□APBO에서

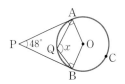

$\angle AOB = 360° - (48° + 90° + 90°)$
       $= 132°$
$\overarc{AQB}$에 있지 않은 원 위의 한 점 C를 잡으면 $\angle x$는 $\overarc{ACB}$의 원
주각이므로
$\angle x = \dfrac{1}{2} \times (360° - 132°) = 114°$

11 답 ⑤

① $\angle PAO = \angle PBO = 90°$
② $\angle AOB = 360° - (58° + 90° + 90°) = 122°$
③ $\angle ACB = \dfrac{1}{2}\angle AOB = \dfrac{1}{2} \times 122° = 61°$
④ △OAB는 $\overline{OA} = \overline{OB}$인 이등변삼각형이므로
   $\angle ABO = \dfrac{1}{2} \times (180° - 122°) = 29°$
⑤ $\angle OAB = \angle OBA = 29°$이므로 $\angle PAB = 90° - 29° = 61°$
따라서 옳지 않은 것은 ⑤이다.

유형 03 한 호에 대한 원주각의 크기   35쪽

한 원에서 한 호에 대한 원주각의 크기는
모두 같다.
→ $\angle AP_1B = \angle AP_2B = \angle AP_3B$
    └→ $\overarc{AB}$에 대한 원주각

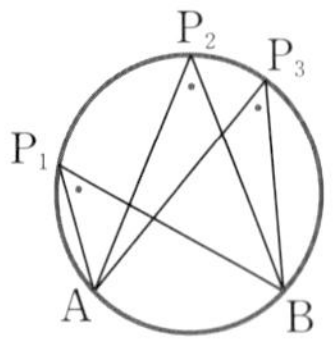

12 답 50°

오른쪽 그림과 같이 $\overline{BR}$를 그으면

$\angle ARB = \angle APB = 26°$
$\angle BRC = \angle BQC = 24°$
∴ $\angle x = 26° + 24° = 50°$

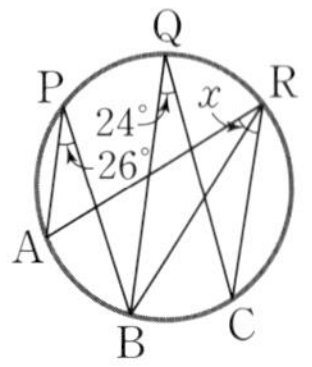

13 답 ③

$\angle ACD = \angle ABD = 40°$이므로
△PCD에서 $\angle x + 40° = 70°$ ∴ $\angle x = 30°$

14 답 ②

오른쪽 그림과 같이 $\overline{BQ}$를 그으면

$\angle BQC = \dfrac{1}{2}\angle BOC = \dfrac{1}{2} \times 90° = 45°$
∴ $\angle x = \angle AQB = 64° - 45° = 19°$

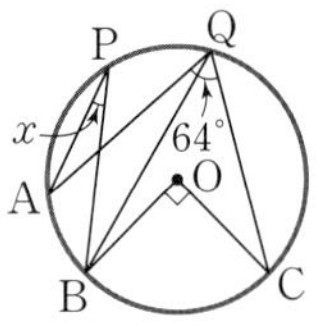

15 답 5°

$\angle BAC = \angle BDC = \angle x$이고
$\angle ADB = \angle ACB = \angle y$이므로
△ABP에서

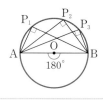

$\angle x = 180° - (55° + 80°) = 45°$
△APD에서 $30° + \angle y = 80°$ ∴ $\angle y = 50°$
∴ $\angle y - \angle x = 50° - 45° = 5°$

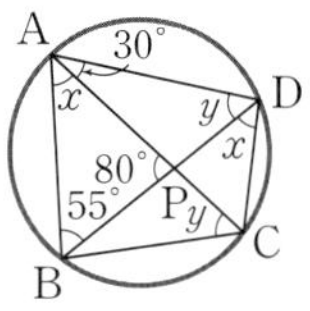

16 답 29°

△ACP에서 $32° + \angle PAC = 61°$ ∴ $\angle PAC = 29°$
∴ $\angle DBC = \angle DAC = 29°$

유형 04 반원에 대한 원주각의 크기   36쪽

반원에 대한 원주각의 크기는 90°이다.
→ $\overline{AB}$가 원 O의 지름이면
   $\angle AP_1B = \angle AP_2B = \angle AP_3B = 90°$

17 답 58°

$\overline{BC}$는 원 O의 지름이므로 $\angle CAB = 90°$
△ABC에서 $\angle CBA = 180° - (32° + 90°) = 58°$
∴ $\angle x = \angle CBA = 58°$

18 답 ③

$\overline{AC}$는 원 O의 지름이므로 $\angle ABC = 90°$
$\angle BAC = \angle x$, $\angle ACB = \angle ADB = 57°$이므로
△ABC에서 $\angle x + 90° + 57° = 180°$
∴ $\angle x = 33°$

19 답 ④

오른쪽 그림과 같이 $\overline{PC}$를 그으면 $\overline{AC}$는
원 O의 지름이므로 $\angle APC = 90°$

∴ $\angle BPC = 90° - 31° = 59°$
∴ $\angle x = \angle BPC = 59°$

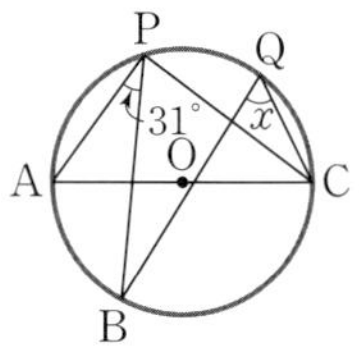

20 답 69°

오른쪽 그림과 같이 $\overline{AC}$를 그으면
$\angle DAC = \dfrac{1}{2}\angle DOC = \dfrac{1}{2} \times 42° = 21°$
$\overline{AB}$는 반원 O의 지름이므로 $\angle ACB = 90°$
△PAC에서 $\angle x = 180° - (90° + 21°) = 69°$

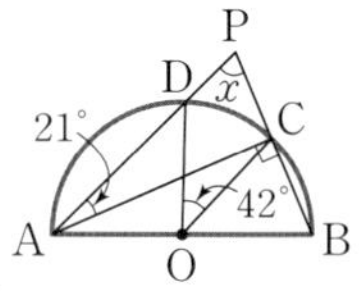

유형 05 원주각의 성질과 삼각비

36쪽

$\triangle ABC$가 원 O에 내접할 때, 원의 지름인 $\overline{A'B}$를 그어 원에 내접하는 직각삼각형 A'BC를 만든 후 $\angle BAC = \angle BA'C$임을 이용하여 삼각비의 값을 구한다.

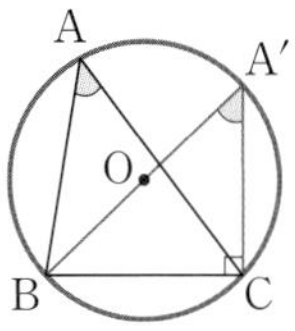

$\rightarrow \sin A = \sin A' = \dfrac{\overline{BC}}{\overline{A'B}}$

$\cos A = \cos A' = \dfrac{\overline{A'C}}{\overline{A'B}}$

$\tan A = \tan A' = \dfrac{\overline{BC}}{\overline{A'C}}$

21 답 $\dfrac{\sqrt{7}}{4}$

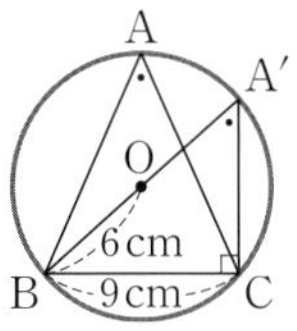

오른쪽 그림과 같이 $\overline{BO}$의 연장선을 그어 원 O와 만나는 점을 A'이라 하면

$\angle BAC = \angle BA'C$ ($\because$ $\overparen{BC}$의 원주각)

이때 $\overline{A'B}$는 원 O의 지름이므로

$\angle BCA' = 90°$

$\overline{A'B} = 2 \times 6 = 12$ (cm)

$\therefore \overline{A'C} = \sqrt{12^2 - 9^2} = \sqrt{63} = 3\sqrt{7}$ (cm)

$\therefore \cos A = \cos A' = \dfrac{3\sqrt{7}}{12} = \dfrac{\sqrt{7}}{4}$

22 답 $4\sqrt{3}$ cm

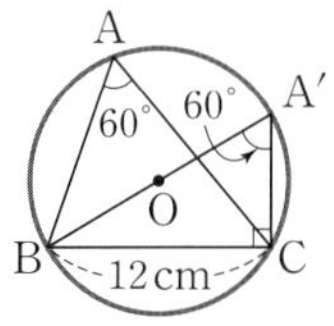

오른쪽 그림과 같이 $\overline{BO}$의 연장선을 그어 원 O와 만나는 점을 A'이라 하면

$\angle BA'C = \angle BAC = 60°$

$\overline{A'B}$는 원 O의 지름이므로 $\angle A'CB = 90°$

$\triangle A'BC$에서

$\sin 60° = \dfrac{12}{\overline{A'B}} = \dfrac{\sqrt{3}}{2}$이므로

$\overline{A'B} = 8\sqrt{3}$ (cm)

따라서 원 O의 반지름의 길이는

$\dfrac{1}{2} \times 8\sqrt{3} = 4\sqrt{3}$ (cm)

23 답 ④

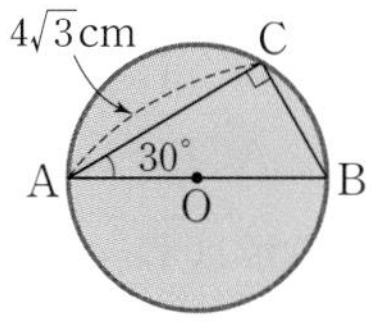

$\overline{AB}$는 원 O의 지름이므로 $\angle ACB = 90°$

$\triangle CAB$에서

$\cos 30° = \dfrac{4\sqrt{3}}{\overline{AB}} = \dfrac{\sqrt{3}}{2}$이므로

$\overline{AB} = 8$ (cm)

따라서 원 O의 반지름의 길이는 $\dfrac{1}{2} \times 8 = 4$ (cm)이므로

(원 O의 넓이) $= \pi \times 4^2 = 16\pi$ (cm²)

24 답 $\dfrac{4}{5}$

$\triangle CAB$는 $\angle C = 90°$인 직각삼각형이므로

$\overline{BC} = \sqrt{10^2 - 6^2} = \sqrt{64} = 8$

$\triangle CAB$와 $\triangle EDB$에서

$\angle ACB = \angle DEB = 90°$, $\angle B$는 공통이므로

$\triangle CAB \backsim \triangle EDB$ (AA 닮음)

$\therefore \sin x = \sin A = \dfrac{8}{10} = \dfrac{4}{5}$

유형 06 원주각의 크기와 호의 길이 (1)

37쪽

한 원 또는 합동인 두 원에서

(1) $\overparen{AB} = \overparen{CD}$이면 $\angle APB = \angle CQD$

(2) $\angle APB = \angle CQD$이면 $\overparen{AB} = \overparen{CD}$

25 답 $68°$

$\overparen{AB} = \overparen{CD}$이므로 $\angle ACB = \angle DBC = 34°$

$\triangle PBC$에서

$\angle x = 34° + 34° = 68°$

26 답 $100°$

$\overparen{BC} = \overparen{CD}$이므로 $\angle BEC = \angle CAD$

$\therefore \angle y = 20°$

오른쪽 그림과 같이 $\overline{OC}$를 그으면

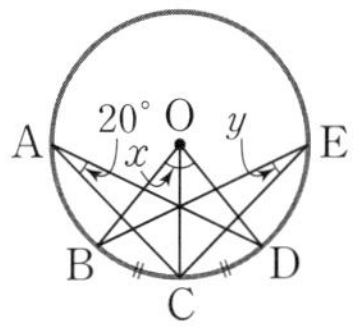

$\angle BOC = 2 \times 20° = 40°$,

$\angle COD = 2 \times 20° = 40°$이므로

$\angle x = 40° + 40° = 80°$

$\therefore \angle x + \angle y = 80° + 20° = 100°$

27 답 ①

오른쪽 그림과 같이 $\overline{BC}$를 그으면

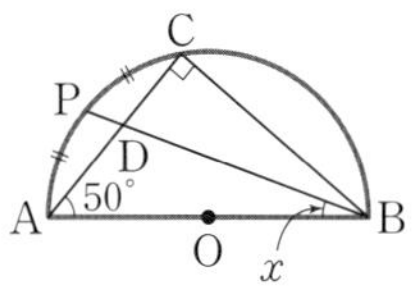

$\overline{AB}$는 반원 O의 지름이므로

$\angle ACB = 90°$

$\triangle ABC$에서

$\angle ABC = 180° - (90° + 50°) = 40°$

이때 $\overparen{AP} = \overparen{CP}$이므로 $\angle PBC = \angle PBA$

$\therefore \angle x = \dfrac{1}{2}\angle ABC = \dfrac{1}{2} \times 40° = 20°$

28 답 ③

$\angle AOP = 2\angle ABP = 2 \times 20° = 40°$

$\angle BOC = \angle POB = 100°$ ($\because$ $\overparen{BP} = \overparen{BC}$)

즉, $40° + 100° + 100° + \angle x = 360°$

$\therefore \angle x = 120°$

유형 07 원주각의 크기와 호의 길이 (2)

37쪽

한 원 또는 합동인 두 원에서 호의 길이는 원주각의 크기에 정비례한다.

$\rightarrow \overparen{AB} : \overparen{BC} = \angle x : \angle y$

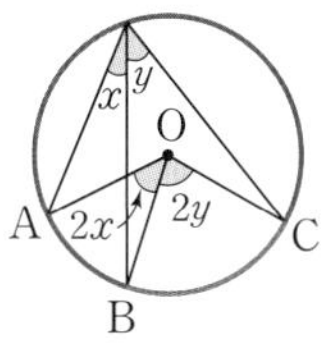

29 답 ③

∠APD=180°−110°=70°이므로

△PCD에서 ∠PDC=70°−30°=40°

$\widehat{AD}$: $\widehat{BC}$=30° : 40°이므로 $\widehat{AD}$: 8=3 : 4

∴ $\widehat{AD}$=6 (cm)

30 답 ③

∠BOC=2∠BDC=20°

∠AOB=∠AOC−∠BOC=80°−20°=60°

$\widehat{AB}$: $\widehat{BC}$=60° : 20°이므로 9 : x=3 : 1

3x=9   ∴ x=3

31 답 ⑤

$\widehat{AB}$: $\widehat{CD}$=3 : 1이므로 ∠ADB : ∠DBC=3 : 1

즉, ∠DBC=$\frac{1}{3}$∠ADB=$\frac{1}{3}$∠x

△DBP에서 ∠x=∠DBP+∠DPB이므로

∠x=$\frac{1}{3}$∠x+42°, $\frac{2}{3}$∠x=42°   ∴ ∠x=63°

32 답 12π

$\overline{OM}$=$\overline{ON}$이므로 $\overline{AB}$=$\overline{AC}$이다.

즉, △ABC는 이등변삼각형이므로

∠BAC=180°−2×70°=40°

$\widehat{BC}$: $\widehat{AC}$=∠BAC : ∠ABC=40° : 70°이므로

$\widehat{BC}$: 21π=4 : 7

∴ $\widehat{BC}$=12π

33 답 ②

△OAE에서 $\overline{OA}$=$\overline{OE}$이므로

∠OAE=∠OEA=20°

∴ ∠AOD=20°+20°=40°

$\overline{CB}$ // $\overline{DE}$이므로

∠ABC=∠AOD=40° (동위각)

오른쪽 그림과 같이 $\overline{AC}$를 그으면 $\overline{AB}$가

원 O의 지름이므로 ∠ACB=90°

∴ ∠BAC=180°−(40°+90°)=50°

$\widehat{AD}$: $\widehat{BC}$=∠AED : ∠BAC=20° : 50°

이므로 $\widehat{AD}$: 10=2 : 5

∴ $\widehat{AD}$=4 (cm)

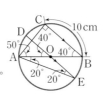

34 답 ⑤

$\overline{AB}$는 원 O의 지름이므로 ∠ACB=90°

$\widehat{AD}$=$\widehat{DE}$=$\widehat{EB}$이므로

∠ACD=∠DCE=∠ECB

 =$\frac{1}{3}$∠ACB

 =$\frac{1}{3}$×90°=30°

∴ ∠ACE=30°+30°=60°

또, $\widehat{AC}$: $\widehat{CB}$=3 : 2이므로

∠CAB=90°×$\frac{2}{5}$=36°

△CAP에서

∠x=∠ACP+∠CAP=60°+36°=96°

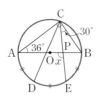

유형 08 원주각의 크기와 호의 길이 (3) 38쪽

오른쪽 그림의 원 O에서

(1) $\widehat{AB}$의 길이가 원주의 $\frac{1}{k}$이면

 ∠ACB=$\frac{1}{k}$×180°

(2) $\widehat{AB}$: $\widehat{BC}$: $\widehat{CA}$=a : b : c이면

 → ∠ACB : ∠BAC : ∠CBA=a : b : c

 → ∠ACB=180°×$\frac{a}{a+b+c}$, ∠BAC=180°×$\frac{b}{a+b+c}$,

  ∠CBA=180°×$\frac{c}{a+b+c}$

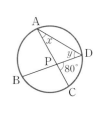

35 답 90°

∠A=180°×$\frac{4}{3+4+5}$=60°

∠B=180°×$\frac{5}{3+4+5}$=75°

∠C=180°×$\frac{3}{3+4+5}$=45°

∴ ∠A+∠B−∠C=60°+75°−45°=90°

36 답 30°

$\widehat{BC}$의 길이가 원의 둘레의 길이의 $\frac{1}{4}$이므로

∠BAC=180°×$\frac{1}{4}$=45°

△ABP에서 45°+∠ABP=75°   ∴ ∠ABP=30°

37 답 $\frac{4}{9}$배

오른쪽 그림과 같이 $\overline{AD}$를 긋고

∠DAP=∠x, ∠ADP=∠y라 하자.

△APD에서 ∠x+∠y=80°

즉, $\widehat{AB}$, $\widehat{CD}$에 대한 원주각의 크기의 합

이 80°이므로 $\widehat{AB}$+$\widehat{CD}$의 길이는 원의 둘

레의 길이의 $\frac{80}{180}$=$\frac{4}{9}$(배)이다.

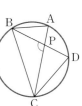

38 답 105°

오른쪽 그림과 같이 $\overline{BC}$를 그으면 $\widehat{AB}$의

길이가 원의 둘레의 길이의 $\frac{1}{6}$이므로

∠ACB=180°×$\frac{1}{6}$=30°

$\widehat{AB}$: $\widehat{CD}$=2 : 3이므로 30° : ∠CBD=2 : 3

2∠CBD=90°   ∴ ∠CBD=45°

△PBC에서 ∠BPC=180°−(30°+45°)=105°

유형 09 네 점이 한 원 위에 있을 조건 39쪽

오른쪽 그림에서 ∠ACB=∠ADB이면

네 점 A, B, C, D는 한 원 위에 있다.

39 답 ④

① $\angle ADB = \angle ACB = 50°$

② $\angle ACB = 90° - 60° = 30°$이므로 $\angle ADB = \angle ACB$

③ $\angle DBC = 180° - (50° + 60°) = 70°$이므로
$\angle DAC = \angle DBC$

④ $\angle ABD = 85° - 40° = 45°$이므로 $\angle ABD \neq \angle ACD$

⑤ $\angle DBC = 180° - (75° + 75°) = 30°$이므로
$\angle DAC = \angle DBC$

따라서 네 점 A, B, C, D가 한 원 위에 있지 않은 것은 ④이다.

40 답 70°

네 점 A, B, C, D가 한 원 위에 있으므로

$\angle BAC = \angle BDC = 65°$

$\triangle ABP$에서 $65° + 45° + \angle x = 180°$ ∴ $\angle x = 70°$

41 답 52°

네 점 A, B, C, D가 한 원 위에 있으므로

$\angle ADB = \angle ACB = 23°$

$\triangle DPB$에서 $\angle x + 23° = 75°$ ∴ $\angle x = 52°$

> **유형 10** 원에 내접하는 사각형의 성질 (1)   39쪽
>
> □ABCD가 원에 내접할 때
> → $\angle A + \angle C = \angle B + \angle D = 180°$
>   대각의 크기의 합

42 답 95°

$\triangle ABD$에서

$\angle A = 180° - (50° + 45°) = 85°$

∴ $\angle x = 180° - 85° = 95°$

43 답 ①

□ABCD가 원 O에 내접하므로

$\angle B + \angle D = 180°$ ∴ $\angle B = 180° - 110° = 70°$

$\overline{AB}$가 원 O의 지름이므로 $\angle ACB = 90°$

∴ $\angle x = 180° - (90° + 70°) = 20°$

44 답 ②

□ABCD가 원 O에 내접하므로

$\angle A + \angle C = 180°$ ∴ $\angle A = 180° - 55° = 125°$

$\angle BOD = 2 \times 55° = 110°$

□ABOD에서 $125° + \angle x + 110° + \angle y = 360°$

∴ $\angle x + \angle y = 125°$

오답 피하기

□ABOD는 원에 내접하는 사각형이 아니므로
$\angle A + \angle BOD \neq 180°$임에 주의한다.

45 답 116°

$\overline{AB} = \overline{AC}$이므로

$\angle ABC = \angle ACB = \frac{1}{2} \times (180° - 52°) = 64°$

□APBC가 원 O에 내접하므로

$\angle APB + \angle ACB = 180°$, $\angle APB + 64° = 180°$

∴ $\angle APB = 116°$

46 답 ⑤

$\overline{AC}$가 원 O의 지름이므로 $\angle ABC = 90°$

∴ $\angle CBD = 90° - 70° = 20°$

$\triangle PBC$에서 $\angle PCB = 80° - 20° = 60°$

□ABCE가 원 O에 내접하므로

$\angle EAB + 60° = 180°$

∴ $\angle EAB = 120°$

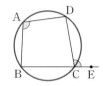
> **유형 11** 원에 내접하는 사각형의 성질 (2)   40쪽
>
> □ABCD가 원에 내접할 때
> → $\angle DCE = \angle A$
>   └(한 외각의 크기)
>   = (그 내각의 대각의 크기)

47 답 60°

$\angle BAD = \frac{1}{2} \angle BOD = \frac{1}{2} \times 120° = 60°$

∴ $\angle x = \angle BAD = 60°$

48 답 ①

□ABCD가 원에 내접하므로

$\angle x = \angle ABP = 76°$

$\triangle PCD$에서 $\angle y = 180° - (26° + 76°) = 78°$

∴ $\angle y - \angle x = 78° - 76° = 2°$

49 답 130°

□ABCD가 원에 내접하므로

$102° + (\angle x + 30°) = 180°$

∴ $\angle x = 48°$

$\angle ABD = \angle ACD = 30°$ ($\because \overset{\frown}{AD}$의 원주각)

이므로 $\angle ABC = 30° + 52° = 82°$

∴ $\angle y = \angle ABC = 82°$

∴ $\angle x + \angle y = 48° + 82° = 130°$

50 답 ②

$\angle C = \frac{1}{2} \angle A$이므로 $\angle A + \frac{1}{2} \angle A = 180°$

$\frac{3}{2} \angle A = 180°$ ∴ $\angle A = 120°$

이때 $\angle D = \angle A - 15°$이므로

$\angle D = 120° - 15° = 105°$

∴ $\angle ABE = \angle D = 105°$

51 답 120°

□ABCD가 원에 내접하므로

$(63° + \angle x) + 102° = 180°$ ∴ $\angle x = 15°$

$\angle BDC = \angle BAC = 63°$이므로

$\angle y = \angle ADC = 42° + 63° = 105°$

∴ $\angle x + \angle y = 120°$

52 답 30°

□ABCE가 원에 내접하므로

∠A+∠BCE=180°

∴ ∠x=180°−140°=40°

오른쪽 그림과 같이 $\overline{BE}$를 그으면

$\overline{BC}=\overline{CE}$이므로

∠CBE=$\dfrac{1}{2}$×(180°−40°)=70°

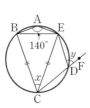

□BCDE가 원에 내접하므로

∠y=∠CBE=70°

∴ ∠y−∠x=70°−40°=30°

유형 2 원에 내접하는 다각형 41쪽

원에 내접하는 다각형에서 보조선을 그
어 원에 내접하는 사각형을 만든다.

→ 원 O에 내접하는 오각형 ABCDE에
서 $\overline{BD}$를 그으면

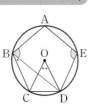

① ∠ABD+∠AED=180°

└→ □ABDE는 원에 내접한다.

② ∠COD=2∠CBD

---

53 답 93°

오른쪽 그림과 같이 $\overline{CE}$를 그으면

∠CED=$\dfrac{1}{2}$∠COD=$\dfrac{1}{2}$×46°=23°

□ABCE가 원 O에 내접하므로

∠ABC+∠AEC=180°

∴ ∠AEC=180°−110°=70°

∴ ∠AED=70°+23°=93°

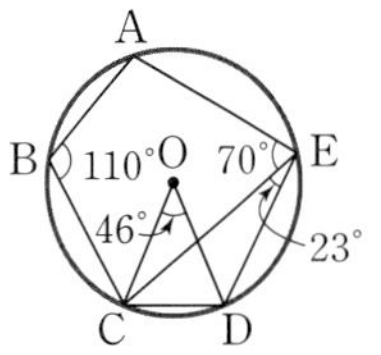

---

54 답 ④

오른쪽 그림과 같이 $\overline{CE}$를 그으면

∠CED=$\dfrac{1}{2}$∠COD=$\dfrac{1}{2}$×34°=17°

□ABCE가 원 O에 내접하므로

∠ABC+∠AEC=180°

∴ ∠B+∠E=180°+∠CED

$\quad\quad\quad\quad\quad$=180°+17°=197°

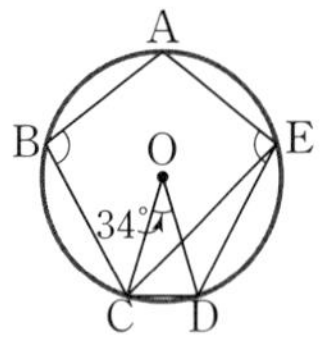

---

55 답 ③

오른쪽 그림과 같이 $\overline{AD}$를 그으면

□ABCD가 원에 내접하므로

∠C+∠BAD=180°

□ADEF가 원에 내접하므로

∠E+∠DAF=180°

∴ ∠A+∠C+∠E

$\quad$=∠C+∠BAD+∠DAF+∠E

$\quad$=180°+180°=360°

참고 원에 내접하는 사각형이 되도록 적절한 보조선을 긋는다.

유형 3 원에 내접하는 사각형과 외각의 성질 41쪽

□ABCD가 원에 내접할 때

→ △DCQ에서

∠x+(∠x+∠a)+∠b=180°

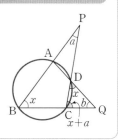

---

56 답 45°

□ABCD가 원에 내접하므로

∠B+∠ADC=180° ∴ ∠B=180°−130°=50°

△PBC에서 ∠PCQ=∠x+50°

△DCQ에서 (∠x+50°)+35°=130°이므로

∠x+85°=130° ∴ ∠x=45°

---

57 답 36°

△PBC에서 ∠PCQ=52°+46°=98°

□ABCD가 원에 내접하므로 ∠CDQ=∠ABC=46°

△DCQ에서 98°+46°+∠x=180°

∠x+144°=180° ∴ ∠x=36°

---

58 답 62°

△QBC에서 ∠DCP=∠x+22°

△DCP에서 ∠ADC=(∠x+22°)+34°=∠x+56°

□ABCD가 원에 내접하므로

∠ABC+∠ADC=180°

즉, ∠x+(∠x+56°)=180°

2∠x=124° ∴ ∠x=62°

---

59 답 ⑤

□ABCD가 원 O에 내접하므로 오른
쪽 그림과 같이

∠PAB=∠BCD=∠x라 하면

△QBC에서

∠QBP=27°+∠x

△APB에서

∠x+53°+(27°+∠x)=180°

2∠x=100° ∴ ∠x=50°

∴ ∠BAD=180°−50°=130°

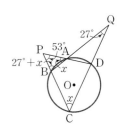

유형 4 두 원에서 내접하는 사각형의 성질의 활용 42쪽

□ABQP와 □PQCD가 각각 원에 내접할 때

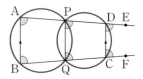

(1) ∠BAP=∠PQC=∠CDE

$\quad$∠ABQ=∠QPD=∠DCF

(2) 동위각의 크기가 같으므로 $\overline{AB}\,/\!/\,\overline{DC}$

60 답 ③

오른쪽 그림과 같이 $\overline{PQ}$를 그으면

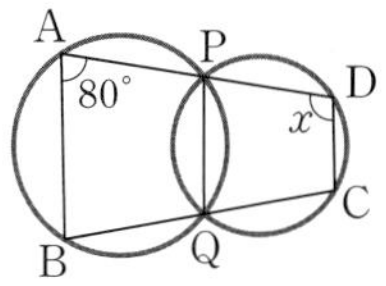

$\square$ABQP가 원에 내접하므로

$\angle PQC = \angle A = 80°$

$\square$PQCD가 원에 내접하므로

$\angle x = 180° - 80° = 100°$

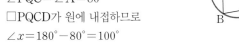

61 답 164°

$\square$PQCD가 원 O′에 내접하므로

$\angle PQB = \angle CDP = 98°$

$\square$ABQP가 원 O에 내접하므로

$\angle BAP + 98° = 180°$ ∴ $\angle BAP = 82°$

∴ $\angle x = 2\angle BAP = 2 \times 82° = 164°$

62 답 ④

오른쪽 그림과 같이 $\overline{EF}$를 그으면

$\square$ABFE가 원 O에 내접하므로

$\angle EFC = \angle A = 80°$

$\angle FED = \angle B = 95°$

$\square$EFCD가 원 O′에 내접하므로

$\angle x + 80° = 180°$ ∴ $\angle x = 100°$

$\angle y + 95° = 180°$ ∴ $\angle y = 85°$

∴ $\angle x - \angle y = 100° - 85° = 15°$

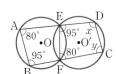

유형 15 사각형이 원에 내접하기 위한 조건 42쪽

(1) $\angle x + \angle y = 180°$이면

→ $\square$ABCD는 원에 내접한다.

(2) $\angle x = \angle z$이면

→ $\square$ABCD는 원에 내접한다.

(3) $\angle a = \angle b$이면

→ $\square$ABCD는 원에 내접한다.

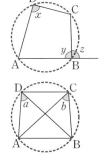

63 답 ②, ④

① $\angle ABC + \angle ADC = 88° + 95° = 183° \neq 180°$이므로

$\square$ABCD는 원에 내접하지 않는다.

② $\angle A = \angle DCE = 105°$이므로 $\square$ABCD는 원에 내접한다.

③ $\square$ABCD가 원에 내접하는지 알 수 없다.

④ $\angle B = 180° - (60° + 50°) = 70°$

$\angle B + \angle D = 70° + 110° = 180°$이므로 $\square$ABCD는 원에 내접한다.

⑤ $\angle ABC = \angle ADC = 180° - 80° = 100°$

$\angle ABC + \angle ADC = 200° \neq 180°$이므로 $\square$ABCD는 원에 내접하지 않는다.

따라서 원에 내접하는 것은 ②, ④이다.

64 답 35°

$\square$ABCD가 원에 내접하려면 $\angle DBC = \angle DAC = 30°$

또, $\angle ABC + \angle ADC = 180°$이어야 하므로

$(\angle x + 30°) + 115° = 180°$

$\angle x + 145° = 180°$ ∴ $\angle x = 35°$

65 답 38°

$\square$ABCD가 원에 내접하려면

$\angle ABC = 180° - 125° = 55°$

$\triangle$ABF에서 $\angle DAE = 55° + 32° = 87°$

따라서 $\triangle$ADE에서 $\angle x = 125° - 87° = 38°$

66 답 ⑤

$\square$ABCD가 원에 내접하려면

$\angle x + 55° = 130°$ ∴ $\angle x = 75°$

$\angle BCD = 180° - 130° = 50°$이고

$\angle ACD = \angle ABD = 20°$이어야 하므로

$\angle y = 50° - 20° = 30°$

∴ $\angle x + \angle y = 75° + 30° = 105°$

67 답 ④

ㄴ. 등변사다리꼴은 아랫변의 양 끝 각의 크기가 서로 같고 윗변의 양 끝 각의 크기가 서로 같다. 즉, 대각의 크기의 합이 180°이므로 항상 원에 내접한다.

ㄹ, ㅂ. 직사각형과 정사각형은 네 내각의 크기가 모두 90°이다. 즉, 대각의 크기의 합이 180°이므로 항상 원에 내접한다.

따라서 항상 원에 내접하는 사각형은 ㄴ, ㄹ, ㅂ이다.

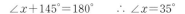

유형 16 접선과 현이 이루는 각 43쪽

(1) 직선 TT'이 원 O의 접선이고 점 P가 그 접점일 때

① $\angle APT = \angle ABP$

② $\angle BPT' = \angle BAP$

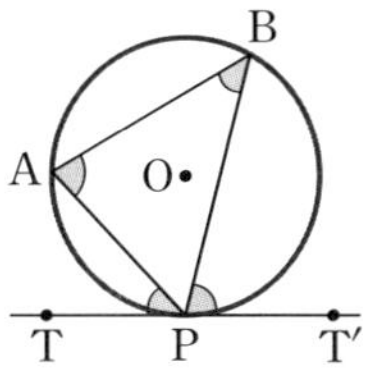

(2) 원에 내접하는 $\square$ABCD에서 직선 TB가 원의 접선일 때

→ $\angle ABT = \angle ACB$

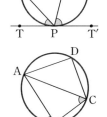

68 답 ⑤

$\angle BAC = \angle CBD = 63°$이므로

$\angle BOC = 2\angle BAC = 2 \times 63° = 126°$

$\triangle$OBC는 $\overline{OB} = \overline{OC}$인 이등변삼각형이므로

$\angle OCB = \dfrac{1}{2} \times (180° - 126°) = 27°$

다른 풀이

$\angle OBD = 90°$이므로 $\angle OBC = 90° - 63° = 27°$

$\triangle$OBC가 이등변삼각형이므로 $\angle OCB = \angle OBC = 27°$

69 답 ①

$\triangle$CBT에서 $\angle CBT = 72° - 32° = 40°$

직선 BT가 원 O의 접선이므로

$\angle CAB = \angle CBT = 40°$

70 답 65°

$\square$ABCD는 원에 내접하는 사각형이므로

∠BAD+∠BCD=180°

∴ ∠BCD=180°−95°=85°

△BCD에서 ∠DBC=180°−(85°+30°)=65°

∴ ∠DCT=∠DBC=65°

71 답 ①

$\widehat{AB}$: $\widehat{BC}$=4 : 5이므로

∠ACB : 60°=4 : 5 ∴ ∠ACB=48°

∴ ∠ABP+∠CBQ=∠ACB+∠CAB

　　　　　　　　=48°+60°=108°

72 답 20°

오른쪽 그림과 같이 $\overline{CT}$를 그으면

□ACTB가 원에 내접하므로

∠PCT=∠ABT=125°

$\overrightarrow{PT}$가 원의 접선이므로

∠CTP=∠CAT=35°

△CPT에서 ∠P=180°−(125°+35°)=20°

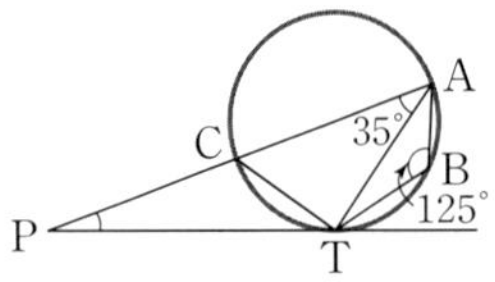

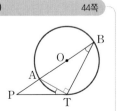

73 답 ①

오른쪽 그림과 같이 $\overline{DB}$를 그으면 직선

AT가 원 O의 접선이므로

∠DBA=∠DAT=40°

△DBA에서 $\overline{AB}=\overline{AD}$이므로

∠BDA=∠DBA=40°

∴ ∠DAB=180°−(40°+40°)=100°

□ABCD가 원에 내접하므로 ∠x=180°−100°=80°

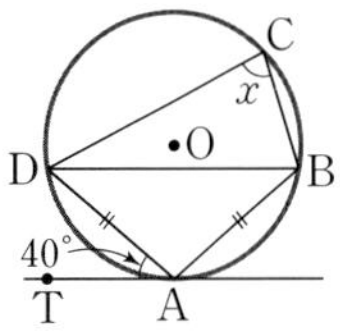

74 답 98°

오른쪽 그림과 같이 $\overline{AC}$를 그으면

∠BAC=∠x, ∠DAC=∠y이므로

∠BAD=∠BAC+∠DAC=∠x+∠y

□ABCD가 원에 내접하므로

∠BAD=180°−82°=98°

∴ ∠x+∠y=98°

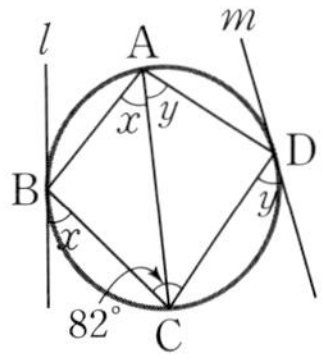

75 답 ④

직선 XY가 큰 원의 접선이므로

∠CBY=∠CAB=60°

오른쪽 그림과 같이 $\overline{DE}$를 그으면

∠EDB=∠EBY=60°

$\overline{AC}$가 작은 원의 접선이므로

∠CDE=∠DBE=∠x

즉, ∠CDB=∠x+60°이므로

△DBC에서 (∠x+60°)+∠x+28°=180°

2∠x=92° ∴ ∠x=46°

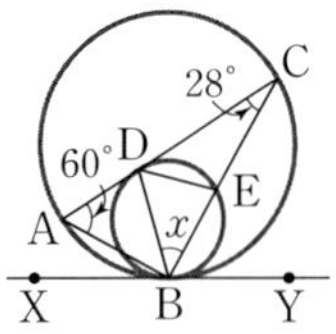

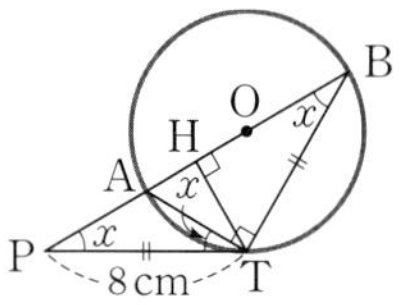

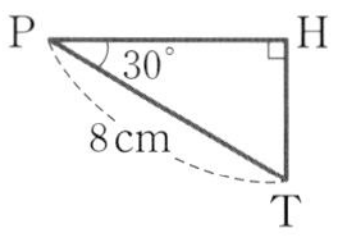

유형 17 접선과 현이 이루는 각의 활용 (1) ⟶44쪽

$\overrightarrow{PB}$가 원의 중심 O를 지날 때

$\overline{AT}$를 그으면

(1) ∠ATB=90°

(2) ∠ATP=∠ABT

---

76 답 50°

오른쪽 그림과 같이 $\overline{AT}$를 그으면 $\overline{AB}$가

원 O의 지름이므로 ∠ATB=90°

∠ATP=180°−(90°+70°)=20°

$\overrightarrow{PT}$는 원 O의 접선이므로

∠ABT=∠ATP=20°

△PTB에서 ∠BPT+20°=70° ∴ ∠BPT=50°

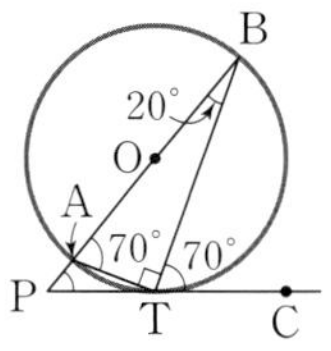

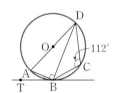

다른 풀이

$\overline{AT}$를 그으면 $\overline{AB}$가 원 O의 지름이므로 ∠ATB=90°

∠BAT=∠BTC=70°

△ATB에서 ∠ABT=180°−(70°+90°)=20°

△PTB에서 ∠BPT+20°=70° ∴ ∠BPT=50°

77 답 ②

□ABCD가 원 O에 내접하므로

∠BAD=180°−112°=68°

오른쪽 그림과 같이 $\overline{BD}$를 그으면

∠ABD=90°이므로

∠ADB=180°−(68°+90°)=22°

∴ ∠ABT=∠ADB=22°

78 답 40°

오른쪽 그림과 같이 $\overline{AT}$, $\overline{BT}$를 그으면

$\overline{AB}$는 원 O의 지름이므로 ∠ATB=90°

∠ABT=∠ACT=65°이므로

△BAT에서

∠BAT=180°−(90°+65°)=25°

$\overrightarrow{PT}$가 원 O의 접선이므로 ∠BTP=∠BAT=25°

따라서 △PBT에서 ∠x+25°=65° ∴ ∠x=40°

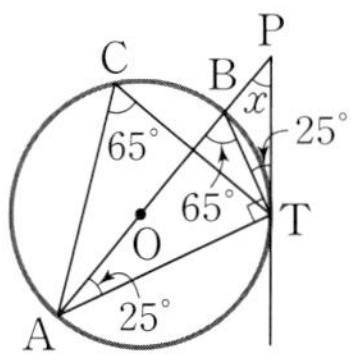

79 답 $8\sqrt{3}$ cm

오른쪽 그림과 같이 $\overline{AT}$를 그으면 $\overline{AB}$

가 원 O의 지름이므로 ∠ATB=90°

∠ABT=∠x라 하면

∠ATP=∠ABT=∠x

$\overline{PT}=\overline{TB}$이므로 ∠BPT=∠PBT=∠x

△BPT에서

∠x+(∠x+90°)+∠x=180° ∴ ∠x=30°

점 T에서 $\overline{PB}$에 내린 수선의 발을 H라 하면 △BPT는 이등변

삼각형이므로 $\overline{PH}=\overline{BH}$

이때 △PTH에서

$\overline{PH}=8\cos 30°=8×\dfrac{\sqrt{3}}{2}=4\sqrt{3}$ (cm)

∴ $\overline{PB}=2\overline{PH}=2×4\sqrt{3}=8\sqrt{3}$ (cm)

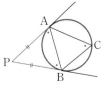

유형 18 접선과 현이 이루는 각의 활용 (2) ⟶45쪽

$\overrightarrow{PA}$, $\overrightarrow{PB}$가 원의 접선일 때

(1) △APB는 $\overline{PA}=\overline{PB}$인 이등변삼

각형이다.

(2) ∠PAB=∠PBA=∠ACB

80 답 $45°$

$\overline{PA}=\overline{PB}$이므로

$\angle PBA=\angle PAB=\dfrac{1}{2}\times(180°-58°)=61°$

$\overrightarrow{PA}$가 원 O의 접선이므로 $\angle ABC=\angle DAC=74°$

$61°+74°+\angle CBE=180°$이므로

$135°+\angle CBE=180°$ ∴ $\angle CBE=45°$

81 답 ④

$\triangle ABC$에서 $\angle C=180°-(60°+48°)=72°$

$\overline{BC}$가 원 O의 접선이므로 $\angle FEC=\angle FDE=\angle x$

$\triangle FEC$에서 $\overline{CE}=\overline{CF}$이므로 $\angle CFE=\angle CEF=\angle x$

∴ $\angle x=\dfrac{1}{2}\times(180°-72°)=54°$

82 답 ②

오른쪽 그림과 같이 $\overline{AB}$를 그으면

$\overline{PA}=\overline{PB}$이므로

$\angle PAB=\angle PBA$

$=\dfrac{1}{2}\times(180°-24°)=78°$

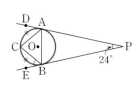

$\overrightarrow{PA}$가 원 O의 접선이므로 $\angle ACB=\angle PAB=78°$

$\overset{\frown}{AC}=\overset{\frown}{BC}$이므로

$\angle CBA=\angle CAB=\dfrac{1}{2}\times(180°-78°)=51°$

$\overrightarrow{PB}$가 원 O의 접선이므로

$\angle CBE=\angle CAB=51°$

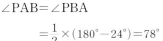

유형 **9** 두 원에서 접선과 현이 이루는 각   45쪽

직선 PQ가 두 원의 공통인 접선이고, 점 T는 그 접점일 때

(1) $\angle BAT=\angle BTQ$
$=\angle DTP$
$=\angle DCT$
이므로 $\overline{AB}\parallel\overline{DC}$ (∵ 엇각)

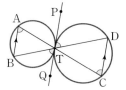

(2) $\angle BAT=\angle BTQ$
$=\angle CDT$
이므로 $\overline{AB}\parallel\overline{DC}$ (∵ 동위각)

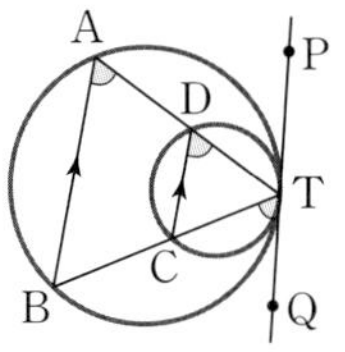

83 답 ③

① $\angle ACT=\angle ATP$
$=\angle DTQ$
$=\angle DBT$
즉, 엇각의 크기가 같으므로
$\overline{AC}\parallel\overline{BD}$

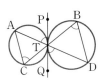

② $\angle PBT=\angle PQB$이고 $\square ACQP$가
원에 내접하므로 $\angle CAP=\angle PQB$
즉, 엇각의 크기가 같으므로
$\overline{AC}\parallel\overline{BD}$

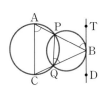

---

③ $\angle CAB=\angle CBD=49°$

$\quad\angle ACB=\angle ABT=46°$

따라서 $\overline{AC}$와 $\overline{BD}$는 평행하지 않다.

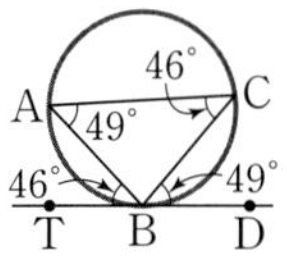

④ $\square PQDB$가 원에 내접하므로
$\angle TBD=\angle PQD$
$\square ACQP$가 원에 내접하므로
$\angle PAC=\angle PQD$
즉, 동위각의 크기가 같으므로 $\overline{AC}\parallel\overline{BD}$

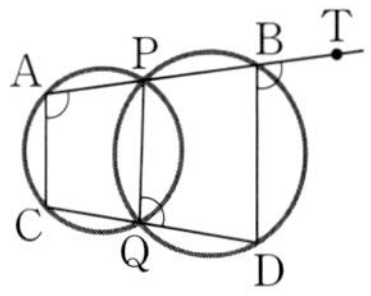

⑤ $\square PQDB$가 원에 내접하므로
$\angle PQA=\angle PBD$
$\angle ACP=\angle AQP$ (∵ $\overset{\frown}{AP}$의 원주각)
즉, 엇각의 크기가 같으므로 $\overline{AC}\parallel\overline{BD}$

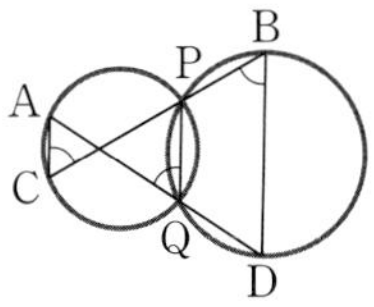

따라서 $\overline{AC}\parallel\overline{BD}$가 아닌 것은 ③이다.

84 답 ⑤

$\angle ABT=\angle ATP=\angle CTQ=\angle CDT=70°$이므로

$\triangle ABT$에서 $\angle x=180°-(45°+70°)=65°$

85 답 $65°$

$\angle ATP=\angle ABT=50°$

$\angle CDT=180°-115°=65°$이므로 $\angle CTQ=\angle CDT=65°$

∴ $\angle x=180°-(50°+65°)=65°$

 서술형   ■ 46쪽~47쪽

01 답 $65°$

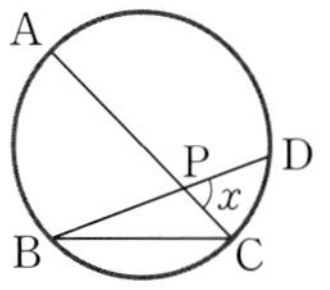

채점 기준 **1** $\angle ACB$의 크기 구하기 … 2점

오른쪽 그림과 같이 $\overline{BC}$를 그으면

$\overset{\frown}{AB}$의 길이는 원주의 $\boxed{\dfrac{1}{4}}$이므로

$\angle ACB=180°\times\boxed{\dfrac{1}{4}}=\underline{45°}$

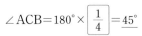

채점 기준 **2** $\angle DBC$의 크기 구하기 … 2점

$\overset{\frown}{CD}$의 길이는 원주의 $\boxed{\dfrac{1}{9}}$이므로

$\angle DBC=180°\times\boxed{\dfrac{1}{9}}=\underline{20°}$

채점 기준 **3** $\angle x$의 크기 구하기 … 2점

$\triangle BCP$에서 $\angle x=\underline{45°}+\underline{20°}=\underline{65°}$

01-1 답 $84°$

채점 기준 **1** $\angle ADB$의 크기 구하기 … 2점

오른쪽 그림과 같이 $\overline{AD}$를 그으면

$\overset{\frown}{AB}$의 길이는 원주의 $\dfrac{1}{5}$이므로

$\angle ADB=180°\times\dfrac{1}{5}=36°$

채점 기준 **2** $\angle DAC$의 크기 구하기 … 2점

$\overset{\frown}{AB}:\overset{\frown}{CD}=3:4$이므로

$36°:\angle DAC=3:4$에서 $\angle DAC=48°$

채점 기준 3 $\angle x$의 크기 구하기 … 2점

$\triangle$APD에서 $\angle x=36°+48°=84°$

01-2 답 2 cm

오른쪽 그림과 같이 $\overline{BC}$를 그으면

$\widehat{AB}$의 길이는 원주의 $\dfrac{1}{6}$이므로

$\angle ACB=180°\times\dfrac{1}{6}=30°$ ……❶

$\overline{AC}$가 원 O의 지름이므로 $\angle ABC=90°$

$\triangle$ABC에서

$\overline{AC}=\dfrac{\overline{AB}}{\sin 30°}=2\times 2=4\,(cm)$ ……❷

따라서 원 O의 반지름의 길이는

$\dfrac{1}{2}\times 4=2\,(cm)$ ……❸

채점 기준	배점
❶ $\angle ACB$의 크기 구하기	2점
❷ $\overline{AC}$의 길이 구하기	4점
❸ 원 O의 반지름의 길이 구하기	1점

02 답 45°

채점 기준 1 $\angle CDQ$의 크기 구하기 … 2점

$\square$ABCD가 원에 내접하므로

$\angle CDQ=\angle \boxed{B}=50°$

채점 기준 2 $\angle Q$의 크기 구하기 … 4점

$\triangle$PBC에서 $\angle PCQ=\underline{50°}+\underline{35°}=\underline{85°}$

$\triangle$DCQ에서

$\underline{50°}+\underline{85°}+\angle Q=180°,\ 135°+\angle Q=180°$

$\therefore \angle Q=\underline{45°}$

02-1 답 40°

채점 기준 1 $\angle B$의 크기 구하기 … 2점

$\square$ABCD가 원에 내접하므로

$\angle B=180°-\angle ADC=180°-125°=55°$

채점 기준 2 $\angle Q$의 크기 구하기 … 4점

$\triangle$PBC에서 $\angle PCQ=55°+30°=85°$

$\triangle$DCQ에서 $85°+\angle Q=125°$

$\therefore \angle Q=40°$

03 답 $\angle x=71°,\ \angle y=109°$

$\angle PAO=\angle PBO=90°$이므로 $\square$APBO에서

$\angle AOB=360°-(90°+90°+38°)=142°$

$\therefore \angle x=\dfrac{1}{2}\times 142°=71°$ ……❶

$\square$ADBC가 원 O에 내접하므로

$\angle x+\angle y=180°$

$\therefore \angle y=180°-\angle x=180°-71°=109°$ ……❷

채점 기준	배점
❶ $\angle x$의 크기 구하기	2점
❷ $\angle y$의 크기 구하기	2점

04 답 12 cm

$\triangle$APD에서 $\angle DAP+20°=60°$

$\therefore \angle DAP=40°$ ……❶

$\widehat{AC}:\widehat{BD}=\angle ADC:\angle DAB=20°:40°$이므로

$6:\widehat{BD}=1:2$ $\therefore \widehat{BD}=12\,(cm)$ ……❷

채점 기준	배점
❶ $\angle DAP$의 크기 구하기	2점
❷ $\widehat{BD}$의 길이 구하기	2점

05 답 65°

오른쪽 그림과 같이 $\overline{AD}$를 그으면

$\angle CAD=\dfrac{1}{2}\angle COD$

$=\dfrac{1}{2}\times 50°=25°$ ……❶

$\overline{AB}$는 반원 O의 지름이므로 $\angle ADB=90°$ ……❷

$\triangle$PAD에서 $\angle P=180°-(90°+25°)=65°$ ……❸

채점 기준	배점
❶ $\angle CAD$의 크기 구하기	2점
❷ $\angle ADB$의 크기 구하기	2점
❸ $\angle P$의 크기 구하기	2점

06 답 $\angle x=50°,\ \angle y=30°$

네 점 A, B, C, D가 한 원 위에 있으므로

$\angle y=\angle ADB=30°$ ……❶

$\triangle$APC에서 $\angle DAC=\angle APC+\angle ACP$이므로

$\angle x+\angle y=80°,\ \angle x+30°=80°$ $\therefore \angle x=50°$ ……❷

채점 기준	배점
❶ $\angle y$의 크기 구하기	2점
❷ $\angle x$의 크기 구하기	2점

07 답 40°

$\square$ABCD가 원 O에 내접하므로 $\angle BAD=\angle DCE=115°$

$\therefore \angle DAC=115°-65°=50°$ ……❶

$\widehat{CD}$에 대한 원주각의 크기는 서로 같으므로

$\angle DBC=\angle DAC=50°$ ……❷

$\overline{AC}$가 원 O의 지름이므로 $\angle ABC=90°$

$\therefore \angle ABD=90°-50°=40°$ ……❸

채점 기준	배점
❶ $\angle DAC$의 크기 구하기	2점
❷ $\angle DBC$의 크기 구하기	2점
❸ $\angle ABD$의 크기 구하기	2점

08 답 (1) 35° (2) 90° (3) 20°

(1) $\overline{PA}$가 원 O의 접선이므로

$\angle CAP=\angle CBA=35°$ ……❶

(2) $\overline{BC}$가 원 O의 지름이므로 $\angle BAC=90°$ ……❷

(3) $\triangle$ABC에서 $\angle ACB=180°-(35°+90°)=55°$

$\triangle$PAC에서 $\angle P+35°=55°$ $\therefore \angle P=20°$ ……❸

채점 기준	배점
❶ ∠CAP의 크기 구하기	2점
❷ ∠BAC의 크기 구하기	2점
❸ ∠P의 크기 구하기	3점

실전 중단원
학교 시험 1회

48쪽~51쪽

01 ⑤	**02** ②	**03** ④	**04** ⑤	**05** ④
06 ①	**07** ④	**08** ④	**09** ④	**10** ③
11 ③	**12** ①	**13** ②	**14** ③	**15** ②
16 ①	**17** ④	**18** ③	**19** 110°	
20 (1) 30° (2) 100°		**21** 5 cm	**22** 110°	**23** 30°

01 답 ⑤ 유형 01

$\angle x = \dfrac{1}{2} \times 230° = 115°$

$\widehat{BAD}$의 중심각의 크기는 $360° - 230° = 130°$이므로

$\angle y = \dfrac{1}{2} \times 130° = 65°$

$\therefore \angle x + \angle y = 115° + 65° = 180°$

02 답 ② 유형 02

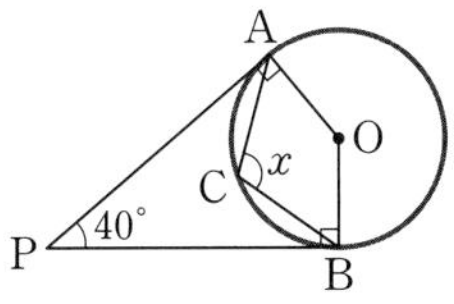

오른쪽 그림과 같이 $\overline{OA}$, $\overline{OB}$를 그
으면 $\angle OAP = \angle OBP = 90°$
□OAPB에서
$\angle AOB = 360° - (90° + 40° + 90°)$
$= 140°$
$\therefore \angle x = \dfrac{1}{2} \times (360° - 140°) = 110°$

03 답 ④ 유형 03

△DPB에서 $\angle PDB = 58° - 28° = 30°$
$\therefore \angle ACB = \angle ADB = 30°$

04 답 ⑤ 유형 04

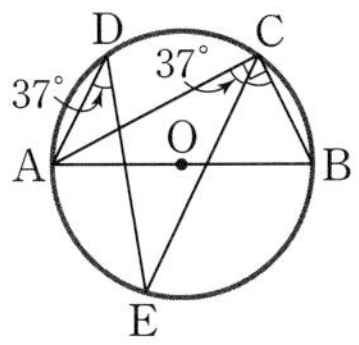

오른쪽 그림과 같이 $\overline{AC}$를 그으면
$\angle ACE = \angle ADE = 37°$
$\angle ACB = 90°$이므로
$\angle ECB = 90° - 37° = 53°$

05 답 ④ 유형 05

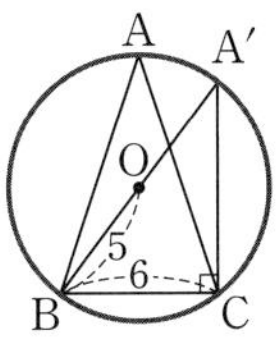

오른쪽 그림과 같이 $\overline{BO}$의 연장선을 그어 원
O와 만나는 점을 A′이라 하면
$\angle A = \angle A'$ ($\because \widehat{BC}$의 원주각)
$\angle BCA' = 90°$이고
$\overline{A'B} = 2 \times 5 = 10$이므로
$\overline{A'C} = \sqrt{10^2 - 6^2} = \sqrt{64} = 8$
$\therefore \cos A = \cos A' = \dfrac{8}{10} = \dfrac{4}{5}$

06 답 ① 유형 06

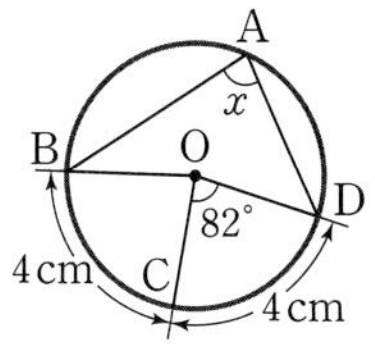

오른쪽 그림과 같이 $\overline{BO}$를 그으면
$\widehat{BC} = \widehat{CD}$이므로
$\angle BOC = \angle COD = 82°$
즉, $\angle BOD = 82° + 82° = 164°$이므로
$\angle x = \dfrac{1}{2} \times 164° = 82°$

07 답 ④ 유형 07

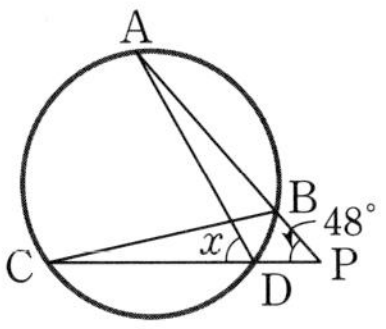

오른쪽 그림과 같이 $\overline{BC}$를 그으면
$\angle ABC = \angle ADC = \angle x$
$\widehat{BD} : \widehat{AC} = 1 : 5$이므로
$\angle BCD = \dfrac{1}{5} \angle x$
△BCP에서 $\angle x = \dfrac{1}{5} \angle x + 48°$
$\dfrac{4}{5} \angle x = 48°$ $\therefore \angle x = 60°$

08 답 ④ 유형 08

$\widehat{AB} : \widehat{BC} : \widehat{CA} = 4 : 5 : 6$이므로
$\angle x = 180° \times \dfrac{5}{4+5+6} = 60°$

참고 한 원에서 모든 원주각의 크기의 합은 180°이고, 원주각의
크기는 호의 길이에 정비례한다.

09 답 ④ 유형 09

④ $\angle A = 85° - 75° = 10°$이므로 $\angle A \neq \angle D$
따라서 네 점 A, B, C, D가 한 원 위에 있지 않은 것은 ④이다.

10 답 ③ 유형 06 + 유형 10

$\widehat{AE} = \widehat{ED}$이므로 $\angle ABE = \angle ECD = \angle a$라 하면
□ABCD가 원에 내접하므로
$\angle DAB + (80° + \angle a) = 180°$
$\therefore \angle DAB = 100° - \angle a$
△ABP에서
$\angle APE = \angle a + (100° - \angle a) = 100°$

11 답 ③ 유형 11

△OBC에서 $\overline{OB} = \overline{OC}$이므로
$\angle BOC = 180° - 2 \times 40° = 100°$
$\angle BAC = \dfrac{1}{2} \angle BOC = \dfrac{1}{2} \times 100° = 50°$
$\therefore \angle BAD = \angle BAC + \angle DAC = 50° + 28° = 78°$
이때 $\angle x = \angle BAD$이므로 $\angle x = 78°$

12 답 ① 유형 12

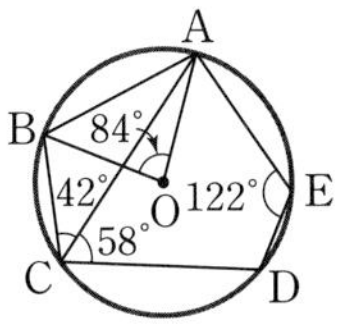

오른쪽 그림과 같이 $\overline{AC}$를 그으면
$\angle BCA = \dfrac{1}{2} \angle AOB = \dfrac{1}{2} \times 84° = 42°$
□ACDE가 원 O에 내접하므로
$\angle ACD = 180° - 122° = 58°$
$\therefore \angle BCD = \angle BCA + \angle ACD$
$= 42° + 58° = 100°$

13 답 ② ［유형 ⑬］

$\triangle PBC$에서 $\angle PCQ = \angle x + 32°$

$\square ABCD$가 원에 내접하므로 $\angle QDC = \angle ABC = \angle x$

$\triangle DCQ$에서 $\angle x + (\angle x + 32°) + 38° = 180°$

$2\angle x = 110°$ $\quad \therefore \angle x = 55°$

14 답 ③ ［유형 ⑭］

오른쪽 그림과 같이 $\overline{PQ}$를 그으면

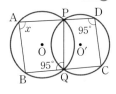

$\square PQCD$가 원 O'에 내접하므로

$\angle PQB = \angle PDC = 95°$

$\square ABQP$가 원 O에 내접하므로

$\angle x + \angle PQB = 180°$

$\therefore \angle x = 180° - 95° = 85°$

15 답 ② ［유형 ⑮］

$\square ABCD$가 원에 내접하려면 $\angle BAD = \angle DCP = 100°$

$\angle BAC + 30° = 100°$ $\quad \therefore \angle BAC = 70°$

$\triangle ABE$에서 $\angle x = 35° + 70° = 105°$

16 답 ① ［유형 ⑰］

오른쪽 그림과 같이 $\overline{AC}$를 그으면

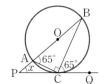

$\overrightarrow{PQ}$가 원 O의 접선이므로

$\angle BAC = \angle BCQ = 65°$

$\overline{AB}$가 원 O의 지름이므로

$\angle ACB = 90°$

$\triangle ACB$에서 $\angle ABC = 180° - (90° + 65°) = 25°$

따라서 $\triangle BPC$에서 $\angle x = 65° - 25° = 40°$

17 답 ④ ［유형 ⑰］

오른쪽 그림과 같이 $\overline{BD}$를 그으면

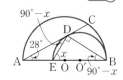

$\triangle EBD$에서 $\angle EDB = 90°$

$\therefore \angle DBE = 90° - \angle x$

$\overline{AC}$는 반원 O'의 접선이므로

$\angle ADE = \angle DBE = 90° - \angle x$

$\triangle AED$에서 $28° + (90° - \angle x) = \angle x$

$2\angle x = 118°$ $\quad \therefore \angle x = 59°$

18 답 ③ ［유형 ⑱］

$\triangle BED$에서 $\overline{BD} = \overline{BE}$이므로

$\angle BED = \dfrac{1}{2} \times (180° - 40°) = 70°$

$\overline{BE}$가 원 O의 접선이므로 $\angle DFE = \angle BED = 70°$

$\triangle DEF$에서

$\angle x = 180° - (50° + 70°) = 60°$

19 답 $110°$ ［유형 ①］

오른쪽 그림과 같이 $\overline{OB}$를 그으면

$\angle AOB = 2\angle APB = 2 \times 25° = 50°$

$\angle BOC = 2\angle BQC = 2 \times 30° = 60°$ ······ ❶

$\therefore \angle x = \angle AOB + \angle BOC$

$\qquad = 50° + 60° = 110°$ ······ ❷

채점 기준	배점
❶ $\angle AOB$, $\angle BOC$의 크기 각각 구하기	2점
❷ $\angle x$의 크기 구하기	2점

20 답 (1) $30°$ (2) $100°$ ［유형 ④ + 유형 ⑥］

(1) $\overline{AB}$는 원 O의 지름이므로

$\angle ACB = 90°$ ······ ❶

$\overparen{AD} = \overparen{DE} = \overparen{EB}$이므로

$\angle ACD = \angle DCE = \angle ECB$

$\therefore \angle x = 90° \times \dfrac{1}{3} = 30°$ ······ ❷

(2) $\overparen{AC} : \overparen{BC} = 5 : 4$이므로

$\angle CAB = 90° \times \dfrac{4}{9} = 40°$ ······ ❸

$\angle ACE = 2 \times 30° = 60°$이므로

$\triangle CAF$에서

$\angle y = 60° + 40° = 100°$ ······ ❹

채점 기준	배점
❶ $\angle ACB$의 크기 구하기	1점
❷ $\angle x$의 크기 구하기	2점
❸ $\angle CAB$의 크기 구하기	2점
❹ $\angle y$의 크기 구하기	1점

21 답 $5\,\text{cm}$ ［유형 ⑦］

$\angle AOD = 2 \times 25° = 50°$ ······ ❶

$\overline{CB} /\!/ \overline{DE}$이므로 $\angle ABC = \angle AOD = 50°$ (동위각)

오른쪽 그림과 같이 $\overline{AC}$를 그으면

$\triangle ABC$에서 $\overline{AB}$가 원 O의 지름이므로

$\angle ACB = 90°$

$\therefore \angle BAC = 180° - (90° + 50°) = 40°$

······ ❷

$\overparen{AD} : \overparen{BC} = \angle AED : \angle BAC$이므로

$\overparen{AD} : 8 = 25° : 40°$

$\therefore \overparen{AD} = 5\,(\text{cm})$ ······ ❸

채점 기준	배점
❶ $\angle AOD$의 크기 구하기	1점
❷ $\overline{AC}$를 그어 $\angle BAC$의 크기 구하기	3점
❸ $\overparen{AD}$의 길이 구하기	3점

22 답 $110°$ ［유형 ⑩ + 유형 ⑯］

$\overrightarrow{PQ}$가 원 O의 접선이므로

$\angle DBA = \angle DAP = 68°$ ······ ❶

$\triangle DAB$에서 $\angle DAB = 180° - (42° + 68°) = 70°$

$\square ABCD$가 원 O에 내접하므로 $\angle DAB + \angle x = 180°$

$\therefore \angle x = 180° - 70° = 110°$ ······ ❷

채점 기준	배점
❶ $\angle DBA$의 크기 구하기	3점
❷ $\angle x$의 크기 구하기	3점

23 답 $30°$ ［유형 ⑯］

오른쪽 그림과 같이 $\overline{AD}$를 그으면

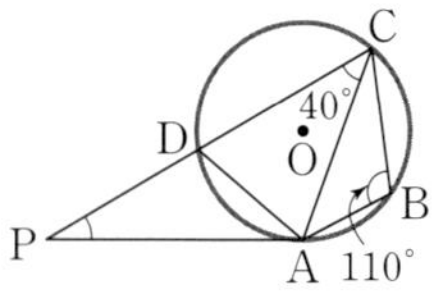

$\angle DAP = \angle DCA = 40°$ ······ ❶

$\square DABC$가 원에 내접하므로

$\angle ADC = 180° - 110° = 70°$ ······ ❷

$\triangle$PAD에서 $70°=\angle P+40°$ $\quad \therefore \angle P=30°$ $\quad$······ ❸

채점 기준	배점
❶ $\angle$DAP의 크기 구하기	2점
❷ $\angle$ADC의 크기 구하기	3점
❸ $\angle$P의 크기 구하기	2점

 실전! 중단원
학교 시험 2회

52쪽~55쪽

01 ②	**02** ④	**03** ③	**04** ③	**05** ②
06 ⑤	**07** ②	**08** ④	**09** ⑤	**10** ①
11 ④	**12** ②	**13** ②	**14** ③	**15** ①, ④
16 ④	**17** ②	**18** ①	**19** 35°	**20** 22°
21 75°	**22** 70°			

23 (1) $\angle$CEF=45°, $\angle$CFE=45° (2) 90° (3) 56°

01 답 ②   유형 01

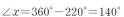

오른쪽 그림과 같이 $\overarc{APB}$ 위에 있지 않은
원 위의 한 점 C를 잡으면 $\overarc{ACB}$의 중심각
의 크기는 $110°\times2=220°$이므로
$\angle x=360°-220°=140°$

02 답 ④   유형 02

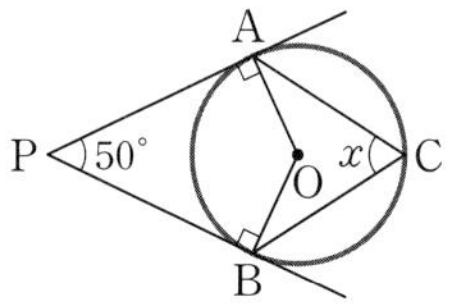

오른쪽 그림과 같이 $\overline{AO}$, $\overline{BO}$를 그
으면 $\overrightarrow{PA}$, $\overrightarrow{PB}$는 각각 원 O의 접선
이므로 $\angle OAP=\angle OBP=90°$
$\angle AOB=360°-(90°+50°+90°)$
$\qquad\quad=130°$
$\therefore \angle x=\dfrac{1}{2}\angle AOB=\dfrac{1}{2}\times130°=65°$

03 답 ③   유형 03

$\overarc{CD}$에 대한 원주각의 크기는 서로 같으므로
$\angle DBC=\angle DAC=45°$
$\triangle$PBC에서 $\angle x+45°=100°$ $\quad \therefore \angle x=55°$

04 답 ③   유형 04

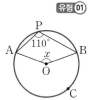

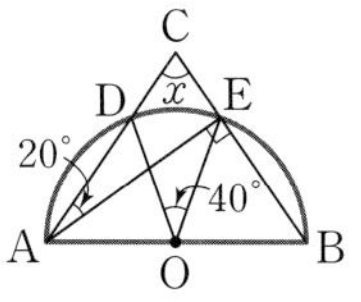

오른쪽 그림과 같이 $\overline{AE}$를 그으면
$\angle DAE=\dfrac{1}{2}\angle DOE$
$\qquad\qquad=\dfrac{1}{2}\times40°=20°$
$\overline{AB}$는 반원 O의 지름이므로 $\angle AEB=90°$
$\triangle$CAE에서 $\angle x+20°=90°$ $\quad \therefore \angle x=70°$

05 답 ②   유형 05

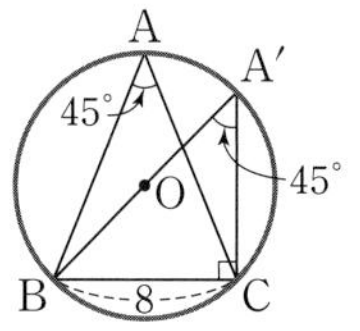

오른쪽 그림과 같이 $\overline{BO}$의 연장선을 그어
원 O와 만나는 점을 A′이라 하면
$\angle BCA'=90°$
$\triangle$A′BC에서 $\angle A'=\angle A=45°$이므로

$\overline{A'B}=\dfrac{8}{\sin45°}=8\times\dfrac{2}{\sqrt{2}}=8\sqrt{2}$
따라서 원 O의 반지름의 길이는
$\dfrac{1}{2}\overline{A'B}=\dfrac{1}{2}\times8\sqrt{2}=4\sqrt{2}$

06 답 ⑤   유형 06

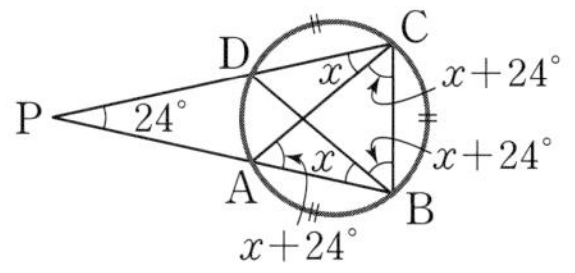

오른쪽 그림과 같이 $\overline{BC}$, $\overline{BD}$
를 그으면 $\triangle$CPA에서
$\angle CAB=\angle x+24°$
$\overarc{AB}=\overarc{BC}=\overarc{CD}$이므로
$\angle ACB=\angle CBD=\angle CAB=\angle x+24°$
$\angle DBA=\angle DCA=\angle x$ ($\because \overarc{AD}$의 원주각)
$\triangle$ABC의 내각의 크기의 합은 180°이므로
$3(\angle x+24°)+\angle x=180°$
$4\angle x+72°=180°$, $4\angle x=108°$ $\quad \therefore \angle x=27°$

07 답 ②   유형 07

오른쪽 그림과 같이 $\overline{BC}$를 그으면
$\angle ACB=90°$이므로
$\angle ABC=180°-(26°+90°)=64°$
$\angle DAB:\angle ABC=\overarc{BD}:\overarc{AC}$이므로
$16°:64°=\overarc{BD}:12$
$\therefore \overarc{BD}=3$ (cm)

08 답 ④   유형 08

$\overarc{BD}$의 길이는 원주의 $\dfrac{1}{5}$이므로
$\angle DCB=180°\times\dfrac{1}{5}=36°$
이때 $\overarc{AC}:\overarc{BD}=7:3$이므로
$\angle ABC:36°=7:3$
$\therefore \angle ABC=84°$
따라서 $\triangle$PCB에서
$\angle x=36°+84°=120°$

09 답 ⑤   유형 09

네 점 A, B, C, D가 한 원 위에 있으므로
$\angle C=\angle B=38°$
$\triangle$CPA에서
$\angle x=\angle P+\angle C=47°+38°=85°$

10 답 ①   유형 10

$\square$ABCD가 원 O에 내접하므로
$\angle B+\angle D=180°$
$\angle B:\angle D=4:5$이므로
$\angle D=180°\times\dfrac{5}{9}=100°$

11 답 ④   유형 11

$\square$ABCD가 원에 내접하므로
$\angle CDE=\angle B=75°$
$\triangle$CED에서
$\angle x=180°-(75°+25°)=80°$
$\angle y=\angle x=80°$이므로
$\angle x+\angle y=80°+80°=160°$

12 답 ② 유형 12

오른쪽 그림과 같이 $\overline{CE}$를 그으면
□ABCE가 원 O에 내접하므로
$\angle BCE=180°-123°=57°$
$\therefore \angle ECD=82°-57°=25°$
$\therefore \angle EOD=2\angle ECD=2\times25°=50°$

13 답 ② 유형 12

오른쪽 그림과 같이 $\overline{CF}$를 그으면
□FCDE가 원 O에 내접하므로
$\angle FCD=180°-112°=68°$
$\therefore \angle BCF=128°-68°=60°$
□ABCF가 원 O에 내접하므로
$\angle FAB=180°-60°=120°$

14 답 ③ 유형 14

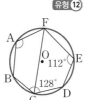

오른쪽 그림과 같이 $\overline{PQ}$를 그으면
□ABQP가 원 O에 내접하므로
$\angle QPD=\angle B=100°$
□PQCD가 원 O'에 내접하므로
$\angle C+\angle QPD=180°$에서
$\angle C=180°-100°=80°$
$\therefore \angle x=2\angle C=2\times80°=160°$

15 답 ①, ④ 유형 15

① $\angle C=180°-(60°+70°)=50°$이므로
$\angle A+\angle C=130°+50°=180°$
따라서 □ABCD는 원에 내접한다.
④ $\angle BAD=180°-75°=105°$
즉, $\angle BAD=\angle BCQ$이므로 □ABCD는 원에 내접한다.

16 답 ④ 유형 16

$\overline{CP}=\overline{CB}$이므로 $\angle CBA=\angle P=38°$
$\overline{PC}$가 원의 접선이므로 $\angle PCA=\angle CBA=38°$
△CPA에서 $\angle x=\angle P+\angle PCA=38°+38°=76°$

17 답 ② 유형 16

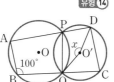

오른쪽 그림과 같이
$\angle APE=\angle CPE=\angle a$
$\angle PAB=\angle C=\angle b$라 하면
△APD에서 $\angle ADE=\angle a+\angle b$
△PCE에서 $\angle AED=\angle a+\angle b$
즉, $\angle ADE=\angle AED=\angle x$
△ADE에서 $\angle DAE=70°$이므로
$\angle x=\frac{1}{2}\times(180°-70°)=55°$

18 답 ① 유형 05 + 유형 17

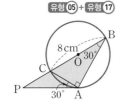

오른쪽 그림과 같이 $\overline{AC}$를 그으면
$\overline{BC}$가 원 O의 지름이므로
$\angle BAC=90°$
$\overline{AB}=8\cos30°$
$\quad=8\times\dfrac{\sqrt{3}}{2}=4\sqrt{3}\,(cm)$
$\overline{CA}=8\sin30°=8\times\dfrac{1}{2}=4\,(cm)$

$\overline{PA}$가 원 O의 접선이므로 $\angle CAP=\angle B=30°$
△BPA에서 $\angle CPA=180°-(30°+30°+90°)=30°$
즉, $\angle CPA=\angle CAP$이므로 △CPA는 이등변삼각형이다.
$\therefore \overline{CP}=\overline{CA}=4\,cm$
$\therefore \triangle BPA=\dfrac{1}{2}\times\overline{BP}\times\overline{BA}\times\sin B$
$\qquad=\dfrac{1}{2}\times(8+4)\times4\sqrt{3}\times\sin30°$
$\qquad=\dfrac{1}{2}\times12\times4\sqrt{3}\times\dfrac{1}{2}=12\sqrt{3}\,(cm^2)$

19 답 35° 유형 07

$\widehat{AD}:\widehat{BC}=\angle ACD:\angle BDC=5:10$이므로
$\angle BDC=2\angle x$ ……❶
△CDE에서
$\angle x+2\angle x=105°$, $3\angle x=105°$
$\therefore \angle x=35°$ ……❷

채점 기준	배점
❶ $\angle BDC$의 크기를 $\angle x$를 사용하여 나타내기	2점
❷ $\angle x$의 크기 구하기	2점

20 답 22° 유형 06 + 유형 10

$\widehat{AB}=\widehat{AD}$이므로 $\angle ACD=\angle ACB=34°$ ……❶
$\overline{BC}$가 원 O의 지름이므로 $\angle BAC=90°$
□ABCD가 원에 내접하므로
$\angle BAD+\angle DCB=180°$
$(90°+\angle x)+(34°+34°)=180°$이므로
$\angle x=22°$ ……❷

채점 기준	배점
❶ $\angle ACD$의 크기 구하기	2점
❷ $\angle x$의 크기 구하기	4점

21 답 75° 유형 16

오른쪽 그림과 같이 $\overline{AD}$를 그으면
$\overline{PQ}$가 원 O의 접선이므로
$\angle ADB=\angle ABP=25°$ ……❶
$\overline{AC}$가 원 O의 지름이므로
$\angle ADC=90°$
$\therefore \angle BDC=90°-25°=65°$
이때 $\overline{DC}/\!/\overline{PQ}$이므로
$\angle DBP=\angle CDB=65°$ (엇각)
$\therefore \angle DBA=65°-25°=40°$ ……❷
$\widehat{AD}$에 대한 원주각의 크기는 같으므로
$\angle DCA=\angle DBA=40°$
△CDE에서
$\angle x=180°-(65°+40°)=75°$ ……❸

채점 기준	배점
❶ $\angle ADB$의 크기 구하기	2점
❷ $\angle DBA$의 크기 구하기	3점
❸ $\angle x$의 크기 구하기	2점

22 답 $70°$ 유형 ⑱

$\widehat{AC}:\widehat{BC}=2:3$이므로 $\angle ABC:75°=2:3$

$\therefore \angle ABC=50°$ …… ❶

$\overrightarrow{PA}$가 원 O의 접선이므로

$\angle TAC=\angle ABC=50°$ …… ❷

$\therefore \angle PAB=180°-(75°+50°)=55°$

이때 $\overline{PA}=\overline{PB}$이므로

$\angle x=180°-2\times55°=70°$ …… ❸

채점 기준	배점
❶ ∠ABC의 크기 구하기	2점
❷ ∠TAC의 크기 구하기	2점
❸ ∠x의 크기 구하기	3점

23 답 (1) $\angle CEF=45°$, $\angle CFE=45°$ (2) $90°$ (3) $56°$ 유형 ⑱

(1) $\overline{BC}$, $\overline{AC}$가 원 O의 접선이므로

    $\angle CEF=\angle CFE=\angle EDF=45°$ …… ❶

(2) $\triangle CEF$에서 $\angle C=180°-(45°+45°)=90°$ …… ❷

(3) $\triangle ABC$에서 $\angle A=180°-(34°+90°)=56°$ …… ❸

채점 기준	배점
❶ ∠CEF, ∠CFE의 크기 각각 구하기	4점
❷ ∠C의 크기 구하기	1점
❸ ∠A의 크기 구하기	1점

◉ 56쪽

01 답 $180°$

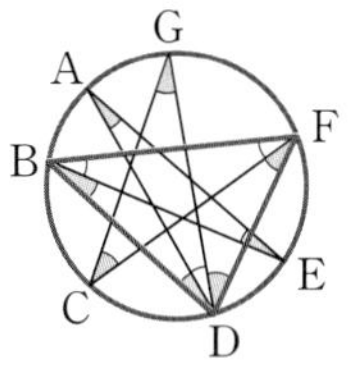

오른쪽 그림과 같이 $\overline{BD}$, $\overline{DF}$를 그으면

$\angle DAE=\angle DBE$ (∵ $\widehat{DE}$의 원주각)

$\angle FCG=\angle FDG$ (∵ $\widehat{GF}$의 원주각)

$\angle AEB=\angle ADB$ (∵ $\widehat{AB}$의 원주각)

$\angle CFD=\angle CGD$ (∵ $\widehat{CD}$의 원주각)

이므로 7개의 각의 크기의 합은 위의 그림과 같이 $\triangle BDF$의 세 내각의 크기의 합과 같다.

따라서 그림에 표시된 7개의 각의 크기의 합은 $180°$이다.

02 답 $\left(25\sqrt{3}+\dfrac{250}{3}\pi\right) m^2$

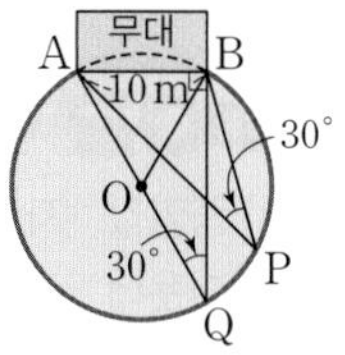

오른쪽 그림과 같이 원의 중심을 O라 하고 $\overline{AO}$의 연장선을 그어 원 O와 만나는 점을 Q라 하면

$\angle ABQ=90°$, $\angle AQB=\angle APB=30°$

$\triangle AQB$에서

$\overline{AQ}=\dfrac{\overline{AB}}{\sin30°}=10\times2=20\,(m)$

$\angle AOB=2\angle APB=2\times30°=60°$이고 $\overline{OA}=\overline{OB}$이므로 $\triangle OAB$는 정삼각형이다.

따라서 무대를 제외한 공연장의 넓이는 한 변의 길이가 10 m인 정삼각형의 넓이와 반지름의 길이가 10 m, 중심각의 크기가 $360°-60°=300°$인 부채꼴의 넓이의 합과 같으므로

$\dfrac{1}{2}\times10\times10\times\sin60°+\pi\times10^2\times\dfrac{300}{360}=25\sqrt{3}+\dfrac{250}{3}\pi\,(m^2)$

03 답 $9\sqrt{3}\ cm^2$

□ABCD는 원 O에 내접하므로

$\angle BAD+\angle BCD=180°$에서

$\angle BAD+120°=180°$ $\quad\therefore \angle BAD=60°$

$\widehat{AB}=\widehat{AD}$이므로

$\angle ABD=\angle ADB=\dfrac{1}{2}\times(180°-60°)=60°$

따라서 $\triangle ABD$는 정삼각형이므로

$\triangle ABD=\dfrac{1}{2}\times6\times6\times\sin60°$

$\qquad\quad =\dfrac{1}{2}\times6\times6\times\dfrac{\sqrt{3}}{2}=9\sqrt{3}\,(cm^2)$

04 답 $100°$

두 점 A, D가 $\overline{BC}$에 대하여 같은 쪽에 있고,

$\angle BAC=\angle BDC$이므로 네 점 A, B, C, D는 한 원 위에 있다.

또한 $\angle BAC=\angle BDC=90°$이므로 $\overline{BC}$는 원의 지름이고, $\overline{BC}$의 중점 O는 원의 중심이다.

$\angle APD=140°$이므로 $\angle BPC=140°$ (∵ 맞꼭지각)

$\triangle ABP$에서 $\angle ABP=140°-90°=50°$

$\therefore \angle AOD=2\angle ABD=2\times50°=100°$

05 답 $109°$

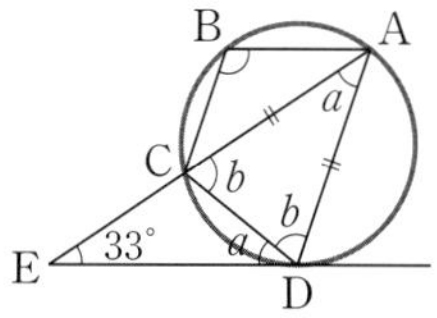

오른쪽 그림과 같이

$\angle CAD=\angle CDE=\angle a$,

$\angle ACD=\angle ADC=\angle b$라 하면

$\triangle ACD$에서

$\angle b=\dfrac{1}{2}(180°-\angle a)=90°-\dfrac{1}{2}\angle a$ …… ㉠

$\triangle CED$에서 $\angle b=33°+\angle a$ …… ㉡

㉠, ㉡에서 $90°-\dfrac{1}{2}\angle a=33°+\angle a$

$\dfrac{3}{2}\angle a=57°$ $\quad\therefore \angle a=38°$

$\angle b=90°-\dfrac{1}{2}\times38°=71°$

□ABCD가 원에 내접하므로

$\angle B=180°-71°=109°$

06 답 $4\sqrt{7}$

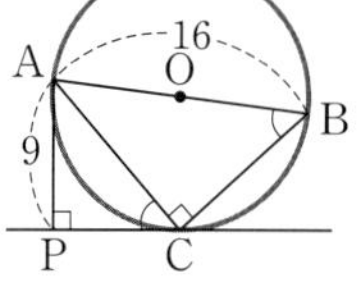

직선 PC가 원 O의 접선이므로

$\angle ACP=\angle ABC$

$\overline{AB}$가 원 O의 지름이므로

$\angle ACB=90°$

따라서 $\triangle APC\backsim\triangle ACB$ (AA 닮음)

이므로

$\overline{AP}:\overline{AC}=\overline{AC}:\overline{AB}$에서 $9:\overline{AC}=\overline{AC}:16$

$\overline{AC}^2=144$ $\quad\therefore \overline{AC}=12\ (∵ \overline{AC}>0)$

$\triangle ABC$는 직각삼각형이므로 피타고라스 정리를 이용하면

$\overline{BC}=\sqrt{\overline{AB}^2-\overline{AC}^2}$

$\qquad =\sqrt{16^2-12^2}=\sqrt{112}=4\sqrt{7}$

1 대푯값과 산포도

VII. 통계

58쪽

 개념 check

1 답 (1) 평균 : 8, 중앙값 : 7, 최빈값 : 6

(2) 평균 : 3.5, 중앙값 : 3.5, 최빈값 : 2, 5

(3) 평균 : 8, 중앙값 : 8, 최빈값 : 8, 9

(1) $(평균)=\dfrac{6+10+7+11+6}{5}=\dfrac{40}{5}=8$

변량을 작은 값부터 크기순으로 나열하면

6, 6, 7, 10, 11

변량이 5개이므로 중앙값은 3번째 변량인 7이다.

또, 6이 2개, 7이 1개, 10이 1개, 11이 1개이므로 자료에서 가장 많이 나타난 값은 6이다. 따라서 최빈값은 6이다.

(2) $(평균)=\dfrac{2+2+3+4+5+5}{6}=\dfrac{21}{6}=3.5$

변량을 작은 값부터 크기순으로 나열하면

2, 2, 3, 4, 5, 5

변량이 6개이므로 중앙값은 3번째와 4번째 변량의 평균인

$\dfrac{3+4}{2}=3.5$

또, 2가 2개, 3이 1개, 4가 1개, 5가 2개이므로 자료에서 가장 많이 나타난 값은 2, 5이다. 따라서 최빈값은 2, 5이다.

(3) $(평균)=\dfrac{8+9+12+9+5+8+7+6}{8}=\dfrac{64}{8}=8$

변량을 작은 값부터 크기순으로 나열하면

5, 6, 7, 8, 8, 9, 9, 12

변량이 8개이므로 중앙값은 4번째와 5번째 변량의 평균인

$\dfrac{8+8}{2}=8$

또, 5가 1개, 6이 1개, 7이 1개, 8이 2개, 9가 2개, 12가 1개이므로 자료에서 가장 많이 나타난 값은 8, 9이다. 따라서 최빈값은 8, 9이다.

2 답 중앙값 : 77점, 최빈값 : 78점

변량이 10개이므로 중앙값은 변량을 작은 값부터 크기순으로 나열했을 때 5번째와 6번째 변량의 평균이다.

5번째 변량이 76점, 6번째 변량이 78점이므로 중앙값은

$\dfrac{76+78}{2}=77(점)$

또, 78점인 학생이 2명으로 가장 많으므로 최빈값은 78점이다.

3 답 (1) 4 (2) 18회

(1) 편차의 총합은 항상 0이므로

$(-6)+x+3+1+(-2)=0$ ∴ $x=4$

(2) (B의 윗몸 일으키기 횟수)=14+4=18(회)

4 답 평균 : 92점, 표준편차 : $2\sqrt{2}$ 점

$(평균)=\dfrac{96+88+92+90+94}{5}=\dfrac{460}{5}=92(점)$

각 변량의 편차는 4점, -4점, 0점, -2점, 2점이므로

$(분산)=\dfrac{4^2+(-4)^2+0^2+(-2)^2+2^2}{5}=\dfrac{40}{5}=8$

∴ $(표준편차)=\sqrt{8}=2\sqrt{2}(점)$

기출 유형

59쪽~65쪽

59쪽~65쪽

유형 01 평균

59쪽

$(평균)=\dfrac{(변량)의 총합}{(변량)의 개수}$

참고 대푯값에는 평균, 중앙값, 최빈값 등이 있으며, 평균이 대푯값으로 가장 많이 사용된다.

01 답 ④

a, b, c의 평균이 8이므로

$\dfrac{a+b+c}{3}=8$ ∴ $a+b+c=24$

따라서 9, a, b, c, 12의 평균은

$\dfrac{9+a+b+c+12}{5}=\dfrac{9+24+12}{5}=\dfrac{45}{5}=9$

02 답 80점

$(평균)=\dfrac{60\times1+70\times2+80\times4+90\times2+100\times1}{10}$

$=\dfrac{800}{10}=80(점)$

03 답 ②

평균이 41개이므로

$\dfrac{38+52+x+33+43}{5}=41$, $166+x=205$ ∴ $x=39$

04 답 ③

a, b, c, d의 평균이 8이므로

$\dfrac{a+b+c+d}{4}=8$ ∴ $a+b+c+d=32$

따라서 $2a-1$, $2b-1$, $2c-1$, $2d-1$의 평균은

$\dfrac{(2a-1)+(2b-1)+(2c-1)+(2d-1)}{4}$

$=\dfrac{2(a+b+c+d)-4}{4}=\dfrac{2\times32-4}{4}=15$

참고 모든 변량을 똑같이 a배 하면 평균도 a배가 되고, 모든 변량에 똑같이 b를 더하거나 빼면 평균도 b만큼 커지거나 작아진다. 즉, 변량 x_1, x_2, $\cdots$, x_n의 평균이 m일 때,

변량 ax_1+b, ax_2+b, $\cdots$, ax_n+b의 평균은 → $am+b$

유형 02 중앙값

59쪽

(1) 중앙값 : 자료의 변량을 작은 값부터 크기순으로 나열할 때, 가운데 위치한 값

(2) n개의 변량을 작은 값부터 크기순으로 나열할 때 중앙값은

① n이 홀수이면 → $\dfrac{n+1}{2}$ 번째 값

② n이 짝수이면 → $\dfrac{n}{2}$ 번째와 $\left(\dfrac{n}{2}+1\right)$번째 값의 평균

05 답 ②

변량을 작은 값부터 크기순으로 나열하면

1, 3, 3, 6, 7, 8, 11, 12(편)

변량이 8개이므로 중앙값은 4번째와 5번째 변량의 평균인

$\dfrac{6+7}{2}=6.5$(편)

06 답 257.5 mm

변량이 24개이므로 중앙값은 변량을 작은 값부터 크기순으로 나열했을 때, 12번째와 13번째 변량의 평균인

$\dfrac{255+260}{2}=257.5$(mm)

07 답 ②

변량이 6개이므로 중앙값은 변량을 작은 값부터 크기순으로 나열했을 때, 3번째와 4번째 변량의 평균이다. 3번째 학생의 성적을 x점이라 하면

$\dfrac{x+18}{2}=17$ ∴ $x=16$

그런데 이 모둠에 성적이 16점인 학생이 들어오면 7명의 성적을 작은 값부터 크기순으로 나열했을 때, 3번째 학생의 성적은 16점, 4번째 학생의 성적은 16점, 5번째 학생의 성적은 18점이 되어 중앙값은 4번째 학생의 성적인 16점이다.

따라서 중앙값은 처음보다 1점 감소한다.

유형 03 최빈값　60쪽

(1) 최빈값 : 자료의 변량 중에서 가장 많이 나타나는 값

(2) 자료의 변량 중에서 도수가 가장 큰 값이 여러 개 있어도 그 값이 모두 최빈값이다. → 최빈값은 2개 이상일 수도 있다.

08 답 ②

필기구를 5개 가지고 있는 학생이 10명으로 가장 많으므로 최빈값은 5개이다.

09 답 37회

줄넘기 횟수가 37회인 학생이 3명으로 가장 많으므로 최빈값은 37회이다.

10 답 ④

A반의 최빈값은 도수가 2로 가장 많이 나타난 3회, B반의 최빈값은 도수가 3으로 가장 많이 나타난 2회이다.

즉, $a=3$, $b=2$이므로 $a+b=5$

유형 04 자료에서 대푯값 구하기　60쪽

평균	중앙값	최빈값
$\dfrac{(변량)의\ 총합}{(변량)의\ 개수}$	변량을 작은 값부터 크기순으로 나열할 때, 가운데 위치한 값	변량 중에서 가장 많이 나타나는 값

(1) 자료의 값 중에서 매우 크거나 매우 작은 값, 즉 극단적인 값이 있는 경우에 대푯값은 평균보다 중앙값이 더 적절하다.

(2) 자료의 수가 많고, 자료에 같은 값이 여러 번 나타나는 경우에는 대푯값으로 최빈값을 많이 사용한다.

11 답 ④

(평균)$=\dfrac{30+44+52+45+64+95+90}{7}=\dfrac{420}{7}=60$(분)

∴ $x=60$

변량을 작은 값부터 크기순으로 나열하면

30, 44, 45, 52, 64, 90, 95(분)

변량이 7개이므로 중앙값은 4번째 변량인 52분이다.

∴ $y=52$

∴ $x-y=60-52=8$

12 답 ④

① (평균)$=\dfrac{9+7+30+12+8+10+5+11}{8}=\dfrac{92}{8}=11.5$

② 변량을 작은 값부터 크기순으로 나열하면

5, 7, 8, 9, 10, 11, 12, 30

변량이 8개이므로 중앙값은 4번째와 5번째 변량의 평균인

$\dfrac{9+10}{2}=9.5$

③ 평균은 11.5, 중앙값은 9.5이므로 평균과 중앙값은 다르다.

⑤ 주어진 자료에서 30은 다른 변량에 비해 매우 크다. 이와 같이 극단적인 값이 있는 경우에 대푯값으로 평균은 적절하지 않다.

따라서 옳은 것은 ④이다.

13 답 61

(평균)$=\dfrac{2\times5+3\times2+4\times3+5\times3+6\times2}{15}$

$\qquad=\dfrac{55}{15}=\dfrac{11}{3}$(회)

변량이 15개이므로 중앙값은 변량을 크기순으로 나열했을 때, 8번째 변량인 4회이다.

또, 턱걸이 횟수가 2회인 학생이 5명으로 가장 많으므로 최빈값은 2회이다.

즉, $a=\dfrac{11}{3}$, $b=4$, $c=2$이므로

$15a+b+c=55+4+2=61$

14 답 5

과녁에 활을 쏘아 얻은 점수를 작은 값부터 크기순으로 나열하면

1, 2, 2, 2, 2, 3, 3, 3, 4, 4, 4(점)

변량이 11개이므로 중앙값은 6번째 변량인 3점이다.

또, 2점이 4번으로 가장 많으므로 최빈값은 2점이다.

즉, $a=3$, $b=2$이므로 $a+b=5$

15 답 중앙값

변량의 값이 모두 다르므로 최빈값은 대푯값으로 적절하지 않다. 이때 주어진 자료에서 120분은 다른 변량에 비해 매우 크다. 이와 같이 극단적인 값이 있는 경우에 평균은 전체 자료를 대표하는 값으로 적절하지 않다.

따라서 중앙값이 대푯값으로 가장 적절하다.

참고 (평균)$=\dfrac{28+50+57+120+38+66+47}{7}=\dfrac{406}{7}$

$\qquad=58$(분)

변량을 작은 값부터 크기순으로 나열하면

28, 38, 47, 50, 57, 66, 120(분)

변량이 7개이므로 중앙값은 4번째 변량인 50분이다.

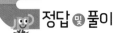
(1) 평균이 주어졌을 때 ➜ (평균)$=\dfrac{(변량)의\ 총합}{(변량)의\ 개수}$ 임을 이용한다.

(2) 중앙값이 주어졌을 때 ➜ 변량을 작은 값부터 크기순으로 나열한 후, 변량 x가 몇 번째 위치에 놓이는지 파악한다.

(3) 최빈값이 주어졌을 때 ➜ 도수가 가장 큰 값이 최빈값이 될 경우를 생각한다.

16 답 ⑤

5회의 성적을 x점이라 하면

$\dfrac{80\times4+x}{5}=83$, $320+x=415$　∴ $x=95$

따라서 5회의 성적은 95점이다.

17 답 2

평균이 12분이므로

$\dfrac{8+9+a+b+11+16+20}{7}=12$

$a+b+64=84$　∴ $a+b=20$

변량이 7개이므로 중앙값은 4번째 변량인 b분이다.

이때 중앙값이 11분이므로 $b=11$

∴ $a=20-11=9$

∴ $b-a=11-9=2$

18 답 5

평균이 5이므로

$\dfrac{3+5+a+2+b+7+3+7+5}{9}=5$

$a+b+32=45$　∴ $a+b=13$

이때 최빈값이 5이므로 a, b의 값 중 하나는 반드시 5가 되어야 한다.

조건에서 $a<b$이므로 $a=5$, $b=8$

변량을 작은 값부터 크기순으로 나열하면

2, 3, 3, 5, 5, 5, 7, 7, 8

변량이 9개이므로 중앙값은 5번째 변량인 5이다.

19 답 ⑤

3, 6, x의 중앙값이 6이므로 $x\geq6$　……… ㉠

9, 13, x의 중앙값이 9이므로 $x\leq9$　……… ㉡

㉠, ㉡에서 $6\leq x\leq9$

따라서 x의 값이 될 수 없는 것은 ⑤이다.

20 답 32.5

변량이 10개이므로 중앙값은 변량을 작은 값부터 크기순으로 나열했을 때, 5번째 변량과 6번째 변량의 평균이다.

중앙값이 14시간이므로

$\dfrac{(10+k)+15}{2}=14$, $k+25=28$　∴ $k=3$

$(평균)=\dfrac{5+5+13+13+13+15+22+22+25+32}{10}$

$\qquad=\dfrac{165}{10}=16.5(시간)$

또, 봉사 활동 시간이 13시간인 학생이 3명으로 가장 많으므로 최빈값은 13시간이다.

즉, $a=16.5$, $b=13$이므로

$a+b+k=16.5+13+3=32.5$

오답 피하기

줄기와 잎 그림에서 $1|k$는 $(10+k)$시간을 의미한다.

21 답 194

키가 185 cm와 194 cm인 선수가 각각 2명씩이고 최빈값은 한 개이므로 x의 값은 185 또는 194이어야 한다.

(ⅰ) $x=185$일 때, 변량을 작은 값부터 크기순으로 나열하면

180, 182, 185, 185, 185, 192, 194, 194, 196, 200, 210, 221(cm)이고 중앙값은 6번째와 7번째 변량의 평균인

$\dfrac{192+194}{2}=193(cm)$

이때 최빈값은 185 cm이므로 중앙값과 최빈값은 같지 않다.

(ⅱ) $x=194$일 때, 변량을 작은 값부터 크기순으로 나열하면

180, 182, 185, 185, 192, 194, 194, 194, 196, 200, 210, 221(cm)이고 중앙값은 6번째와 7번째 변량의 평균인

$\dfrac{194+194}{2}=194(cm)$

이때 최빈값은 194 cm이므로 중앙값과 최빈값은 같다.

(ⅰ), (ⅱ)에서 $x=194$

22 답 1

조건 ㈎에서 a를 제외한 5개의 변량을 작은 값부터 크기순으로 나열하면 5, 9, 10, 14, 16

a를 포함한 6개의 변량의 중앙값이 12이므로 $a\geq14$

조건 ㈏에서 b를 제외한 4개의 변량을 작은 값부터 크기순으로 나열하면 8, 12, 14, a

b를 포함한 5개의 변량의 중앙값이 13이고 최빈값이 14이므로 a, b의 값 중 반드시 13과 14가 하나씩 있어야 한다.

이때 $a\geq14$이므로 $a=14$, $b=13$

∴ $a-b=1$

(1) (편차)=(변량)−(평균)

(2) 편차의 총합은 항상 0이다.

(3) 편차의 절댓값이 클수록 변량은 평균으로부터 멀리 떨어져 있다.

23 답 ⑤

호준이의 국어 성적의 편차를 x점이라 하면

편차의 총합은 항상 0이므로

$7+(-5)+(-4)+x+2+0+(-3)=0$　∴ $x=3$

∴ (호준이의 국어 성적)$=86+3=89(점)$

24 답 59

편차의 총합은 항상 0이므로

$(-3)+x+6+(-4)+(-1)+(-2)=0$　∴ $x=4$

몸무게가 56 kg인 A 학생의 편차가 -3 kg이므로

$(평균)=56-(-3)=59(kg)$

따라서 D 학생의 몸무게는

$59+(-4)=55(\text{kg})$ $\therefore y=55$

$\therefore x+y=4+55=59$

25 답 20

평균이 4이므로

$\dfrac{1+3+7+x+y}{5}=4,\ x+y+11=20$

$\therefore x+y=9$ ……㉠

x의 편차가 y의 편차보다 1만큼 작으므로

$x=y-1$ ……㉡

㉠, ㉡을 연립하여 풀면 $x=4,\ y=5$

$\therefore xy=20$

26 답 ⑤

① 편차의 총합은 항상 0이므로

　$3+(-2)+(-4)+1+x=0$ $\therefore x=2$

②, ③ (편차)=(변량)-(평균)이므로 학생 E의 점수는 평균 점수보다 높고, 편차가 가장 큰 학생 A의 점수가 가장 높다.

④ 학생 D의 편차는 양수이고 학생 B, C의 편차는 음수이므로 학생 D의 점수가 두 학생 B, C의 점수의 평균보다 높다.

⑤ 평균보다 점수가 높은 학생은 편차가 양수인 A, D, E의 3명이다.

따라서 옳지 않은 것은 ⑤이다.

유형 07 분산과 표준편차 62쪽

(1) (분산)$=\dfrac{(\text{편차})^2\text{의 총합}}{(\text{변량})\text{의 개수}}$

(2) (표준편차)$=\sqrt{(\text{분산})}$

참고 자료에서 분산과 표준편차는 다음 순서로 구한다.

　평균 ➝ 편차 ➝ (편차)²의 총합 ➝ 분산 ➝ 표준편차

27 답 ①

(평균)$=\dfrac{31+42+24+26+22}{5}=\dfrac{145}{5}=29(\text{m}^3)$

$\therefore$ (분산)$=\dfrac{2^2+13^2+(-5)^2+(-3)^2+(-7)^2}{5}$

$=\dfrac{256}{5}=51.2$

28 답 ③

편차의 총합은 항상 0이므로

$3+(-1)+0+x+(-3)=0$ $\therefore x=1$

(분산)$=\dfrac{3^2+(-1)^2+0^2+1^2+(-3)^2}{5}=\dfrac{20}{5}=4$

$\therefore$ (표준편차)$=\sqrt{4}=2(\text{cm})$

29 답 ⑤

평균이 9이므로

$\dfrac{4+8+11+9+x}{5}=9,\ 32+x=45$ $\therefore x=13$

각 변량의 편차는 $-5,\ -1,\ 2,\ 0,\ 4$이므로

(분산)$=\dfrac{(-5)^2+(-1)^2+2^2+0^2+4^2}{5}=\dfrac{46}{5}=9.2$

30 답 ③

① (평균)

$=\dfrac{(-4)+9+4+(-2)+8+7+0+(-1)+6}{9}$

$=\dfrac{27}{9}=3$

② (분산)

$=\dfrac{(-7)^2+6^2+1^2+(-5)^2+5^2+4^2+(-3)^2+(-4)^2+3^2}{9}$

$=\dfrac{186}{9}=\dfrac{62}{3}$

③ (표준편차)$=\sqrt{\dfrac{62}{3}}=\dfrac{\sqrt{186}}{3}$

④ (편차의 절댓값의 합)

$=|-7|+|6|+|1|+|-5|+|5|+|4|+|-3|$
$\qquad +|-4|+|3|$

$=38$

⑤ ②에서 (편차의 제곱의 합)$=186$

따라서 옳은 것은 ③이다.

31 답 33

4개의 변량 중 잘못 보지 않은 나머지 두 변량을 $a,\ b$라 하면 $a,\ b,\ 6,\ 1$의 평균이 5, 분산이 30이므로

$\dfrac{a+b+6+1}{4}=5,\ a+b+7=20$ $\therefore a+b=13$

$\dfrac{(a-5)^2+(b-5)^2+1^2+(-4)^2}{4}=30$

$(a-5)^2+(b-5)^2+17=120$

$\therefore (a-5)^2+(b-5)^2=103$

따라서 바르게 본 4개의 변량 $a,\ b,\ 5,\ 2$의 평균과 분산은

(평균)$=\dfrac{a+b+5+2}{4}=\dfrac{13+7}{4}=5$

(분산)$=\dfrac{(a-5)^2+(b-5)^2+0^2+(-3)^2}{4}$

$=\dfrac{103+9}{4}=28$

즉, $m=5,\ v=28$이므로

$m+v=33$

유형 08 평균과 분산을 이용하여 식의 값 구하기 63쪽

5개의 변량 $a,\ b,\ c,\ d,\ e$의 평균이 m이고, 분산이 v이면 다음과 같이 변형하여 식의 값을 구한다.

(1) $\dfrac{a+b+c+d+e}{5}=m \rightarrow a+b+c+d+e=5m$

(2) $\dfrac{(a-m)^2+(b-m)^2+(c-m)^2+(d-m)^2+(e-m)^2}{5}$

$=v$

$\rightarrow a^2+b^2+c^2+d^2+e^2-2m(a+b+c+d+e)+5m^2=5v$

32 답 ④

(분산)$=(2\sqrt{3})^2=12$이므로

$$\frac{(a-4)^2+(b-4)^2+(c-4)^2+(d-4)^2}{4}=12$$

$\therefore (a-4)^2+(b-4)^2+(c-4)^2+(d-4)^2=48$

33 답 ③

평균이 7이므로

$$\frac{5+8+x+y+6}{5}=7$$

$x+y+19=35$ $\quad\therefore x+y=16$ $\quad\cdots\cdots\ \bigcirc$

분산이 2이므로

$$\frac{(-2)^2+1^2+(x-7)^2+(y-7)^2+(-1)^2}{5}=2$$

$(x-7)^2+(y-7)^2+6=10$

$x^2+y^2-14(x+y)+104=10$

위의 식에 $\bigcirc$을 대입하면

$x^2+y^2-14\times16+104=10$

$\therefore x^2+y^2=130$

34 답 66

x, y, z의 평균이 8이므로

$$\frac{x+y+z}{3}=8 \quad\therefore x+y+z=24 \quad\cdots\cdots\ \bigcirc$$

분산이 2이므로

$$\frac{(x-8)^2+(y-8)^2+(z-8)^2}{3}=2$$

$(x-8)^2+(y-8)^2+(z-8)^2=6$

$x^2+y^2+z^2-16(x+y+z)+192=6$

위의 식에 $\bigcirc$을 대입하면

$x^2+y^2+z^2-16\times24+192=6$

$\therefore x^2+y^2+z^2=198$

따라서 x^2, y^2, z^2의 평균은

$$\frac{x^2+y^2+z^2}{3}=\frac{198}{3}=66$$

35 답 ②

평균이 14회이므로

$$\frac{10+x+12+y+16}{5}=14$$

$x+y+38=70$ $\quad\therefore x+y=32$ $\quad\cdots\cdots\ \bigcirc$

(분산)$=(\sqrt{6.8})^2=6.8$이므로

$$\frac{(-4)^2+(x-14)^2+(-2)^2+(y-14)^2+2^2}{5}=6.8$$

$(x-14)^2+(y-14)^2+24=34$

$x^2+y^2-28(x+y)+416=34$

위의 식에 $\bigcirc$을 대입하면

$x^2+y^2-28\times32+416=34$

$\therefore x^2+y^2=514$

이때 $(x+y)^2=x^2+y^2+2xy$이므로

$32^2=514+2xy,\ 2xy=510$ $\quad\therefore xy=255$

$(x-y)^2=(x+y)^2-4xy$이므로

$(x-y)^2=32^2-4\times255,\ (x-y)^2=4$

이때 $x>y$이므로 $x-y=2$

유형 09 변화된 변량의 평균, 분산, 표준편차 64쪽

(1) 모든 변량에 일정한 수를 더하거나 빼어도 분산과 표준편차는 변하지 않는다.

(2) 모든 변량에 일정한 수를 곱하는 경우에는 곱한 수에 따라 다음과 같이 분산과 표준편차가 변한다.

n개의 변량	평균	분산	표준편차
$x_1,\ x_2,\ \cdots,\ x_n$	m	s^2	s
$ax_1+b,\ ax_2+b,\ \cdots,\ ax_n+b$	$am+b$	a^2s^2	$|a|s$

36 답 ④

학생 8명의 미술 수행 평가 성적을 모두 3점씩 올려주면 평균은 3점 올라가고 표준편차는 변함없다.

따라서 옳은 것은 ④이다.

37 답 평균 : 85점, 분산 : 9

중간고사 4개 과목의 성적을 각각 a점, b점, c점, d점이라 하면

평균이 80점이므로

$$\frac{a+b+c+d}{4}=80 \quad\therefore a+b+c+d=320$$

표준편차가 3점이므로

$$\frac{(a-80)^2+(b-80)^2+(c-80)^2+(d-80)^2}{4}=9$$

$(a-80)^2+(b-80)^2+(c-80)^2+(d-80)^2=36$

기말고사 4개 과목의 성적은 각각 $(a+5)$점, $(b+5)$점, $(c+5)$점, $(d+5)$점이므로

평균은

$$\frac{(a+5)+(b+5)+(c+5)+(d+5)}{4}$$

$$=\frac{a+b+c+d+20}{4}=\frac{320+20}{4}=85(점)$$

분산은

$$\frac{(a+5-85)^2+(b+5-85)^2+(c+5-85)^2+(d+5-85)^2}{4}$$

$$=\frac{(a-80)^2+(b-80)^2+(c-80)^2+(d-80)^2}{4}=\frac{36}{4}=9$$

38 답 ③

x, y, z의 평균을 m, 분산을 s^2이라 하면

$$m=\frac{x+y+z}{3},\ s^2=\frac{(x-m)^2+(y-m)^2+(z-m)^2}{3}$$

ㄱ. $x+2, y+2, z+2$의 평균은

$$\frac{(x+2)+(y+2)+(z+2)}{3}=\frac{x+y+z+6}{3}=m+2$$

즉, x, y, z의 평균보다 2만큼 크다.

ㄴ. $x+2, y+2, z+2$의 분산은

$$\frac{(x+2-m-2)^2+(y+2-m-2)^2+(z+2-m-2)^2}{3}$$

$$=\frac{(x-m)^2+(y-m)^2+(z-m)^2}{3}=s^2$$

즉, x, y, z의 분산과 같다.

ㄷ. $2x, 2y, 2z$의 평균은

$$\frac{2x+2y+2z}{3}=\frac{2(x+y+z)}{3}=2m$$

$2x$, $2y$, $2z$의 분산은

$$\frac{(2x-2m)^2+(2y-2m)^2+(2z-2m)^2}{3}$$

$$=\frac{4\{(x-m)^2+(y-m)^2+(z-m)^2\}}{3}=4s^2$$

즉, x, y, z의 분산의 4배이다.

따라서 옳은 것은 ㄱ, ㄴ이다.

39 답 18

a, b, c의 평균이 3이므로

$$\frac{a+b+c}{3}=3 \qquad \therefore a+b+c=9$$

분산이 2이므로

$$\frac{(a-3)^2+(b-3)^2+(c-3)^2}{3}=2$$

$$\therefore (a-3)^2+(b-3)^2+(c-3)^2=6$$

$3a$, $3b$, $3c$의 평균은

$$\frac{3a+3b+3c}{3}=\frac{3(a+b+c)}{3}=\frac{3\times9}{3}=9$$

따라서 $3a$, $3b$, $3c$의 분산은

$$\frac{(3a-9)^2+(3b-9)^2+(3c-9)^2}{3}$$

$$=\frac{9\{(a-3)^2+(b-3)^2+(c-3)^2\}}{3}$$

$$=\frac{9\times6}{3}=18$$

유형 10 평균이 같은 두 집단 전체의 평균과 표준편차 64쪽

평균이 같은 두 집단 A, B의 도수와 표준편차가 오른쪽 표와 같을 때,

	A	B
도수	a	b
표준편차	x	y

(두 집단 전체의 표준편차)

$$=\sqrt{\frac{(편차)^2의\ 총합}{(도수)의\ 총합}}=\sqrt{\frac{ax^2+by^2}{a+b}}$$

40 답 ②

민서네 반과 수아네 반의 영어 성적의 평균이 70점으로 같으므로 두 반을 합친 전체 학생의 평균도 70점이다.

민서네 반 20명의 분산이 25이므로

민서네 반의 (편차)^{2}의 총합은 $20\times25=500$

수아네 반 20명의 분산이 9이므로

수아네 반의 (편차)^{2}의 총합은 $20\times9=180$

따라서 두 반을 합친 전체 학생의 영어 성적의 분산은

$$\frac{500+180}{20+20}=\frac{680}{40}=17$$

41 답 $\sqrt{5}$점

남학생과 여학생의 과학 성적의 평균이 80점으로 같으므로 전체 학생의 과학 성적의 평균도 80점이다.

남학생 5명의 과학 성적의 표준편차가 $2\sqrt{2}$점이므로

남학생의 (편차)^{2}의 총합은 $5\times(2\sqrt{2})^2=40$

여학생 15명의 과학 성적의 표준편차가 2점이므로

여학생의 (편차)^{2}의 총합은 $15\times2^2=60$

즉, 전체 학생의 과학 성적의 분산은

$$\frac{40+60}{5+15}=\frac{100}{20}=5$$

따라서 표준편차는 $\sqrt{5}$점이다.

오답 피하기

표준편차를 구할 때, 단위를 확인한다.

42 답 7

남학생과 여학생의 수면 시간의 평균이 같으므로 전체 학생의 수면 시간의 평균도 같다.

남학생 6명의 수면 시간의 분산이 9이므로

남학생의 (편차)^{2}의 총합은 $6\times9=54$

여학생 4명의 수면 시간의 분산이 4이므로

여학생의 (편차)^{2}의 총합은 $4\times4=16$

따라서 전체 학생 10명의 수면 시간의 분산은

$$\frac{54+16}{6+4}=\frac{70}{10}=7$$

43 답 $\sqrt{11}$

A 모둠과 B 모둠의 수학 성적의 평균이 같으므로 전체 학생의 수학 성적의 평균도 같다.

A 모둠 8명의 (편차)^{2}의 총합은 $8\times a^2=8a^2$

B 모둠 12명의 (편차)^{2}의 총합은 $12\times(\sqrt{6})^2=72$

A, B 두 모둠 전체의 수학 성적의 표준편차가 $2\sqrt{2}$점이므로

$$\frac{8a^2+72}{8+12}=(2\sqrt{2})^2, \quad 8a^2+72=160$$

$8a^2=88$, $a^2=11$ $\qquad \therefore a=\sqrt{11}\ (\because a>0)$

유형 11 자료의 분석 65쪽

산포도가 작을수록 자료의 분포 상태가 고르고, 산포도가 클수록 자료의 분포 상태가 고르지 않다.

(1) 변량이 평균으로부터 멀리 흩어져 있다.

　➡ 산포도가 크다.

(2) 변량이 평균 주위에 모여 있다.

　➡ 산포도가 작다.

44 답 ④

① 성적이 가장 우수한 반은 평균이 가장 높은 4반이다.

② 2반과 5반은 평균은 같지만 표준편차가 다르므로 성적의 분포가 다르다.

④ 3반의 표준편차가 가장 작으므로 성적이 가장 고르다.

③, ⑤ 각 반의 평균과 표준편차만으로는 정확한 변량을 알 수 없다.

따라서 옳은 것은 ④이다.

45 답 C 학급

표준편차가 작을수록 변량이 평균 주위에 더 모여 있으므로 성적이 가장 고른 학급은 표준편차가 가장 작은 C 학급이다.

46 답 ④

표준편차가 작을수록 공부 시간이 규칙적이라 할 수 있으므로 표준편차가 가장 큰 D 학생의 공부 시간이 가장 불규칙하다.

47 답 ③

ㄱ. (A 모둠의 평균) $= \dfrac{72+70+88+86+84}{5}$

$\qquad\qquad\qquad = \dfrac{400}{5} = 80(점)$

ㄴ. (B 모둠의 평균) $= \dfrac{62+68+80+90+100}{5}$

$\qquad\qquad\qquad = \dfrac{400}{5} = 80(점)$

즉, B 모둠의 평균은 A 모둠의 평균과 같다.

ㄷ. (A 모둠의 분산) $= \dfrac{(-8)^2+(-10)^2+8^2+6^2+4^2}{5}$

$\qquad\qquad\qquad = \dfrac{280}{5} = 56$

$\quad$ (B 모둠의 분산) $= \dfrac{(-18)^2+(-12)^2+0^2+10^2+20^2}{5}$

$\qquad\qquad\qquad = \dfrac{968}{5} = 193.6$

즉, B 모둠의 분산은 A 모둠의 분산보다 크다.

ㄹ. A 모둠의 분산이 B 모둠의 분산보다 작으므로 성적이 더 고르다.

따라서 옳은 것은 ㄱ, ㄷ, ㄹ이다.

48 답 A 선수 : $\dfrac{2}{3}$점, B 선수 : $\dfrac{\sqrt{22}}{3}$점, A 선수

A, B 두 선수가 활을 쏜 결과를 표로 나타내면 다음과 같다.

	6점	7점	8점	9점	10점
A 선수(번)	0	2	5	2	0
B 선수(번)	2	2	2	0	3

(A 선수의 평균) $= \dfrac{7\times2+8\times5+9\times2}{9} = \dfrac{72}{9} = 8(점)$

(A 선수의 분산) $= \dfrac{(-1)^2\times2+0^2\times5+1^2\times2}{9} = \dfrac{4}{9}$

$\therefore$ (A 선수의 표준편차) $= \sqrt{\dfrac{4}{9}} = \dfrac{2}{3}(점)$

(B 선수의 평균) $= \dfrac{6\times2+7\times2+8\times2+10\times3}{9} = \dfrac{72}{9} = 8(점)$

(B 선수의 분산) $= \dfrac{(-2)^2\times2+(-1)^2\times2+0^2\times2+2^2\times3}{9}$

$\qquad\qquad\qquad = \dfrac{22}{9}$

$\therefore$ (B 선수의 표준편차) $= \sqrt{\dfrac{22}{9}} = \dfrac{\sqrt{22}}{3}(점)$

A, B 두 선수의 점수의 평균은 같고, A 선수의 점수의 표준편차가 B 선수의 점수의 표준편차보다 작으므로 A 선수의 점수가 더 고르다고 할 수 있다.

서술형

□66쪽~67쪽

01 답 $\sqrt{29}$점

채점 기준 1 평균 구하기 … 1점

(평균) $= \dfrac{14+12+5+9+2+18}{6} = \dfrac{60}{6} = \underline{10}(점)$

채점 기준 2 분산 구하기 … 2점

(분산) $= \dfrac{4^2+2^2+(-5)^2+(-1)^2+(-8)^2+8^2}{6} = \dfrac{174}{6}$

$\qquad\quad = \underline{29}$

채점 기준 3 표준편차 구하기 … 1점

$\therefore$ (표준편차) $= \sqrt{(\boxed{분산})} = \sqrt{29}(점)$

01-1 답 $2\sqrt{5}$점

채점 기준 1 평균 구하기 … 1점

(평균) $= \dfrac{17+5+18+19+14+14+18}{7} = \dfrac{105}{7} = 15(점)$

채점 기준 2 분산 구하기 … 2점

(분산) $= \dfrac{2^2+(-10)^2+3^2+4^2+(-1)^2+(-1)^2+3^2}{7}$

$\qquad\quad = \dfrac{140}{7} = 20$

채점 기준 3 표준편차 구하기 … 1점

$\therefore$ (표준편차) $= \sqrt{20} = 2\sqrt{5}(점)$

02 답 $\dfrac{41}{2}$

채점 기준 1 $x+y$의 값 구하기 … 1점

x, y, 3, 9의 평균이 6이므로

$\dfrac{x+y+\boxed{3}+\boxed{9}}{4} = \underline{6} \qquad \therefore x+y = \underline{12} \qquad \cdots\cdots \text{㉠}$

채점 기준 2 x^2+y^2의 값 구하기 … 2점

분산이 6이므로

$\dfrac{(x-6)^2+(y-6)^2+(\boxed{-3})^2+\boxed{3}^2}{4} = \underline{6}$

$x^2+y^2-\boxed{12}(x+y)+\underline{66} = 0$

위의 식에 ㉠을 대입하면

$x^2+y^2 = 12\times12-66 = \underline{78}$

채점 기준 3 x, y, 2, 14의 평균 구하기 … 1점

x, y, 2, 14의 평균은

$\dfrac{x+y+2+14}{4} = \dfrac{\boxed{12}+16}{4} = \underline{7}$

채점 기준 4 x, y, 2, 14의 분산 구하기 … 2점

따라서 분산은

$\dfrac{(x-7)^2+(y-7)^2+(\boxed{-5})^2+\boxed{7}^2}{4}$

$= \dfrac{x^2+y^2-\boxed{14}(x+y)+\boxed{172}}{4}$

$= \dfrac{78-14\times12+172}{4} = \dfrac{82}{4} = \dfrac{41}{2}$

02-1 답 $\dfrac{15}{2}$

채점 기준 1 $x+y$의 값 구하기 … 1점

x, y, 4, 6의 평균이 5이므로

$\dfrac{x+y+4+6}{4} = 5 \qquad \therefore x+y = 10 \qquad \cdots\cdots \text{㉠}$

채점 기준 2 x^2+y^2의 값 구하기 ⋯ 2점

분산이 5이므로

$$\frac{(x-5)^2+(y-5)^2+(-1)^2+1^2}{4}=5$$

$$x^2+y^2-10(x+y)+52=20$$

위의 식에 ㉠을 대입하면

$$x^2+y^2=10\times10-52+20=68$$

채점 기준 3 x, y, 1, 5의 평균 구하기 ⋯ 1점

x, y, 1, 5의 평균은

$$\frac{x+y+1+5}{4}=\frac{10+6}{4}=\frac{16}{4}=4$$

채점 기준 4 x, y, 1, 5의 분산 구하기 ⋯ 2점

따라서 분산은

$$\frac{(x-4)^2+(y-4)^2+(-3)^2+1^2}{4}$$

$$=\frac{x^2+y^2-8(x+y)+42}{4}$$

$$=\frac{68-8\times10+42}{4}$$

$$=\frac{30}{4}=\frac{15}{2}$$

03 답 21

주어진 변량을 작은 값부터 크기순으로 나열하면

23, 24, 26, 26, 26, 30, 32, 33, 34, 34, 39, 40, 40, 43, 45, 49, 56, 59, 62, 62, 63 ,66, 66, 77, 83, 85, 89, 94, 98, 99(개)

⋯⋯⋯ ❶

변량이 30개이므로 중앙값은 15번째와 16번째 변량의 평균인

$$\frac{45+49}{2}=47(개) \qquad \therefore a=47 \qquad \text{⋯⋯⋯ ❷}$$

또, 맞힌 문제의 개수가 26개인 학생이 3명으로 가장 많으므로 최빈값은 26개이다. $\qquad \therefore b=26 \qquad$ ⋯⋯⋯ ❸

$$\therefore a-b=21 \qquad \text{⋯⋯⋯ ❹}$$

채점 기준	배점
❶ 주어진 변량을 작은 값부터 크기순으로 나열하기	1점
❷ a의 값 구하기	2점
❸ b의 값 구하기	2점
❹ $a-b$의 값 구하기	1점

04 답 $\frac{18}{5}$

5개의 자연수를 a, b, c, d, e라 하자. (단, $a\leq b\leq c\leq d\leq e$)

중앙값이 6이므로 $c=6$

최빈값이 4이므로 $a=b=4$

평균이 6이므로 $\frac{4+4+6+d+e}{5}=6$

$14+d+e=30 \qquad \therefore d+e=16$

이때 $6\leq d\leq e$이므로 가능한 d, e의 값은

$d=6$, $e=10$ 또는 $d=7$, $e=9$ 또는 $d=8$, $e=8$

그러나 $d=6$, $e=10$ 또는 $d=8$, $e=8$인 경우 최빈값이 4라는 조건을 만족시키지 않으므로 $d=7$, $e=9$

따라서 5개의 자연수는 4, 4, 6, 7, 9이다. ⋯⋯⋯ ❶

5개의 자연수의 평균이 6이므로

$$(\text{분산})=\frac{(-2)^2+(-2)^2+0^2+1^2+3^2}{5}=\frac{18}{5} \qquad \text{⋯⋯⋯ ❷}$$

채점 기준	배점
❶ 5개의 자연수 구하기	5점
❷ 분산 구하기	2점

05 답 $\frac{\sqrt{210}}{3}$ 명

$$(\text{평균})=\frac{36+37+33+44+45+33}{6}=\frac{228}{6}=38(\text{명})$$

⋯⋯⋯ ❶

$$(\text{분산})=\frac{(-2)^2+(-1)^2+(-5)^2+6^2+7^2+(-5)^2}{6}$$

$$=\frac{140}{6}=\frac{70}{3} \qquad \text{⋯⋯⋯ ❷}$$

$$\therefore (\text{표준편차})=\sqrt{\frac{70}{3}}=\frac{\sqrt{210}}{3}(\text{명}) \qquad \text{⋯⋯⋯ ❸}$$

채점 기준	배점
❶ 평균 구하기	2점
❷ 분산 구하기	2점
❸ 표준편차 구하기	2점

06 답 $\sqrt{7}$ 회

처음 학생 6명의 팔굽혀펴기 기록의 평균이 13회이고 분산이 $2^2=4$이므로

6명의 기록의 총합은 $6\times13=78(\text{회})$

$(\text{편차})^2$의 총합은 $6\times4=24$ ⋯⋯⋯ ❶

새로 온 2명을 포함한 8명의 기록의 평균은

$$\frac{78+9+17}{8}=\frac{104}{8}=13(\text{회}) \qquad \text{⋯⋯⋯ ❷}$$

평균은 변하지 않았으므로 $(\text{편차})^2$의 총합은

$24+(-4)^2+4^2=56$ ⋯⋯⋯ ❸

따라서 전체 학생 8명의 팔굽혀펴기 기록의 분산은 $\frac{56}{8}=7$이므로 표준편차는 $\sqrt{7}$ 회이다. ⋯⋯⋯ ❹

채점 기준	배점
❶ 처음 6명의 기록의 총합과 $(\text{편차})^2$의 총합 각각 구하기	2점
❷ 전체 학생 8명의 팔굽혀펴기 기록의 평균 구하기	1점
❸ 전체 학생 8명의 팔굽혀펴기 기록의 $(\text{편차})^2$의 총합 구하기	2점
❹ 전체 학생 8명의 팔굽혀펴기 기록의 표준편차 구하기	1점

07 답 평균 : 21, 분산 : 8

a, b, c의 평균이 8이므로

$$\frac{a+b+c}{3}=8 \qquad \therefore a+b+c=24 \qquad \text{⋯⋯⋯ ❶}$$

분산이 2이므로

$$\frac{(a-8)^2+(b-8)^2+(c-8)^2}{3}=2$$

$$\therefore (a-8)^2+(b-8)^2+(c-8)^2=6 \qquad \text{⋯⋯⋯ ❷}$$

$2a+5$, $2b+5$, $2c+5$의 평균은

$$\frac{(2a+5)+(2b+5)+(2c+5)}{3}$$

$$=\frac{2(a+b+c)+15}{3}=\frac{2\times24+15}{3}=\frac{63}{3}=21 \qquad \text{⋯⋯⋯ ❸}$$

분산은

$$\frac{(2a+5-21)^2+(2b+5-21)^2+(2c+5-21)^2}{3}$$

$$=\frac{(2a-16)^2+(2b-16)^2+(2c-16)^2}{3}$$

$$=\frac{4\{(a-8)^2+(b-8)^2+(c-8)^2\}}{3}$$

$$=\frac{4}{3}\times6=8 \qquad\qquad \cdots\cdots ❹$$

채점 기준	배점
❶ $a+b+c$의 값 구하기	1점
❷ $(a-8)^2+(b-8)^2+(c-8)^2$의 값 구하기	2점
❸ $2a+5$, $2b+5$, $2c+5$의 평균 구하기	1점
❹ $2a+5$, $2b+5$, $2c+5$의 분산 구하기	2점

08 답 3점

남학생과 여학생의 시험 점수의 평균이 같으므로 전체 학생의 시험 점수의 평균도 같다.

남학생 3명의 쪽지 시험 점수의 분산은 $(\sqrt{5})^2=5$이므로

남학생의 (편차)^{2}의 총합은 $3\times5=15$ $\qquad\cdots\cdots ❶$

여학생 4명의 쪽지 시험 점수의 분산은 $(2\sqrt{3})^2=12$이므로

여학생의 (편차)^{2}의 총합은 $4\times12=48$ $\qquad\cdots\cdots ❷$

즉, 전체 학생 7명의 시험 점수의 분산은

$$\frac{15+48}{3+4}=\frac{63}{7}=9$$

따라서 표준편차는 $\sqrt{9}=3$(점) $\qquad\cdots\cdots ❸$

채점 기준	배점
❶ 남학생의 (편차)^{2}의 총합 구하기	2점
❷ 여학생의 (편차)^{2}의 총합 구하기	2점
❸ 전체 학생 7명의 표준편차 구하기	2점

중단원 **학교 시험 1**회

68쪽~71쪽

01 ③	**02** ④	**03** ⑤	**04** ④	**05** ③
06 ①	**07** ②	**08** ④	**09** ⑤	**10** ③
11 ④	**12** ③	**13** ①	**14** ⑤	**15** ①
16 ②	**17** ②	**18** ④	**19** 12.6점	**20** 4.5
21 7	**22** 75	**23** $\sqrt{11}$		

01 답 ③ 유형 **01**

a, b, c의 평균이 8이므로

$$\frac{a+b+c}{3}=8 \qquad \therefore a+b+c=24$$

따라서 a, b, c, 4, 7의 평균은

$$\frac{a+b+c+4+7}{5}=\frac{24+4+7}{5}=\frac{35}{5}=7$$

02 답 ④ 유형 **02**

변량이 24개이므로 중앙값은 변량을 작은 값부터 크기순으로 나

열했을 때, 12번째와 13번째 변량의 평균인

$$\frac{174+175}{2}=174.5\text{(cm)}$$

03 답 ⑤ 유형 **02** + 유형 **03**

ㄱ. 변량의 개수가 짝수인 경우 중앙값은 가운데 위치한 두 값의 평균이므로 자료의 변량 중 하나가 아닐 수도 있다.

ㄴ. 최빈값은 자료에 따라 2개 이상일 수도 있다.

따라서 옳은 것은 ㄷ, ㄹ이다.

04 답 ④ 유형 **03**

두 선수 모두 총 20개의 점수를 받았으므로

$2+4+x+6+1=20$에서 $x+13=20$ $\qquad\therefore x=7$

$5+y+6+3+2=20$에서 $y+16=20$ $\qquad\therefore y=4$

즉, A 선수의 최빈값은 9점, B 선수의 최빈값은 9점이므로

$a=9$, $b=9$

$\therefore a+b=18$

05 답 ③ 유형 **05**

평균이 6이므로

$$\frac{3+a+4+7+b+10+9}{7}=6$$

$a+b+33=42$ $\qquad\therefore a+b=9$

최빈값이 4이므로 a, b 중 하나는 4, 하나는 5이다.

변량을 작은 값부터 크기순으로 나열하면

3, 4, 4, 5, 7, 9, 10

따라서 중앙값은 4번째 변량인 5이다.

06 답 ① 유형 **05**

A, B, C, D, E의 몸무게를 각각 a kg, b kg, c kg, d kg, e kg이라 하자.

A, B, C, D, E의 몸무게의 평균이 78 kg이므로

$$\frac{a+b+c+d+e}{5}=78 \qquad \therefore a+b+c+d+e=390 \ \cdots\cdots ㉠$$

F의 몸무게가 83 kg이고, A, B, C, D, F의 몸무게의 평균이 79 kg이므로

$$\frac{a+b+c+d+83}{5}=79 \qquad \therefore a+b+c+d=312 \ \cdots\cdots ㉡$$

㉡을 ㉠에 대입하면 $312+e=390$ $\qquad\therefore e=78$

이때 A, B, C, D, E의 몸무게의 중앙값은 변량을 작은 값부터 크기순으로 나열했을 때 3번째 변량이다. 중앙값이 77 kg이므로 학생 E는 크기순으로 나열했을 때 4번째 또는 5번째이다. 학생 F의 몸무게가 학생 E의 몸무게보다 크므로 E 대신 F를 포함한 A, B, C, D, F의 몸무게의 중앙값은 77 kg으로 변하지 않는다.

07 답 ② 유형 **06**

$$(\text{평균})=\frac{29+25+30+28+29+27}{6}=\frac{168}{6}=28(\text{살})$$

따라서 회원의 나이의 편차는 각각

1살, -3살, 2살, 0살, 1살, -1살이므로

편차가 아닌 것은 ②이다.

08 답 ④ 유형 **06**

① 편차의 총합은 항상 0이므로

$(-13)+x+8+4+7=0$ $\qquad\therefore x=-6$

② 평균이 345점이므로 세 번째 경기의 점수는 345+8=353(점)

③ 평균보다 점수가 높은 경기는 세 번째, 네 번째, 다섯 번째 경기이다.

④ 첫 번째 경기의 편차가 −13점으로 가장 작으므로 첫 번째 경기의 점수가 가장 낮다.

⑤ 변량을 작은 값부터 크기순으로 나열하면 첫 번째, 두 번째, 네 번째, 다섯 번째, 세 번째 경기이므로 중앙값은 3번째 변량인 네 번째 경기의 점수이다.

따라서 옳은 것은 ④이다.

09 답 ⑤   유형 **07**

$$(평균)=\frac{15+7+4+8+6}{5}=\frac{40}{5}=8(분)$$

$$\therefore (분산)=\frac{7^2+(-1)^2+(-4)^2+0^2+(-2)^2}{5}=\frac{70}{5}=14$$

10 답 ③   유형 **07**

표준편차는 자료가 평균을 중심으로 흩어진 정도를 나타내므로 A팀과 C팀의 표준편차는 같고, B팀의 표준편차는 A팀과 C팀의 표준편차보다 작다.

$$\therefore b<a=c$$

참고 $(A팀의 평균)=\frac{4+6+8}{3}=6(점)$

$(A팀의 분산)=\frac{(-2)^2+0^2+2^2}{3}=\frac{8}{3}$

$\therefore (A팀의 표준편차)=\sqrt{\frac{8}{3}}=\frac{2\sqrt{6}}{3}(점)$

$(B팀의 평균)=\frac{2+3+4}{3}=3(점)$

$(B팀의 분산)=\frac{(-1)^2+0^2+1^2}{3}=\frac{2}{3}$

$\therefore (B팀의 표준편차)=\sqrt{\frac{2}{3}}=\frac{\sqrt{6}}{3}(점)$

$(C팀의 평균)=\frac{0+2+4}{3}=2(점)$

$(C팀의 분산)=\frac{(-2)^2+0^2+2^2}{3}=\frac{8}{3}$

$\therefore (C팀의 표준편차)=\sqrt{\frac{8}{3}}=\frac{2\sqrt{6}}{3}(점)$

11 답 ④   유형 **08**

평균이 10이므로

$$\frac{9+12+15+a+b}{5}=10 \quad \therefore a+b=14 \quad \cdots\cdots \text{㉠}$$

분산이 10이므로

$$\frac{(-1)^2+2^2+5^2+(a-10)^2+(b-10)^2}{5}=10$$

$$a^2+b^2-20(a+b)+230=50$$

위의 식에 ㉠을 대입하면

$$a^2+b^2-20\times14+230=50 \quad \therefore a^2+b^2=100$$

이때 $(a+b)^2=a^2+b^2+2ab$이므로

$$14^2=100+2ab,\ 2ab=96 \quad \therefore ab=48$$

12 답 ③   유형 **08**

직육면체에는 길이가 같은 모서리가 각각 4개씩 있다.

평균이 3이므로 $\dfrac{4x+4y+20}{12}=3,\ 4x+4y+20=36$

$$4(x+y)=16 \quad \therefore x+y=4 \quad \cdots\cdots \text{㉠}$$

분산이 $\dfrac{8}{3}$이므로

$$\frac{(x-3)^2\times4+(y-3)^2\times4+2^2\times4}{12}=\frac{8}{3}$$

$$4x^2+4y^2-24(x+y)+88=32$$

위의 식에 ㉠을 대입하면

$$4(x^2+y^2)-24\times4+88=32$$

$$4(x^2+y^2)=40 \quad \therefore x^2+y^2=10$$

이때 $(x+y)^2=x^2+y^2+2xy$이므로

$$4^2=10+2xy,\ 2xy=6 \quad \therefore xy=3$$

13 답 ①   유형 **08**

지필 평가의 평균과 분산을 각각 m_1, $s_1{}^2$이라 하면

$$m_1=\frac{a\times2+2a\times2+4a\times1}{5}=\frac{10a}{5}=2a(점)$$

$$s_1{}^2=\frac{(a-2a)^2\times2+(2a-2a)^2\times2+(4a-2a)^2\times1}{5}$$

$$=\frac{6}{5}a^2$$

수행 평가의 평균과 분산을 각각 m_2, $s_2{}^2$이라 하면

$$m_2=\frac{b\times1+2b\times3+3b\times1}{5}=\frac{10b}{5}=2b(점)$$

$$s_2{}^2=\frac{(b-2b)^2\times1+(2b-2b)^2\times3+(3b-2b)^2\times1}{5}=\frac{2}{5}b^2$$

이때 $\dfrac{6}{5}a^2=3\times\dfrac{2}{5}b^2$이므로 $a^2=b^2$

a, b는 자연수이므로 $\dfrac{b}{a}=\sqrt{\dfrac{b^2}{a^2}}=1$

14 답 ⑤   유형 **09**

중간고사 6개 과목의 성적을 각각 a점, b점, c점, d점, e점, f점이라 하면

평균이 75점이므로

$$\frac{a+b+c+d+e+f}{6}=75 \quad \therefore a+b+c+d+e+f=450$$

표준편차가 5점이므로 분산은 $5^2=25$

$$\frac{(a-75)^2+(b-75)^2+\cdots+(f-75)^2}{6}=25$$

$$\therefore (a-75)^2+(b-75)^2+\cdots+(f-75)^2=150$$

기말고사 6개 과목의 성적은 각각 $(a+5)$점, $(b+5)$점, $(c+5)$점, $(d+5)$점, $(e+5)$점, $(f+5)$점이므로

평균은

$$\frac{(a+5)+(b+5)+(c+5)+(d+5)+(e+5)+(f+5)}{6}$$

$$=\frac{a+b+c+d+e+f+30}{6}$$

$$=\frac{450+30}{6}=80(점)$$

분산은

$$\frac{(a+5-80)^2+(b+5-80)^2+\cdots+(f+5-80)^2}{6}$$

$$=\frac{(a-75)^2+(b-75)^2+\cdots+(f-75)^2}{6}=\frac{150}{6}=25$$

15 답 ① 유형 10

남학생과 여학생의 수학 시험 성적의 평균이 70점으로 같으므로
전체 학생의 수학 시험 성적의 평균도 70점이다.
남학생 16명의 성적의 표준편차가 8점이므로
남학생의 (편차)^{2}의 총합은 $16 \times 8^2 = 1024$
여학생 24명의 성적의 표준편차가 3점이므로
여학생의 (편차)^{2}의 총합은 $24 \times 3^2 = 216$
따라서 전체 학생의 수학 시험 성적의 분산은

$$\frac{1024+216}{16+24} = \frac{1240}{40} = 31$$

따라서 표준편차는 $\sqrt{31}$ 점이다.

16 답 ② 유형 10

5개의 변량을 a, b, c, d, e라 하면 평균이 6이므로

$$\frac{a+b+c+d+e}{5} = 6 \qquad \therefore a+b+c+d+e=30$$

표준편차가 $2\sqrt{2}$이므로

$$\frac{(a-6)^2+(b-6)^2+(c-6)^2+(d-6)^2+(e-6)^2}{5} = 8$$

$$\therefore (a-6)^2+(b-6)^2+(c-6)^2+(d-6)^2+(e-6)^2=40$$

8개의 변량 a, b, c, d, e, 2, 6, 10에 대하여

$$(\text{평균}) = \frac{a+b+c+d+e+2+6+10}{8} = \frac{30+18}{8} = \frac{48}{8} = 6$$

$$(\text{분산}) = \frac{(a-6)^2+(b-6)^2+\cdots+(e-6)^2+(-4)^2+0^2+4^2}{8}$$

$$= \frac{40+16+16}{8} = \frac{72}{8} = 9$$

$$\therefore (\text{표준편차}) = \sqrt{9} = 3$$

17 답 ② 유형 11

①, ④ 각 학급의 평균과 표준편차만으로는 정확한 변량을 알 수 없다.
② 4반의 표준편차가 3반의 표준편차보다 작으므로 4반의 국어 성적이 3반의 국어 성적보다 고르다.
③ 4반의 표준편차가 가장 작으므로 국어 성적이 가장 고른 반은 4반이다.
⑤ 편차의 총합은 항상 0이다.
따라서 옳은 것은 ②이다.

18 답 ④ 유형 11

ㄱ. 두 팀 모두 자유투 성공 횟수의 평균이 12회이므로

$$\frac{14+11+a+10+12}{5} = 12, \ a+47=60 \qquad \therefore a=13$$

$$\frac{9+b+16+13+8}{5} = 12, \ b+46=60 \qquad \therefore b=14$$

즉, b의 값이 a의 값보다 크다.

ㄴ. A팀의 자유투 성공 횟수의 분산은

$$\frac{2^2+(-1)^2+1^2+(-2)^2+0^2}{5} = \frac{10}{5} = 2$$

ㄷ. B팀의 자유투 성공 횟수의 분산은

$$\frac{(-3)^2+2^2+4^2+1^2+(-4)^2}{5} = \frac{46}{5}$$

즉, 표준편차는 $\sqrt{\dfrac{46}{5}}$ 회이다.

ㄹ. B팀의 표준편차가 A팀의 표준편차보다 크므로 자유투 성공 횟수의 기복이 더 심한 팀은 B팀이다.
따라서 옳은 것은 ㄴ, ㄹ이다.

19 답 12.6점 유형 01

전체 학생 수가 20이므로
$2+5+4+x+3=20$ $\qquad \therefore x=6$ ······❶
따라서 영어 듣기평가 성적의 평균은

$$\frac{4\times2+8\times5+12\times4+16\times6+20\times3}{20}$$

$$= \frac{252}{20} = 12.6(\text{점})$$ ······❷

채점 기준	배점
❶ x의 값 구하기	2점
❷ 영어 듣기평가 성적의 평균 구하기	2점

20 답 4.5 유형 05

평균이 5이므로

$$\frac{1+x+3+8+9+5}{6} = 5$$

$x+26=30$ $\qquad \therefore x=4$ ······❶
주어진 변량을 작은 값부터 크기순으로 나열하면
1, 3, 4, 5, 8, 9 ······❷
따라서 중앙값은 3번째와 4번째 변량의 평균인

$$\frac{4+5}{2} = 4.5$$ ······❸

채점 기준	배점
❶ x의 값 구하기	2점
❷ 주어진 변량을 크기순으로 나열하기	2점
❸ 중앙값 구하기	2점

21 답 7 유형 07

4개의 변량의 평균은

$$\frac{1+(a-2)+a+(2a-3)}{4} = \frac{4a-4}{4} = a-1$$ ······❶

분산이 13이므로

$$\frac{(2-a)^2+(-1)^2+1^2+(a-2)^2}{4} = 13$$ ······❷

$$\frac{2(a-2)^2+2}{4} = 13, \ \frac{a^2-4a+5}{2} = 13$$

$a^2-4a+5=26$, $a^2-4a-21=0$
$(a+3)(a-7)=0$ $\qquad \therefore a=-3$ 또는 $a=7$
이때 $a>0$이므로 $a=7$ ······❸

채점 기준	배점
❶ 평균 구하기	2점
❷ 분산을 식으로 나타내기	2점
❸ a의 값 구하기	2점

22 답 75 유형 08

a, b, c의 평균이 7이므로

$$\frac{a+b+c}{3} = 7 \qquad \therefore a+b+c=21$$ ······㉠ ······❶

표준편차가 3이므로 분산은 $3^2=9$

$$\frac{(a-7)^2+(b-7)^2+(c-7)^2}{3}=9$$

$$(a-7)^2+(b-7)^2+(c-7)^2=27$$

$$a^2+b^2+c^2-14(a+b+c)+147=27$$

위의 식에 ㉠을 대입하면

$$a^2+b^2+c^2-14\times21+147=27$$

$$\therefore\ a^2+b^2+c^2=174 \qquad \cdots\cdots\ ❷$$

$$\therefore\ f(3)=(a-3)^2+(b-3)^2+(c-3)^2$$

$$=a^2+b^2+c^2-6(a+b+c)+27$$

$$=174-6\times21+27=75 \qquad \cdots\cdots\ ❸$$

채점 기준	배점
❶ $a+b+c$의 값 구하기	2점
❷ $a^2+b^2+c^2$의 값 구하기	3점
❸ $f(3)$의 값 구하기	2점

23 답 $\sqrt{11}$ 유형⑩

a, b의 평균이 5이므로

$$\frac{a+b}{2}=5 \quad \therefore\ a+b=10 \quad \cdots\cdots\ ㉠$$

a, b의 분산이 16이므로

$$\frac{(a-5)^2+(b-5)^2}{2}=16$$

$$a^2+b^2-10(a+b)+50=32$$

위의 식에 ㉠을 대입하면

$$a^2+b^2-10\times10+50=32 \quad \therefore\ a^2+b^2=82 \quad \cdots\cdots\ ❶$$

c, d의 평균이 3이므로

$$\frac{c+d}{2}=3 \quad \therefore\ c+d=6 \quad \cdots\cdots\ ㉡$$

c, d의 분산이 4이므로

$$\frac{(c-3)^2+(d-3)^2}{2}=4$$

$$c^2+d^2-6(c+d)+18=8$$

위의 식에 ㉡을 대입하면

$$c^2+d^2-6\times6+18=8 \quad \therefore\ c^2+d^2=26 \quad \cdots\cdots\ ❷$$

a, b, c, d의 평균은

$$\frac{a+b+c+d}{4}=\frac{10+6}{4}=\frac{16}{4}=4 \qquad \cdots\cdots\ ❸$$

a, b, c, d의 분산은

$$\frac{(a-4)^2+(b-4)^2+(c-4)^2+(d-4)^2}{4}$$

$$=\frac{a^2+b^2+c^2+d^2-8(a+b+c+d)+64}{4}$$

$$=\frac{82+26-8\times(10+6)+64}{4}=\frac{44}{4}=11 \qquad \cdots\cdots\ ❹$$

따라서 표준편차는 $\sqrt{11}$이다.

채점 기준	배점
❶ $a+b$, a^2+b^2의 값 각각 구하기	2점
❷ $c+d$, c^2+d^2의 값 각각 구하기	2점
❸ a, b, c, d의 평균 구하기	1점
❹ a, b, c, d의 표준편차 구하기	2점

72쪽~75쪽

01 ④	**02** ③	**03** ②	**04** ③	**05** ③, ④
06 ①	**07** ③	**08** ⑤	**09** ④	**10** ⑤
11 ①	**12** ①	**13** ⑤	**14** ⑤	**15** ③
16 ②	**17** ④	**18** ③	**19** 6	**20** $2\sqrt{3}$
21 13	**22** 28	**23** -12		

01 답 ④   유형⑩

$$(평균)=\frac{1+3+2+2+1+4+5}{7}=\frac{18}{7}(시간)$$

02 답 ③   유형⑩

x, y, z의 평균이 7이므로 $\dfrac{x+y+z}{3}=7 \quad \therefore\ x+y+z=21$

따라서 $2x$, $2y$, $2z$, 10, 8의 평균은

$$\frac{2x+2y+2z+10+8}{5}=\frac{2(x+y+z)+18}{5}$$

$$=\frac{2\times21+18}{5}=\frac{60}{5}=12$$

03 답 ②   유형⑩

변량이 7개이므로 중앙값은 4번째 학생의 몸무게이다.
즉, 변량을 작은 값부터 크기순으로 나열했을 때 4번째 학생의 몸무게는 71 kg이다.
이때 몸무게가 77 kg인 학생을 추가하면 변량이 8개가 되므로 중앙값은 변량을 작은 값부터 크기순으로 나열했을 때 4번째와 5번째 학생의 몸무게의 평균이다.
5번째 학생의 몸무게가 74 kg이므로 중앙값은

$$\frac{71+74}{2}=72.5(kg)$$

04 답 ③   유형⑩

x권을 제외한 변량을 작은 값부터 크기순으로 나열하면
7, 9, 10, 10, 11, 13, 14(권)
변량이 8개이므로 중앙값은 4번째와 5번째 변량의 평균이다. 이때 중앙값이 10권이므로 $0\leq x\leq10$
따라서 x의 값이 될 수 있는 가장 작은 값은 0이고 가장 큰 값은 10이므로 그 합은 $0+10=10$

05 답 ③, ④   유형⑩

① (자료 A의 평균) $=\dfrac{17+18+19+20+21+22+23}{7}=20$

중앙값은 변량을 작은 값부터 크기순으로 나열했을 때 4번째 변량인 20이므로 평균과 중앙값은 같다.

② 자료 B의 중앙값은 변량을 작은 값부터 크기순으로 나열했을 때 4번째 변량인 18이다. 또, 18이 2번으로 가장 많으므로 최빈값은 18이다. 즉, 중앙값과 최빈값은 같다.

③ 자료 C의 중앙값은 변량을 작은 값부터 크기순으로 나열했을 때 4번째 변량인 20이다.

④ 자료 A는 변량의 값이 모두 다르므로 최빈값은 대푯값으로 적절하지 않다. 자료에 극단적인 값이 없으므로 평균이나 중앙값을 대푯값으로 정하는 것이 가장 적절하다.

⑤ 자료 C는 극단적인 값인 1이 있으므로 중앙값을 대푯값으로 정하는 것이 가장 적절하다.
따라서 옳지 않은 것은 ③, ④이다.

06 답 ① 유형 05

5회의 성적을 x점이라 하면
$$\frac{89+93+90+97+x}{5}=92, \quad 369+x=460 \quad \therefore x=91$$
따라서 5회의 성적은 91점이다.

07 답 ③ 유형 05

x를 제외한 7개의 변량을 작은 값부터 크기순으로 나열하면
16, 18, 20, 20, 22, 22, 24
이때 최빈값이 1개이므로 $x=20$ 또는 $x=22$이다.
(i) $x=20$일 때,
변량을 작은 값부터 크기순으로 나열하면
16, 18, 20, 20, 20, 22, 22, 24
중앙값은 4번째 변량과 5번째 변량의 평균인 $\frac{20+20}{2}=20$
(ii) $x=22$일 때,
변량을 작은 값부터 크기순으로 나열하면
16, 18, 20, 20, 22, 22, 22, 24
중앙값은 4번째 변량과 5번째 변량의 평균인 $\frac{20+22}{2}=21$
이때 문제의 조건을 만족시키지 않는다.
(i), (ii)에서 $x=20$

08 답 ⑤ 유형 06

편차의 총합은 항상 0이므로
$(-3.2)+a+0.8+b+(-0.2)=0$
$\therefore a+b=2.6$

09 답 ④ 유형 06

수요일에 판매한 음료수 판매량의 편차를 x개라 하면
편차의 총합은 항상 0이므로
$(-2)+(-10)+x+(-4)+5+10+9=0 \quad \therefore x=-8$
따라서 수요일에 판매한 음료수는
$37+(-8)=29$(개)

10 답 ⑤ 유형 07

평균이 7이므로
$$\frac{3+8+10+x+5}{5}=7, \quad 26+x=35 \quad \therefore x=9$$
$$\therefore (\text{분산})=\frac{(-4)^2+1^2+3^2+2^2+(-2)^2}{5}=\frac{34}{5}=6.8$$

11 답 ① 유형 07

도운이의 과학 성적을 x점이라 하고 각 학생의 과학 성적을 표로 나타내면 다음과 같다.

학생	A	B	C	D	E
성적(점)	$x-6$	$x+7$	$x-2$	$x+5$	$x+1$

5명의 과학 성적의 평균은
$$\frac{(x-6)+(x+7)+(x-2)+(x+5)+(x+1)}{5}$$
$$=\frac{5x+5}{5}=x+1(\text{점})$$

각 학생의 과학 성적의 편차를 표로 나타내면 다음과 같다.

학생	A	B	C	D	E
편차(점)	-7	6	-3	4	0

5명의 과학 성적의 분산은
$$\frac{(-7)^2+6^2+(-3)^2+4^2+0^2}{5}=\frac{110}{5}=22$$
따라서 표준편차는 $\sqrt{22}$점이다.

12 답 ① 유형 08

8개의 정사각형의 한 변의 길이를 각각 x_1 cm, x_2 cm, $\cdots$, x_8 cm라 하면 8개의 정사각형의 둘레의 길이의 합이 160 cm이므로 $4(x_1+x_2+\cdots+x_8)=160$
$\therefore x_1+x_2+\cdots+x_8=40$ ...... ㉠
각 정사각형의 한 변의 길이의 평균은
$$\frac{x_1+x_2+\cdots+x_8}{8}=\frac{40}{8}=5\,(\text{cm})$$
표준편차가 $\sqrt{19}$ cm이므로
$$\frac{(x_1-5)^2+(x_2-5)^2+\cdots+(x_8-5)^2}{8}=19$$
$x_1{}^2+x_2{}^2+\cdots+x_8{}^2-10(x_1+x_2+\cdots+x_8)+200=152$
위의 식에 ㉠을 대입하면
$x_1{}^2+x_2{}^2+\cdots+x_8{}^2-10\times40+200=152$
$\therefore x_1{}^2+x_2{}^2+\cdots+x_8{}^2=352$
따라서 8개의 정사각형의 넓이의 평균은
$$\frac{x_1{}^2+x_2{}^2+\cdots+x_8{}^2}{8}=\frac{352}{8}=44(\text{cm}^2)$$

13 답 ⑤ 유형 08

평균이 7이므로
$$\frac{x+y+9+10}{4}=7 \quad \therefore x+y=9 \quad \cdots\cdots ㉠$$
분산이 7.5이므로
$$\frac{(x-7)^2+(y-7)^2+2^2+3^2}{4}=7.5$$
$x^2+y^2-14(x+y)+111=30$
위의 식에 ㉠을 대입하면
$x^2+y^2-14\times9+111=30$
$\therefore x^2+y^2=45$

14 답 ⑤ 유형 09

a, b, c, d, e의 평균이 3이므로
$$\frac{a+b+c+d+e}{5}=3$$
$\therefore a+b+c+d+e=15$
표준편차가 3이므로 분산은 $3^2=9$
$$\frac{(a-3)^2+(b-3)^2+(c-3)^2+(d-3)^2+(e-3)^2}{5}=9$$
$\therefore (a-3)^2+(b-3)^2+(c-3)^2+(d-3)^2+(e-3)^2=45$
$2a+1$, $2b+1$, $2c+1$, $2d+1$, $2e+1$의 평균은
$$\frac{(2a+1)+(2b+1)+(2c+1)+(2d+1)+(2e+1)}{5}$$
$$=\frac{2(a+b+c+d+e)+5}{5}=\frac{2\times15+5}{5}=\frac{35}{5}=7$$

분산은

$$\frac{1}{5}\{(2a+1-7)^2+(2b+1-7)^2+(2c+1-7)^2$$
$$+(2d+1-7)^2+(2e+1-7)^2\}$$
$$=\frac{4\{(a-3)^2+(b-3)^2+(c-3)^2+(d-3)^2+(e-3)^2\}}{5}$$
$$=\frac{4\times45}{5}=36$$

따라서 표준편차는 $\sqrt{36}=6$

15 답 ③ _{유형 **09**}

x, y, z의 평균을 m, 분산을 s^2, 표준편차를 s라 하면
$$m=\frac{x+y+z}{3},\ s^2=\frac{(x-m)^2+(y-m)^2+(z-m)^2}{3}$$

ㄱ. $3x$, $3y$, $3z$의 평균은
$$\frac{3x+3y+3z}{3}=x+y+z=3m$$
이므로 x, y, z의 평균의 3배이다.

ㄴ. $x+1$, $y+2$, $z+3$의 평균은
$$\frac{(x+1)+(y+2)+(z+3)}{3}=\frac{(x+y+z)+6}{3}=m+2$$
이므로 x, y, z의 평균보다 2만큼 크다.

ㄷ. $x-1$, $y-1$, $z-1$의 평균은
$$\frac{(x-1)+(y-1)+(z-1)}{3}=\frac{(x+y+z)-3}{3}=m-1$$
$x-1$, $y-1$, $z-1$의 분산은
$$\frac{(x-1-m+1)^2+(y-1-m+1)^2+(z-1-m+1)^2}{3}$$
$$=\frac{(x-m)^2+(y-m)^2+(z-m)^2}{3}=s^2$$
이므로 x, y, z의 분산과 같다.

ㄹ. $2x$, $2y$, $2z$의 평균은
$$\frac{2x+2y+2z}{3}=\frac{2(x+y+z)}{3}=2m$$
$2x$, $2y$, $2z$의 표준편차는
$$\sqrt{\frac{(2x-2m)^2+(2y-2m)^2+(2z-2m)^2}{3}}$$
$$=\sqrt{\frac{4\{(x-m)^2+(y-m)^2+(z-m)^2\}}{3}}$$
$$=\sqrt{4s^2}=2s$$
이므로 x, y, z의 표준편차의 2배이다.

따라서 옳은 것은 ㄴ, ㄹ의 2개이다.

16 답 ② _{유형 **10**}

A반 학생의 수를 x명, B반 학생의 수를 y명이라 하자.
전체 학생이 20명이므로 $x+y=20$ ····· ㉠
전체 학생의 통학 시간의 평균이 10분이므로
$$\frac{7x+12y}{20}=10\quad\therefore 7x+12y=200\quad\cdots\cdots ㉡$$
㉠, ㉡을 연립하여 풀면 $x=8$, $y=12$
A반 학생들의 통학 시간을 x_1분, x_2분, $\cdots$, x_8분이라 하면
평균이 7분이므로
$$\frac{x_1+x_2+\cdots+x_8}{8}=7\quad\therefore x_1+x_2+\cdots+x_8=56$$

분산이 10이므로
$$\frac{(x_1-7)^2+(x_2-7)^2+\cdots+(x_8-7)^2}{8}=10$$
$$x_1{}^2+x_2{}^2+\cdots+x_8{}^2-14(x_1+x_2+\cdots+x_8)+392=80$$
$$x_1{}^2+x_2{}^2+\cdots+x_8{}^2-14\times56+392=80$$
$$\therefore x_1{}^2+x_2{}^2+\cdots+x_8{}^2=472$$
B반 학생들의 통학 시간을 y_1분, y_2분, $\cdots$, y_{12}분이라 하면
평균이 12분이므로
$$\frac{y_1+y_2+\cdots+y_{12}}{12}=12$$
$$\therefore y_1+y_2+\cdots+y_{12}=144$$
분산이 5이므로
$$\frac{(y_1-12)^2+(y_2-12)^2+\cdots+(y_{12}-12)^2}{12}=5$$
$$y_1{}^2+y_2{}^2+\cdots+y_{12}{}^2-24(y_1+y_2+\cdots+y_{12})+144\times12=60$$
$$y_1{}^2+y_2{}^2+\cdots+y_{12}{}^2-24\times144+1728=60$$
$$\therefore y_1{}^2+y_2{}^2+\cdots+y_{12}{}^2=1788$$
이때 전체 학생의 통학 시간의 평균은 10분이므로 분산은
$$\frac{(x_1-10)^2+\cdots+(x_8-10)^2+(y_1-10)^2+\cdots+(y_{12}-10)^2}{20}$$
$$=\frac{1}{20}\{(x_1{}^2+x_2{}^2+\cdots+x_8{}^2+y_1{}^2+y_2{}^2+\cdots+y_{12}{}^2)$$
$$-20(x_1+\cdots+x_8+y_1+\cdots+y_{12})+2000\}$$
$$=\frac{1}{20}\{(472+1788)-20\times(56+144)+2000\}$$
$$=\frac{1}{20}\times260=13$$
따라서 표준편차는 $\sqrt{13}$분이다.

17 답 ④ _{유형 **07** + 유형 **11**}

주어진 보기의 자료의 평균은 모두 5로 같다. 변량이 가장 고르지 않은 것은 평균 5로부터 흩어진 정도가 가장 심한 ④이다.

참고 각 변량의 분산은 다음과 같다.
$$① (분산)=\frac{0^2+0^2+0^2+0^2+0^2+0^2}{6}=0$$
$$② (분산)=\frac{(-1)^2+1^2+(-1)^2+1^2+(-1)^2+1^2}{6}=1$$
$$③ (분산)=\frac{(-1)^2+1^2+(-1)^2+1^2+0^2+0^2}{6}=\frac{2}{3}$$
$$④ (분산)=\frac{(-2)^2+2^2+(-2)^2+2^2+(-2)^2+2^2}{6}=4$$
$$⑤ (분산)=\frac{(-2)^2+2^2+(-1)^2+1^2+0^2+0^2}{6}=\frac{5}{3}$$

18 답 ③ _{유형 **11**}

ㄱ. 2반의 성적의 표준편차가 3반의 성적의 표준편차보다 작으므로 2반의 성적은 3반의 성적에 비해 고르다.

ㄴ. 4반의 성적의 표준편차가 1반의 성적의 표준편차보다 크므로 4반 학생들의 성적은 1반 학생들의 성적보다 더 넓게 퍼져 있다.

ㄷ. 각 반의 평균과 표준편차만으로는 정확한 변량을 알 수 없으므로 성적이 가장 우수한 학생의 반은 알 수 없다.

ㄹ. 편차의 총합은 항상 0이다.

따라서 옳은 것은 ㄱ, ㄹ이다.

19 답 6 · · · · · · 유형 ① + 유형 ② + 유형 ③

$$(평균) = \frac{6+1+(-3)+9+1+3+8+1+(-1)+5}{10}$$

$$= \frac{30}{10} = 3$$

$\therefore a = 3$ · · · · · · ❶

변량을 작은 값부터 크기순으로 나열하면

$-3, -1, 1, 1, 1, 3, 5, 6, 8, 9$

중앙값은 5번째와 6번째 변량의 평균이므로

$$\frac{1+3}{2} = 2 \qquad \therefore b = 2$$ · · · · · · ❷

1이 3번으로 가장 많이 나타나므로 최빈값은 1이다.

$\therefore c = 1$ · · · · · · ❸

$\therefore a+b+c = 3+2+1 = 6$ · · · · · · ❹

채점 기준	배점
❶ a의 값 구하기	1점
❷ b의 값 구하기	1점
❸ c의 값 구하기	1점
❹ $a+b+c$의 값 구하기	1점

20 답 $2\sqrt{3}$ · · · · · · 유형 ⑦

$x_1 + x_2 + \cdots + x_7 = 14$이므로

주어진 변량의 평균은

$$\frac{x_1 + x_2 + \cdots + x_7}{7} = \frac{14}{7} = 2$$ · · · · · · ❶

또, $x_1^2 + x_2^2 + \cdots + x_7^2 = 112$이므로

주어진 변량의 분산은

$$\frac{(x_1-2)^2 + (x_2-2)^2 + \cdots + (x_7-2)^2}{7}$$

$$= \frac{x_1^2 + x_2^2 + \cdots + x_7^2 - 4(x_1+x_2+\cdots+x_7) + 28}{7}$$

$$= \frac{112 - 4 \times 14 + 28}{7} = \frac{84}{7} = 12$$ · · · · · · ❷

따라서 표준편차는 $\sqrt{12} = 2\sqrt{3}$ · · · · · · ❸

채점 기준	배점
❶ 주어진 변량의 평균 구하기	2점
❷ 주어진 변량의 분산 구하기	2점
❸ 주어진 변량의 표준편차 구하기	2점

21 답 13 · · · · · · 유형 ⑦

바르게 본 나머지 두 변량을 a, b라 하면

a, b, 3, 8의 평균이 7이므로

$$\frac{a+b+3+8}{4} = 7 \qquad \therefore a+b = 17$$ · · · · · · ❶

분산이 10이므로

$$\frac{(a-7)^2 + (b-7)^2 + (-4)^2 + 1^2}{4} = 10$$

$(a-7)^2 + (b-7)^2 + 17 = 40$

$\therefore (a-7)^2 + (b-7)^2 = 23$ · · · · · · ❷

a, b, 2, 9의 평균은

$$\frac{a+b+2+9}{4} = \frac{17+11}{4} = \frac{28}{4} = 7$$ · · · · · · ❸

분산은

$$\frac{(a-7)^2 + (b-7)^2 + (-5)^2 + 2^2}{4} = \frac{23+29}{4}$$

$$= \frac{52}{4} = 13$$ · · · · · · ❹

채점 기준	배점
❶ $a+b$의 값 구하기	1점
❷ $(a-7)^2 + (b-7)^2$의 값 구하기	2점
❸ 바르게 보고 계산한 평균 구하기	2점
❹ 바르게 보고 계산한 분산 구하기	2점

22 답 28 · · · · · · 유형 ⑤ + 유형 ⑦

조건 ㈎에서 주사위의 모든 눈이 적어도 한 번씩 나왔으므로 9개의 변량을 1, 2, 3, 4, 5, 6, a, b, c라 하자.

(단, a, b, c는 $a \leq b \leq c$인 1 이상 6 이하의 자연수)

조건 ㈏에서 평균이 3이므로

$$\frac{1+2+3+4+5+6+a+b+c}{9} = 3$$

$a+b+c+21 = 27$ $\qquad \therefore a+b+c = 6$

a, b, c는 $a \leq b \leq c$인 1 이상 6 이하의 자연수이므로

가능한 a, b, c의 순서쌍 (a, b, c)는

$(1, 1, 4), (1, 2, 3), (2, 2, 2)$이다.

이 중에서 최빈값이 1개이고, 중앙값이 3이 되는 경우는

$(1, 1, 4)$이다.

따라서 변량은 1, 1, 1, 2, 3, 4, 4, 5, 6이므로 · · · · · · ❶

$$V = \frac{(-2)^2 \times 3 + (-1)^2 + 0^2 + 1^2 \times 2 + 2^2 + 3^2}{9}$$

$$= \frac{28}{9}$$ · · · · · · ❷

$\therefore 9V = 9 \times \dfrac{28}{9} = 28$ · · · · · · ❸

채점 기준	배점
❶ 9개의 변량 구하기	4점
❷ V의 값 구하기	2점
❸ $9V$의 값 구하기	1점

23 답 -12 · · · · · · 유형 ⑧

편차의 총합은 항상 0이므로

$0 + (-1) + a + (-3) + b + 5 = 0$

$\therefore a+b = -1$ · · · · · · ❶

분산이 10이므로

$$\frac{0^2 + (-1)^2 + a^2 + (-3)^2 + b^2 + 5^2}{6} = 10$$

$a^2 + b^2 + 35 = 60$ $\qquad \therefore a^2 + b^2 = 25$ · · · · · · ❷

이때 $(a+b)^2 = a^2 + b^2 + 2ab$이므로

$(-1)^2 = 25 + 2ab$, $2ab = -24$

$\therefore ab = -12$ · · · · · · ❸

채점 기준	배점
❶ $a+b$의 값 구하기	2점
❷ $a^2 + b^2$의 값 구하기	2점
❸ ab의 값 구하기	2점

교과서 속 특이 문제

◆76쪽

01 답 ㄷ

A 동아리 학생들의 봉사활동 시간을 작은 값부터 크기순으로 나열하면 1, 2, 2, 2, 3, 3, 3, 3, 4, 4, 5(시간)

B 동아리 학생들의 봉사활동 시간을 작은 값부터 크기순으로 나열하면 1, 1, 1, 2, 2, 3, 4, 4, 4, 4, 4(시간)

C 동아리 학생들의 봉사활동 시간을 작은 값부터 크기순으로 나열하면 2, 3, 3, 3, 4, 4, 4, 4, 5, 5, 5(시간)

ㄱ. 변량이 11개이므로 A, B, C 세 동아리 학생들의 봉사활동 시간의 중앙값은 변량을 작은 값부터 크기순으로 나열했을 때, 6번째 변량이다. 즉, 각각 3시간, 3시간, 4시간이다.

ㄴ. A, B, C 세 동아리 학생들의 봉사활동 시간의 최빈값은 각각 3시간, 4시간, 4시간이다.

ㄷ. 봉사활동 시간이 가장 고른 동아리는 C이다.

ㄹ. (A 동아리 학생들의 봉사활동 시간의 평균)
$$=\frac{1+2+2+2+3+3+3+3+4+4+5}{11}=\frac{32}{11}(시간)$$

(B 동아리 학생들의 봉사활동 시간의 평균)
$$=\frac{1+1+1+2+2+3+4+4+4+4+4}{11}=\frac{30}{11}(시간)$$

(C 동아리 학생들의 봉사활동 시간의 평균)
$$=\frac{2+3+3+3+4+4+4+4+5+5+5}{11}=\frac{42}{11}(시간)$$

즉, 봉사활동 시간의 평균이 가장 큰 동아리는 C이다.

따라서 옳은 것은 ㄷ이다.

02 답 $\frac{81}{4}$, 54

4, 5, x, y의 평균과 4, 5, x의 평균이 같으므로

$$\frac{4+5+x+y}{4}=\frac{4+5+x}{3}$$

$27+3x+3y=36+4x$

$\therefore -x+3y=9$ ······ ㉠

x, y, 6의 최빈값이 될 수 있는 것은 $x(=y)$ 또는 6이다.

(i) 최빈값이 $x=y$일 때,

$y=x$를 ㉠에 대입하면

$-x+3x=9$, $2x=9$ $\therefore x=\frac{9}{2}$, $y=\frac{9}{2}$

4, 5, x, y의 평균은

$$\frac{4+5+x+y}{4}=\frac{4+5+\frac{9}{2}+\frac{9}{2}}{4}=\frac{18}{4}=\frac{9}{2}$$

4, 5, x의 평균은

$$\frac{4+5+x}{3}=\frac{4+5+\frac{9}{2}}{3}=\frac{\frac{27}{2}}{3}=\frac{27}{6}=\frac{9}{2}$$

x, y, 6의 최빈값은 $\frac{9}{2}$이므로 문제의 조건을 만족시킨다.

$\therefore xy=\frac{9}{2}\times\frac{9}{2}=\frac{81}{4}$

(ii) 최빈값이 6일 때,

$$\frac{4+5+x+y}{4}=\frac{4+5+x}{3}=6$$이므로

$$\frac{4+5+x}{3}=6$$에서

$x+9=18$ $\therefore x=9$

$$\frac{4+5+9+y}{4}=6$$에서

$y+18=24$ $\therefore y=6$

x, y, 6의 최빈값이 6이므로 문제의 조건을 만족시킨다.

$\therefore xy=9\times6=54$

(i), (ii)에서 가능한 xy의 값은 $\frac{81}{4}$, 54이다.

03 답 (1) 22 cm (2) $\sqrt{77}$ cm

(1) 4명의 학생의 키의 평균을 x cm라 하면 진석이의 키는 $(x+13)$ cm, 지우의 키는 $(x-7)$ cm, 태형이의 키는 $(x+3)$ cm이다.

진석이의 편차는 13 cm, 지우의 편차는 -7 cm, 태형이의 편차는 3 cm이고 편차의 총합은 항상 0이므로 소민이의 편차를 a cm라 하면

$13+(-7)+3+a=0$ $\therefore a=-9$

즉, 소민이의 키는 $(x-9)$ cm이다.

따라서 키가 가장 큰 진석이는 평균보다 13 cm 크고, 키가 가장 작은 소민이는 평균보다 9 cm 작으므로 두 사람의 키의 차이는 $13-(-9)=22$(cm)

(2) 편차가 각각 13 cm, -7 cm, 3 cm, -9 cm이므로

(분산)$=\dfrac{13^2+(-7)^2+3^2+(-9)^2}{4}=\dfrac{308}{4}=77$

따라서 표준편차는 $\sqrt{77}$ cm이다.

04 답 최댓값 : 26, 최솟값 : 23

7개의 자연수를 a, b, c, d, e, f, g라 하자.

(단, $a\leq b\leq c\leq d\leq e\leq f\leq g$)

중앙값이 5이므로 $d=5$

최빈값이 6이므로 $e=f=6$ 또는 $e=f=g=6$

(i) $e=f=6$일 때

7개의 자연수의 평균이 7이므로

$$\frac{a+b+c+5+6+6+g}{7}=7$$

$a+b+c+g+17=49$

$\therefore a+b+c+g=32$

이때 7개의 자연수의 최빈값이 6이므로 $a<b<c<5$

따라서 g의 최댓값은 $a=1$, $b=2$, $c=3$일 때,

$g=32-(1+2+3)=26$

g의 최솟값은 $a=2$, $b=3$, $c=4$일 때,

$g=32-(2+3+4)=23$

(ii) $e=f=g=6$일 때

7개의 자연수의 평균이 7이므로

$$\frac{a+b+c+5+6+6+6}{7}=7$$

$a+b+c+23=49$

$\therefore a+b+c=26$

이때 a, b, c는 5 이하의 자연수이므로 문제의 조건을 만족시키지 않는다.

(i), (ii)에서 g의 최댓값은 26이고, 최솟값은 23이다.

2 상관관계

개념 check

78쪽

1 답

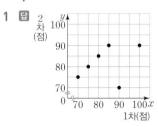

2 답 (1) × (2) × (3) ○ (4) ○

(1) ㄱ은 음의 상관관계가 있다. (2) ㄴ은 양의 상관관계가 있다.

기출 유형

79쪽~84쪽

유형 01 산점도의 이해(1)

79쪽

x, y에 대한 산점도를 주어진 조건에 따라 분석할 때는 기준이 되는 보조선을 이용한다.

(1) 이상, 이하의 문제는 오른쪽 그림과 같이 x축, y축에 평행한 직선을 그어 해당하는 부분에 속한 점을 찾는다.

이때 이상, 이하는 경계의 값을 포함하고 초과, 미만은 경계의 값을 포함하지 않는다.

(2) 두 변량의 비교에 대한 문제는 직선 $y=x$를 그어 본다.

① x가 y보다 크다. → 빨간색 부분(경계선 제외)에 속한 점을 찾는다.

② x와 y가 같다. → 직선 $y=x$ 위의 점을 찾는다.

③ x가 y보다 작다. → 파란색 부분(경계선 제외)에 속한 점을 찾는다.

01 답 3명

수학 성적이 85점인 학생을 나타내는 점은 오른쪽 그림에서 ○ 표시한 점이다. 따라서 수학 성적이 85점인 학생은 3명이다.

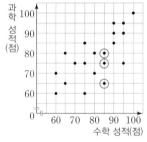

02 답 6명

과학 성적이 70점 이하인 학생을 나타내는 점은 오른쪽 그림에서 색칠한 부분(경계선 포함)에 속한다. 따라서 과학 성적이 70점 이하인 학생은 6명이다.

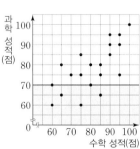

03 답 7명

수학 성적과 과학 성적이 같은 학생을 나타내는 점은 오른쪽 그림에서 대각선 위의 점이다. 따라서 수학 성적과 과학 성적이 같은 학생은 7명이다.

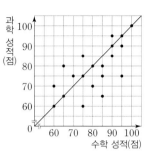

04 답 ⑤

③ 1차 성적과 2차 성적이 같은 학생을 나타내는 점은 오른쪽 그림에서 대각선 위의 점이므로 1차 성적과 2차 성적이 같은 학생은 4명이다.

⑤ 1차 성적이 30점인 학생은 3명이고, 2차 성적이 30점인 학생은 2명이다. 즉, 30점을 받은 학생은 1차가 더 많다.

따라서 옳지 않은 것은 ⑤이다.

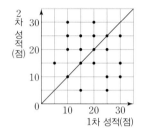

05 답 ③

지난달과 이번 달 모두 책을 5권 이하로 읽은 학생을 나타내는 점은 오른쪽 그림에서 색칠한 부분(경계선 포함)에 속한다. 따라서 지난달과 이번 달 모두 책을 5권 이하로 읽은 학생은 2명이다.

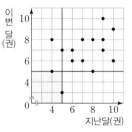

06 답 ②

지난달보다 이번 달에 책을 더 많이 읽은 학생을 나타내는 점은 오른쪽 그림에서 색칠한 부분(경계선 제외)에 속한다. 따라서 지난달보다 이번 달에 책을 더 많이 읽은 학생은 6명이다.

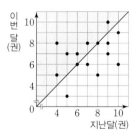

07 답 32 %

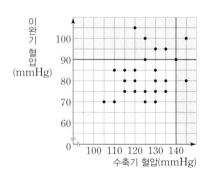

고혈압으로 진단받는 학생을 나타내는 점은 위의 그림에서 색칠한 부분(경계선 포함)에 속한다.

따라서 고혈압으로 진단받는 학생은 8명이고, 전체 학생 수가 25명이므로 전체 학생의

$$\frac{8}{25} \times 100 = 32 \, (\%)$$

08 답 ④

① 오늘 휴대폰 사용 시간의 최빈값은 2시간, 2시간 반, 3시간 이다.

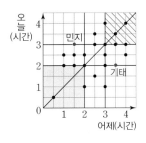

② 기태를 나타내는 점은 오른쪽 그림에서 대각선의 아래쪽에 있으므로 어제 휴대폰 사용 시간이 오늘 휴대폰 사용 시간보다 많다.

③ 민지의 어제와 오늘 휴대폰 사용 시간은 각각 1시간 반, 3시간이므로 그 평균은 $\dfrac{1.5+3}{2}=2.25$(시간)

즉, 2시간 15분이다.

④ 어제와 오늘 모두 휴대폰을 2시간 이하로 사용한 학생을 나타내는 점은 위의 그림에서 색칠한 부분(경계선 포함)에 속한다. 즉, 어제와 오늘 모두 휴대폰을 2시간 이하로 사용한 학생은 5명이다.

⑤ 어제와 오늘 모두 휴대폰을 3시간 넘게 사용한 학생을 나타내는 점은 위의 그림에서 빗금친 부분(경계선 제외)에 속한다. 즉, 어제와 오늘 모두 휴대폰을 3시간 넘게 사용한 학생은 2명이다.

따라서 옳은 것은 ④이다.

09 답 140점

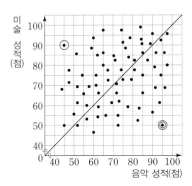

음악 성적에 비해 미술 성적이 가장 높은 학생을 나타내는 점은 위 그림의 대각선의 위쪽에서 대각선으로부터 가장 멀리 떨어져 있는 것이므로 ⊙ 표시한 점이다. 즉, 그 학생의 음악 성적은 45점이다.

또, 음악 성적에 비해 미술 성적이 가장 낮은 학생을 나타내는 점은 위 그림의 대각선의 아래쪽에서 대각선으로부터 가장 멀리 떨어져 있는 것이므로 ◎ 표시한 점이다. 즉, 그 학생의 음악 성적은 95점이다. 따라서 두 학생의 음악 성적의 합은

$45+95=140$(점)

10 답 ④

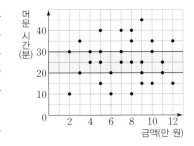

마트에 20분 이상 30분 이하의 시간 동안 머문 고객들을 나타내는 점은 오른쪽 그림에서 색칠한 부분(경계선 포함)에 속한다.

따라서 이 고객들이 마트

에서 사용한 금액의 합은

$2+3+4\times2+5\times2+6+7\times2+8+9\times2+10+11\times2$
$=2+3+8+10+6+14+8+18+10+22$
$=101$(만 원)

11 답 ③

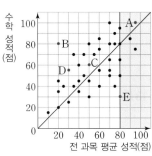

① 오른쪽 그림에서 대각선 주위에 점들이 많이 분포되어 있으므로 전 과목 평균 성적이 높은 학생은 대체로 수학 성적도 높다.

② 전 과목 평균 성적이 80점 이상인 학생을 나타내는 점은 오른쪽 그림에서 색칠한 부분(경계선 포함)에 속한다. 즉, 전 과목 평균 성적이 80점 이상인 학생은 8명이고 전체 학생 수가 40명이므로 전체의

$\dfrac{8}{40}\times100=20(\%)$

③ 학생 C는 학생 D보다 전 과목 평균 성적과 수학 성적이 모두 높다.

④ 전 과목 평균 성적에 비해 수학 성적이 가장 높은 학생을 나타내는 점은 위 그림의 대각선의 위쪽에서 대각선으로부터 가장 멀리 떨어져 있는 B이다.

⑤ 전 과목 평균 성적에 비해 수학 성적이 가장 낮은 학생을 나타내는 점은 위 그림의 대각선의 아래쪽에서 대각선으로부터 가장 멀리 떨어져 있는 E이다.

따라서 옳지 않은 것은 ③이다.

유형 02 산점도의 이해 (2) 81쪽

두 변량의 합 또는 평균, 두 변량의 차에 대한 문제는 다음과 같이 보조선을 그어 본다.

(1) 합 또는 평균에 대한 문제

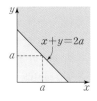

  ① 두 변량의 합이 $2a$ 이상이다.
  ➡ 두 변량의 평균이 a 이상이다.
  ➡ 빨간색 부분(경계선 포함)에 속한 점을 찾는다.

  ② 두 변량의 합이 $2a$ 이하이다.
  ➡ 두 변량의 평균이 a 이하이다.
  ➡ 초록색 부분(경계선 포함)에 속한 점을 찾는다.

(2) 차에 대한 문제

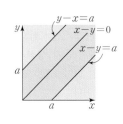

  ① 두 변량의 차가 a 이상이다.
  ➡ 파란색 부분(경계선 포함)에 속한 점을 찾는다.

  ② 두 변량의 차가 a 이하이다.
  ➡ 보라색 부분(경계선 포함)에 속한 점을 찾는다.

12 답 4명

수행 평가 성적이 만점인 학생을 나타내는 점은 오른쪽 그림에서 색칠한 부분(경계선 포함)에 속한다.
따라서 체육 수행 평가 성적이 만점인 학생은 4명이다.

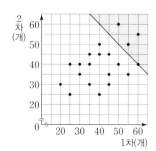

13 답 8개

중간고사 성적보다 기말고사 성적이 30점 이상 상승한 학생을 나타내는 점은 오른쪽 그림에서 색칠한 부분(경계선 포함)에 속한다.
따라서 기말고사 성적이 30점 이상 상승한 학생은 8명이므로 준비해야 하는 선물은 8개이다.

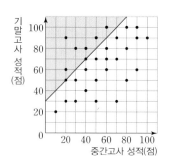

14 답 4명

중간고사 성적보다 기말고사 성적이 20점 이상 하락한 학생을 나타내는 점은 오른쪽 그림에서 색칠한 부분(경계선 포함)에 속한다.
따라서 기말고사 성적이 20점 이상 하락한 학생은 4명이므로 보충수업에 참여해야 하는 학생은 4명이다.

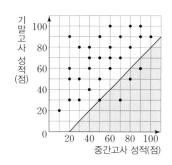

15 답 ②

두 달 동안 비가 온 일수의 평균이 12일 이하인 도시를 나타내는 점은 오른쪽 그림의 색칠한 부분(경계선 포함)에 속한다.
따라서 두 달 동안 비가 온 일수의 평균이 12일 이하인 도시는 6군데이다.

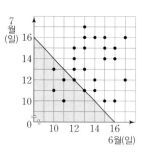

16 답 ④

듣기 성적과 말하기 성적의 합이 13점 이하인 학생을 나타내는 점은 오른쪽 그림에서 색칠한 부분(경계선 포함)에 속한다.
따라서 듣기 성적과 말하기 성적의 합이 13점 이하인 학생은 8명이다.

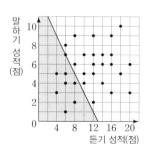

참고 주어진 산점도에서 듣기 성적과 말하기 성적의 합이 13점인 점을 연결한 직선을 그어 본다.

17 답 ③

듣기 성적과 말하기 성적의 평균이 11점 이상인 학생을 나타내는 점은 오른쪽 그림에서 색칠한 부분(경계선 포함)에 속한다. 따라서 듣기 성적과 말하기 성적의 평균이 11점 이상인 학생은 7명이다.

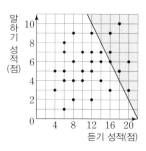

18 답 53점

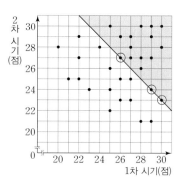

상위 50 %에 해당하는 학생은 $32 \times \dfrac{50}{100} = 16$(명)이므로 상위 16명이 다음 라운드에 진출한다.

1차와 2차 시기 점수를 합하여 점수가 높은 순서대로 16명을 뽑으므로 다음 라운드에 진출하는 학생을 나타내는 점은 위의 그림에서 색칠한 부분(경계선 포함)에 속한다. 이 중에서 최저 점수를 받은 학생들을 나타내는 점은 ○ 표시한 점이므로 그 학생들의 최저 점수는 모두 $26+27=53$(점)으로 같다.
따라서 다음 라운드에 진출하기 위한 최저 점수는 53점이다.

19 답 ④, ⑤

① 1학기보다 2학기에 더 많이 지각한 학생을 나타내는 점은 오른쪽 그림에서 대각선의 위쪽에 속한다. 즉, 1학기보다 2학기에 더 많이 지각한 학생은 6명이고 전체 학생 수가 15명이므로 전체의

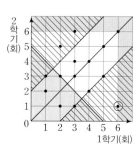

$\dfrac{6}{15} \times 100 = 40$ (%)

② 1학기와 2학기의 지각 횟수의 차이가 가장 큰 학생을 나타내는 점은 위의 그림에서 대각선에서 가장 멀리 떨어져 있는 것이므로 ○ 표시한 점이다.
즉, 지각 횟수의 차는 $6-1=5$(회)

③ 1학기와 2학기의 지각 횟수의 합이 5회 이하인 학생을 나타내는 점은 위의 그림에서 초록색으로 색칠한 부분(경계선 포함)에 속한다. 즉, 1학기와 2학기의 지각 횟수의 합이 5회 이하인 학생은 5명이다.

④ 1학기와 2학기의 지각 횟수의 차가 2회 이상인 학생을 나타내는 점은 위의 그림에서 빗금친 부분(경계선 포함)에 속한다. 즉, 1학기와 2학기의 지각 횟수의 차가 2회 이상인 학생은 7명이다.

⑤ 1학기와 2학기 중 적어도 한 학기에 지각을 6회 이상 한 학생을 나타내는 점은 앞의 그림에서 파란색으로 색칠한 부분(경계선 포함)에 속한다. 즉, 1학기와 2학기 중 적어도 한 학기에 지각을 6회 이상 한 학생은 3명이다.

따라서 옳지 않은 것은 ④, ⑤이다.

20 답 ㄱ, ㄷ, ㅁ

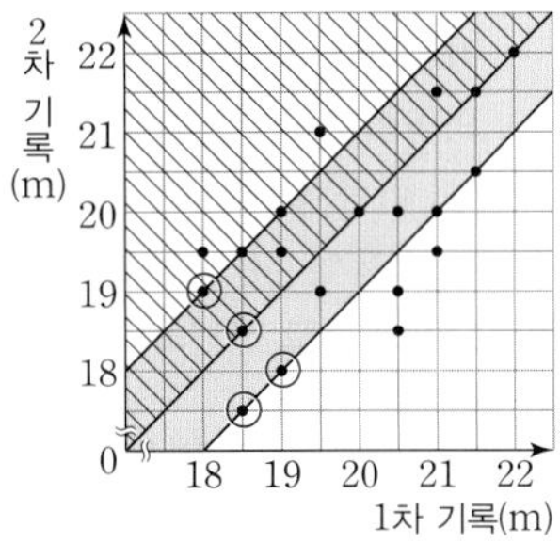

ㄱ. 1차 기록과 2차 기록이 같은 학생을 나타내는 점은 오른쪽 그림에서 대각선 위의 점이다. 즉, 1차 기록과 2차 기록이 같은 학생은 4명이다.

ㄴ. 1차 기록과 2차 기록의 차가 1 m 미만인 학생을 나타내는 점은 위의 그림에서 색칠한 부분(경계선 제외)에 속한다. 즉, 1차 기록과 2차 기록의 차가 1 m 미만인 학생은 8명이므로 전체의

$$\frac{8}{20} \times 100 = 40 \,(\%)$$

ㄷ. 2차 기록이 1차 기록보다 향상된 학생들을 나타내는 점은 위의 그림에서 빗금친 부분(경계선 제외)에 속한다.

즉, 이 학생들의 2차 기록의 평균은

$$\frac{19 + 19.5 \times 3 + 20 + 21 + 21.5}{7} = \frac{140}{7} = 20 \,(\text{m})$$

ㄹ. 하위 20 %에 해당하는 학생은 $20 \times \frac{20}{100} = 4 \,(\text{명})$

즉, 하위 20 %에 해당하는 학생 4명을 나타내는 점은 위의 그림에서 ○ 표시한 점이다. 따라서 이 학생들의 1차 기록의 평균은

$$\frac{18 + 18.5 \times 2 + 19}{4} = \frac{74}{4} = 18.5 \,(\text{m})$$

ㅁ. 위의 그림에서 대각선 주위에 점들이 많이 분포되어 있으므로 1차 기록이 높은 학생이 대체로 2차 기록도 높다.

따라서 옳은 것은 ㄱ, ㄷ, ㅁ이다.

21 답 51점

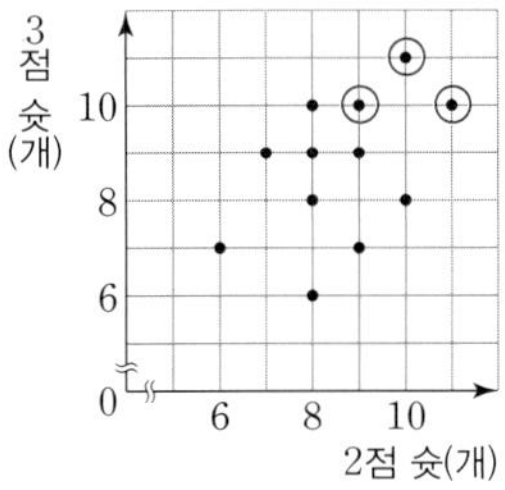

득점이 가장 높은 회원 3명을 나타내는 점은 오른쪽 그림에서 ○ 표시한 점이다.

득점이 가장 높은 회원 3명의 슛의 개수를 순서쌍
(2점 슛의 개수, 3점 슛의 개수)
로 나타내면 (9, 10), (10, 11), (11, 10)이다.

따라서 3명의 득점의 평균은

$$\frac{(2 \times 9 + 3 \times 10) + (2 \times 10 + 3 \times 11) + (2 \times 11 + 3 \times 10)}{3}$$

$$= \frac{153}{3} = 51 \,(\text{점})$$

참고 (회원의 득점) = 2 × (성공한 2점 슛의 개수)
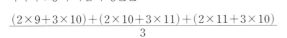
+ 3 × (성공한 3점 슛의 개수)

유형 03 상관관계 83쪽

두 변량 x, y 중 한 쪽의 값이 증가함에 따라 다른 한 쪽의 값이 대체로 증가 또는 감소할 때, x와 y 사이에 상관관계가 있다고 한다.

(1) 양의 상관관계 : x의 값이 증가함에 따라 y의 값도 대체로 증가하는 경향이 있는 관계

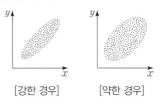

[강한 경우]   [약한 경우]

(2) 음의 상관관계 : x의 값이 증가함에 따라 y의 값은 대체로 감소하는 경향이 있는 관계

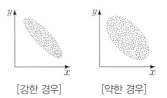

[강한 경우]   [약한 경우]

(3) 상관관계가 없다 : x의 값이 증가함에 따라 y의 값이 증가하는지 감소하는지 분명하지 않은 관계

22 답 ⑤

⑤ 강한 상관관계일수록 변량의 점들이 한 직선을 중심으로 가까이 모여 있다.

따라서 옳지 않은 것은 ⑤이다.

23 답 ④

④ ㄹ보다 ㄷ이 더 강한 상관관계를 나타낸다.

따라서 옳지 않은 것은 ④이다.

24 답 ①, ③

주어진 산점도는 양의 상관관계를 나타낸다.

①, ③ 양의 상관관계

②, ④ 음의 상관관계

⑤ 상관관계가 없다.

따라서 두 변량 x, y에 대한 산점도가 주어진 그림과 같이 나타나는 것은 ①, ③이다.

25 답 ④

겨울철 기온이 낮을수록 핫팩 판매량은 대체로 증가하므로 두 변량 x, y 사이에는 음의 상관관계가 있다.

따라서 음의 상관관계를 나타내는 산점도는 ④이다.

26 답 ㄷ

ㄱ, ㅁ. 양의 상관관계

ㄴ, ㄹ. 상관관계가 없다.

ㄷ. 음의 상관관계

따라서 두 변량 사이에 음의 상관관계가 있는 것은 ㄷ이다.

27 답 ②

①, ③, ④, ⑤ 양의 상관관계

② 음의 상관관계

따라서 두 변량 사이의 상관관계가 나머지 넷과 다른 하나는 ②이다.

유형 04 상관관계의 분석   84쪽

(1) 산점도의 점들이 대체로 한 직선 주위에 있을 수 있는 직선을 그려 양의 상관관계와 음의 상관관계를 구분한다.

(2) 오른쪽 산점도에서

① A는 x의 값에 비해 y의 값이 크다.

② B는 y의 값에 비해 x의 값이 크다.

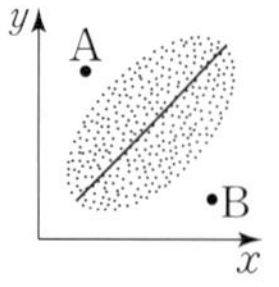

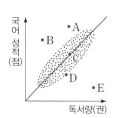

28 답 B

해발 고도와 기온이 모두 높은 도시는 B이다.

29 답 ④

① 독서량이 많은 학생들이 대체로 국어 성적이 높으므로 독서량과 국어 성적 사이에는 양의 상관관계가 있다.

② A, B, C, D, E 중 A가 가장 위쪽에 있으므로 A의 국어 성적이 가장 좋다.

③ A, B, C, D, E 중 E가 가장 오른쪽에 있으므로 E의 독서량이 가장 많다.

④ 독서량에 비해 국어 성적이 가장 좋은 학생은 위의 산점도의 대각선 위쪽에서 대각선으로부터 가장 많이 떨어진 B이다.

⑤ E는 독서량이 많으나 국어 성적이 낮으므로 독서량에 비해 국어 성적이 좋지 않다.

따라서 옳지 않은 것은 ④이다.

30 답 ⑤

① 몸무게가 가장 적게 나가는 학생은 C이다.

② 키에 비해 몸무게가 가장 적게 나가는 학생은 C이다.

③ 키에 비해 몸무게가 가장 많이 나가는 학생은 A이므로 비만도가 가장 높을 것으로 예상되는 학생은 A이다.

④ A와 B, C와 D는 키가 각각 비슷하다.

따라서 옳은 것은 ⑤이다.

31 답 ㄱ, ㄷ

ㄱ. A는 생활비와 저축액이 각각 가장 많으므로 수입이 가장 많은 가구는 A이다.

ㄴ. 생활비에 비해 저축을 가장 적게 하는 가구는 D이다.

ㄷ. C는 생활비보다 저축액이 더 많으므로 수입을 저축에 더 많이 사용하는 편이다.

ㄹ. 생활비와 저축액의 차이가 가장 적은 가구는 E이다.

ㅁ. E는 생활비와 저축액이 모두 적은 편이다.

따라서 옳은 것은 ㄱ, ㄷ이다.

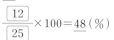

06 서술형   □85쪽~87쪽

01 답 41

채점 기준 1 a의 값 구하기 … 3점

작년과 비교하여 올해 기록이 더 느려진 학생을 나타내는 점은 오른쪽 그림에서 대각선의 위쪽(경계선 제외)에 속한다. 따라서 작년 기록보다 올해 기록이 더 느려진 학생은 12명이므로 전체의

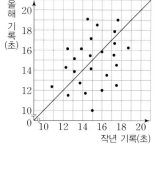

$\dfrac{\boxed{12}}{\boxed{25}}\times100=\underline{48}\,(\%)$

∴ $a=\underline{48}$

채점 기준 2 b의 값 구하기 … 2점

작년 기록보다 올해 기록이 2초 이상 빨라진 학생을 나타내는 점은 오른쪽 그림에서 기준선의 아래쪽(경계선 포함)에 속한다. 따라서 작년 기록보다 올해 기록이 2초 이상 빨라진 학생은 7명이므로 $b=\underline{7}$

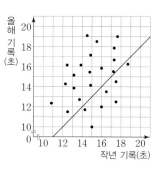

채점 기준 3 $a-b$의 값 구하기 … 1점

∴ $a-b=\underline{48}-\underline{7}=\underline{41}$

01-1 답 35

채점 기준 1 a의 값 구하기 … 3점

1년 전과 비교하여 현재 몸무게가 4 kg 이상 늘어난 학생을 나타내는 점은 오른쪽 그림에서 색칠한 부분(경계선 포함)에 속한다. 즉, 1년 전과 비교하여 현재 몸무게가 4 kg 이상 늘어난 학생은 7명이므로 전체의

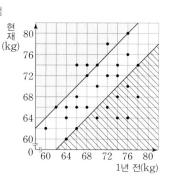

$\dfrac{7}{28}\times100=25\,(\%)$ ∴ $a=25$

채점 기준 2 b의 값 구하기 … 2점

1년 전과 비교하여 현재 몸무게가 4 kg 이상 줄어든 학생을 나타내는 점은 위의 그림에서 빗금친 부분(경계선 포함)에 속한다. 즉, 1년 전과 비교하여 현재 몸무게가 4 kg 이상 줄어든 학생은 10명이므로 $b=10$

채점 기준 3 $a+b$의 값 구하기 … 1점

∴ $a+b=25+10=35$

01-2 답 4명

성종이가 1차, 2차 예선에서 맞힌 문제 수를 각각 x개, y개라 하면 1차 예선에서 맞힌 문제 수의 평균이 6개이므로

$$\frac{3+4+4+5+5+7+8+8+10+x}{10}=6$$

$$\frac{54+x}{10}=6,\ 54+x=60 \qquad \therefore x=6 \qquad \cdots\cdots ❶$$

2차 예선에서 맞힌 문제 수의 평균이 7개이므로

$$\frac{3+5+6+6+7+8+9+9+10+y}{10}=7$$

$$\frac{63+y}{10}=7,\ 63+y=70 \qquad \therefore y=7 \qquad \cdots\cdots ❷$$

즉, 성종이는 1차, 2차 예선을 합쳐 13문제를 맞혔다.

이때 1차, 2차 예선에서 맞힌 문제 수가 13개보다 많은 학생을 나타내는 점은 오른쪽 그림에서 색칠한 부분(경계선 제외)에 속한다.

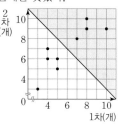

따라서 1차, 2차 예선을 합쳐 성종이보다 많은 문제를 맞힌 학생은 4명이다. $\cdots\cdots ❸$

채점 기준	배점
❶ 성종이가 1차 예선에서 맞힌 문제 수 구하기	2점
❷ 성종이가 2차 예선에서 맞힌 문제 수 구하기	2점
❸ 1차, 2차 예선을 합쳐 성종이보다 많은 문제를 맞힌 학생은 모두 몇 명인지 구하기	3점

02 답 $a=72.5,\ b=90$

전체 학생이 30명이므로 국어 성적의 중앙값은 변량을 작은 값부터 크기순으로 나열했을 때 15번째와 16번째 변량의 평균이다.

15번째와 16번째의 국어 성적이 각각 70점, 75점이므로 그 평균은

$$\frac{70+75}{2}=72.5(점) \qquad \therefore a=72.5 \qquad \cdots\cdots ❶$$

영어 성적의 최빈값은 90점이므로 $b=90$ $\cdots\cdots ❷$

채점 기준	배점
❶ a의 값 구하기	3점
❷ b의 값 구하기	1점

03 답 $\dfrac{49}{4}$

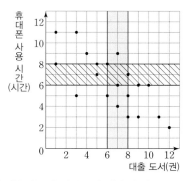

대출한 책의 권수가 6권 이상 8권 이하인 학생을 나타내는 점은 위의 그림에서 색칠한 부분(경계선 포함)에 속한다. 즉, 해당 학생들의 휴대폰 사용 시간의 평균은

$$\frac{3+4+5+5+6+7+8+9}{8}=\frac{47}{8}(시간)$$

$$\therefore a=\frac{47}{8} \qquad \cdots\cdots ❶$$

휴대폰 사용 시간이 6시간 이상 8시간 이하인 학생을 나타내는

점은 앞의 그림에서 빗금친 부분(경계선 포함)에 속한다.

즉, 해당 학생들이 대출한 책의 권수의 평균은

$$\frac{1+5+5+6+7+8+9+10}{8}=\frac{51}{8}(권) \qquad \therefore b=\frac{51}{8} \qquad \cdots\cdots ❷$$

$$\therefore a+b=\frac{47}{8}+\frac{51}{8}=\frac{98}{8}=\frac{49}{4} \qquad \cdots\cdots ❸$$

채점 기준	배점
❶ a의 값 구하기	3점
❷ b의 값 구하기	3점
❸ $a+b$의 값 구하기	1점

04 답 (1) 26 ℃ (2) 2시간 20분

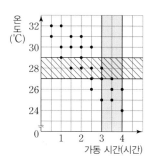

(1) 에어컨 가동 시간이 3시간 이상 4시간 이하인 교실을 나타내는 점은 위의 그림에서 색칠한 부분(경계선 포함)에 속한다.

따라서 해당 교실의 평균 온도는

$$\frac{24+25+25+26+26+27+27+28}{8}=\frac{208}{8}=26\,(℃)$$

$\cdots\cdots ❶$

(2) 교실 온도가 27 ℃ 이상 29 ℃ 이하인 교실을 나타내는 점은 위의 그림에서 빗금친 부분(경계선 포함)에 속한다.

따라서 해당 교실의 평균 에어컨 가동 시간은

$$\frac{1+1.5+2+2+2.5+2.5+3+3+3.5}{9}=\frac{21}{9}=\frac{7}{3}(시간)$$

즉, 2시간 20분이다. $\cdots\cdots ❷$

채점 기준	배점
❶ 에어컨 가동 시간이 3시간 이상 4시간 이하인 교실의 평균 온도 구하기	3점
❷ 교실 온도가 27 ℃ 이상 29 ℃ 이하인 교실의 평균 에어컨 가동 시간 구하기	3점

05 답 62.5점

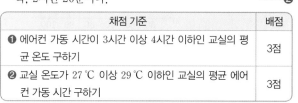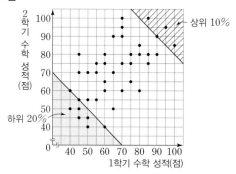

전체 학생이 40명이므로

하위 20 %에 속하는 학생은 $40\times\dfrac{20}{100}=8$(명)이고

상위 10 %에 속하는 학생은 $40 \times \dfrac{10}{100} = 4$(명)이다.

즉, 하위 20 %와 상위 10 %에 속하는 학생들을 나타내는 점은 앞의 그림에서 각각 색칠한 부분(경계선 포함)과 빗금친 부분(경계선 포함)에 속한다.

하위 20 %에 속하는 학생들의 점수를 순서쌍 (1학기 성적, 2학기 성적)으로 나타내면 (40, 50), (45, 45), (50, 40), (45, 50), (50, 45), (40, 60), (45, 55), (60, 40)이고 ······ ❶

상위 10 %에 속하는 학생들의 점수를 순서쌍 (1학기 성적, 2학기 성적)으로 나타내면 (90, 90), (85, 100), (100, 85), (95, 95)이다. ······ ❷

따라서 수준별 수업에 참여하는 전체 학생들의 1, 2학기 수학 성적의 평균은

$$\dfrac{45+45+45+47.5+47.5+50+50+50+90+92.5+92.5+95}{12}$$

$$= \dfrac{750}{12} = 62.5 \text{(점)}$$ ······ ❸

채점 기준	배점
❶ 하위 20 %에 속하는 학생들의 점수 알기	2점
❷ 상위 10 %에 속하는 학생들의 점수 알기	2점
❸ 수준별 수업에 참여하는 전체 학생들의 1, 2학기 수학 성적의 평균 구하기	3점

06 답 (1) 45 % (2) 92.5점 (3) 95점

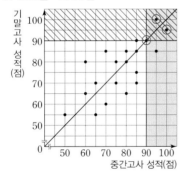

(1) 중간고사에 비해 기말고사 사회 성적이 향상된 학생을 나타내는 점은 위의 그림에서 대각선의 위쪽(경계선 제외)에 속한다. 즉, 9명이므로 전체의

$$\dfrac{9}{20} \times 100 = 45 \,(\%)$$ ······ ❶

(2) 중간고사 사회 성적이 90점 이상인 학생을 나타내는 점은 위의 그림에서 색칠한 부분(경계선 포함)에 속한다.

따라서 이 학생들의 기말고사 사회 성적의 평균은

$$\dfrac{85+90+95+100}{4} = \dfrac{370}{4} = 92.5 \,(\text{점})$$ ······ ❷

(3) 상위 20 % 이내에 드는 학생은 $20 \times \dfrac{20}{100} = 4$(명)이다.

중간고사 성적이 상위 20 % 이내에 드는 학생을 나타내는 점은 위의 그림에서 색칠한 부분(경계선 포함)에 속한다.

또, 기말고사 성적이 상위 20 % 이내에 드는 학생을 나타내는 점은 위의 그림에서 빗금친 부분(경계선 포함)에 속한다.

즉, 중간고사와 기말고사 성적이 모두 상위 20 % 이내에 드

는 학생을 나타내는 점은 앞의 그림에서 ◯ 표시한 점이다.

따라서 이 학생들의 중간고사와 기말고사의 사회 성적의 평균은

$$\dfrac{90+97.5+97.5}{3} = \dfrac{285}{3} = 95 \,(\text{점})$$ ······ ❸

채점 기준	배점
❶ 중간고사에 비해 기말고사 성적이 향상된 학생은 전체의 몇 %인지 구하기	2점
❷ 중간고사 사회 성적이 90점 이상인 학생들의 기말고사 사회 성적의 평균 구하기	2점
❸ 성적이 모두 상위 20 % 이내에 드는 학생들의 중간고사와 기말고사의 사회 성적의 평균 구하기	3점

07 답 풀이 참조, 양의 상관관계

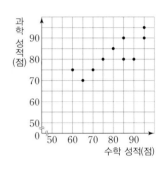

주어진 표의 자료를 이용하여 산점도를 완성하면 오른쪽 그림과 같다. ······ ❶

중간고사 수학 성적이 높아질수록 과학 성적도 대체로 높아지는 관계가 있으므로 중간고사 수학 성적과 과학 성적 사이에는 양의 상관관계가 있다. ······ ❷

채점 기준	배점
❶ 산점도 완성하기	3점
❷ 두 성적 사이의 상관관계 구하기	1점

08 답 음의 상관관계

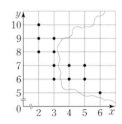

주어진 변량을 추가하여 산점도를 그리면 오른쪽 그림과 같다. ······ ❶

변량 x의 값이 증가함에 따라 y의 값은 대체로 감소하는 관계가 있으므로 두 변량 x와 y 사이에는 음의 상관관계가 있다. ······ ❷

채점 기준	배점
❶ 산점도 완성하기	2점
❷ x와 y 사이의 상관관계 구하기	2점

실전 중단원 학교 시험 1회

88쪽~92쪽

01 ⑤	02 ③	03 ④	04 ⑤	05 ③
06 ④	07 ④	08 ④	09 ①	10 ②
11 ②	12 ③	13 ①, ⑤	14 ④	15 ②
16 ⑤	17 ⑤	18 ④	19 풀이 참조	20 52
21 6.5만 원	22 331.5 kg		23 풀이 참조	

01 답 ⑤　　　　　　　　　　　　　　　　　유형 **01**

3개 이하의 지하철역을 이용하는 직원을 나타내는 점은 오른쪽 그림에서 색칠한 부분(경계선 포함)에 속한다. 따라서 3개 이하의 지하철 역을 이용하는 직원은 7명이다.

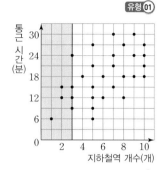

02 답 ③　　　　　　　　　　　　　　　　　유형 **01**

통근 시간이 12분 초과 18분 이하인 직원을 나타내는 점은 오른쪽 그림에서 ◯ 표시한 점이다. 따라서 통근 시간이 12분 초과 18분 이하인 직원은 9명이고 전체 직원이 30명이므로 전체의

$\dfrac{9}{30} \times 100 = 30(\%)$

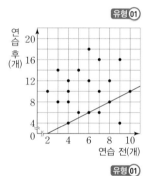

03 답 ④　　　　　　　　　　　　　　　　　유형 **01**

연습 전과 연습 후의 제기차기 개수가 같은 외국인을 나타내는 점은 오른쪽 그림에서 직선 위의 점이다. 따라서 연습 전과 후의 제기차기 개수가 같은 외국인은 4명이다.

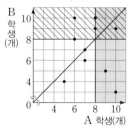

04 답 ⑤　　　　　　　　　　　　　　　　　유형 **01**

① 10 프레임 동안 쓰러뜨린 볼링핀의 개수는

A 학생 : $5+6\times2+7\times2+8\times2+9+10\times2=76$(개)

B 학생 : $3+4+5+6+7+8+9\times2+10\times2=71$(개)

따라서 쓰러뜨린 볼링핀의 전체 개수는 A가 더 많다.

② A 학생이 볼링핀을 8개 이상 쓰러뜨린 프레임을 나타내는 점은 오른쪽 그림에서 색칠한 부분(경계선 포함)에 속하므로 프레임의 수는 5이다. 또, B 학생이 볼링핀을 8개 이상 쓰러뜨린 프레임을 나타내는 점은 오른쪽 그림에서 빗금친 부분(경계선 포함)에 속하므로 프레임의 수는 5이다. 따라서 볼링핀을 8개 이상 쓰러뜨린 프레임의 수는 두 학생이 같다.

③ 두 학생이 같은 개수의 볼링핀을 쓰러뜨린 프레임을 나타내는 점은 위의 그림에서 대각선 위의 점이다. 즉, 두 학생이 같은 개수의 볼링핀을 쓰러뜨린 프레임의 수는 1이다.

④ 10 프레임 중 쓰러뜨린 볼링핀의 개수가 가장 적은 학생은 B이고 그때의 쓰러뜨린 볼링핀의 개수는 3개이다.

⑤ A, B 두 학생이 10개의 볼링핀을 모두 쓰러뜨린 프레임의 수는 각각 2로 서로 같다.

따라서 옳은 것은 ⑤이다.

05 답 ③　　　　　　　　　　　　　　　　　유형 **01**

① 만들기 성적이 그리기 성적보다 더 높은 학생을 나타내는 점은 오른쪽 그림에서 대각선의 아래쪽(경계선 제외)에 속하므로 10명이다.

또, 그리기 성적이 만들기 성적보다 더 높은 학생을 나타내는 점은 위의 그림에서 대각선의 위쪽(경계선 제외)에 속하므로 11명이다.

즉, 그리기 성적이 만들기 성적보다 높은 학생이 더 많다.

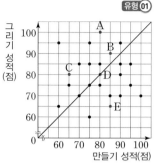

② (A의 두 수행평가 성적의 합)=80+100=180(점)

(B의 두 수행평가 성적의 합)=85+90=175(점)

즉, 두 수행평가 성적의 합은 A가 B보다 더 크다.

③ (C의 두 수행평가 성적의 차)=80-65=15(점)

(E의 두 수행평가 성적의 차)=85-65=20(점)

즉, 두 수행평가 성적의 차는 C보다 E가 더 크다.

④ D는 만들기 성적과 그리기 성적이 80점으로 같다.

⑤ 동점자는 그리기 성적을 85점 받은 학생들이 5명으로 제일 많다.

따라서 옳은 것은 ③이다.

06 답 ④　　　　　　　　　　　　　　　　　유형 **01**

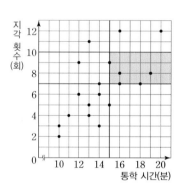

통학 시간이 15분 이상인 학생 중 지각 횟수가 7회 이상 10회 이하인 학생을 나타내는 점은 위의 그림에서 색칠한 부분(경계선 포함)에 속하므로 5명이다. 이 학생들의 통학 시간은 각각 15분, 16분, 16분, 18분, 19분이므로 통학 시간의 평균은

$\dfrac{15+16\times2+18+19}{5}=\dfrac{84}{5}=16.8$(분)

07 답 ④　　　　　　　　　　　　　　　　　유형 **01**

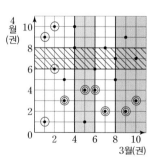

① 3월에 2권 이하의 책을 대여한 회원을 나타내는 점은 위의 그림에서 ◯ 표시한 점이다. 따라서 구하는 책의 평균 권수는

$$\frac{1+6+9+10}{4}=\frac{26}{4}=\frac{13}{2}(권)$$

② 3월에 4권 이상 6권 이하의 책을 대여한 회원을 나타내는 점은 앞의 그림에서 초록색으로 색칠한 부분(경계선 포함)에 속한다. 따라서 구하는 책의 평균 권수는

$$\frac{1+4+4+6+8+10}{6}=\frac{33}{6}=\frac{11}{2}(권)$$

③ 3월에 8권 이상의 책을 대여한 회원을 나타내는 점은 앞의 그림에서 파란색으로 색칠한 부분(경계선 포함)에 속한다. 따라서 구하는 책의 평균 권수는

$$\frac{2+3+5+7+7+9}{6}=\frac{33}{6}=\frac{11}{2}(권)$$

④ 4월에 2권 이상 4권 이하의 책을 대여한 회원을 나타내는 점은 앞의 그림에서 ◎ 표시한 점이다. 따라서 구하는 책의 평균 권수는

$$\frac{3+5+6+7+9+10}{6}=\frac{40}{6}=\frac{20}{3}(권)$$

⑤ 4월에 6권 이상 8권 이하의 책을 대여한 회원을 나타내는 점은 앞의 그림에서 빗금친 부분(경계선 포함)에 속한다. 따라서 구하는 책의 평균 권수는

$$\frac{2+4+6+7+8+10}{6}=\frac{37}{6}(권)$$

따라서 가장 큰 값은 ④이다.

08 답 ④ 유형 01

왼쪽 눈이 오른쪽 눈보다 시력이 좋은 학생을 나타내는 점은 오른쪽 그림에서 색칠한 부분(경계선 제외)에 속한다.
따라서 왼쪽 눈이 오른쪽 눈보다 시력이 좋은 학생은 10명이고 전체 학생은 25명이므로 그 비율은 $\frac{10}{25}=\frac{2}{5}$

09 답 ① 유형 02

양쪽 눈의 시력이 0.5 이상 차이나는 학생을 나타내는 점은 오른쪽 그림에서 색칠한 부분(경계선 포함)에 속한다. 따라서 양쪽 눈의 시력이 0.5 이상 차이나는 학생은 4명이고 전체 학생은 25명이므로 전체의

$$\frac{4}{25}\times100=16(\%)$$

10 답 ② 유형 02

오디션 참가자 수는 20명이므로 가사와 음정을 합쳐 가장 많이 틀린 순으로 $20\times\frac{20}{100}=4$(명)이 탈락한다. 즉, 탈락자를 나타내는 점은 오른쪽 그림에서 ○ 표시한 점이다.

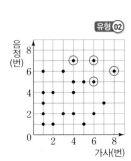

탈락자가 가사와 음정을 합쳐 틀린 횟수는 각각
$4+7=6+5=11$(번), $6+7=13$(번), $8+6=14$(번)이므로 탈락자는 최소 11번 이상 틀렸다.

11 답 ② 유형 02

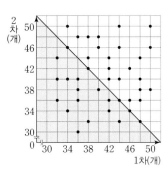

두 시험을 합쳐 문제가 총 100개이므로 전체의 80 % 이상을 맞히려면 두 시험을 합쳐 80개 이상의 문제를 맞혀야 한다. 즉, 두 시험을 합쳐 80개 미만으로 맞히면 재시험을 치러야 한다.
따라서 두 시험을 합쳐 80개 미만으로 맞힌 학생을 나타내는 점은 위의 그림에서 색칠한 부분(경계선 제외)에 속하므로 14명이다.

참고 1차 시험에서 맞힌 개수를 x개, 2차 시험에서 맞힌 개수를 y개라 하고 직선 $x+y=80$, 즉 $y=-x+80$을 그어 생각한다.

12 답 ③ 유형 02

두 성적의 평균이 같으려면 두 성적의 합이 서로 같아야 한다. 즉, 두 성적의 합이 같은 학생들끼리 직선으로 표시하면 오른쪽 그림과 같다. 따라서 짝이 없는 학생을 나타내는 점은 ○ 표시한 점이므로 두 학생의 말하기 성적의 합은 $3+7=10($점$)$

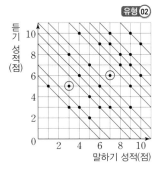

참고 위의 그림과 같이 대각선에 수직인 직선을 그으면 같은 직선 위의 점은 말하기 성적과 듣기 성적의 합이 서로 같다.

13 답 ①, ⑤ 유형 03

변량 x의 값이 증가함에 따라 변량 y의 값이 증가 또는 감소하는 경향이 뚜렷하지 않은 것은 ㄱ, ㅁ이다.

14 답 ④ 유형 03

점들이 기울기가 양수인 직선을 중심으로 가까이 모여 있을수록 강한 양의 상관관계를 나타내며, 점들이 기울기가 음수인 직선을 중심으로 가까이 모여 있을수록 강한 음의 상관관계를 나타낸다.
따라서 가장 강한 양의 상관관계를 나타내는 것은 ㄹ이고 가장 강한 음의 상관관계를 나타내는 것은 ㅂ이다.

15 답 ② 유형 03

속력이 빠를수록 브레이크를 밟았을 때 더 많은 거리를 가서 멈추게 되므로 x와 y 사이에는 양의 상관관계가 있다.
따라서 산점도로 알맞은 것은 ②이다.

16 답 ⑤ 유형 03

ㄴ. 산점도에서 변량 x의 값이 증가함에 따라 변량 y의 값도 대체로 증가하는 경향이 있을 때, 두 변량 x와 y 사이에는 양의 상관관계가 있다고 한다.

ㄹ. 강한 상관관계를 나타내는 산점도일수록 변량을 나타내는 점들이 기울기가 양수 또는 음수인 한 직선을 중심으로 가까이 모여 있다.

따라서 옳지 않은 것은 ㄴ, ㄹ이다.

17 답 ⑤ 유형 04

E는 관객 평점이 비슷한 영화들에 비해 관객 수가 적은 편이다.

18 답 ④ 유형 04

④ C는 F보다 수면 시간이 더 긴 대신에 TV 시청 시간이 짧다.

따라서 옳지 않은 것은 ④이다.

19 답 풀이 참조 유형 01

주어진 자료를 이용하여 산점도를 나타내면 다음 그림과 같다.

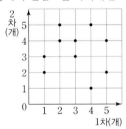

채점 기준	배점
점의 위치를 모두 맞게 완성한 경우	4점
점의 위치를 1개 틀린 경우	3점
점의 위치를 2개 틀린 경우	2점
점의 위치를 3개 이상 틀린 경우	0점

20 답 52 유형 01

작년보다 올해 안타가 더 많은 타자를 나타내는 점은 오른쪽 그림에서 색칠한 부분(경계선 제외)에 속한다. 즉, 11명이므로 전체의

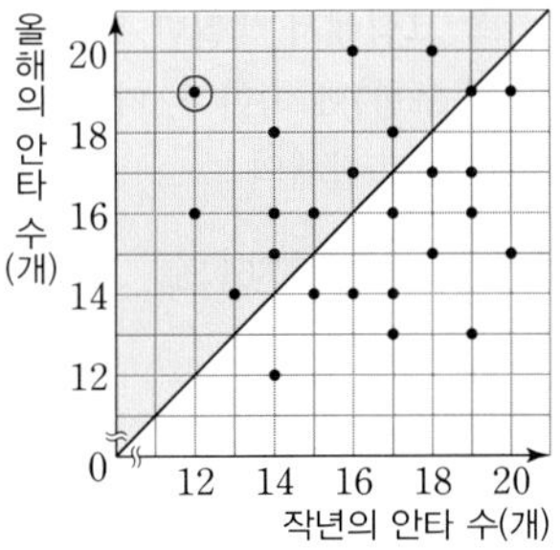

$$\frac{11}{25} \times 100 = 44 \, (\%)$$

∴ $a = 44$ ……❶

작년과 올해의 안타 수가 같은 타자를 나타내는 점은 위의 그림에서 대각선 위의 점이다.

즉, 1명이므로 $b = 1$ ……❷

작년과 올해의 안타 수가 가장 많이 차이나는 타자를 나타내는 점은 위의 그림에서 ○ 표시한 점이다. 그 타자의 작년 5월의 안타 수는 12개, 올해 5월의 안타 수는 19개이므로

$c = 19 - 12 = 7$ ……❸

∴ $a + b + c = 44 + 1 + 7 = 52$ ……❹

채점 기준	배점
❶ a의 값 구하기	2점
❷ b의 값 구하기	2점
❸ c의 값 구하기	2점
❹ $a+b+c$의 값 구하기	1점

21 답 6.5만 원 유형 01

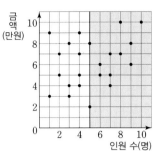

5인 이상이면 단체 손님으로 구분하므로 단체 손님 테이블을 나타내는 점은 위의 그림에서 색칠한 부분(경계선 포함)에 속한다.

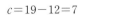 ……❶

따라서 식사 금액의 평균은

$$\frac{2+4+5\times2+6\times2+7\times2+8\times2+10\times2}{12}$$

$$= \frac{78}{12} = \frac{13}{2} = 6.5 (만 원)$$ ……❷

채점 기준	배점
❶ 단체 손님 테이블을 나타내는 점이 속하는 범위 찾기	2점
❷ 단체 손님 테이블의 평균 식사 금액 구하기	4점

22 답 331.5 kg 유형 02

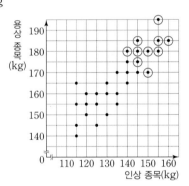

인상, 용상 기록의 합계로 상위 10명이 결선에 진출하므로 결선에 진출하는 선수들을 나타내는 점은 위의 그림에서 ○ 표시한 점이다.

상위 10명의 인상 종목의 평균 기록은

$$\frac{140+145\times3+150\times2+155\times3+160}{10} = 150 \, (kg)$$ ……❶

상위 10명의 용상 종목의 평균 기록은

$$\frac{170+175+180\times4+185\times3+195}{10} = 181.5 \, (kg)$$ ……❷

따라서 두 종목의 평균 기록의 합은

$$150 + 181.5 = 331.5 \, (kg)$$ ……❸

채점 기준	배점
❶ 상위 10명의 인상 종목의 평균 기록 구하기	3점
❷ 상위 10명의 용상 종목의 평균 기록 구하기	3점
❸ 두 종목의 평균 기록의 합 구하기	1점

23 답 풀이 참조 　유형 **04**

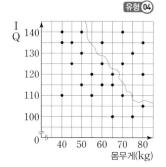

찢어진 부분의 자료를 이용하여 산점도를 완성하면 오른쪽 그림과 같다. ……❶
몸무게가 증가할 때 IQ가 뚜렷하게 증가 또는 감소하는 경향을 보이지 않고, 마찬가지로 IQ가 증가할 때 몸무게가 뚜렷하게 증가 또는 감소하는 경향을 보이지 않는다. ……❷
따라서 몸무게와 IQ는 상관관계가 없다. ……❸

채점 기준	배점
❶ 찢어진 부분의 산점도 완성하기	2점
❷ 상관관계가 없는 이유 설명하기	2점
❸ 상관관계가 없음을 알기	2점

실전! 중단원 학교 시험 **2**회

93쪽~97쪽

01 ②	**02** ③	**03** ⑤	**04** ⑤	**05** ④
06 ④	**07** ②	**08** ③	**09** ④	**10** ⑤
11 ⑤	**12** ③	**13** ⑤	**14** ①	**15** ④
16 ①	**17** ②	**18** ③	**19** 55 %	**20** 35
21 7개	**22** 28명	**23** 24점		

01 답 ② 　유형 **01**

주어진 표의 자료를 산점도로 바르게 나타낸 것은 ②이다.

02 답 ③ 　유형 **01**

맛에 대한 별점이 서비스에 대한 별점보다 높은 음식점은 A, C, G의 3곳이다.

03 답 ⑤ 　유형 **01**

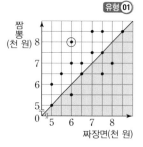

② 짜장면과 짬뽕의 가격이 같은 중국집을 나타내는 점은 오른쪽 그림에서 대각선 위의 점이므로 4곳이다.
③ 짬뽕보다 짜장면의 가격이 더 높은 중국집을 나타내는 점은 오른쪽 그림에서 색칠한 부분 (경계선 제외)에 속하므로 3곳이다. 따라서 전체의
$$\frac{3}{15} \times 100 = 20(\%)$$
④ 짜장면과 짬뽕의 가격이 가장 많이 차이나는 중국집을 나타내는 점은 위의 그림에서 대각선으로부터 가장 멀리 떨어진 ○ 표시한 점이다.
따라서 8000−6000=2000(원) 차이가 난다.

⑤ 산점도의 점들이 대각선을 기준으로 위쪽에 많이 분포되어 있으므로 대체로 짬뽕이 짜장면보다 비싸다.
따라서 옳지 않은 것은 ⑤이다.

04 답 ⑤ 　유형 **01**

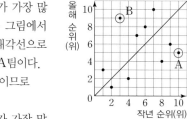

작년에 비해 올해 순위가 가장 많이 향상된 팀은 오른쪽 그림에서 대각선의 아래쪽에서 대각선으로부터 가장 많이 떨어진 A팀이다.
A팀의 올해 순위는 5위이므로
$a=5$
작년에 비해 올해 순위가 가장 많이 하락한 팀은 위쪽 그림에서 대각선의 위쪽에서 대각선으로부터 가장 많이 떨어진 B팀이다.
B팀의 올해 순위는 9위이므로 $b=9$
∴ $a+b=5+9=14$

오답 피하기
순위가 작을수록 순위가 높음에 주의한다.

05 답 ④ 　유형 **01**

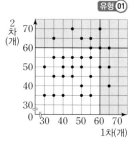

1차, 2차 시기 중 한번이라도 윗몸일으키기를 60개 이상 하면 실기 성적이 만점이므로 만점인 학생을 나타내는 점은 오른쪽 그림에서 색칠한 부분(경계선 포함)에 속한다. 따라서 11명이다.

06 답 ④ 　유형 **02**

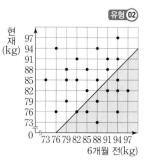

6개월 동안 6 kg 이상 감량한 참가자를 나타내는 점은 오른쪽 그림에서 색칠한 부분(경계선 포함)에 속한다. 따라서 9명이므로 전체의
$$\frac{9}{25} \times 100 = 36(\%)$$

07 답 ② 　유형 **01**

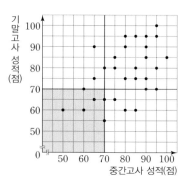

중간고사와 기말고사의 성적이 모두 70점 이하인 학생을 나타내는 점은 위의 그림에서 색칠한 부분(경계선 포함)에 속한다.
따라서 6명이므로 전체의
$$\frac{6}{30} \times 100 = 20(\%)$$

08 답 ③

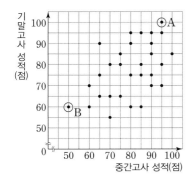

위의 산점도에서 중간고사와 기말고사의 수학 성적의 평균이 가장 높은 학생은 A이고, 중간고사와 기말고사의 수학 성적의 평균이 가장 낮은 학생은 B이다.

$(\text{A의 평균})=\dfrac{95+100}{2}=97.5(\text{점})$

$(\text{B의 평균})=\dfrac{50+60}{2}=55(\text{점})$

따라서 두 학생의 평균의 차는

$97.5-55=42.5(\text{점})$

09 답 ④

전체 학생은 총 30명이므로 상반과 하반의 학생은 각각

$30\times\dfrac{30}{100}=9(\text{명})$이다.

즉, 아래 그림과 같이 상반에 속하는 학생들을 나타내는 점은 색칠한 부분(경계선 포함), 하반에 속하는 학생들을 나타내는 점은 빗금친 부분(경계선 포함)에 속한다.

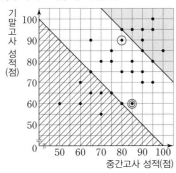

중반에 속하는 학생 중 중간고사와 기말고사 성적의 평균이 가장 높은 학생과 평균이 가장 낮은 학생을 나타내는 점은 위의 그림에서 각각 ○, ◎ 표시한 점이다.

따라서 중반에 속하는 학생 중 평균이 가장 높은 학생의 평균은

$\dfrac{80+90}{2}=85(\text{점})$

평균이 가장 낮은 학생의 평균은 $\dfrac{85+60}{2}=72.5(\text{점})$

10 답 ⑤

상반기와 하반기를 합쳐 경고가 5회 이하인 선수를 나타내는 점은 오른쪽 그림에서 색칠한 부분(경계선 포함)에 속한다. 즉, 5명이다.

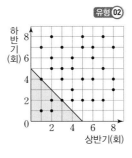

11 답 ⑤

A팀과 B팀의 각 경기별 점수를 표로 나타내면 다음과 같다.

A팀(점)	1	2	2	2	2	3	3	4
B팀(점)	10	3	4	10	12	2	6	1

A팀(점)	4	5	7	7	7	7	8	8
B팀(점)	5	1	1	2	3	12	0	1

① A팀과 B팀이 각각 8번씩 이겼으므로 상대전적은 8승 8패이다.

② 득점이 가장 많았던 경기는 A팀이 7점, B팀이 12점 득점한 경기로 B팀이 이겼다.

③ 두 팀의 득점의 합이 8점 이하인 경기는 7경기이다.

④ A팀의 전체 득점의 평균은

$$\dfrac{1+2\times4+3\times2+4\times2+5+7\times4+8\times2}{16}$$

$$=\dfrac{72}{16}=4.5(\text{점})$$

B팀의 전체 득점의 평균은

$$\dfrac{1\times4+2\times2+3\times2+4+5+6+10\times2+12\times2}{16}$$

$$=\dfrac{73}{16}=4.5625(\text{점})$$

즉, 전체 득점의 평균은 B팀이 더 높다.

⑤ A팀이 이긴 경기에서 A팀의 득점의 평균은

$$\dfrac{3+4+5+7\times3+8\times2}{8}=\dfrac{49}{8}=6.125(\text{점})$$

B팀이 이긴 경기에서 B팀의 득점의 평균은

$$\dfrac{3+4+5+6+10\times2+12\times2}{8}=\dfrac{62}{8}=7.75(\text{점})$$

즉, 각 팀이 이긴 경기에서 득점의 평균은 B팀이 더 높다.

따라서 옳지 않은 것은 ⑤이다.

12 답 ③

전체 득점이 높고, 3점 슛의 개수가 적을수록 2점 슛의 개수가 많아진다. 즉, 오른쪽 산점도에서 ○ 표시한 점이 2점 슛의 개수가 최대인 점이다.

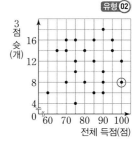

따라서 전체 득점이 100점, 3점 슛의 개수가 8개일 때이므로

$(\text{2점 슛의 개수})=\dfrac{100-3\times8}{2}=38(\text{개})$

즉, 2점 슛의 최대 개수는 38개이다.

13 답 ⑤

영어 성적보다 수학 성적이 높은 학생들을 나타내는 점은 오른쪽 그림에서 색칠한 부분(경계선 제외)에 속한다.

이 부분에 속하는 학생들의 수학 성적의 평균은

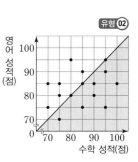

$$\dfrac{75+85+90\times2+95\times2+100}{7}$$

$$=\dfrac{630}{7}=90(\text{점})$$

14 답 ① 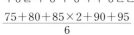 유형 02

수학 성적보다 영어 성적이 높은 학생들을 나타내는 점은 오른쪽 그림에서 색칠한 부분(경계선 제외)에 속한다. 이 부분에 속하는 학생들의 영어 성적의 평균은

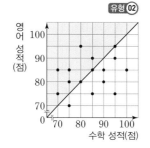

$$\frac{75+80+85\times2+90+95}{6}$$

$$=\frac{510}{6}=85(점)$$

15 답 ④ 유형 03

주어진 산점도는 음의 상관관계를 나타낸다.
①, ⑤ 양의 상관관계
②, ③ 상관관계가 없다.
④ 음의 상관관계

16 답 ① 유형 03

① 음의 상관관계
②, ③, ④, ⑤ 상관관계가 없다.
따라서 나머지 넷과 다른 하나는 ①이다.

17 답 ② 유형 04

② B는 판매 가격과 판매량이 모두 높은 편이다.

18 답 ③ 유형 04

③ C보다 D가 소득이 더 많다.

19 답 55 % 유형 01

한 명 이상의 심사위원에게 8점 이상을 받은 선수를 나타내는 점은 오른쪽 그림에서 색칠한 부분(경계선 포함)에 속한다. 즉, 22명이다. ······❶

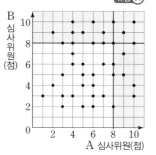

따라서 결승전에 진출하는 선수는 전체의

$$\frac{22}{40}\times100=55(\%)$$ ······❷

채점 기준	배점
❶ 결승전에 진출하는 선수의 수 구하기	2점
❷ 결승전에 진출하는 선수는 전체의 몇 %인지 구하기	2점

20 답 35 유형 02

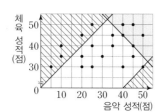

두 과목 성적의 합이 85점 이상인 학생을 나타내는 점은 위의 그림에서 색칠한 부분(경계선 포함)에 속하므로 5명이다.
∴ $a=5$ ······❶

두 과목의 성적의 차가 20점 이상인 학생을 나타내는 점은 앞의 그림에서 빗금친 부분(경계선 포함)에 속하므로 6명이다.
따라서 전체의

$$\frac{6}{20}\times100=30(\%) \qquad \therefore b=30$$ ······❷

$$\therefore a+b=5+30=35$$ ······❸

채점 기준	배점
❶ a의 값 구하기	2점
❷ b의 값 구하기	3점
❸ $a+b$의 값 구하기	1점

오답 피하기

두 과목의 성적의 차가 20점 이상인 학생을 구할 때, 음악 성적이 체육 성적보다 20점 이상 높거나 체육 성적이 음악 성적보다 20점 이상 높은 학생을 모두 포함하여 구한다.

21 답 7개 유형 01 + 유형 02

조건 (개)를 만족시키는 동아리를 나타내는 점은 오른쪽 그림에서 대각선의 위쪽(경계선 제외)에 속한다. ······❶
조건 (개), (내)를 동시에 만족시키는 동아리를 나타내는 점은 오른쪽 그림에서 색칠한 부분(경계선 포함)에 속한다. ······❷

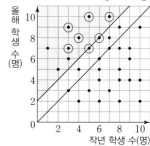

조건 (개), (내), (대)를 동시에 만족시키는 동아리를 나타내는 점은 위의 그림에서 ○ 표시한 점이다. ······❸
따라서 조건 (개), (내), (대)를 모두 만족시키는 점은 7개이므로 활동비를 지원받을 수 있는 동아리는 7개이다. ······❹

채점 기준	배점
❶ 조건 (개)를 만족시키는 점이 속하는 범위 찾기	2점
❷ 조건 (개), (내)를 동시에 만족시키는 점이 속하는 범위 찾기	2점
❸ 조건 (개), (내), (대)를 동시에 만족시키는 점이 속하는 범위 찾기	2점
❹ 지원받을 수 있는 동아리의 수 구하기	1점

22 답 28명 유형 01

미세먼지 상태가 보통인 지역을 나타내는 점은 오른쪽 그림에서 색칠한 부분(점선 제외, 실선 포함)에 속한다. 즉, 15곳이다. ······❶
따라서 미세먼지 상태가 보통인 지역에 있는 마스크를 착용한 시민의 수의 평균은

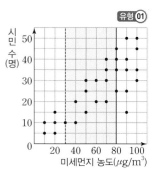

$$\frac{10+15+20\times3+25\times2+30\times3+35\times2+40\times2+45}{15}$$

$$=\frac{420}{15}=28(명)$$ ······❷

채점 기준	배점
❶ 미세먼지 상태가 보통인 지역의 수 구하기	4점
❷ 마스크를 착용한 시민의 수의 평균 구하기	3점

23 답 24점　　　　　　　　　　　　　　　유형 **02**

전체 학생이 40명이므로 상
위 20 %에 해당하는 학생은
$40 \times \dfrac{20}{100} = 8$(명)이다.

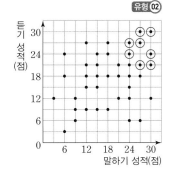

　　　　　　　　　　……❶

즉, 상위 20 %에 해당하는
학생을 나타내는 점은 오른
쪽 그림에서 ○ 표시한 점이
므로 말하기, 듣기 시험 성
적의 합이 높은 순서대로 8명의 성적을 순서쌍
(말하기 성적, 듣기 성적)으로 나타내면 (30, 30), (27, 30),
(27, 27), (30, 24), (24, 27), (30, 21), (24, 24), (27, 21)
이다.　　　　　　　　　　　　　　　　　　　　……❷
따라서 2차 예선에 진출하려면 말하기, 듣기 시험 성적의 평균이
최소 $\dfrac{27+21}{2} = \dfrac{48}{2} = 24$(점) 이상이어야 한다.　……❸

채점 기준	배점
❶ 상위 20 %에 해당하는 학생 수 구하기	2점
❷ 8명에 해당하는 학생들의 점수 알기	2점
❸ 평균이 최소 몇 점 이상이어야 하는지 구하기	2점

🎲 교과서 속 특이 문제　　　　　　　　⊙98쪽~99쪽

01 답 3개

50 g당 단백질 함유량이
15 g 이상, 칼로리가
100 kcal 이하이려면 100 g
당 단백질 함유량이 30 g
이상, 칼로리가 200 kcal
이하여야 한다. 즉, 주어진
조건을 만족하는 부위를
나타내는 점은 오른쪽 그

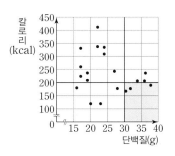

림에서 색칠한 부분(경계선 포함)에 속한다.
따라서 다이어트에 적합한 부위는 3개이다.

02 답 (1) 상관관계가 없다.　(2) 음의 상관관계
(1) 주어진 산점도에서 두 점 A, B를 지우면 x의 값이 증가함에
따라 y의 값이 증가하는지 감소하는지 그 관계가 분명하지
않다. 따라서 x와 y 사이에는 상관관계가 없다.
(2) 기존의 산점도에 주어진 5개의
자료를 추가하면 산점도는 오른
쪽 그림과 같다.
즉, x의 값이 증가함에 따라 y의
값이 대체로 감소하는 관계가 있
으므로 두 변량 x, y 사이에는
음의 상관관계가 있다.

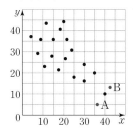

03 답 방어율과 피안타 : 상관관계가 없다.
　　　방어율과 볼넷 : 양의 상관관계
　　　방어율과 삼진 : 음의 상관관계
방어율이 증가함에 따라 피안타가 증가하는지 감소하는지 그 관
계가 분명하지 않으므로 방어율과 피안타 사이에는 상관관계가
없다.
방어율이 증가함에 따라 볼넷은 대체로 증가하는 경향이 있으므
로 방어율과 볼넷 사이에는 양의 상관관계가 있다.
또, 방어율이 증가함에 따라 삼진은 대체로 감소하는 경향이 있
으므로 방어율과 삼진 사이에는 음의 상관관계가 있다.

참고 산점도를 그려 보면 다음과 같다.

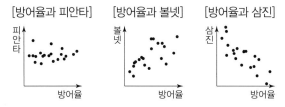

04 답 ㄹ
ㄱ. 손을 자주 씻을수록 유행성 결막염에 걸릴 확률이 낮아지므
　로 음의 상관관계가 있다.
ㄴ. 실내 환기를 자주할수록 유행성 결막염에 걸릴 확률이 낮아
　지므로 음의 상관관계가 있다.
ㄷ. 침구와 베개 커버를 자주 세탁할수록 유행성 결막염에 걸릴
　확률이 낮아지므로 음의 상관관계가 있다.
ㄹ. 사람이 많은 장소일수록 유행성 결막염에 걸릴 확률이 높아
　지므로 양의 상관관계가 있다.
ㅁ. 루테인이 풍부한 녹황색 채소를 자주 먹을수록 유행성 결막
　염에 걸릴 확률이 낮아지므로 음의 상관관계가 있다.
따라서 상관관계가 나머지 넷과 다른 하나는 ㄹ이다.

05 답 (1) A 나라　(2) ㄱ
(1) 산점도에서 점들이 한 직선 주위에 몰려 있을수록 상관관계
　가 강하므로 인구수와 통행량에 대한 상관관계가 가장 강한
　나라는 A이다.
(2) 주어진 산점도는 양의 상관관계가 있다.
　ㄱ. 양의 상관관계
　ㄴ, ㄷ. 상관관계가 없다.
　ㄹ. 음의 상관관계
　따라서 같은 상관관계가 있는 것은 ㄱ이다.

06 답 풀이 참조
아이스크림 판매량과 최고 기온 사이에는 양의 상관관계가 있고
물놀이 사고 건수와 최고 기온 사이에도 양의 상관관계가 있지
만, 아이스크림 판매량과 물놀이 사고 건수 사이에 양의 상관관
계가 있는지는 알 수 없다. 또, 양의 상관관계가 있다고 해도 아
이스크림 판매량과 물놀이 사고 건수 사이에 인과관계가 없기
때문에 아이스크림 판매량을 줄인다고 해서 그 결과로 물놀이
사고 건수가 줄어든다고 볼 수 없다.

102쪽~111쪽

01 답 $\sqrt{73}$ cm

오른쪽 그림과 같이 원의 중심 O에서 $\overline{CD}$에 내린 수선의 발을 H라 하고 두 점 C, D에서 $\overline{AB}$에 내린 수선의 발을 각각 E, F라 하자. $\overline{CH}=x$ cm라 하면

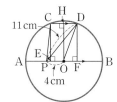

$\overline{DH}=\overline{CH}=\overline{EO}=\overline{FO}=x$ cm,
$\overline{PF}=4+x$ (cm)
△DPF에서 $\overline{DF}^2=11^2-(4+x)^2$
△DOF에서 $\overline{DF}^2=9^2-x^2$이므로
$11^2-(4+x)^2=9^2-x^2$, $8x=24$ ∴ $x=3$
즉, $\overline{DF}=\overline{CE}=6\sqrt{2}$ cm, $\overline{PE}=4-3=1$ (cm)이므로
△CEP에서
$\overline{PC}=\sqrt{1^2+(6\sqrt{2})^2}=\sqrt{73}$ (cm)

02 답 $\dfrac{100}{3}\pi-25\sqrt{3}$

오른쪽 그림과 같이 원의 중심 O에서 $\overline{AB}$에 내린 수선의 발을 M이라 하면

$\overline{OA}=10$, $\overline{OM}=\dfrac{1}{2}\times10=5$

$\cos(\angle AOM)=\dfrac{\overline{OM}}{\overline{OA}}=\dfrac{1}{2}$이므로

$\angle AOM=60°$
마찬가지 방법으로 $\angle BOM=60°$
따라서 색칠한 부분의 넓이는
(부채꼴 OAB의 넓이)$-$△OAB

$=\pi\times10^2\times\dfrac{120}{360}-\dfrac{1}{2}\times10\times10\times\sin(180°-120°)$

$=\dfrac{100}{3}\pi-25\sqrt{3}$

03 답 $9\sqrt{3}+3\pi$

오른쪽 그림과 같이 $\overline{OD}$, $\overline{OB}$를 그으면 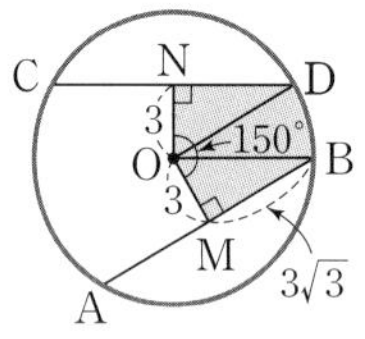
$\overline{BM}=\overline{DN}=\sqrt{6^2-3^2}=3\sqrt{3}$

$\tan(\angle BOM)=\dfrac{\overline{BM}}{\overline{OM}}=\sqrt{3}$이므로

$\angle BOM=60°$
마찬가지 방법으로 $\angle DON=60°$
∴ $\angle DOB=150°-(60°+60°)=30°$
따라서 색칠한 부분의 넓이는

$2\times\left(\dfrac{1}{2}\times3\sqrt{3}\times3\right)+\pi\times6^2\times\dfrac{30}{360}=9\sqrt{3}+3\pi$

04 답 $6\sqrt{7}$ cm

오른쪽 그림과 같이 $\overline{OD}$, $\overline{OF}$를 그으면
$\overline{OF}\perp\overline{AD}$, $\overline{AF}=\overline{DF}$
△AFO에서 $\overline{AF}=\sqrt{8^2-6^2}=2\sqrt{7}$ (cm)
∴ $\overline{AD}=2\overline{AF}=4\sqrt{7}$ (cm)
△OAD에서

$\dfrac{1}{2}\times\overline{AD}\times\overline{OF}=\dfrac{1}{2}\times\overline{AO}\times\overline{DE}$이므로

$\dfrac{1}{2}\times4\sqrt{7}\times6=\dfrac{1}{2}\times8\times\overline{DE}$ ∴ $\overline{DE}=3\sqrt{7}$ (cm)

∴ $\overline{CD}=2\overline{DE}=6\sqrt{7}$ (cm)

05 답 3 cm

$\overline{AD}=\overline{AE}$, $\overline{CE}=\overline{CF}$이므로
$\overline{BD}+\overline{BF}=\overline{AB}+\overline{BC}+\overline{CA}$
$\qquad\qquad=9+12+7=28$ (cm)

$\overline{BD}=\overline{BF}=\dfrac{1}{2}\times28=14$ (cm)이므로

$\overline{AE}=\overline{AD}=\overline{BD}-\overline{AB}=14-9=5$ (cm)
$\overline{AP}=\overline{AR}=x$ cm라 하면
$\overline{BQ}=\overline{BP}=(9-x)$ cm, $\overline{CQ}=\overline{CR}=(7-x)$ cm
$\overline{BC}=\overline{BQ}+\overline{CQ}$이므로
$(9-x)+(7-x)=12$ ∴ $x=2$
∴ $\overline{RE}=\overline{AE}-\overline{AR}=5-2=3$ (cm)

06 답 9

오른쪽 그림과 같이 네 원과 삼각형의 접점을 각각 G, H, I, J, K, L, M, N, O라 하고 $\overline{AG}=x$라 하면

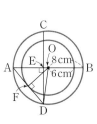

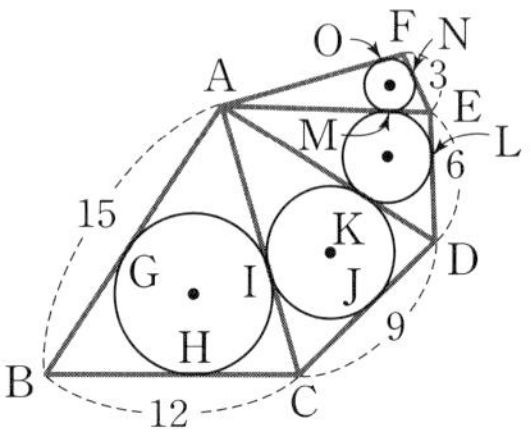

$\overline{BG}=\overline{BH}=15-x$
$\overline{CH}=\overline{CI}=\overline{CJ}$
$\qquad=12-(15-x)$
$\qquad=x-3$
$\overline{DJ}=\overline{DK}=\overline{DL}=9-(x-3)=12-x$
$\overline{EL}=\overline{EM}=\overline{EN}=6-(12-x)=x-6$
$\overline{FN}=\overline{FO}=3-(x-6)=9-x$
이때 $\overline{AO}=\overline{AM}=\overline{AK}=\overline{AI}=\overline{AG}=x$이므로
$\overline{AF}=\overline{AO}+\overline{FO}=x+(9-x)=9$

07 답 9 cm^2

$\overline{AB}=x$ cm라 하면 $\overline{BC}=(21-x)$ cm
오른쪽 그림과 같이 원 O와 $\overline{AB}$, $\overline{BC}$의 접점을 각각 P, Q라 하면 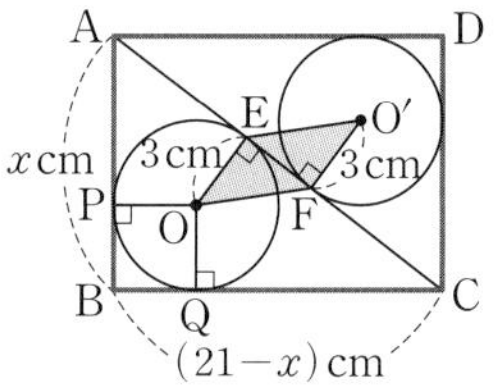
□PBQO는 정사각형이므로
$\overline{BP}=\overline{BQ}=3$ cm
$\overline{AE}=\overline{AP}=(x-3)$ cm
$\overline{CE}=\overline{CQ}$
$\qquad=21-x-3=18-x$ (cm)
∴ $\overline{AC}=\overline{AE}+\overline{CE}=(x-3)+(18-x)=15$ (cm)
△ABC에서 $15^2=x^2+(21-x)^2$, $x^2-21x+108=0$
$(x-9)(x-12)=0$
∴ $x=9$ 또는 $x=12$
이때 $\overline{AB}<\overline{BC}$이므로 $x=9$
따라서 $\overline{AE}=9-3=6$ (cm)이고
마찬가지 방법으로 $\overline{CF}=6$ cm이므로
$\overline{EF}=\overline{AC}-(\overline{AE}+\overline{CF})$
$\qquad=15-(6+6)=3$ (cm)
이때 △OFE≡△O'EF(SAS 합동)이므로

$□EOFO'=2△OFE=2\times\left(\dfrac{1}{2}\times3\times3\right)=9$ (cm^2)

08 답 $2+\sqrt{2}-\dfrac{\sqrt{6}}{3}$

오른쪽 그림과 같이 점 A에서
$\overline{BC}$에 내린 수선의 발을 H라 하면 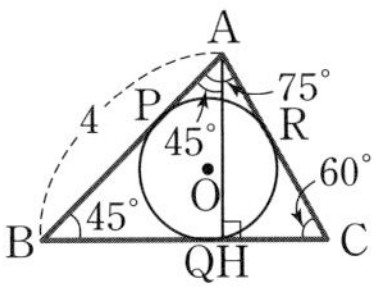
$\overline{AH}=\overline{BH}=4\cos45°=2\sqrt{2}$

$\overline{CH}=2\sqrt{2}\tan30°=\dfrac{2\sqrt{6}}{3}$

$\overline{AC}=\dfrac{\dfrac{2\sqrt{6}}{3}}{\sin30°}=\dfrac{4\sqrt{6}}{3}$

$\overline{BQ}=x$라 하면 $\overline{BP}=\overline{BQ}=x$

$\overline{AR}=\overline{AP}=4-x$, $\overline{CR}=\overline{CQ}=2\sqrt{2}+\dfrac{2\sqrt{6}}{3}-x$

$\overline{AC}=\overline{AR}+\overline{CR}$에서 $\dfrac{4\sqrt{6}}{3}=(4-x)+\left(2\sqrt{2}+\dfrac{2\sqrt{6}}{3}-x\right)$

$\therefore x=2+\sqrt{2}-\dfrac{\sqrt{6}}{3}$

09 답 $x=4(\sqrt{2}-1)$, $y=4(\sqrt{2}+1)$

오른쪽 그림과 같이 점 P에서 $\overline{QB}$에
내린 수선의 발을 C라 하면 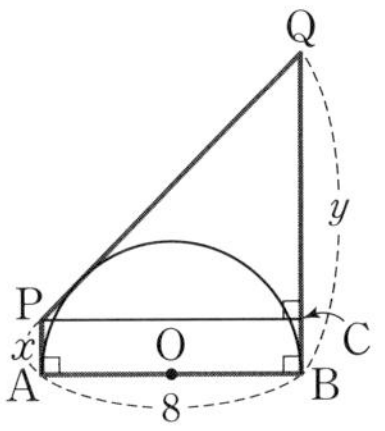
$\overline{PQ}=x+y$, $\overline{QC}=y-x$, $\overline{PC}=8$
$\overline{PC}/\!/\overline{AB}$이므로 △PQC에서
$\angle QPC=45°$
$y-x=8\tan45°=8$ …… ㉠
$x+y=\dfrac{8}{\cos45°}=8\sqrt{2}$ …… ㉡

㉡-㉠에서 $2x=8\sqrt{2}-8$
$\therefore x=4\sqrt{2}-4=4(\sqrt{2}-1)$
$\therefore y=x+8=4(\sqrt{2}+1)$

10 답 $(100-25\pi)\,\mathrm{cm}^2$

$\overline{AB}+\overline{CD}=\overline{AD}+\overline{BC}=11+9=20\,(\mathrm{cm})$
오른쪽 그림과 같이 $\overline{OA}$, $\overline{OP}$, $\overline{OB}$, $\overline{OC}$,
$\overline{OR}$, $\overline{OD}$, $\overline{OS}$를 그으면 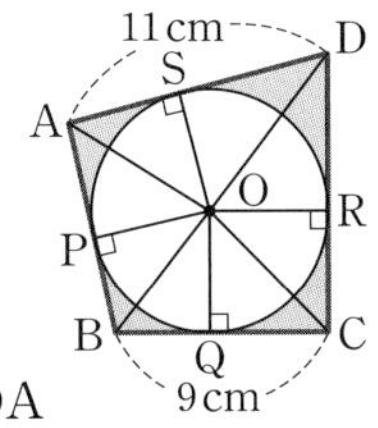
$\overline{OP}=\overline{OQ}=\overline{OR}=\overline{OS}=5\,\mathrm{cm}$

$\therefore$ □ABCD
$=△OAB+△OBC+△OCD+△ODA$
$=\dfrac{5}{2}(\overline{AB}+\overline{BC}+\overline{CD}+\overline{DA})$
$=\dfrac{5}{2}\times(20+20)=\dfrac{5}{2}\times40=100\,(\mathrm{cm}^2)$

$\therefore$ (색칠한 부분의 넓이)$=$□ABCD$-$(원 O의 넓이)
$=100-25\pi\,(\mathrm{cm}^2)$

11 답 12π

부채꼴 AOB의 중심각의 크기를 x라 하면
$54\pi=\pi\times18^2\times\dfrac{x}{360}$ $\therefore x=60°$

오른쪽 그림과 같이 원 O'이 $\overline{OA}$, $\overline{OB}$와
접하는 점을 각각 C, D라 하면 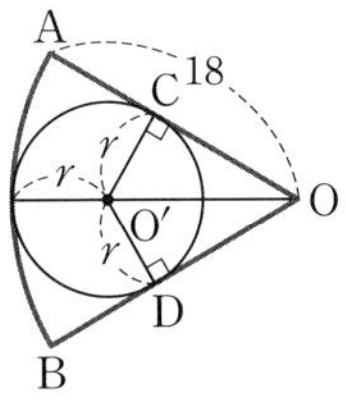
$△O'OC\equiv△O'OD$ (RHS 합동)이므로
$\angle O'OC=\angle O'OD=\dfrac{1}{2}\times60°=30°$

이때 원 O'의 반지름의 길이를 r라 하면

$\overline{OO'}=18-r$이고 △O'OD에서
$\sin30°=\dfrac{\overline{O'D}}{\overline{OO'}}=\dfrac{r}{18-r}=\dfrac{1}{2}$, $2r=18-r$ $\therefore r=6$
따라서 원 O'의 둘레의 길이는 $2\pi\times6=12\pi$

12 답 $\dfrac{40}{13}$

$\overline{CP}=\overline{CA}=5$, $\overline{DP}=\overline{DB}=8$
$\angle CAB=\angle DBA=90°$이므로 $\overline{AC}/\!/\overline{BD}$이다.
△AQC와 △DQB에서
$\angle ACQ=\angle DBQ$ (엇각), $\angle CAQ=\angle BDQ$ (엇각)
이므로 △AQC∽△DQB (AA 닮음)
$\therefore \overline{CQ}:\overline{BQ}=\overline{AC}:\overline{DB}=5:8$
△CPQ와 △CDB에서
$\overline{CQ}:\overline{CB}=\overline{CP}:\overline{CD}=5:13$, $\angle BCD$는 공통
이므로 △CPQ∽△CDB (SAS 닮음)
따라서 $\overline{PQ}:\overline{DB}=5:13$이므로 $\overline{PQ}=\dfrac{5}{13}\overline{DB}=\dfrac{40}{13}$

13 답 $\dfrac{4}{3}\pi-\sqrt{3}$

조건 ㈎에서 $\angle ABC=90°$이므로 $\angle CAB=90°-60°=30°$
오른쪽 그림과 같이 원의 중심을 O, 점 O
에서 $\overline{AB}$에 내린 수선의 발을 H라 하면 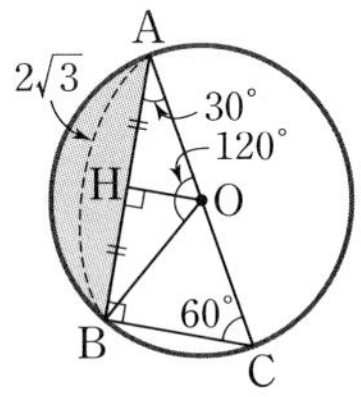
$\overline{AH}=\dfrac{1}{2}\overline{AB}=\dfrac{1}{2}\times2\sqrt{3}=\sqrt{3}$

직각삼각형 OAH에서
$\overline{OA}=\dfrac{\overline{AH}}{\cos30°}=\sqrt{3}\times\dfrac{2}{\sqrt{3}}=2$

$\overline{OH}=\overline{AH}\tan30°=\sqrt{3}\times\dfrac{\sqrt{3}}{3}=1$

$\therefore$ (색칠한 부분의 넓이)$=$(부채꼴 OAB의 넓이)$-△$OAB
$=\pi\times2^2\times\dfrac{120}{360}-\dfrac{1}{2}\times2\sqrt{3}\times1$
$=\dfrac{4}{3}\pi-\sqrt{3}$

14 답 $\dfrac{1+\sqrt{5}}{2}\,\mathrm{cm}$

$\overarc{AB}=\overarc{BC}=\overarc{CD}=\overarc{DE}=\overarc{EA}$이므로
$\overarc{AB}$의 길이는 원주의 $\dfrac{1}{5}$ $\therefore \angle ACB=180°\times\dfrac{1}{5}=36°$

$\overarc{CDE}$의 길이는 원주의 $\dfrac{2}{5}$ $\therefore \angle CBE=180°\times\dfrac{2}{5}=72°$

△BCF에서
$\angle CFB=180°-(36°+72°)=72°$이므로 $\overline{BC}=\overline{CF}$
△ABC와 △AFB에서 $\angle BAC$는 공통, $\angle ACB=\angle ABF$
이므로 △ABC∽△AFB (AA 닮음)
$\overline{AB}=\overline{BC}=\overline{FC}=x\,\mathrm{cm}$라 하면
$\overline{AB}:\overline{AF}=\overline{AC}:\overline{AB}$이므로 $x:1=(1+x):x$

$x^2=1+x$, $x^2-x-1=0$ $\therefore x=\dfrac{1\pm\sqrt{5}}{2}$

이때 $x>0$이므로 $x=\dfrac{1+\sqrt{5}}{2}$

$\therefore \overline{FC}=\dfrac{1+\sqrt{5}}{2}\,\mathrm{cm}$

15 답 8°

△DOE에서

∠OED=38°−15°=23°

오른쪽 그림과 같이 $\overline{DC}$를 그으면

△OCD에서 $\overline{OC}=\overline{OD}$이고

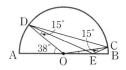

∠OCE=∠ODE=15°에서 네 점 D, O, E, C는 한 원 위에 있으므로 ∠ODC=∠OCD=∠OED=23°

∴ ∠COD=180°−(23°+23°)=134°

∴ ∠COE=180°−(38°+134°)=8°

16 답 14

오른쪽 그림과 같이 $\overline{AC}$, $\overline{BO}$, $\overline{BD}$ 를 그으면 ∠CAD=∠CBD=90°

△BCD에서 $\overline{BD}=\sqrt{16^2-4^2}=4\sqrt{15}$

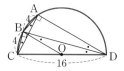

$\overline{AB}=\overline{BC}$이므로 $\overparen{AB}=\overparen{BC}$

∴ ∠ADB=∠ACB=∠BDC=∠BAC

△BOD에서 $\overline{OB}=\overline{OD}$이므로 ∠OBD=∠ODB

즉, ∠BCA=∠BAC=∠ODB=∠OBD이므로

△ABC∽△BOD (AA 닮음)

$\overline{AB}:\overline{BO}=\overline{AC}:\overline{BD}$이므로

$4:8=\overline{AC}:4\sqrt{15}$, $8\overline{AC}=16\sqrt{15}$ ∴ $\overline{AC}=2\sqrt{15}$

따라서 △ACD에서 $\overline{AD}=\sqrt{16^2-(2\sqrt{15})^2}=14$

17 답 $3\pi-\dfrac{9\sqrt{3}}{4}$

오른쪽 그림과 같이 $\overline{AB}$를 그으면 $\overline{AB}$는 원의 지름이다.

∠OBA=∠OPA=60°이고

$\overline{AB}=\dfrac{\overline{BO}}{\cos 60°}=\dfrac{3}{\cos 60°}=6$이므로

원 C의 반지름의 길이는 $\dfrac{1}{2}\overline{AB}=\dfrac{1}{2}\times 6=3$

따라서 색칠한 부분의 넓이는

(부채꼴 COA의 넓이)−△COA

$=\pi\times 3^2\times\dfrac{120}{360}-\dfrac{1}{2}\times 3\times 3\times\sin(180°-120°)$

$=3\pi-\dfrac{9\sqrt{3}}{4}$

18 답 $\dfrac{10\sqrt{5}}{3}$

오른쪽 그림과 같이 작은 반원의 중심을 O라 하고 $\overline{PO}$, $\overline{QB}$를 그으면

△AOP에서 $\overline{AP}=\sqrt{6^2-4^2}=2\sqrt{5}$

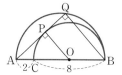

이때 △AOP∽△ABQ (AA 닮음) 이므로 $\overline{AO}:\overline{AB}=\overline{AP}:\overline{AQ}$

$6:10=2\sqrt{5}:\overline{AQ}$, $6\overline{AQ}=20\sqrt{5}$ ∴ $\overline{AQ}=\dfrac{10\sqrt{5}}{3}$

19 답 100

오른쪽 그림과 같이 $\overline{AO}$의 연장선이 원 O와 만나는 점을 E라 하고, $\overline{BE}$, $\overline{CE}$를 그으면 ∠ACE=90°

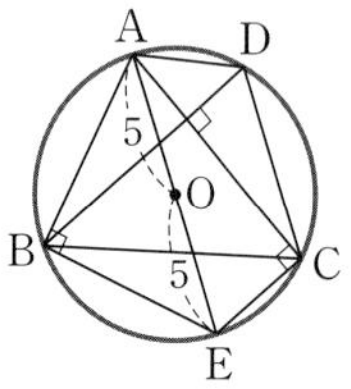

즉, $\overline{BD}\,/\!/\,\overline{EC}$이므로

∠BCE=∠DBC (엇각)

이때 $\overparen{BE}$와 $\overparen{CD}$의 원주각의 크기가 같으므로

$\overparen{BE}=\overparen{CD}$ ∴ $\overline{BE}=\overline{CD}$

또, △ABE에서 ∠ABE=90°이므로

$\overline{AB}^2+\overline{BE}^2=\overline{AE}^2=10^2=100$

∴ $\overline{AB}^2+\overline{CD}^2=\overline{AB}^2+\overline{BE}^2=100$

20 답 6π

△BPC에서 $\overline{BC}=\overline{PC}$이므로

∠BPC=∠PBC=∠x라 하자.

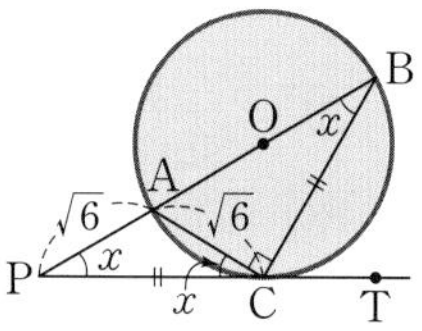

오른쪽 그림과 같이 $\overline{AC}$를 그으면

∠ACP=∠ABC=∠x이므로

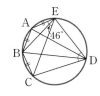

$\overline{AC}=\overline{AP}=\sqrt{6}$

∠ACB=90°이므로

△BPC에서 ∠x+(∠x+90°)+∠x=180°

$3∠x=90°$ ∴ ∠x=30°

직각삼각형 BAC에서 $\overline{AB}=\dfrac{\sqrt{6}}{\sin 30°}=2\sqrt{6}$

따라서 원 O의 반지름의 길이는 $\sqrt{6}$이므로 구하는 넓이는

$\pi\times(\sqrt{6})^2=6\pi$

21 답 69°

오른쪽 그림과 같이 $\overline{BE}$, $\overline{AD}$, $\overline{BD}$를 그으면

∠AEB=∠BEC=$\dfrac{1}{2}\times 46°=23°$

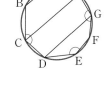

∴ ∠D=∠EDA+∠ADB+∠BDC

$=3\times 23°=69°$

22 답 540°

오른쪽 그림과 같이 $\overline{CH}$, $\overline{DG}$를 그으면

□ABCH, □CDGH, □DEFG가 원에 내접하므로

∠A+∠BCH=180°

∠HCD+∠DGH=180°

∠DGF+∠E=180°

∴ ∠A+∠C+∠E+∠G

$=∠A+(∠BCH+∠HCD)+(∠DGH+∠DGF)+∠E$

$=180°\times 3=540°$

23 답 $\sqrt{2}$

오른쪽 그림과 같이 $\overline{TO}$, $\overline{TQ}$, $\overline{TB}$, $\overline{DB}$를 그으면

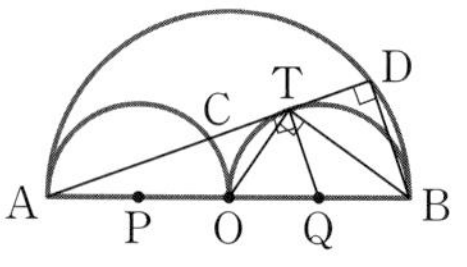

∠ATQ=∠ADB=∠OTB=90°

두 반원 P, Q의 반지름의 길이를 a라 하면

△ATQ∽△ADB (AA 닮음)이고

$\overline{AQ}=3a$, $\overline{TQ}=a$, $\overline{BA}=4a$, $\overline{DB}=\dfrac{4}{3}a$, $\overline{AT}=2\sqrt{2}a$이므로

$\overline{DT}=\dfrac{2\sqrt{2}}{3}a$

이때 $\overline{TD}$는 반원 Q의 접선이므로 ∠BOT=∠BTD

∴ $\dfrac{\overline{BT}}{\overline{OT}}=\tan(∠BOT)$

$=\tan(∠BTD)=\dfrac{\overline{DB}}{\overline{DT}}=\sqrt{2}$

24 탑 6개

(i) 한 쌍의 대각의 크기의 합이 $180°$인 경우

∠ADH＝∠AFH＝$90°$,　∠BDH＝∠BEH＝$90°$,

∠CEH＝∠CFH＝$90°$이므로 □ADHF, □DBEH,

□FHEC의 3개

(ii) 한 변에 대해 같은 쪽에 있는 두 각의 크기가 같은 경우

∠AFB＝∠AEB,　∠ADC＝∠AEC,　∠BDC＝∠BFC

이므로 □ABEF, □ADEC, □DBCF의 3개

따라서 (i), (ii)에서 원에 내접하는 사각형은 6개이다.

25 탑 $103°$

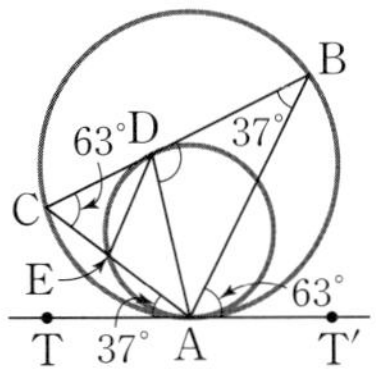

∠CAT＝∠CBA＝$37°$

∠BCA＝∠BAT'＝$63°$

오른쪽 그림과 같이 $\overline{AC}$와 작은 원이 만

나는 점을 E라 하고 $\overline{DE}$를 그으면

∠ADE＝∠CAT＝$37°$

∠DAE＝∠CDE＝$∠x$라 하면

△ACD에서 $63°＋(37°＋∠x)＋∠x＝180°$　∴ $∠x＝40°$

∴ ∠BDA＝$180°－(37°＋40°)＝103°$

26 탑 $\dfrac{36}{5}\pi$

오른쪽 그림과 같이 $\overline{CP}$를 그으면

∠ACP＝∠APT＝$45°$

∠PCB＝$81°－45°＝36°$이므로

∠POB＝$2×36°＝72°$

따라서 부채꼴 OPB의 넓이는

$\pi×6^2×\dfrac{72}{360}＝\dfrac{36}{5}\pi$

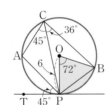

27 탑 $84°$

∠BDC＝∠BCE＝$32°$

△BCD에서 $\overline{BD}$가 지름이므로 ∠BCD＝$90°$

∴ ∠CBD＝$90°－32°＝58°$

∠CAD＝∠CBD＝$58°$, $\overline{AD}/\!/\overline{EC}$이므로 ∠ACE＝$58°$ (엇각)

∴ ∠ACB＝$58°－32°＝26°$

따라서 △PBC에서 ∠DPC＝$58°＋26°＝84°$

28 탑 $∠x＝57°$, $∠y＝54°$, $∠z＝111°$

∠PAB＝∠PBA＝$\dfrac{1}{2}×(180°－66°)＝57°$

∴ $∠x＝∠PBA＝57°$

또, ∠DCB＝∠DEB＝$90°$이므로

∠DCF＝$90°－57°＝33°$

따라서 △DFC에서 $∠y＝21°＋33°＝54°$이므로

△FGC에서 $∠z＝∠x＋∠y＝57°＋54°＝111°$

29 탑 $3:4$

남학생 수를 m, 여학생 수를 n이라 하면

전체 학생이 매긴 평점의 평균이 7.9점이므로

$\dfrac{7.5m＋8.2n}{m＋n}＝7.9$

$7.9m＋7.9n＝7.5m＋8.2n$, $0.4m＝0.3n$

$4m＝3n$　∴ $m:n＝3:4$

따라서 남학생 수와 여학생 수의 비를 가장 간단한 자연수의 비로 나타내면 $3:4$이다.

30 탑 8

변량이 8개이므로 중앙값은 변량을 작은 값부터 크기순으로 나열했을 때, 4번째와 5번째 변량의 평균이다. 중앙값이 6이므로 세 수 a, b, c 중 하나는 6이다.

또, 최빈값이 9이려면 세 수 a, b, c 중 두 수가 9이어야 한다.

따라서 세 수 a, b, c의 평균은

$\dfrac{6＋9＋9}{3}＝\dfrac{24}{3}＝8$

31 탑 ㄱ, ㄷ

ㄱ. 주어진 변량 중 10이 3개이고 나머지는 모두 하나씩이므로 어떤 한 개의 변량이 추가되어도 최빈값은 10으로 변하지 않는다.

ㄴ. 주어진 변량의 평균은

$\dfrac{10＋13＋7＋15＋10＋11＋5＋8＋10＋9}{10}＝\dfrac{98}{10}＝9.8$

따라서 추가하는 변량이 9.8인 경우에 평균은 변하지 않는다.

ㄷ. 주어진 변량을 작은 값부터 크기순으로 나열하면

5, 7, 8, 9, 10, 10, 10, 11, 13, 15

한 개의 변량을 추가하면 변량이 11개이므로 크기순으로 나열했을 때, 6번째 변량이 중앙값이 된다. 이때 중앙값은 추가하는 변량의 값에 관계없이 10이므로 중앙값은 변하지 않는다.

따라서 항상 옳은 것은 ㄱ, ㄷ이다.

32 탑 $140\,cm$, $155\,cm$

새로 들어온 학생의 키를 $x\,cm$라 하면

5명의 키의 평균은

$\dfrac{150＋152＋158＋160＋x}{5}＝\dfrac{620＋x}{5}\,(cm)$

(i) $x<152$인 경우

중앙값이 $152\,cm$이므로

$\dfrac{620＋x}{5}＝152$, $620＋x＝760$　∴ $x＝140$

(ii) $152≤x≤158$인 경우

중앙값이 $x\,cm$이므로

$\dfrac{620＋x}{5}＝x$, $5x＝620＋x$, $4x＝620$　∴ $x＝155$

(iii) $x>158$인 경우

중앙값이 $158\,cm$이므로

$\dfrac{620＋x}{5}＝158$, $620＋x＝790$　∴ $x＝170$

이때 모든 학생의 키가 $170\,cm$보다 작으므로 새로 들어온 학생의 키로 가능한 값은 $140\,cm$, $155\,cm$이다.

33 탑 6, 7

주어진 자료에서 x를 제외한 나머지 변량을 작은 값부터 크기순으로 나열하면

4, 6, 7, 9 → 중앙값 : a

3, 5, 9, 10 → 중앙값 : b

3, 6, 8, 10 → 중앙값 : c

(i) $1 \leq x \leq 5$이면 $a=6$, $b=5$, $c=6$

(ii) $x=6$이면 $a=6$, $b=6$, $c=6$

(iii) $x=7$이면 $a=7$, $b=7$, $c=7$

(iv) $x=8$이면 $a=7$, $b=8$, $c=8$

(v) $x \geq 9$이면 $a=7$, $b=9$, $c=8$

(i)~(v)에서 $a=b=c$를 만족시키는 x의 값은 6, 7이다.

34 답 12

소희가 한 윗몸일으키기를 x개라 하면 각 학생들이 한 윗몸일으키기 개수는 차례로 $x-4$, $x-6$, x, $x+3$, $x+2$이다.

5명의 윗몸일으키기 개수의 평균은

$$\frac{(x-4)+(x-6)+x+(x+3)+(x+2)}{5}=x-1$$

이므로 각각의 편차는 -3개, -5개, 1개, 4개, 3개이다.

$$\therefore (\text{분산})=\frac{(-3)^2+(-5)^2+1^2+4^2+3^2}{5}$$

$$=\frac{60}{5}=12$$

35 답 $\dfrac{4\sqrt{3}}{3}$점

학생 D의 편차를 d점이라 하면 편차의 총합은 0이므로

$(-2)+1+3+d=0$, $2+d=0$ $\therefore d=-2$

또, 두 학생 E, F의 점수가 2점 차이이므로 E, F의 점수를 각각 x점, $(x+2)$점 또는 $(x+2)$점, x점으로 놓을 수 있다.

4명의 학생 A, B, C, D의 점수의 평균을 m점이라 하면 A, B, C, D의 점수는 각각 $(m-2)$점, $(m+1)$점, $(m+3)$점, $(m-2)$점이고 6명의 학생 A, B, C, D, E, F의 평균은 $0.8m$점이므로

$$\frac{4m+x+x+2}{6}=0.8m$$

$$\therefore x=0.4m-1=\frac{2}{5}m-1$$

이때 6명이 얻은 점수는 모두 한 자리의 자연수이므로

$m=5$

즉, 6명의 학생의 점수는 각각 3점, 6점, 8점, 3점, 1점, 3점이다.

$(6$명의 점수의 평균$)=0.8m=0.8 \times 5=4($점$)$이므로

6명의 점수의 분산은

$$\frac{(-1)^2+2^2+4^2+(-1)^2+(-3)^2+(-1)^2}{6}$$

$$=\frac{32}{6}=\frac{16}{3}$$

$$\therefore (\text{표준편차})=\sqrt{\frac{16}{3}}=\frac{4\sqrt{3}}{3}(\text{점})$$

36 답 71.2

편차의 총합은 0이므로

$(3x^2-x+2)+(x-3)+(-2x-5)+(-7x+5)$
$\qquad\qquad\qquad\qquad +(-2x^2+4x+7)=0$

$x^2-5x+6=0$, $(x-2)(x-3)=0$

$\therefore x=2$ 또는 $x=3$

이때 $x<3$이므로 $x=2$

각 변량에 대한 편차는 다음과 같다.

변량	A	B	C	D	E
편차	12	-1	-9	-9	7

$$\therefore (\text{분산})=\frac{12^2+(-1)^2+(-9)^2+(-9)^2+7^2}{5}=\frac{356}{5}$$

$$=71.2$$

37 답 $\sqrt{2}$

x, 5, 8, 2, y의 평균이 5이므로

$$\frac{x+5+8+2+y}{5}=5 \qquad \therefore x+y=10$$

분산이 4이므로

$$\frac{(x-5)^2+(5-5)^2+(8-5)^2+(2-5)^2+(y-5)^2}{5}=4$$

$(x-5)^2+(y-5)^2+18=20$, $x^2+y^2-10(x+y)+68=20$

$x^2+y^2-10 \times 10+68=20$ $\therefore x^2+y^2=52$

이때 x, y, 7, 3, 5의 평균은

$$\frac{x+y+7+3+5}{5}=\frac{10+15}{5}=5$$이므로

$$(\text{분산})=\frac{(x-5)^2+(y-5)^2+(7-5)^2+(3-5)^2+(5-5)^2}{5}$$

$$=\frac{(x-5)^2+(y-5)^2+8}{5}$$

$$=\frac{x^2+y^2-10(x+y)+58}{5}$$

$$=\frac{52-10 \times 10+58}{5}=\frac{10}{5}=2$$

따라서 구하는 표준편차는 $\sqrt{2}$이다.

38 답 6

자료 6개의 변량에 대해 평균이 10에서 9로 1만큼 작아졌으므로 변량 중 하나를 6만큼 크게 본 것이다.

즉, 제대로 본 값은 $13-6=7$이다.

잘못 보고 구한 6개의 변량을 13, a, b, c, d, e라 하면

평균이 10이므로 $\dfrac{13+a+b+c+d+e}{6}=10$

$\therefore a+b+c+d+e=47$

또, 분산이 7이므로

$$\frac{(13-10)^2+(a-10)^2+(b-10)^2+(c-10)^2+(d-10)^2+(e-10)^2}{6}$$

$$=7$$

$a^2+b^2+c^2+d^2+e^2-20(a+b+c+d+e)+5 \times 10^2+9=42$

$a^2+b^2+c^2+d^2+e^2-20 \times 47+509=42$

$\therefore a^2+b^2+c^2+d^2+e^2=473$

따라서 제대로 본 6개의 변량은 7, a, b, c, d, e이고 평균이 9이므로

$$(\text{분산})=\frac{(7-9)^2+(a-9)^2+(b-9)^2+(c-9)^2+(d-9)^2+(e-9)^2}{6}$$

$$=\frac{a^2+b^2+c^2+d^2+e^2-18(a+b+c+d+e)+5 \times 9^2+4}{6}$$

$$=\frac{473-18 \times 47+405+4}{6}$$

$$=\frac{36}{6}=6$$

39 답 $\dfrac{15}{16}$

오른쪽 그림과 같이 선을 그어 각 조각을 작은 정삼각형으로 나누면 작은 정삼각형 하나의 넓이는

$$\dfrac{1}{2}\times 1\times 1\times \sin 60°=\dfrac{\sqrt{3}}{4}$$

즉, 4개의 조각의 넓이는 차례대로

$\dfrac{\sqrt{3}}{4}$, $\dfrac{3\sqrt{3}}{4}$, $\dfrac{5\sqrt{3}}{4}$, $\dfrac{7\sqrt{3}}{4}$ 이므로

$$(평균)=\dfrac{\dfrac{\sqrt{3}}{4}+\dfrac{3\sqrt{3}}{4}+\dfrac{5\sqrt{3}}{4}+\dfrac{7\sqrt{3}}{4}}{4}=\sqrt{3}$$

$$\therefore (분산)=\dfrac{1}{4}\times\left\{\left(\dfrac{\sqrt{3}}{4}-\sqrt{3}\right)^2+\left(\dfrac{3\sqrt{3}}{4}-\sqrt{3}\right)^2+\left(\dfrac{5\sqrt{3}}{4}-\sqrt{3}\right)^2\right.$$
$$\left.+\left(\dfrac{7\sqrt{3}}{4}-\sqrt{3}\right)^2\right\}$$
$$=\dfrac{1}{4}\times\left(\dfrac{27}{16}+\dfrac{3}{16}+\dfrac{3}{16}+\dfrac{27}{16}\right)=\dfrac{15}{16}$$

40 답 $y=z<x$

자료 B, C는 모두 변량이 5개이고, 각 변량끼리의 차가 2이므로 분산이 서로 같다. 또, 자료 A는 각 변량끼리의 차가 2로 같지만 변량이 10개로 더 많이 흩어져 있기 때문에 분산이 더 크다.

$\therefore y=z<x$

다른 풀이

각 자료의 분산을 직접 구해 보면 다음과 같다.

$(A의 평균)=\dfrac{2+4+\cdots+18+20}{10}=11$이므로

$(A의 분산)=\dfrac{(-9)^2+(-7)^2+\cdots+7^2+9^2}{10}=33$

$\therefore x=33$

$(B의 평균)=\dfrac{2+4+6+8+10}{5}=6$이므로

$(B의 분산)=\dfrac{(-4)^2+(-2)^2+0^2+2^2+4^2}{5}=8$

$\therefore y=8$

$(C의 평균)=\dfrac{12+14+16+18+20}{5}=16$이므로

$(C의 분산)=\dfrac{(-4)^2+(-2)^2+0^2+2^2+4^2}{5}=8$

$\therefore z=8$

따라서 x, y, z의 대소 관계는 $y=z<x$

41 답 $\sqrt{6}$ 점

A반과 B반의 체육 수행 평가 성적의 평균이 8점으로 같으므로 두 반 전체 학생의 평균도 8점이다.

A반 학생 20명의 표준편차가 3점이므로 $(분산)=3^2=9$이다.

즉, A반 학생의 $(편차)^2$의 총합은 $20\times 9=180$

B반 학생 15명의 표준편차가 $\sqrt{2}$점이므로 $(분산)=(\sqrt{2})^2=2$이다.

즉, B반 학생의 $(편차)^2$의 총합은 $15\times 2=30$

$\therefore (전체 학생의 분산)=\dfrac{180+30}{20+15}=\dfrac{210}{35}=6$

따라서 두 반 전체 학생의 표준편차는 $\sqrt{6}$점이다.

42 답 29

남학생 3명의 일주일 동안의 하루 핸드폰 사용 시간을 각각 x_1시간, x_2시간, x_3시간이라 하고 여학생 3명의 일주일 동안의 하루 핸드폰 사용 시간을 각각 y_1시간, y_2시간, y_3시간이라 하자.

남학생의 핸드폰 사용 시간의 평균이 3시간이므로

$\dfrac{x_1+x_2+x_3}{3}=3 \qquad \therefore x_1+x_2+x_3=9$

분산이 5이므로

$\dfrac{(x_1-3)^2+(x_2-3)^2+(x_3-3)^2}{3}=5$

$x_1{}^2+x_2{}^2+x_3{}^2-6(x_1+x_2+x_3)+27=15$

$x_1{}^2+x_2{}^2+x_3{}^2-6\times 9+27=15$

$\therefore x_1{}^2+x_2{}^2+x_3{}^2=42$

여학생의 핸드폰 사용 시간의 평균이 5시간이므로

$\dfrac{y_1+y_2+y_3}{3}=5 \qquad \therefore y_1+y_2+y_3=15$

분산이 3이므로

$\dfrac{(y_1-5)^2+(y_2-5)^2+(y_3-5)^2}{3}=3$

$y_1{}^2+y_2{}^2+y_3{}^2-10(y_1+y_2+y_3)+75=9$

$y_1{}^2+y_2{}^2+y_3{}^2-10\times 15+75=9$

$\therefore y_1{}^2+y_2{}^2+y_3{}^2=84$

$\therefore m=\dfrac{x_1+x_2+x_3+y_1+y_2+y_3}{6}=\dfrac{9+15}{6}=\dfrac{24}{6}=4$

$n=\dfrac{(x_1-4)^2+(x_2-4)^2+(x_3-4)^2+(y_1-4)^2+(y_2-4)^2+(y_3-4)^2}{6}$

이때

$(x_1-4)^2+(x_2-4)^2+(x_3-4)^2$
$=x_1{}^2+x_2{}^2+x_3{}^2-8(x_1+x_2+x_3)+48$
$=42-8\times 9+48=18$

이고

$(y_1-4)^2+(y_2-4)^2+(y_3-4)^2$
$=y_1{}^2+y_2{}^2+y_3{}^2-8(y_1+y_2+y_3)+48$
$=84-8\times 15+48=12$

이므로

$n=\dfrac{18+12}{6}=5$

$\therefore m+n^2=4+5^2=4+25=29$

43 답 $\sqrt{47.5}$ kg

유찬이네 반 남학생을 a명, 여학생을 b명이라 하면

전체 학생 수가 50이므로 $a+b=50$ ······ ㉠

전체 학생의 몸무게의 평균이 56 kg이므로 $62a+50b=56\times 50$

$\therefore 31a+25b=1400$ ······ ㉡

㉠, ㉡을 연립하여 풀면 $a=25$, $b=25$

남학생 25명의 몸무게를 각각 x_1, x_2, $\cdots$, x_{25}(kg)라 하고 여학생 25명의 몸무게를 각각 y_1, y_2, $\cdots$, y_{25}(kg)라 하자.

$x_1+x_2+\cdots+x_{24}+x_{25}=62\times 25=1550$

$y_1+y_2+\cdots+y_{24}+y_{25}=50\times 25=1250$

남학생의 몸무게의 분산이 15이므로

$\dfrac{(x_1-62)^2+(x_2-62)^2+\cdots+(x_{25}-62)^2}{25}=15$

$x_1{}^2+x_2{}^2+\cdots+x_{25}{}^2-124(x_1+x_2+\cdots+x_{25})+25\times62^2$
$=25\times15$

$x_1{}^2+x_2{}^2+\cdots+x_{25}{}^2-124\times1550+96100=375$

$\therefore\ x_1{}^2+x_2{}^2+\cdots+x_{25}{}^2=96475$

여학생의 몸무게의 분산이 8이므로

$$\frac{(y_1-50)^2+(y_2-50)^2+\cdots+(y_{25}-50)^2}{25}=8$$

$y_1{}^2+y_2{}^2+\cdots+y_{25}{}^2-100(y_1+y_2+\cdots+y_{25})+25\times50^2=25\times8$

$y_1{}^2+y_2{}^2+\cdots+y_{25}{}^2-100\times1250+62500=200$

$\therefore\ y_1{}^2+y_2{}^2+\cdots+y_{25}{}^2=62700$

전체 50명의 평균이 56 kg이므로

남학생의 (편차)^{2}의 총합은

$(x_1-56)^2+(x_2-56)^2+\cdots+(x_{25}-56)^2$

$=(x_1{}^2+x_2{}^2+\cdots+x_{25}{}^2)-112(x_1+x_2+\cdots+x_{25})+25\times56^2$

$=96475-112\times1550+25\times56^2=1275$

여학생의 (편차)^{2}의 총합은

$(y_1-56)^2+(y_2-56)^2+\cdots+(y_{25}-56)^2$

$=(y_1{}^2+y_2{}^2+\cdots+y_{25}{}^2)-112(y_1+y_2+\cdots+y_{25})+25\times56^2$

$=62700-112\times1250+25\times56^2=1100$

이므로

$(\text{전체 학생의 분산})=\dfrac{1275+1100}{50}=\dfrac{2375}{50}=47.5$

$\therefore\ (\text{전체 학생의 표준편차})=\sqrt{47.5}\,(\mathrm{kg})$

44 답 321

모서리의 길이의 평균이 9이므로

$\dfrac{4(a+b+c)}{12}=9 \qquad \therefore\ a+b+c=27$

표준편차가 $\sqrt{26}$이므로 (분산)$=(\sqrt{26})^2=26$에서

$\dfrac{4\{(a-9)^2+(b-9)^2+(c-9)^2\}}{12}=26$

$a^2+b^2+c^2-18(a+b+c)+3\times9^2=78$

$a^2+b^2+c^2-18\times27+243=78$

$\therefore\ a^2+b^2+c^2=321$

45 답 B 학생

두 학생이 화살을 쏜 결과를 표로 나타내면 다음과 같다.

	6점	7점	8점	9점	10점
A 학생(번)	2	3	0	3	2
B 학생(번)	2	0	5	2	1

(A 학생의 점수의 평균)

$=\dfrac{6\times2+7\times3+8\times0+9\times3+10\times2}{10}=\dfrac{80}{10}=8(\text{점})$

(B 학생의 점수의 평균)

$=\dfrac{6\times2+7\times0+8\times5+9\times2+10\times1}{10}=\dfrac{80}{10}=8(\text{점})$

즉, 두 학생의 평균이 같으므로 점수가 고른 학생을 대표 선수로 뽑아야 한다.

(A 학생의 점수의 분산)

$=\dfrac{(-2)^2\times2+(-1)^2\times3+1^2\times3+2^2\times2}{10}$

$=\dfrac{22}{10}=2.2$

(B 학생의 점수의 분산)

$=\dfrac{(-2)^2\times2+1^2\times2+2^2\times1}{10}=\dfrac{14}{10}=1.4$

따라서 분산이 더 작은 B 학생이 대표 선수로 적합하다.

46 답 평균 : 13, 표준편차 : 6

a, b, c, d의 평균이 5이므로

$\dfrac{a+b+c+d}{4}=5$

$\therefore\ a+b+c+d=20$

a, b, c, d의 표준편차가 3이므로

$\dfrac{(a-5)^2+(b-5)^2+(c-5)^2+(d-5)^2}{4}=3^2$

$a^2+b^2+c^2+d^2-10(a+b+c+d)+100=36$

$a^2+b^2+c^2+d^2-10\times20+100=36$

$\therefore\ a^2+b^2+c^2+d^2=136$

따라서 네 변량 $3+2a$, $3+2b$, $3+2c$, $3+2d$에서

(평균)

$=\dfrac{(3+2a)+(3+2b)+(3+2c)+(3+2d)}{4}$

$=\dfrac{12+2(a+b+c+d)}{4}=\dfrac{52}{4}=13$

(분산)

$=\dfrac{(2a-10)^2+(2b-10)^2+(2c-10)^2+(2d-10)^2}{4}$

$=\dfrac{4(a^2+b^2+c^2+d^2)-40(a+b+c+d)+400}{4}$

$=\dfrac{4\times136-40\times20+400}{4}=36$

(표준편차)$=\sqrt{36}=6$

47 답 서로 같다.

조건 ㈎를 만족시키는 학생을 나타내는 점은 오른쪽 그림에서 색칠한 부분(경계선 포함)에 속한다.

조건 ㈏를 만족시키는 학생을 나타내는 점은 오른쪽 그림에서 빗금친 부분(경계선 포함)에 속한다.

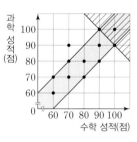

즉, 조건 ㈎, ㈏를 동시에 만족시키는 학생들의 성적을 순서쌍 (수학 성적, 과학 성적)으로 나타내면 $(90, 100)$, $(100, 90)$, $(100, 100)$이다.

이때 수학 성적과 과학 성적이 각각의 평균에서 떨어진 정도가 같으므로 분산은 서로 같다.

48 답 15 %

조건 ㈎를 만족시키는 학생을 나타내는 점은 오른쪽 그림에서 색칠한 부분(경계선 포함)에 속한다. 조건 ㈏를 만족시키는 학생을 나타내는 점은 오른쪽 그림에서 빗금친 부분(경계선 포함)에 속한다.

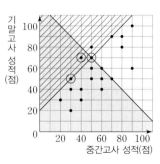

따라서 조건 ㈎, ㈏를 동시에 만족시키는 학생은 3명이므로 전체의 $\dfrac{3}{20}\times100=15(\%)$

49 답 A 그룹 : 19점, $\dfrac{2}{3}$, B 그룹 : 10점, $\dfrac{3}{2}$, C 그룹 : 15점, $\dfrac{34}{13}$

상위 15%에 속하는 학생 수는

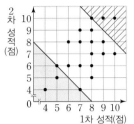

$\dfrac{15}{100} \times 20 = 3$이므로 A 그룹에 속

하는 학생을 나타내는 점은 오른

쪽 그림에서 빗금친 부분(경계선

포함)에 속한다.

A 그룹에 속하는 학생들의 성적

을 순서쌍 (1차 성적, 2차 성적)으로 나타내면

$(8, 10), (9, 10), (10, 10)$이므로

(A 그룹의 총점의 평균)$= \dfrac{18+19+20}{3} = \dfrac{57}{3} = 19$(점)

(A 그룹의 총점의 분산)$= \dfrac{(-1)^2 + 0^2 + 1^2}{3} = \dfrac{2}{3}$

하위 20%에 속하는 학생 수는 $\dfrac{20}{100} \times 20 = 4$이므로 B 그룹에 속

하는 학생을 나타내는 점은 위의 그림에서 색칠한 부분(경계선

포함)에 속한다.

B 그룹에 속하는 학생들의 성적을 순서쌍 (1차 성적, 2차 성적)

으로 나타내면 $(4, 4), (5, 5), (5, 6), (7, 4)$이므로

(B 그룹의 총점의 평균)$= \dfrac{8+10+11+11}{4} = \dfrac{40}{4} = 10$(점)

(B 그룹의 총점의 분산)$= \dfrac{(-2)^2 + 0^2 + 1^2 + 1^2}{4} = \dfrac{6}{4} = \dfrac{3}{2}$

C 그룹에 속하는 학생들의 성적을 순서쌍 (1차 성적, 2차 성적)

으로 나타내면

$(6, 6), (6, 8), (7, 6), (7, 8), (7, 9), (8, 5), (8, 6), (8, 7),$

$(8, 8), (8, 9), (9, 7), (9, 8), (10, 7)$이므로

(C 그룹의 총점의 평균)

$= \dfrac{12+14+13+15+16+13+14+15+16+17+16+17+17}{13}$

$= \dfrac{195}{13} = 15$(점)

(C 그룹의 총점의 분산)

$= \dfrac{1}{13}\{(-3)^2 + (-1)^2 + (-2)^2 + 0^2 + 1^2 + (-2)^2 + (-1)^2$

$\qquad\qquad + 0^2 + 1^2 + 2^2 + 1^2 + 2^2 + 2^2\}$

$= \dfrac{34}{13}$

50 답 ㄱ, ㄹ, ㅅ

ㄱ. 두 산점도 모두 양의 상관관계를 나타내므로 가계 소득액이
큰 가구가 대체로 지출액도 크다.

ㄴ. 가계 소득액과 지출액 사이의 관계는 양의 상관관계이지만
물건 가격과 소비량 사이의 관계는 음의 상관관계이다.

ㄷ. 주어진 산점도를 가지고 A 회사와 B 회사의 가계 소득액의
평균을 알 수 없다.

ㄹ. A 회사보다 B 회사의 상관관계가 약하므로 B 회사의 가계
지출액의 분산이 더 크다.

ㅁ. f는 소득액 대비 지출액의 비율이 d보다 낮다.

ㅂ. 주어진 산점도를 가지고 저축액을 알 수 없다.

ㅅ. b보다 c보다 가계 소득에 비해 지출을 적게 하는 편이다.

ㅇ. B 회사 직원 중 d보다 가계 소득액이 적은 사람이 있다.

따라서 옳은 것은 ㄱ, ㄹ, ㅅ이다.

기말고사 대비 **실전 모의고사 1회** 112쪽~115쪽

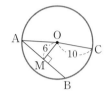

01 ④	02 ⑤	03 ④	04 ②	05 ④
06 ③	07 ②	08 ④	09 ④	10 ②
11 ④, ⑤	12 ③	13 ②	14 ⑤	15 ④
16 ①	17 ④	18 ②	19 $4\sqrt{7}$ cm	20 $70°$
21 $a=7$, $b=15$		22 2시간	23 171.25점	

01 답 ④

오른쪽 그림과 같이 $\overline{OA}$를 그으면

$\overline{OA} = \overline{OC} = 10$이므로

$\triangle$OAM에서

$\overline{AM} = \sqrt{10^2 - 6^2} = 8$

$\therefore \overline{AB} = 2\overline{AM} = 2 \times 8 = 16$

02 답 ⑤

$\overline{AD} = \overline{AE}$, $\overline{BD} = \overline{BF}$, $\overline{CE} = \overline{CF}$이므로

$\overline{AB} + \overline{BC} + \overline{AC} = \overline{AB} + (\overline{BF} + \overline{CF}) + \overline{AC}$

$\qquad\qquad = (\overline{AB} + \overline{BD}) + (\overline{CE} + \overline{AC})$

$\qquad\qquad = \overline{AD} + \overline{AE} = 2\overline{AD}$

즉, $7+8+9 = 2\overline{AD}$이므로 $2\overline{AD} = 24$

$\therefore \overline{AD} = 12 \,(\text{cm})$

03 답 ④

$\overline{AB} + \overline{DC} = \overline{AD} + \overline{BC}$이므로

$8 + \overline{DC} = 6 + 11$ $\therefore \overline{DC} = 9$

04 답 ②

오른쪽 그림과 같이 접점을 각각 F,

G, H, I, J, K, L이라 하고 원 O의

반지름의 길이를 R cm, 원 O′의 반

지름의 길이를 r cm라 하면

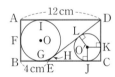

$\overline{DH} = \overline{DI} = (12-R)$ cm, $\overline{EH} = \overline{EG} = (4-R)$ cm이므로

$\overline{DE} = (12-R) + (4-R) = 16-2R \,(\text{cm})$

$\triangle$DEC에서 $(16-2R)^2 = (2R)^2 + 8^2$

$64R = 192$ $\therefore R = 3$

즉, $\overline{DE} = 10$ cm, $\overline{DC} = 6$ cm이므로

$\dfrac{1}{2} \times 8 \times 6 = \dfrac{1}{2} \times 10 \times r + \dfrac{1}{2} \times 8 \times r + \dfrac{1}{2} \times 6 \times r$에서

$12r = 24$ $\therefore r = 2$

따라서 두 원의 반지름의 길이의 합은 $3 + 2 = 5 \,(\text{cm})$

05 답 ④

오른쪽 그림과 같이 $\overline{OA}$를 그으면

$\angle OAB = \angle OBA = \angle x$

$\angle OAC = \angle OCA = 20°$

$\angle A = \dfrac{1}{2} \times 110° = 55°$이므로

$55° = \angle x + 20°$ $\therefore \angle x = 35°$

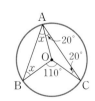

06 답 ③

$\angle CAB = 90° \times \dfrac{1}{3} = 30°$이므로

$\overline{AC}=6\cos 30°=6\times\dfrac{\sqrt3}{2}=3\sqrt3\,(cm)$

$\overline{BC}=6\sin 30°=6\times\dfrac{1}{2}=3\,(cm)$

따라서 △ABC의 둘레의 길이는

$6+3+3\sqrt3=9+3\sqrt3\,(cm)$

07 답 ②

오른쪽 그림과 같이 $\overline{CE}$를 그으면

□ABCE가 원 O에 내접하므로

$\angle AEC=180°-125°=55°$

$\therefore \angle x=2\angle CED=2\times(105°-55°)$

$=100°$

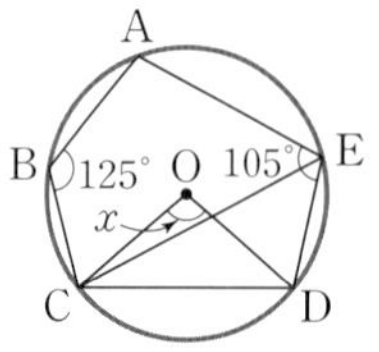

08 답 ④

△PBC에서 $\angle PCQ=\angle B+44°$

□ABCD가 원 O에 내접하므로 $\angle QDC=\angle B$

△CQD에서 $(\angle B+44°)+36°+\angle B=180°$

$2\angle B=100°$　　$\therefore \angle B=50°$

$\therefore \angle x=2\angle B=2\times 50°=100°$

09 답 ④

오른쪽 그림과 같이 $\overline{OA}$의 연장선을 그어 원과 만나는 점을 B′이라 하면

$\overline{PT}$가 원의 접선이므로 $\angle B'=x$

$\angle ATB'=90°$이므로

△ATB′에서 $\overline{TB'}=\sqrt{10^2-8^2}=6$

$\therefore \tan x=\dfrac{\overline{AT}}{\overline{TB'}}=\dfrac{8}{6}=\dfrac{4}{3}$

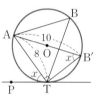

10 답 ②

변량을 작은 값부터 크기순으로 나열하면

4, 5, 6, 7, 7, 8, 8, 8, 10(회)이므로

$(평균)=\dfrac{4+5+6+7+7+8+8+8+10}{9}=\dfrac{63}{9}=7\,(회)$

또, 변량이 9개이므로 중앙값은 5번째 변량인 7회이고, 최빈값은 8회이다.

따라서 평균, 중앙값, 최빈값이 바르게 짝 지어진 것은 ②이다.

11 답 ④, ⑤

① 편차의 총합은 항상 0이다.

② 성적이 가장 낮은 학생이 있는 반은 알 수 없다.

③ 3반의 평균이 가장 높으므로 수학 성적이 가장 우수한 반은 3반이다.

④ 2반의 표준편차가 가장 작으므로 2반의 성적이 가장 고르게 분포되어 있다.

⑤ 1반의 표준편차가 가장 크므로 1반 학생들의 성적이 평균으로부터 가장 멀리 흩어져 있다.

따라서 옳은 것은 ④, ⑤이다.

12 답 ③

조건 ㈎에서 중앙값이 5이므로 5를 제외한 나머지 두 수를 a, b라 하자. (단, $a<b$)

조건 ㈏에서 평균이 6이므로 $\dfrac{5+a+b}{3}=6$에서 $5+a+b=18$

$\therefore a+b=13$　　……㉠

분산이 14이므로 $\dfrac{(-1)^2+(a-6)^2+(b-6)^2}{3}=14$에서

$1+(a-6)^2+(b-6)^2=42$, $(a-6)^2+(b-6)^2=41$

$a^2+b^2-12(a+b)+72=41$

위의 식에 ㉠을 대입하면 $a^2+b^2-12\times13+72=41$

$\therefore a^2+b^2=125$　　……㉡

㉠을 만족시키는 자연수 a, b를 순서쌍 (a, b)로 나타내면

$(1, 12)$, $(2, 11)$, $(3, 10)$, $(4, 9)$, $(5, 8)$, $(6, 7)$

이 중 ㉡을 만족시키는 순서쌍 (a, b)는 $(2, 11)$이므로

$a=2$, $b=11$

따라서 세 자연수 중 가장 큰 자연수는 11이다.

13 답 ②

ㄱ. (자료 A의 평균)$=\dfrac{1+3+5+7+9}{5}=\dfrac{25}{5}=5$

　　(자료 B의 평균)$=\dfrac{2+4+6+8+10}{5}=\dfrac{30}{5}=6$

　　즉, 자료 B의 평균은 자료 A의 평균보다 크다.

ㄴ. (자료 A의 분산)$=\dfrac{(-4)^2+(-2)^2+0^2+2^2+4^2}{5}=\dfrac{40}{5}=8$

　　$\therefore$ (자료 A의 표준편차)$=\sqrt8=2\sqrt2$

　　(자료 B의 분산)$=\dfrac{(-4)^2+(-2)^2+0^2+2^2+4^2}{5}=\dfrac{40}{5}=8$

　　$\therefore$ (자료 B의 표준편차)$=\sqrt8=2\sqrt2$

　　즉, 두 자료 A, B의 표준편차는 서로 같다.

ㄷ. 자료 A의 중앙값은 5이므로 평균과 같다.

따라서 옳은 것은 ㄷ이다.

14 답 ⑤

세 수 a, b, c의 표준편차가 $2\sqrt2$이므로

분산은 $(2\sqrt2)^2=8$

$\dfrac{(a-7)^2+(b-7)^2+(c-7)^2}{3}=8$에서

$(a-7)^2+(b-7)^2+(c-7)^2=24$

15 답 ④

수학 성적과 영어 성적의 차가 20점 이상인 학생들을 나타내는 점은 오른쪽 그림에서 색칠한 부분(경계선 포함)에 속한다.

이 학생들의 성적을 순서쌍 (수학 성적, 영어 성적)으로 나타내면

$(60, 80)$, $(70, 90)$, $(90, 60)$이므로 이 학생들의 영어 성적의

평균은 $\dfrac{80+90+60}{3}=\dfrac{230}{3}\,(점)$

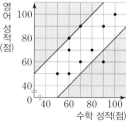

16 답 ①

ㄴ. A, B 두 점을 지워도 양의 상관관계가 있다.

ㄷ. 하루 동안 1시간 이하로 달린 회원은 4명이다.

따라서 옳은 것은 ㄱ이다.

17 답 ④

생산된 사과의 양이 많을수록 사과의 가격이 떨어지므로 x와 y

사이에는 음의 상관관계가 있다.

따라서 음의 상관관계를 나타낸 산점도는 ④이다.

18 답 ②

책의 쪽수에 비해 가격이 가장 비싼 것은 B이다.

19 답 $4\sqrt{7}$ cm

$\overline{DE}=\overline{AD}=4\,(cm)$, $\overline{CE}=\overline{BC}=6\,(cm)$

이므로 $\overline{CD}=4+6=10\,(cm)$ ...... ❶

오른쪽 그림과 같이 점 D에서 $\overline{BC}$에 내린 수선의 발을 F라 하면 $\overline{CF}=6-4=2\,(cm)$

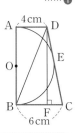

$\triangle CDF$에서

$\overline{DF}=\sqrt{10^2-2^2}=4\sqrt{6}\,(cm)$ ...... ❷

$\triangle DBF$에서

$\overline{BD}=\sqrt{4^2+(4\sqrt{6})^2}=4\sqrt{7}\,(cm)$ ...... ❸

채점 기준	배점
❶ $\overline{CD}$의 길이 구하기	2점
❷ $\overline{DF}$를 그어 $\overline{DF}$의 길이 구하기	2점
❸ $\overline{BD}$의 길이 구하기	2점

20 답 $70°$

$\widehat{AB}:\widehat{BC}:\widehat{CA}=4:3:2$이므로 $\angle B=180°\times\dfrac{2}{9}=40°$ ...... ❶

$\overline{BE}$는 원 O의 접선이므로 $\angle BED=\angle x$

$\overline{BD}=\overline{BE}$이므로 $\angle x=\dfrac{1}{2}\times(180°-40°)=70°$ ...... ❷

채점 기준	배점
❶ $\angle B$의 크기 구하기	4점
❷ $\angle x$의 크기 구하기	3점

21 답 $a=7$, $b=15$

변량이 9개이므로 중앙값은 5번째 변량인 7이다. 이때 중앙값과 최빈값이 같으므로 최빈값도 7이다. ∴ $a=7$ ...... ❶

(평균)$=\dfrac{3+4+5+5+7+7+7+10+b}{9}=7$에서

$48+b=63$ ∴ $b=15$ ...... ❷

채점 기준	배점
❶ a의 값 구하기	2점
❷ b의 값 구하기	2점

22 답 2시간

편차의 총합은 항상 0이므로

$(-1)+(-2)+x+1+3+0+2=0$

$x+3=0$ ∴ $x=-3$ ...... ❶

(분산)$=\dfrac{(-1)^2+(-2)^2+(-3)^2+1^2+3^2+0^2+2^2}{7}$

$=\dfrac{28}{7}=4$ ...... ❷

∴ (표준편차)$=\sqrt{4}=2$(시간) ...... ❸

채점 기준	배점
❶ x의 값 구하기	2점
❷ 핸드폰 사용 시간의 분산 구하기	2점
❸ 핸드폰 사용 시간의 표준편차 구하기	2점

23 답 171.25점

상위 30 %에 속하는 학생 수는

$40\times\dfrac{30}{100}=12$ ...... ❶

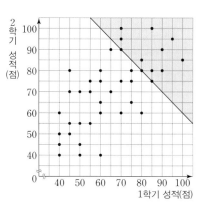

1, 2학기 성적의 합이 상위 30 %에 속하는 12명을 나타내는 점은 오른쪽 그림의 색칠한 부분(경계선 포함)에 속한다. 이 학생들의 1, 2학기 성적의 합은 각각 190점, 185점, 185점, 180점, 170점, 170점, 165점, 165점, 165점, 160점, 160점, 160점이다. ...... ❷

∴ (평균)$=\dfrac{190+185\times2+180+170\times2+165\times3+160\times3}{12}$

$=\dfrac{2055}{12}=171.25$(점) ...... ❸

채점 기준	배점
❶ 상위 30 %에 속하는 학생 수 구하기	2점
❷ 상위 30 %에 속하는 학생들의 1, 2학기 성적의 합 구하기	2점
❸ 상위 30 %에 속하는 학생들의 1, 2학기 성적의 합의 평균 구하기	3점

기말고사 대비 실전 모의고사 2회

116쪽~119쪽

01 ③	02 ④	03 ②	04 ③	05 ③
06 ⑤	07 ①	08 ③	09 ④	10 ①
11 ④	12 ⑤	13 ②	14 ①	15 ③
16 ①, ④	17 ④	18 ①	19 140°	20 66°
21 중앙값 : 3회, 최빈값 : 3회			22 0	23 2.4회

01 답 ③

오른쪽 그림과 같이 원의 반지름의 길이를 r cm라 하면

$\triangle OAM$에서 $r^2=6^2+(r-2)^2$

$4r=40$ ∴ $r=10$

따라서 원 모양 접시의 반지름의 길이는 10 cm이다.

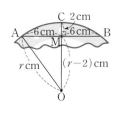

02 답 ④

$\overline{OD}=\overline{OE}=\overline{OF}$이므로 $\overline{AB}=\overline{BC}=\overline{CA}$

즉, $\triangle ABC$는 정삼각형이다.

오른쪽 그림과 같이 $\overline{BO}$를 그으면

$\angle OBE=\dfrac{1}{2}\times60°=30°$이므로

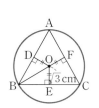

$$\overline{BE}=\frac{\sqrt{3}}{\tan 30°}=3\,(cm)$$

$\overline{BC}=2\overline{BE}=2\times 3=6\,(cm)$이므로

$\triangle ABC$의 둘레의 길이는 $6\times 3=18\,(cm)$

03 답 ②

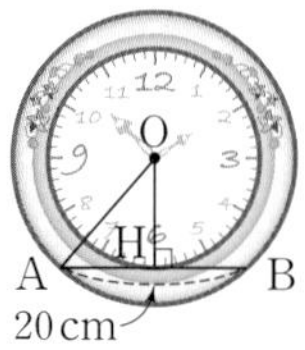

오른쪽 그림과 같이 점 O에서 $\overline{AB}$에 내린
수선의 발을 H라 하고 $\overline{OA}=R\,cm$,
$\overline{OH}=r\,cm$라 하면

$$\overline{AH}=\frac{1}{2}\times 20=10\,(cm)$$이므로

$\triangle OAH$에서 $R^2=10^2+r^2$, $R^2-r^2=100$

따라서 시계의 테두리 부분의 넓이는

$\pi R^2-\pi r^2=\pi(R^2-r^2)=100\pi\,(cm^2)$

04 답 ③

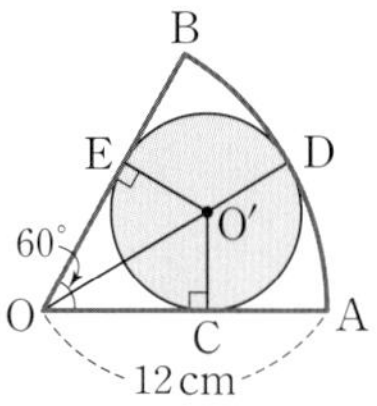

오른쪽 그림과 같이 원 O′과 부채꼴
OAB의 접점을 각각 C, D, E라 하고
원 O′의 반지름의 길이를 $r\,cm$라 하면

$\triangle O'OC\equiv\triangle O'OE$ (RHS 합동)

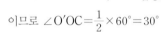

이므로 $\angle O'OC=\frac{1}{2}\times 60°=30°$

$\overline{OO'}=12-r\,(cm)$이므로

$\triangle OCO'$에서 $\sin 30°=\frac{r}{12-r}=\frac{1}{2}$, $12-r=2r$

$3r=12$ ∴ $r=4$

따라서 원 O′의 넓이는

$\pi\times 4^2=16\pi\,(cm^2)$

05 답 ③

$\overline{AC}$는 원 O의 지름이므로 $\angle ABC=90°$

$\angle A=\angle D=40°$이므로 $\triangle ABC$에서

$\angle x=180°-(90°+40°)=50°$

06 답 ⑤

$\overarc{AB}:\overarc{CD}=4:1$이므로 $\angle CBP=\angle a$라 하면

$\angle ACB=4\angle a$

$\triangle CBP$에서 $4\angle a=\angle a+45°$ ∴ $\angle a=15°$

$\angle ADB=\angle ACB=4\angle a$이므로

$\triangle QBD$에서

$\angle x=\angle a+4\angle a=5\angle a=5\times 15°=75°$

07 답 ①

$\square ABCD$가 원에 내접하므로 $\angle CBD=\angle CAD=20°$

$\angle ABC=\angle EDC=85°$이므로

$\angle x=\angle ABC-\angle CBD=85°-20°=65°$

08 답 ③

오른쪽 그림과 같이 $\overline{EA}$, $\overline{CA}$를 그으면

$\angle ECA=180°\times\frac{1}{5}=36°$

$\angle AEC=180°\times\frac{2}{5}=72°$

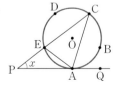

$\overrightarrow{PA}$는 원 O의 접선이므로

$\angle CAQ=\angle AEC=72°$

$\triangle PAC$에서 $\angle x+36°=72°$ ∴ $\angle x=36°$

09 답 ④

오른쪽 그림과 같이 $\overline{EB}$를 그으면

$\square BCDE$는 원 O′에 내접하므로

$\angle AEB=\angle C=74°$

직선 PQ는 원 O의 접선이므로

$\angle x=\angle AEB=74°$

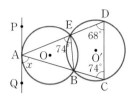

10 답 ①

$(평균)=\frac{90+84+82+x+74}{5}=80$

$330+x=400$ ∴ $x=70$

11 답 ④

변량을 작은 값부터 크기순으로 나열하면 5, 6, 7, 8, 8, 10 (시간)

이므로 중앙값은 3번째와 4번째 변량의 평균인 $\frac{7+8}{2}=7.5$ (시간)

12 답 ⑤

ㄱ. 편차의 총합은 항상 0이므로

$(-1)+(-2)+(-3)+(-4)+x=0$ ∴ $x=10$

ㄴ. B 학생과 D 학생의 독서량의 차이는 $-2-(-4)=2$ (권)

ㄷ. (편차)=(변량)-(평균)이고 E 학생의 편차는 10권이므로
E 학생의 독서량은 평균보다 높다.

ㄹ. $(분산)=\frac{(-1)^2+(-2)^2+(-3)^2+(-4)^2+10^2}{5}$

$=\frac{130}{5}=26$

따라서 옳은 것은 ㄴ, ㄷ, ㄹ이다.

13 답 ②

② 학생 5명의 수행 평가 성적이 모두 2점씩 감점되면 평균은 2
점 작아지지만 편차는 변하지 않으므로 표준편차는 그대로이
다.

14 답 ①

제대로 본 나머지 2개의 변량을 a, b라 하면

지은이가 잘못 보고 계산한 변량은 1, 8, a, b이므로

$(평균)=\frac{1+8+a+b}{4}=5$에서 $a+b=11$

$(분산)=\frac{(-4)^2+3^2+(a-5)^2+(b-5)^2}{4}=\frac{15}{2}$에서

$(a-5)^2+(b-5)^2=5$

이때 바르게 본 변량은 3, 6, a, b이므로

$(평균)=\frac{3+6+a+b}{4}=\frac{3+6+11}{4}=\frac{20}{4}=5$

∴ $(분산)=\frac{(-2)^2+1^2+(a-5)^2+(b-5)^2}{4}$

$=\frac{(a-5)^2+(b-5)^2+5}{4}$

$=\frac{5+5}{4}=\frac{5}{2}$

15 답 ③

A 모둠의 $(편차)^2$의 총합은 $6\times 3=18$

B 모둠의 $(편차)^2$의 총합은 $4\times 10=40$

C 모둠의 (편차)²의 총합은 8×4=32
D 모둠의 (편차)²의 총합은 7×5=35
따라서 아영이네 반 전체 학생들의 분산은

$$\frac{18+40+32+35}{6+4+8+7}=\frac{125}{25}=5$$

16 답 ①, ④

② 총 20명의 학생을 조사한 것이다.
③ 신발 사이즈가 250 mm 미만인 학생은 14명이다.
⑤ 신발 사이즈가 260 mm인 학생은 2명이다.
따라서 옳은 것은 ①, ④이다.

17 답 ④

④ 점들이 한 직선 주위에 가까이 모여 있을수록 상관관계가 강하므로 ㄴ이 ㄹ보다 상관관계가 강하다.
따라서 옳지 않은 것은 ④이다.

18 답 ①

음의 상관관계는 x의 값이 증가함에 따라 y의 값은 대체로 감소하는 관계이다.
따라서 점을 추가하여 음의 상관관계가 되는 것은 ①이다.

19 답 140°

오른쪽 그림과 같이 $\overline{AC}$를 그으면
$\overline{PQ}$는 원 O의 접선이므로
∠BAC=∠BCP=68°
∠CAD=$\frac{1}{2}$∠COD=$\frac{1}{2}$×144°=72°
　　　　　　　　　　　　　　　　……❶

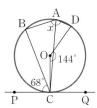

∴ ∠x=∠BAC+∠CAD
　　=68°+72°=140°　　　……❷

채점 기준	배점
❶ ∠BAC, ∠CAD의 크기 각각 구하기	4점
❷ ∠x의 크기 구하기	2점

20 답 66°

오른쪽 그림과 같이 $\overline{DB}$를 그으면
∠ADB=90°이므로 △EBD에서
∠EBD=90°-72°=18°　　……❶
$\overset{\frown}{AD}:\overset{\frown}{DC}$=4:3이므로
∠ABD:∠CBD=4:3
∠ABD:18°=4:3에서
3∠ABD=72°　∴ ∠ABD=24°　……❷
△ABD에서 ∠x=90°-24°=66°　　……❸

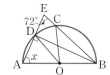

채점 기준	배점
❶ ∠EBD의 크기 구하기	3점
❷ ∠ABD의 크기 구하기	2점
❸ ∠x의 크기 구하기	2점

21 답 중앙값 : 3회, 최빈값 : 3회

변량을 작은 값부터 크기순으로 나열하면
1, 1, 2, 2, 2, 3, 3, 3, 3, 3, 4, 4, 4, 5(회)이므로
중앙값은 8번째 변량인 3회이다.　　　……❶

또, 가장 많은 학생들의 배구 서브 횟수는 3회이므로 최빈값은 3회이다.　　　……❷

채점 기준	배점
❶ 중앙값 구하기	2점
❷ 최빈값 구하기	2점

22 답 0

편차의 총합은 항상 0이므로
(-1)+2+x+(-3)+(-1)+y=0
$x+y-3=0$　∴ $x+y=3$　　　……❶
분산이 4이므로
$$\frac{(-1)^2+2^2+x^2+(-3)^2+(-1)^2+y^2}{6}=4$$
$x^2+y^2+15=24$　∴ $x^2+y^2=9$　……❷
이때 $(x+y)^2=x^2+y^2+2xy$이므로
$3^2=9+2xy$　∴ $xy=0$　　　……❸

채점 기준	배점
❶ $x+y$의 값 구하기	2점
❷ x^2+y^2의 값 구하기	2점
❸ xy의 값 구하기	2점

23 답 2.4회

1차보다 2차에 던진 자유투 성공 횟수가 줄어든 학생을 나타내는 점은 오른쪽 그림에서 색칠한 부분 (경계선 제외)에 속한다.
이 학생들의 성공 횟수를 순서쌍 (1차 횟수, 2차 횟수)로 나타내면
(2, 1), (3, 2), (4, 2), (4, 3), (5, 4)이다.　　　　　……❶

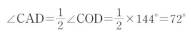

따라서 이 학생들의 2차 자유투 성공 횟수의 평균은
$$\frac{1+2+2+3+4}{5}=\frac{12}{5}=2.4(회)　……❷$$

채점 기준	배점
❶ 1차보다 2차에 던진 자유투 성공 횟수가 줄어든 학생의 성공 횟수 구하기	4점
❷ 이 학생들의 2차 자유투 성공 횟수의 평균 구하기	3점

기말고사 대비 실전 모의고사 3회　　120쪽~123쪽

01 ①	**02** ④	**03** ⑤	**04** ②	**05** ②
06 ③	**07** ③	**08** ④	**09** ①	**10** ②
11 ②	**12** ⑤	**13** ③	**14** ④	**15** ①
16 ⑤	**17** ④	**18** ③	**19** $\sqrt{70}$	
20 (1) 124°	(2) 68°	(3) 192°	**21** $x=5, y=7$	
22 $2\sqrt{2}$ 점	**23** 50 %			

01 답 ①

오른쪽 그림과 같이 $\overline{OA}$를 그으면

△OAM에서

$\overline{OA}=\sqrt{5^2+6^2}=\sqrt{61}$

△OAN에서

$\overline{AN}=\sqrt{(\sqrt{61})^2-4^2}=3\sqrt{5}$

$\therefore \overline{AC}=2\overline{AN}=6\sqrt{5}$

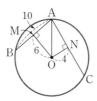

02 답 ④

$\overline{D'M}=\overline{DM}$이므로 점 D'과 M은 원의

지름 CD의 삼등분점이고, $\overline{D'M}$의 중점

은 원의 중심이다. 오른쪽 그림과 같이

원의 중심을 O라 하고 $\overline{OA}$를 그으면

$\overline{CD}=2\times9=18$이고

$\overline{CD'}=\overline{D'M}=\overline{MD}=\dfrac{1}{3}\times18=6$

$\overline{D'O}=\overline{OM}=\dfrac{1}{2}\times6=3$이므로

△OAM에서 $\overline{AM}=\sqrt{9^2-3^2}=6\sqrt{2}$

$\therefore \overline{AB}=2\overline{AM}=2\times6\sqrt{2}=12\sqrt{2}$

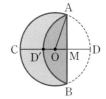

03 답 ⑤

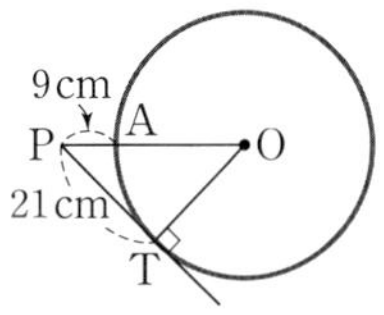

오른쪽 그림과 같이 $\overline{OT}$를 그어 원 O의

반지름의 길이를 r cm라 하면

$\overline{OA}=\overline{OT}=r$ cm, $\overline{OP}=(r+9)$ cm

△OPT에서

$(r+9)^2=r^2+21^2$, $18r=360$

$\therefore r=20$

따라서 원 O의 반지름의 길이는 20 cm이다.

04 답 ②

세 점 D, E, F는 접점이므로 $\overline{BD}=\overline{BF}$, $\overline{CE}=\overline{CF}$

$\overline{AB}+\overline{AC}+\overline{BC}=\overline{AB}+\overline{AC}+(\overline{BF}+\overline{CF})$
$=\overline{AB}+\overline{BD}+\overline{AC}+\overline{CE}$
$=\overline{AD}+\overline{AE}=2\overline{AD}$

오른쪽 그림과 같이 $\overline{OD}$를 그으면

△OAD에서 $\overline{AD}=\sqrt{10^2-5^2}=5\sqrt{3}$

따라서 △ABC의 둘레의 길이는

$2\overline{AD}=2\times5\sqrt{3}=10\sqrt{3}$

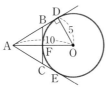

05 답 ②

$\overline{AB}=2\times4=8$이므로 $\overline{AB}+\overline{CD}=8+10=18$

$\overline{AB}+\overline{CD}=\overline{AD}+\overline{BC}$이므로

$\square ABCD=\dfrac{1}{2}\times(\overline{AD}+\overline{BC})\times\overline{AB}$
$=\dfrac{1}{2}\times18\times8=72$

06 답 ③

오른쪽 그림과 같이 $\overline{FC}$를 그으면

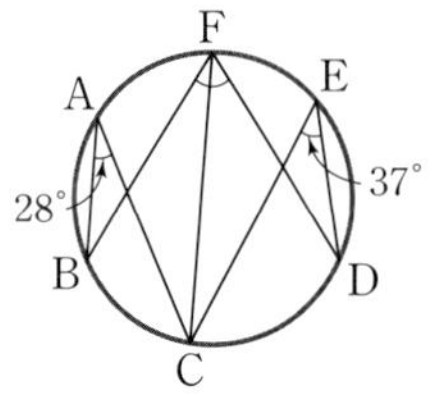

$\angle BFC=\angle BAC=28°$

$\angle CFD=\angle CED=37°$

$\therefore \angle BFD=28°+37°=65°$

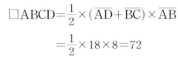

07 답 ③

①, ② $\widehat{AB}=\widehat{BC}$이므로

$\angle ADB=\angle BAC$, $\angle ACB=\angle BDC$

④ $\angle EAB=\angle ADB$, $\angle B$는 공통

이므로 △AEB∽△DAB (AA 닮음)

⑤ $\angle ADE=\angle BCE$, $\angle DAE=\angle CBE$

이므로 △ADE∽△BCE (AA 닮음)

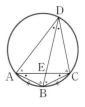

08 답 ④

오른쪽 그림과 같이 $\overline{CE}$를 그으면

□ABCE가 원 O에 내접하므로

$\angle ABC+\angle AEC=180°$

$\therefore \angle AEC=180°-116°=64°$

$\angle CED=84°-64°=20°$이므로

$\angle COD=2\angle CED=2\times20°=40°$

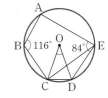

09 답 ①

□ABCD가 원 O에 내접하므로

$\angle PAB=\angle C=\angle x$라 하면

△PCD에서 $\angle PDQ=32°+\angle x$

△ADQ에서 $\angle BAD=24°+(32°+\angle x)=56°+\angle x$

이때 $\angle BAD+\angle BCD=180°$이므로

$(56°+\angle x)+\angle x=180°$ $\therefore \angle x=62°$

$\therefore \angle BAD=180°-62°=118°$

10 답 ②

등변사다리꼴은 아랫변의 양 끝 각의 크기와 윗변의 양 끝 각의

크기가 각각 서로 같다. 또, 직사각형과 정사각형은 네 각의 크

기가 모두 90°이다. 즉, 대각의 크기의 합이 항상 180°이므로 항

상 원에 내접한다.

따라서 항상 원에 내접하는 사각형은 등변사다리꼴, 직사각형,

정사각형의 3개이다.

11 답 ②

수현이네 반 학생들은 모두 20명이므로 변량을 작은 값부터 크

기 순으로 나열했을 때, 10번째와 11번째 변량의 평균이 중앙값

이다.

$\therefore a=\dfrac{19+21}{2}=20$

또, 최빈값은 21시간이므로 $b=21$

$\therefore a+b=20+21=41$

12 답 ⑤

① 자료 A는 대푯값으로 평균이나 중앙값이 적절하다.

② 자료 A는 평균과 중앙값이 4로 같다.

③ 자료 B는 극단적인 값이 있으므로 대푯값으로 평균이 적절하

지 않다.

④ 자료 C의 평균은 $\dfrac{1+3+3+5+5+5+7}{7}=\dfrac{29}{7}$이다.

⑤ 자료 C는 중앙값과 최빈값이 5로 같다.

따라서 옳은 것은 ⑤이다.

13 답 ③

① 편차의 총합은 항상 0이므로

$(-4)+2+0+x+3=0$

$x+1=0$ $\therefore x=-1$

② C 학생의 편차는 0점이므로 C 학생의 국어 성적은 평균과 같다.

③ (분산) $=\dfrac{(-4)^2+2^2+0^2+(-1)^2+3^2}{5}=\dfrac{30}{5}=6$

④ A 학생과 B 학생의 성적의 차는 $2-(-4)=6$(점)

⑤ (편차) $=$ (변량) $-$ (평균)이므로 편차가 클수록 변량이 크다.
즉, E 학생의 성적이 가장 높다.

따라서 옳지 않은 것은 ③이다.

14 답 ④

B가 읽은 책의 수를 x라 하면 A, C, D, E가 읽은 책의 수는 각각 $x-4$, $x-6$, $x+3$, $x+7$이므로

(평균) $=\dfrac{(x-4)+x+(x-6)+(x+3)+(x+7)}{5}=\dfrac{5x}{5}=x$

$\therefore$ (분산) $=\dfrac{(-4)^2+0^2+(-6)^2+3^2+7^2}{5}=\dfrac{110}{5}=22$

15 답 ①

표준편차가 작을수록 점수가 고르므로 점수가 가장 고른 선수는 A이다.

16 답 ⑤

a, b, c의 평균이 2이므로

$\dfrac{a+b+c}{3}=2$에서 $a+b+c=6$

a, b, c의 분산이 2이므로

$\dfrac{(a-2)^2+(b-2)^2+(c-2)^2}{3}=2$에서

$(a-2)^2+(b-2)^2+(c-2)^2=6$

$4a-1$, $4b-1$, $4c-1$의 평균은

$\dfrac{(4a-1)+(4b-1)+(4c-1)}{3}$

$=\dfrac{4(a+b+c)-3}{3}=\dfrac{4\times6-3}{3}=7$

따라서 $4a-1$, $4b-1$, $4c-1$의 분산은

$\dfrac{(4a-1-7)^2+(4b-1-7)^2+(4c-1-7)^2}{3}$

$=\dfrac{(4a-8)^2+(4b-8)^2+(4c-8)^2}{3}$

$=\dfrac{16\{(a-2)^2+(b-2)^2+(c-2)^2\}}{3}$

$=\dfrac{16\times6}{3}=32$

17 답 ④

작년과 올해 모두 비만도가 90 % 이상 110 % 이하인 학생들을 나타내는 점은 오른쪽 그림에서 색칠한 부분(경계선 포함)과 빗금친 부분(경계선 포함)에 모두 속하는 점이다. 즉, ○표시한 점이므로 9명이다.

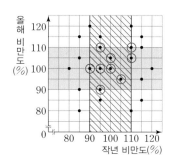

18 답 ③

양의 상관관계가 있는 것은 ㄴ, ㄹ, ㅁ의 3개이다.

19 답 $\sqrt{70}$

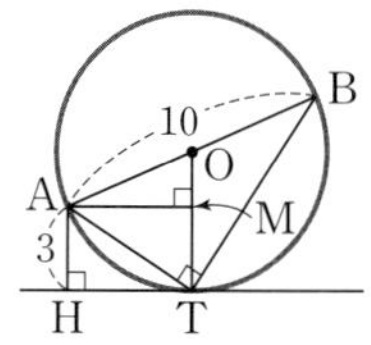

오른쪽 그림과 같이 $\overline{OT}$를 그어 점 A에서 $\overline{OT}$에 내린 수선의 발을 M이라 하면

$\overline{OA}=5$, $\overline{OM}=5-3=2$

$\triangle OAM$에서

$\overline{AM}=\sqrt{5^2-2^2}=\sqrt{21}$ ……❶

$\triangle AHT$에서 $\overline{AT}=\sqrt{3^2+(\sqrt{21})^2}=\sqrt{30}$ ……❷

$\angle ATB=90°$이므로 $\triangle ABT$에서

$\overline{BT}=\sqrt{10^2-(\sqrt{30})^2}=\sqrt{70}$ ……❸

채점 기준	배점
❶ $\overline{AM}$의 길이 구하기	3점
❷ $\overline{AT}$의 길이 구하기	2점
❸ $\overline{BT}$의 길이 구하기	2점

20 답 (1) 124° (2) 68° (3) 192°

(1) $\overline{AB}$가 원 O의 지름이므로 $\angle ACB=\angle ADB=90°$

□ECFD에서

$56°+90°+\angle x+90°=360°$ $\therefore \angle x=124°$ ……❶

(2) $\angle EDA=\angle ECB=90°$이므로

$\angle EAD=\angle EBC=180°-(90°+56°)=34°$

$\therefore \angle y=2\angle EAD=2\times34°=68°$ ……❷

(3) $\angle x+\angle y=124°+68°=192°$ ……❸

채점 기준	배점
❶ $\angle x$의 크기 구하기	3점
❷ $\angle y$의 크기 구하기	3점
❸ $\angle x+\angle y$의 크기 구하기	1점

21 답 $x=5$, $y=7$

$x<y$이고 중앙값이 8이므로

변량을 작은 값부터 크기순으로 나열하면 x, y, 9, 15

중앙값이 8이므로 $\dfrac{y+9}{2}=8$에서

$y+9=16$ $\therefore y=7$ ……❶

평균이 9이므로 $\dfrac{x+7+9+15}{4}=9$에서

$x+31=36$ $\therefore x=5$ ……❷

채점 기준	배점
❶ y의 값 구하기	2점
❷ x의 값 구하기	2점

22 답 $2\sqrt{2}$ 점

(평균) $=\dfrac{82+80+88+86+84}{5}=\dfrac{420}{5}=84$(점)   ……❶

(분산) $=\dfrac{(-2)^2+(-4)^2+4^2+2^2+0^2}{5}=\dfrac{40}{5}=8$ ……❷

$\therefore$ (표준편차) $=\sqrt{8}=2\sqrt{2}$(점)   ……❸

채점 기준	배점
❶ 중간고사 성적의 평균 구하기	2점
❷ 중간고사 성적의 분산 구하기	2점
❸ 중간고사 성적의 표준편차 구하기	2점

23 답 50 %

이번 달의 방문 횟수가 지난 달의 방문 횟수보다 많은 회원을 나타내는 점은 오른쪽 그림에서 색칠한 부분(경계선 제외)에 속하므로 10명이다.
⋯⋯ ❶

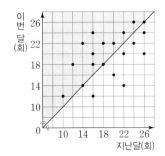

따라서 전체 회원이 20명이므로 전체의

$\dfrac{10}{20} \times 100 = 50(\%)$ ⋯⋯ ❷

채점 기준	배점
❶ 이번 달의 방문 횟수가 지난달의 방문 횟수보다 많은 회원 수 구하기	3점
❷ 이번 달의 방문 횟수가 지난달의 방문 횟수보다 많은 회원은 전체의 몇 %인지 구하기	3점

기말고사 대비 실전 모의고사 ④회

124쪽~127쪽

01 ⑤	**02** ③	**03** ②	**04** ④	**05** ⑤
06 ②	**07** ④	**08** ①	**09** ②	**10** ③
11 ②	**12** ③	**13** ②	**14** ②	**15** ④
16 ②	**17** ③	**18** ⑤	**19** $24-4\pi$	
20 (1) $28°$ (2) $130°$ (3) $158°$			**21** 6	
22 풀이 참조, 음의 상관관계 **23** (1) 6명 (2) 25 % (3) 82.5점				

01 답 ⑤

오른쪽 그림과 같이 $\overline{AB}$와 $\overline{OC}$의 교점을 M이라 하고 $\overline{OA}$를 그으면
$\overline{AM}=\overline{BM}=8$
△OAM에서 $\overline{OM}=\sqrt{10^2-8^2}=6$
∴ $\overline{CM}=10-6=4$
△AMC에서 $\overline{AC}=\sqrt{8^2+4^2}=4\sqrt{5}$

02 답 ③

오른쪽 그림과 같이 원의 중심 O에서 $\overline{CD}$에 내린 수선의 발을 N이라 하면
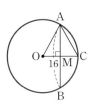
$\overline{AB}=\overline{CD}$이므로 $\overline{ON}=\overline{OM}=7$
△DON에서 $\overline{DN}=\sqrt{9^2-7^2}=4\sqrt{2}$
$\overline{CD}=2\overline{DN}=8\sqrt{2}$이므로 △OCD$=\dfrac{1}{2}\times8\sqrt{2}\times7=28\sqrt{2}$

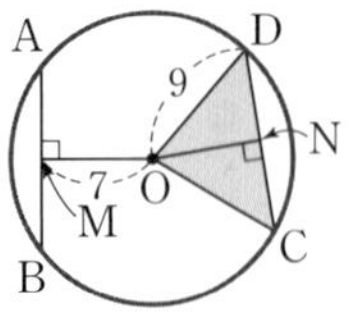

03 답 ②

오른쪽 그림과 같이 $\overline{AB}$를 그으면 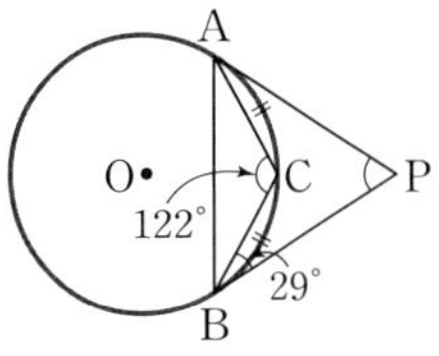
$\angle CAB=\angle CBA$

$\quad=\dfrac{1}{2}\times(180°-122°)=29°$
∴ $\angle PBA=29°+29°=58°$
이때 $\overline{PA}=\overline{PB}$이므로
$\angle APB=180°-2\times58°=64°$

04 답 ④

$\overline{DE}=\overline{DA}=5$, $\overline{CE}=\overline{CB}=9$이므로
$\overline{CD}=5+9=14$
오른쪽 그림과 같이 점 D에서 $\overline{BC}$에 내린 수선의 발을 H라 하면 △CDH에서
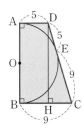
$\overline{DH}=\sqrt{14^2-4^2}=6\sqrt{5}$
∴ □ABCD$=\dfrac{1}{2}\times(5+9)\times6\sqrt{5}=42\sqrt{5}$

05 답 ⑤

오른쪽 그림과 같이 $\overline{BF}$를 그으면
$\overline{BF}=12$이므로
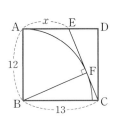
△BCF에서 $\overline{CF}=\sqrt{13^2-12^2}=5$
$\overline{AE}=x$라 하면
$\overline{EF}=\overline{EA}=x$, $\overline{DE}=13-x$
△CDE에서 $(x+5)^2=(13-x)^2+12^2$
$36x=288$ ∴ $x=8$
따라서 $\overline{AE}$의 길이는 8이다.

06 답 ②

□OAPB에서 $\angle AOB=360°-(90°+90°+64°)=116°$
$\angle ACB=\dfrac{1}{2}\angle AOB=\dfrac{1}{2}\times116°=58°$
오른쪽 그림과 같이 $\overline{OC}$를 그으면
$\overline{OA}=\overline{OC}=\overline{OB}$이므로
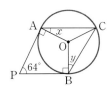
$\angle x+\angle y=\angle ACO+\angle BCO$
$\quad=\angle ACB=58°$

07 답 ④

$\overparen{AB}:\overparen{CD}=3:4$이므로 $\angle ADB:\angle CAD=3:4$
∴ $\angle CAD=\dfrac{4}{3}\angle ADB$
$\angle ADP+\angle CAD=105°$에서 $\angle ADP+\dfrac{4}{3}\angle ADP=105°$
$\dfrac{7}{3}\angle ADP=105°$ ∴ $\angle ADP=45°$

08 답 ①

□ABQP가 원 O_1에 내접하므로
$\angle x=\angle PQS$, $\angle y=\angle APQ$
□PQSR가 원 O_2에 내접하므로
$\angle PQS=\angle SRD$, $\angle APQ=\angle QSR$
□RSCD가 원 O_3에 내접하므로
$\angle SRD=180°-80°=100°$
∴ $\angle x=\angle SRD=100°$
∴ $\angle y=\angle QSR=\angle CDR=95°$
∴ $\angle x-\angle y=100°-95°=5°$

09 답 ②

오른쪽 그림과 같이 $\overline{CE}$를 그으면
□ABCE는 원에 내접하므로
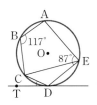
$\angle AEC=180°-117°=63°$
∴ $\angle CDT=\angle CED=87°-63°$
$\quad=24°$

10 답 ③

∠BTQ=∠BAT=71°, ∠CTQ=∠CDT=58°이고
∠DTC+∠CTQ+∠QTB=180°이므로
∠DTC=180°-(71°+58°)=51°

11 답 ②

$(평균)=\dfrac{20+45+30+60+55}{5}=\dfrac{210}{5}=42(회)$

∴ (C 학생의 윗몸일으키기 횟수의 편차)=30-42=-12(회)

12 답 ③

주어진 자료의 분포가 가장 고른 것은 ③이다.

[다른 풀이]

직접 분산을 구해 보면 다음과 같다.

① 1.6 ② 2 ③ 0.4 ④ 5.2 ⑤ 0.8

13 답 ②

x를 제외한 변량을 작은 값부터 크기순으로 나열하면

2, 3, 7, 11, 12, 13, 15

전체 변량이 8개이므로 중앙값은 4번째와 5번째 변량의 평균이다.

이때 중앙값이 10이므로

$7<x<11$이고 $\dfrac{x+11}{2}=10$

$x+11=20$ ∴ $x=9$

14 답 ②

a, b, c의 평균이 5이므로

$\dfrac{a+b+c}{3}=5$에서 $a+b+c=15$

a, b, c의 분산이 14이므로

$\dfrac{(a-5)^2+(b-5)^2+(c-5)^2}{3}=14$에서

$(a-5)^2+(b-5)^2+(c-5)^2=42$

3, a, b, c, 7의 평균은

$\dfrac{3+a+b+c+7}{5}=\dfrac{10+15}{5}=\dfrac{25}{5}=5$

따라서 3, a, b, c, 7의 분산은

$\dfrac{(-2)^2+(a-5)^2+(b-5)^2+(c-5)^2+2^2}{5}$

$=\dfrac{8+42}{5}=\dfrac{50}{5}=10$

15 답 ④

④ 표준편차가 작을수록 변량이 평균에 가까이 모여 있다.

따라서 옳지 않은 것은 ④이다.

16 답 ②

남학생 12명과 여학생 8명의 평균이 16점으로 서로 같으므로 전체 학생 20명의 평균도 16점이다.

남학생의 (편차)²의 총합은 $12\times(\sqrt{3})^2=36$

여학생의 (편차)²의 총합은 $8\times(2\sqrt{2})^2=64$

따라서 전체 학생 20명의 분산은 $\dfrac{36+64}{20}=\dfrac{100}{20}=5$이므로

$(표준편차)=\sqrt{5}(점)$

17 답 ③

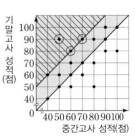

조건 (가)를 만족시키는 학생을 나타내는 점은 오른쪽 그림에서 색칠한 부분(경계선 제외)에 속한다. 조건 (가), (나)를 만족시키는 학생을 나타내는 점은 오른쪽 그림에서 빗금친 부분(경계선 포함)에 속한다.

조건 (가), (나), (다)를 만족시키는 학생을 나타내는 점은 위의 그림에서 ○ 표시한 점이다.

따라서 세 조건을 모두 만족시키는 학생은 3명이다.

18 답 ⑤

⑤ B 학생은 A 학생보다 키가 작다.

따라서 옳지 않은 것은 ⑤이다.

19 답 $24-4\pi$

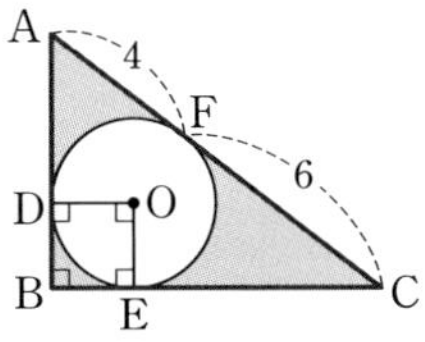

오른쪽 그림과 같이 $\overline{OD}$, $\overline{OE}$를 그어 원 O의 반지름의 길이를 r라 하면

$\overline{BD}=\overline{BE}=r$

$\overline{AD}=\overline{AF}=4$, $\overline{CE}=\overline{CF}=6$

△ABC에서 $(r+4)^2+(r+6)^2=10^2$

$r^2+10r-24=0$

$(r+12)(r-2)=0$

∴ $r=2$ $(∵ r>0)$ ......❶

따라서 색칠한 부분의 넓이는

$\dfrac{1}{2}\times6\times8-\pi\times2^2=24-4\pi$ ......❷

채점 기준	배점
❶ 원 O의 반지름의 길이 구하기	3점
❷ 색칠한 부분의 넓이 구하기	3점

20 답 (1) 28° (2) 130° (3) 158°

(1) □ABCD는 원 O에 내접하므로

∠BAD=∠DCE=68°

∴ $∠x=68°-40°=28°$ ......❶

(2) ∠ACD=90°이므로

∠ADC=180°-(40°+90°)=50°

∴ $∠y=180°-50°=130°$ ......❷

(3) $∠x+∠y=28°+130°=158°$ ......❸

채점 기준	배점
❶ $∠x$의 크기 구하기	3점
❷ $∠y$의 크기 구하기	3점
❸ $∠x+∠y$의 크기 구하기	1점

21 답 6

$\dfrac{4+a+8+9+3+b}{6}=6$에서

$a+b+24=36$

$\therefore a+b=12$

$a+b=12$, $a-b=2$를 연립하여 풀면

$a=7$, $b=5$ ······ ❶

따라서 변량을 작은 값부터 크기순으로 나열하면

3, 4, 5, 7, 8, 9이므로 중앙값은

$\dfrac{5+7}{2}=6$ ······ ❷

채점 기준	배점
❶ a, b의 값 각각 구하기	2점
❷ 중앙값 구하기	2점

22 답 풀이 참조, 음의 상관관계

주어진 자료를 산점도로 나타
내면 오른쪽 그림과 같다.
······ ❶

이때 x의 값이 증가함에 따라
y의 값이 감소하는 경향이 있
으므로 음의 상관관계가 있다.
······ ❷

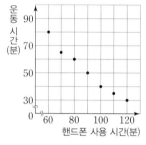

채점 기준	배점
❶ 산점도로 나타내기	4점
❷ 상관관계 알기	2점

23 답 (1) 6명 (2) 25 % (3) 82.5점

(1) 듣기 성적이 읽기 성적보
다 높은 학생을 나타내는
점은 오른쪽 그림에서 빗
금친 부분(경계선 제외)
에 속한다.
따라서 6명이다. ······ ❶

(2) 듣기 성적과 읽기 성적이
모두 80점 이상인 학생을

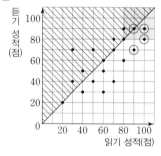

나타내는 점은 위의 그림에서 색칠한 부분(경계선 포함)에
속한다.
따라서 5명이므로 전체의

$\dfrac{5}{20}\times100=25(\%)$ ······ ❷

(3) 읽기 성적이 90점 이상인 학생을 나타내는 점은 위의 그림에
서 ○ 표시한 것이다. 이 학생들의 점수를 순서쌍
(읽기 점수, 듣기 점수)로 나타내면
$(90, 70)$, $(90, 90)$, $(100, 80)$, $(100, 90)$이므로
이 학생들의 듣기 성적의 평균은

$\dfrac{70+90+80+90}{4}=\dfrac{330}{4}=82.5(점)$ ······ ❸

채점 기준	배점
❶ 듣기 성적이 읽기 성적보다 높은 학생 수 구하기	2점
❷ 두 성적이 모두 80점 이상인 학생은 전체의 몇 %인지 구하기	2점
❸ 읽기 성적이 90점 이상인 학생의 듣기 성적의 평균 구하기	3점

기말고사 대비 실전 모의고사 5회 128쪽~131쪽

01 ④	02 ④	03 ①	04 ②	05 ③
06 ①	07 ④	08 ②	09 ①	10 ⑤
11 ④	12 ①	13 ④	14 ③	15 ②
16 ②	17 ③	18 ⑤	19 $\dfrac{192}{25}$	20 58°
21 26°	22 2시간	23 (1) 80점 (2) 70점 (3) $\dfrac{260}{3}$		

01 답 ④

$\overline{HP}$는 현 AB를 수직이등분하므로 $\overline{HP}$는 오
른쪽 그림과 같이 원의 중심 O를 지난다. 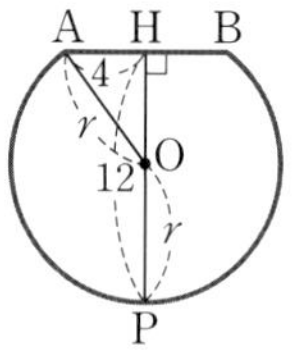
원의 반지름의 길이를 r라 하면 △OAH에서
$r^2=4^2+(12-r)^2$, $24r=160$ $\therefore r=\dfrac{20}{3}$

따라서 원의 반지름의 길이는 $\dfrac{20}{3}$이다.

02 답 ④

△ABC는 정삼각형이다.

④ △OMB에서 $\overline{OM}=9\tan30°=9\times\dfrac{\sqrt3}{3}=3\sqrt3$

03 답 ①

오른쪽 그림과 같이 원과 접하는 접점을
각각 G, H, I, J, K, L이라 하고 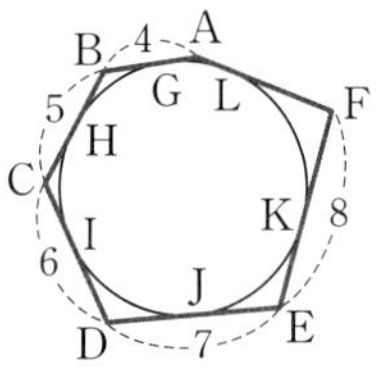
$\overline{AG}=\overline{AL}=x$라 하면
$\overline{BG}=\overline{BH}=4-x$
$\overline{CH}=\overline{CI}=5-(4-x)=1+x$
$\overline{DI}=\overline{DJ}=6-(1+x)=5-x$
$\overline{EJ}=\overline{EK}=7-(5-x)=2+x$
$\overline{FK}=\overline{FL}=8-(2+x)=6-x$
$\therefore \overline{AF}=\overline{AL}+\overline{FL}=x+(6-x)=6$

04 답 ②

오른쪽 그림과 같이 원의 중심 O를 지나는
$\overline{A'B}$를 긋고 원 O의 반지름의 길이를 r라
하면 △A'BC에서 $\angle A'=\angle A=x$
$\sin A=\dfrac{\overline{BC}}{\overline{A'B}}=\dfrac{5}{2r}$이므로 $r=\dfrac{5}{2\sin A}$

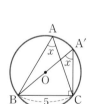

05 답 ③

오른쪽 그림과 같이 $\overline{CD}$를 그으면 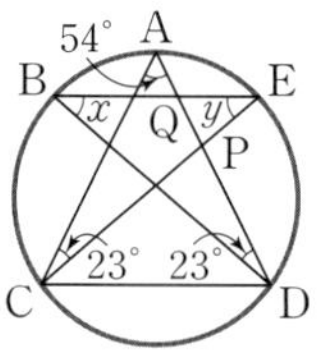
$\angle ECD=\angle x$, $\angle BDC=\angle y$
△ABC에서
$54°+(23°+\angle x)+(23°+\angle y)=180°$
$\angle x+\angle y+100°=180°$
$\therefore \angle x+\angle y=80°$

06 답 ①

오른쪽 그림과 같이 $\overline{CE}$를 그으면 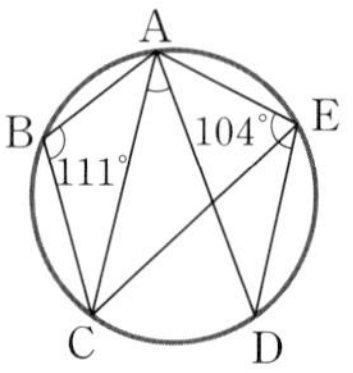
□ABCE가 원에 내접하므로
$\angle AEC=180°-111°=69°$

$\angle CED = 104° - 69° = 35°$

$\therefore \angle CAD = \angle CED = 35°$

07 답 ④

네 점 A, B, C, D가 한 원 위에 있으므로

$\angle ACB = \angle ADB = 24°$

△APC에서 $\angle CAD = 38° + 24° = 62°$

△DAQ에서 $\angle CQD = 62° + 24° = 86°$

08 답 ②

오른쪽 그림과 같이 $\overline{CD}$를 그으

면 $\angle CDE = \angle ABC = 87°$

□DCFE가 원에 내접하므로

$\angle DCF = 180° - 118° = 62°$

△DCP에서

$\angle P = 180° - (62° + 87°) = 31°$

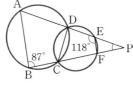

09 답 ①

변량을 작은 값부터 크기순으로 나열하면

3, 5, 7, 7, 8, 8, 8, 10

$a = \dfrac{3+5+7+7+8+8+8+10}{8} = \dfrac{56}{8} = 7$

중앙값은 4번째와 5번째 변량의 평균이므로 $b = \dfrac{7+8}{2} = 7.5$

최빈값은 8이므로 $c = 8$

$\therefore a < b < c$

10 답 ⑤

중앙값이 8이 되려면 x의 값은 8보다 작거나 같아야 한다.

따라서 x의 값이 될 수 없는 것은 ⑤이다.

11 답 ④

a, b의 평균이 5이므로

$\dfrac{a+b}{2} = 5 \quad \therefore a+b = 10$

따라서 전체 자료의 평균은

$\dfrac{4+a+b+7+11+10}{6} = \dfrac{a+b+32}{6} = \dfrac{10+32}{6} = \dfrac{42}{6} = 7$

12 답 ①

B 학생의 편차를 x시간이라 하면 편차의 총합은 항상 0이므로

$(-1) + x + 4 + (-2) + 1 = 0$, $x + 2 = 0 \quad \therefore x = -2$

평균이 5시간이므로 B 학생의 컴퓨터 사용 시간은

$5 + (-2) = 3$(시간)

13 답 ④

3, 5, x, y의 평균이 5이므로

$\dfrac{3+5+x+y}{4} = 5$, $8 + x + y = 20 \quad \therefore x + y = 12 \cdots\cdots ㉠$

표준편차가 $\sqrt{2}$이므로 분산은 2이다. 즉,

$\dfrac{(-2)^2 + 0^2 + (x-5)^2 + (y-5)^2}{4} = 2$

$(x-5)^2 + (y-5)^2 + 4 = 8$

$x^2 + y^2 - 10(x+y) + 50 + 4 = 8$

위의 식에 ㉠을 대입하면

$x^2 + y^2 - 10 \times 12 + 50 + 4 = 8 \quad \therefore x^2 + y^2 = 74$

이때 $x^2 + y^2 = (x+y)^2 - 2xy$이므로

$74 = 12^2 - 2xy$, $2xy = 70 \quad \therefore xy = 35$

14 답 ③

편차의 총합은 항상 0이므로

$a \times 1 + (-3) \times 2 + (-1) \times 9 + 1 \times 3 + 3 \times 3 + 5 \times 2 = 0$

$a + 7 = 0 \quad \therefore a = -7$

일주일 동안의 운동 시간의 분산은

$\dfrac{(-7)^2 \times 1 + (-3)^2 \times 2 + (-1)^2 \times 9 + 1^2 \times 3 + 3^2 \times 3 + 5^2 \times 2}{20}$

$= \dfrac{156}{20} = 7.8$

$\therefore$ (표준편차) $= \sqrt{7.8}$ (시간)

15 답 ②

A 모둠 학생 5명의 (편차)^{2}의 총합은 $5 \times 4 = 20$

이때 제외한 한 명의 학생의 성적은 평균과 같으므로

남은 4명의 학생의 (편차)^{2}의 총합은 변하지 않는다.

따라서 남은 학생 4명의 분산은 $\dfrac{20}{4} = 5$이므로

(표준편차) $= \sqrt{5}$ (점)

16 답 ②

연속하는 세 홀수를 $x-2$, x, $x+2$라 하면

(평균) $= \dfrac{(x-2) + x + (x+2)}{3} = \dfrac{3x}{3} = x$

$\therefore$ (분산) $= \dfrac{(-2)^2 + 0^2 + 2^2}{3} = \dfrac{8}{3}$

다른 풀이

연속하는 세 홀수를 $2x-1$, $2x+1$, $2x+3$이라 하고 분산을 구해도 그 값은 같다.

17 답 ③

① 게임 시간과 학습 시간은 음의 상관관계가 있다.

② 게임 시간이 8시간 이상인 학생을 나타내는 점은 오른쪽 그림에서 빗금친 부분(경계선 포함)에 속한다. 따라서 6명이다.

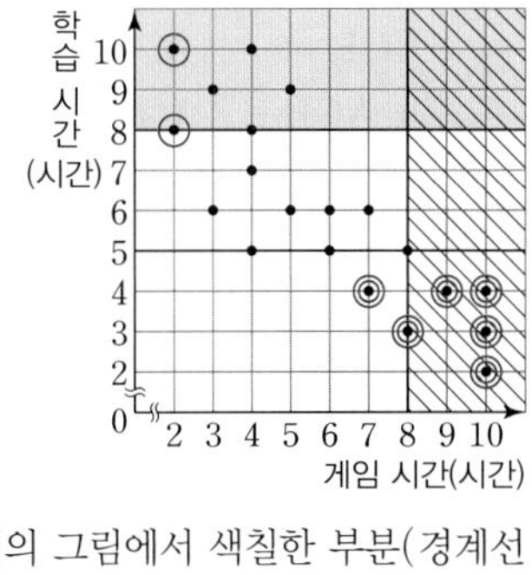

③ 학습 시간이 8시간 이상인 학생을 나타내는 점은 위의 그림에서 색칠한 부분(경계선 포함)에 속한다. 즉, 6명이므로

전체의 $\dfrac{6}{20} \times 100 = 30(\%)$

④ 게임 시간이 2시간 이하인 학생을 나타내는 점은 위의 그림에서 ○ 표시한 것이다. 이 학생들의 학습 시간의 평균은

$\dfrac{8+10}{2} = 9$(시간)

⑤ 학습 시간이 5시간 미만인 학생을 나타내는 점은 위의 그림에서 ◎ 표시한 것이다. 이 학생들의 게임 시간의 평균은

$\dfrac{7+8+9+10+10+10}{6} = \dfrac{54}{6} = 9$(시간)

따라서 옳은 것은 ③이다.

18 답 ⑤

①, ② 양의 상관관계

③, ④ 음의 상관관계

19 답 $\dfrac{192}{25}$

오른쪽 그림과 같이 $\overline{OP}$와 $\overline{AB}$의 교

점을 H라 하면 $\angle PAO=90°$이므로

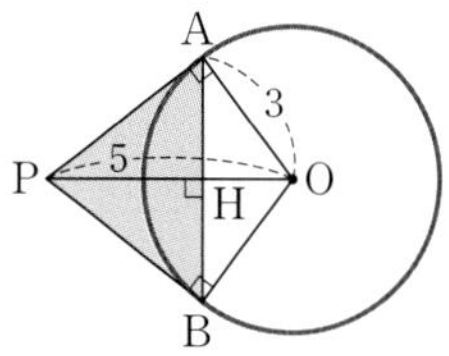

$\overline{PA}=\sqrt{5^2-3^2}=4$ ······❶

또, $\overline{PO}\perp\overline{AH}$이므로

$\overline{AP}\times\overline{AO}=\overline{PO}\times\overline{AH}$

$4\times3=5\times\overline{AH}$ ∴ $\overline{AH}=\dfrac{12}{5}$

∴ $\overline{AB}=2\overline{AH}=\dfrac{24}{5}$ ······❷

$\triangle APH$에서 $\overline{PH}=\sqrt{4^2-\left(\dfrac{12}{5}\right)^2}=\dfrac{16}{5}$ ······❸

∴ $\triangle PAB=\dfrac{1}{2}\times\dfrac{24}{5}\times\dfrac{16}{5}=\dfrac{192}{25}$ ······❹

채점 기준	배점
❶ $\overline{PA}$의 길이 구하기	1점
❷ $\overline{AB}$의 길이 구하기	2점
❸ $\overline{PH}$의 길이 구하기	2점
❹ $\triangle PAB$의 넓이 구하기	2점

20 답 $58°$

오른쪽 그림과 같이 $\overline{AE}$, $\overline{BF}$, $\overline{DC}$를

그으면

$\angle DEA+\angle AEF=61°$이므로

$\angle AOD+\angle AOF=2\times61°$

$=122°$ ······❶

또, $\widehat{AD}=\widehat{BD}$, $\widehat{AF}=\widehat{CF}$이므로

$\angle AOB=2\angle AOD$, $\angle AOC=2\angle AOF$

∴ $\angle AOB+\angle AOC=2\angle AOD+2\angle AOF$

$=2(\angle AOD+\angle AOF)$

$=2\times122°=244°$ ······❷

따라서 $\angle BOC=360°-244°=116°$이므로 ······❸

$\angle BAC=\dfrac{1}{2}\angle BOC=\dfrac{1}{2}\times116°=58°$ ······❹

채점 기준	배점
❶ $\angle AOD+\angle AOF$의 크기 구하기	1점
❷ $\angle AOB+\angle AOC$의 크기 구하기	1점
❸ $\angle BOC$의 크기 구하기	2점
❹ $\angle BAC$의 크기 구하기	2점

21 답 $26°$

오른쪽 그림과 같이 $\overline{OB}$, $\overline{AD}$를 그으면

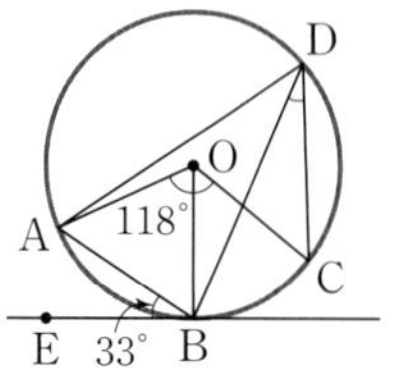

$\angle ADB=\angle ABE=33°$

∴ $\angle AOB=2\angle ADB$

$=2\times33°=66°$ ······❶

$\angle BOC=118°-66°=52°$ ······❷

∴ $\angle BDC=\dfrac{1}{2}\angle BOC=\dfrac{1}{2}\times52°=26°$ ······❸

채점 기준	배점
❶ $\angle AOB$의 크기 구하기	2점
❷ $\angle BOC$의 크기 구하기	2점
❸ $\angle BDC$의 크기 구하기	2점

22 답 2시간

$(평균)=\dfrac{2+4+8+7+5+4}{6}=\dfrac{30}{6}=5(시간)$ ······❶

$(분산)=\dfrac{(-3)^2+(-1)^2+3^2+2^2+0^2+(-1)^2}{6}=\dfrac{24}{6}=4$

······❷

∴ (표준편차)$=\sqrt{4}=2(시간)$ ······❸

채점 기준	배점
❶ 봉사 활동 시간의 평균 구하기	1점
❷ 봉사 활동 시간의 분산 구하기	2점
❸ 봉사 활동 시간의 표준편차 구하기	1점

23 답 (1) 80점 (2) 70점 (3) $\dfrac{260}{3}$

(1) 수학 성적보다 과학 성적이

높은 학생 수는 오른쪽 그림

에서 색칠한 부분(경계선 제

외)에 속한다. 따라서 과학

성적은 각각 60점, 70점, 90

점, 100점이므로 그 평균은

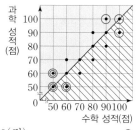

$\dfrac{60+70+90+100}{4}=\dfrac{320}{4}=80(점)$ ······❶

(2) 과학 성적보다 수학 성적이 높은 학생 수는 위의 그림에서 빗

금친 부분(경계선 제외)에 속한다. 따라서 과학 성적은 각각

50점, 60점, 70점, 80점, 90점이므로 그 평균은

$\dfrac{50+60+70+80+90}{5}=\dfrac{350}{5}=70(점)$ ······❷

(3) 전체 학생이 15명이므로 상위, 하위 20 %에 속하는 학생은

각각 $15\times\dfrac{20}{100}=3(명)$

상위 20 %에 속하는 학생을 나타내는 점은 위의 그림에서

○표시한 것이므로 두 과목 성적의 합은 각각 190점, 190점,

200점이다.

∴ $a=\dfrac{190+190+200}{3}=\dfrac{580}{3}$

하위 20 %에 속하는 학생을 나타내는 점은 위의 그림에서 ◎

표시한 것이므로 두 과목 성적의 합은 각각 100점, 110점,

110점이다.

∴ $b=\dfrac{100+110+110}{3}=\dfrac{320}{3}$

∴ $a-b=\dfrac{580}{3}-\dfrac{320}{3}=\dfrac{260}{3}$ ······❸

채점 기준	배점
❶ 수학 성적보다 과학 성적이 높은 학생의 과학 성적의 평균 구하기	2점
❷ 과학 성적보다 수학 성적이 높은 학생의 과학 성적의 평균 구하기	2점
❸ $a-b$의 값 구하기	3점

특급기출

기출예상문제집
중학 수학 **3-2** 기말고사

정답 및 풀이

동아출판이 만든 진짜 기출예상문제집

특급기출